KB152184

해군사관학교 김갑진, 조동율, 김종헌 교수님께

그리고 일생의 반려 김정옥에게

대 한 민 국
사관생도론

대한민국 **사관생도론**

1판 1쇄 인쇄 . 2023년 3월 17일
1판 1쇄 발행 . 2023년 3월 22일

지은이 . 송광섭
펴낸이 . 이희선
펴낸곳 . 미들하우스
주소 . 서울특별시 종로구 삼일대로 461 SK허브오피스텔 102동 805호
전화 . 02-333-6250
팩스 . 02-333-6251
등록일 . 2007. 7. 20
등록번호 . 제313-2007-000149호
ISBN 978-89-93391-33-6 (03390)
표지 및 본문 디자인 . 이희선
인쇄 · 제본 . 영신사
값 . 30,000 원

대한민국
사관생도론

송광섭 지음

미들하우스

초기 서문

저자는 고등학교 졸업 후 대한민국 해군사관학교를 졸업하고 규정에 따라 만 1년 동안 한국 해군 전투함에서 기본 의무 근무를 완료한 후, 해군 장학생으로 서울대학교 전기공학과와 동 대학원을 졸업하였습니다. 그 후 미국 미시간 주 앤아버 소재 미시간대학 항공공학과 대학원에서 수학하고, 웨인 주립대학교에서 전기공학 박사학위를 받고 25여 년 동안 해군사관학교에서 전기공학을 강의하였으며, 미국 메릴랜드 주 아나폴리스 소재 미국 해군사관학교 전기공학과에서 2년 동안 교환교수로 근무하는 등, 33년 여 동안 대한민국 해군 장교로서 교육을 받았거나 해군사관생도의 교육을 담당하여 왔습니다.

33여 년의 해군 생활의 마무리와 다가올 명예 전역을 앞두고 지난 세월을 되돌아보니 대한민국의 장부로서, 당당한 국민으로서, 또 젊은이로서 국가 발전에 미력이나마 보탬이 되지 못했다는 생각에 호국 영령님들과 국민들께 깊은 부끄러움과 죄송함을 감출 수 없습니다. 다만, 과거 해군에서 근무한 세월을 회고·반성하며, 해군사관학교에서 교육과정과 교육훈련을 담당한 경험을 반추하여 평소 가슴에 품어 왔던 대한민국 해군사관생도 양성 모델 정립에 대하여 한 가닥 실올을 부끄럽게 풀어내려고 합니다. 이를 통해 사관생도 교육의 지표를 세우는 위업의 작은 밑돌이 되고자 합니다. 이 기록을 내보이는 것으로 그동안 적잖은 국록을 소진한 대죄를 조금이나마 면하려는 얕고 노회한 마음을 표현하려고 합니다. 부디 뜻있는 열혈 후학들은 한 선배의 초라한 살림살이를 너무 허물하지 말고 30여 년 사관학교 교직을 마감하는 선배의 정성 어린 관찰의 결과물이자 충정 어린 제언이라고 너그럽게 받아주면 그 마음을 감사하게 받으며, 노쇠하고 공허한 장년의 가슴에 한 자락 보람으로 삼으려고 합니다.

또한, 이 책이 해군사관학교나 육군·공군 사관학교에 진학하기를 희망하거나 국토방위의 자랑스러운 임무에 복무하려는 대한민국의 남녀 젊은이에게 사관생도의 본질을 일부나마 엿볼 수 있고, 사관생도 또는 사관학교 교육에 관심 있는 이들에게는 사관생도 교육의 발전에 대한 본인의 평소 의견을 반추해 보는 기회가 되기를 감히 소망해 봅니다.

끝없는 우주 공간과 영원한 시간의 교차점에서 대한민국 사관학교를 인연으로 한 모든 이들에게 부디 한 생애의 보람과 가정 내의 평안함과 가족 간에 진정한 화합이 충만하고 원하는 바가 이루어지기를 심심한 마음으로 바랍니다.

2002년 7월 한여름에
해군사관학교 제29기생 애학(愛學) 향(向) 진여인(眞如人)
송문(宋門) 재성(在惺) 광섭(光燮, Francesco) 씀

재집필 서문

해군 전역을 앞두고 치기 어린 마음으로『사관생도론』집필을 결심했지만, 그 서원은 해군 전역 후 지난 13여 년 동안 바람과 구름과 물과 같이 휩쓸려 제 눈가의 한 점으로 비켜 사라졌습니다. 이제 개인사와 타국 연구 환경에 적응하는 과정에서 묻혔던 옛 서원, 사관생도 양성 모델을 수립한다는 논지에서 먼지와 흙을 걷어내고자 합니다. 다시 한번 무한한 우주의 기운과 시간을 생각하며, 우리 조국의 발전을 위해 모래알 하나를 더하는 마음으로 호국 영령님들의 영전에 청심을 다하여 그간의 대죄를 용서받기를 청합니다.

　　나라의 기틀을 완성하고 선진 사회로 발전할 수 있는 모든 준비가 이미 30여 년 전에 지도자와 국민의 합심으로 완전하게 만들어졌습니다. 하지만, 그 후 지도자와 국가의 간성인 청년 사관들의 결기가 흩어지고, 민족 정통성을 수호하려는 선각자들의 지혜는 부족해졌습니다. 그 결과 홍익인간의 이념을 홍포하고 인류 문명에 기여하려는 민족정기는 아직도 뿌리를 강건하게 내리지 못하고 있습니다.

대한의 열혈 청년들 중 호국 영령의 가호와 인도로 호국 간성의 대임을 각성하여 사관생도의 험난한 여정을 밟고자 희망하는 무리들이 깊은 연못 같은 알 수 없는 미래에 대한 두려움을 느낄 때 이 노쇠하고 초라한 선배의 조그만 충정 어린 작은 목소리를 듣고 자랑스러운 사관생도의 길을 거침없이 선택해 주기를 힘차게 권면합니다.

비록 얕은 경험과 지식이지만, 선배의 붉은 마음과 정성에 비추어 보건대, 깨끗한 마음과 진정한 용기와 불굴의 투지로 자랑스러운 사관생도의 길을 걸어가면 가슴속에서 한줄기 맑고 밝고 붉은 광명이 항상 용솟음치는 감동의 일생을 경험할 수 있을 것으로 확신합니다.

다시 한번 영원한 시공을 따라서 이어지는 운명적인 만남을 소중하게 기억하려 합니다.

2015년 6월 23일, 초여름 날

서문

이 책은 사관생도의 마음가짐에 대한 제언이자, 개인이 살아가는 시간과 공간의 교차점에서 하나의 의미를 가지는 존재의 생활양식에 대한 본질과 과정에 대한 제언이다. 이 세상 삼라만상은 우리의 마음을 통하여 각각 개인의 기억과 사상으로 인식되고 정리된다. 이렇게 인식된 개인의 생각은 언어를 통해 다른 구성원들과 교류되며, 이런 교류의 축적으로 형성된 사상과 지식과 지혜는 인간 사회의 생성과 발전을 이끄는 원동력이 된다.

　　세상에서 창조되어 존재하는 모든 것들은 개인의 감각과 사유를 통하여 인식되어 그 존재 가치가 사람마다 다르게 매겨진다. 하지만 우리는 통상 명예와 지위, 부와 지식의 권위로, 피상적인 가치 개념과 관념적인 기준을 통하여 한 생애의 의미와 성공 여부를 판단하려고 한다. 세상의 모든 존재는 그 존재 자체가 절대적으로 가치 중립적이며, 무한한 유용성을 내재하고 있는 미묘한 진리의 경계 면에 존재한다. 그러므로 피상적인 이름이나 권위 혹은 크기와 양으로 존재의 가치를 평가하려는 우리들의 일반적인 시도는 존재의 본질과 영속성에 접속되지 못하는 오류를 필연적으로 범하게 된다.

　　우리 사회는 유사 이래 사회 문화적인 발전과 인류 문명의 진보를 통해 수많은 직업을 창출하고, 그 직업을 통해 명예와 고귀함과 지위 그리고 부유함을 축적하고 계승해 왔다. 이러한 외면적인 발전은 항상 본질적인 진정성을 감추게 되며, 우리는 이 현란한 겉모습에 현혹되어, 명예 및 부를 소유하기 위해 귀중한 시간과 노력을 투여하였다. 이러한 시도는 인류의 역사를 통하여 되풀이되어 왔다. 인류 문명이 발전된 이래로 사람들은 국가를 만들고 다양한 사회 조직과 계층을 구성하였으며, 그 과정에서 여러 가지의 직업이 탄생했다. 오늘도 인류는 직업 활동을 통하여 사회를 발전시켜 나가고 있다. 인간 사회는 다양하지만 우리들의 일상생활은 궁극적으로 진선미를 추구하며, 각 사회의 전통과 규범을 지키며, 행복과 성취를 이루어 나간다. 반면에 각 개인의 욕망과 자유의 추구는 서로 간에 모순을 발생시키고, 이익을 상충시킴으로써 갈등을 유발하고 그 결과 인간은 고통과 생존의 위험을 감수하며 살아가고 있다.

수많은 직업 중에서 자의로서 선택한 명예로운 대의를 추구하려는 호국 간성의 존재로서, 인간의 본성과 개인의 욕구를 제도적으로 조절하며, 일생을 가족과 국가를 위한 봉사로서 살아가는 군인의 길을 선택한 청년 건아들이 있다. 그들은 군에 근무하는 것이 아니라 복무한다. 군인으로서의 복무는 개인의 생활을 잠시 제한하며 자신의 온전한 존재 양식이 임무와 책임으로 구속되는 삶의 한 양식이며, 때로는 생명의 위험과 죽음도 감수해야 하는 특수한 사명이다. 이러한 군인의 길을 자기의 본원적인 의지로서 선택한 청년이 지 · 덕 · 체를 배양 · 연마하는 심신 수련 과정이 사관생도의 교육과정이다. 사관생도는 사회적인 명예와 대우받음을 뒤로하고 가족과 국가를 위험에서 지키는 조국 수호의 간성인 군인으로서 요구되는 몸과 마음과 지성을 연마하는 젊은이를 명예롭게 지칭하는 이름이다.

필자는 외적인 자세와 보여주는 모습이 아닌, 자신의 내적인 수련과 정진을 위해 힘쓰는 젊은이들에게 인생의 전반적인 여정에 대하여, 사관생도의 마음가짐에 대하여 제언을 전달하고자 한다. 유무형으로 완성되고 표현되는 세상의 모든 것은 진정한 마음가짐에서 시작되기 때문이다. 맑은 마음과 밝은 기상과 높은 이상을 가진 소수의 젊은이가 조국수호를 다짐하고, 진정한 용기와 불굴의 투지로서 지·덕·체를 수련하며, 호국 영령의 가호에 의지하면, 어느 때 홀연히 존재의 근원에서 들려오는 진정한 대한민국 청년으로서의 자부심을 절실히 깨닫게 될 것이다. 진정한 용기와 지혜와 강건함을 가진 대한의 청년으로서, 그대의 삶은 참으로 소박하게 되며, 우주에서 비길수 없는 진정한 삶의 용기와 가치가 온전히 그대 자신의 것이 될 것이다. 부디 이 글을 읽는 젊은이가 진리를 깨닫고 진정한 용기를 가지며, 조국에 복무하는 소박한 존재의 의미를 느껴 보기를 기원한다.

바쁘신 중에서도 본서를 만들어 주신 미들하우스의 이희선 사장님과 원고를 윤문, 교정해주신 이덕열 님께 진심으로 감사를 드립니다.

2023년 3월
캘리포니아 퍼시픽 그로브Pacific Grove에서
송광섭

초기서문 · 6

재집필 서문 · 8

서문 · 10

01 | 사관생도론 일반 · 23

1.1 사관생도, 누구인가? · 24

1.2 현대적 군사제도의 형성 개념 · 27

　1. 2. 1 사관생도의 현대적 의미 · 28

　1. 2. 2 국가 조직에서 사관생도의 의미 · 30

1.3 사관생도의 멋 · 34

02 | 군사제도의 역사와 사회적 배경 · 39

2.1 개요 · 40

2.2 삼국시대 이전 · 42

2.3 삼국시대 · 44

　2. 3. 1 고구려의 군사제도 · 45

　2. 3. 2 백제의 군사제도 · 47

　2. 3. 3 신라의 군사제도 · 47

　2. 3. 4 통일 신라 시대의 군사제도 · 48

2.4 고려 시대의 군사제도 · 51

2. 4. 1 고려 전기・52

2. 4. 2 고려 후기・54

2.5 조선 시대의 군사제도・55

2. 5. 1 조선 전기의 군사제도・55

2. 5. 2 조선 후기의 군사제도・59

2.6 근대 이후의 군사제도・63

2. 6. 1 일본 정규군의 배치・63

2. 6. 2 의병운동에 대한 탄압・64

2. 6. 3 국내의 항일비밀결사 독립운동・65

2. 6. 4 항일 독립군 조직・65

2. 6. 5 대한민국 임시정부의 군 편제・66

2. 6. 6 국외의 독립군 기지 창건 운동・67

2. 6. 7 독립군 무장투쟁의 발전・68

2. 6. 8 광복군의 창설・71

2.7 광복 이후 건국준비 기간・74

2. 7. 1 대한민국 국방체제・74

2.8 군사교육제도・79

03 | 사관생도의 특성・83

3.1 조국에 대한 복무자・84

3.2 전장에서 승리하기 위한 역량 보유・96

3.3 조국 방위의 간성・104

3.4 진리 탐구와 수련 정진하는 생활인・109

3.5 선택된 젊은이의 길 • 118

3.6 명예로운 봉사자의 삶 • 130

04 | 사관생도의 비전 • 137

4.1 군대교육과 비전의 특성 • 138

4.2 심신 수련이 겸비된 복무자 • 148

4.3 작전 전략, 전술 지휘관 • 153

　4. 3. 1 군사 전략과 전술의 특성 • 157

4.4 국가적 비전을 보유한 호국간성 • 162

　4. 4. 1 사관생도 개관 • 162

　4. 4. 2 개인적 철학관 · 국가관 • 164

　4. 4. 3 임무의 효율성과 영속성 문제 • 165

　4. 4. 4 국가적 비전의 중요성 • 167

4.5 자신의 발전과 멸사봉공하는 삶의 투혼 • 169

4.6 국가 사회에 기여하는 민주 시민 • 175

05 | 사관생도 양성의 요체 • 181

5.1 개요 • 182

5.2 전인적 품성과 인성의 계발 • 184

　5. 2. 1 사관생도의 여정 • 184

　5. 2. 2 임무 수행과 인성의 중요성 • 185

　5. 2. 3 인성의 정의 • 190

5. 2. 4 인성의 철학적 의미 • 195

5. 2. 5 인성의 심리학적 의미 • 201

5. 2. 6 핵심 인성역량 분석 • 206

5. 2. 7 핵심 인성 덕목 선정 • 214

5. 2. 8 인성교육의 경향 : 덕 중심 교육 • 217

5. 2. 9 인성교육의 함의 • 221

5. 2. 9. 1 인성교육의 실제와 절차 • 221

5. 2. 9. 2 인성 교육핵심 요목 • 224

5.3 진리의 추구와 절차탁마 수련 • 237

5. 3. 1 개요 • 237

5. 3. 2 전쟁 승리의 기반은 전장 상황에 대한 인지 능력 • 239

5. 3. 3 전장 정보의 획득과 평가 • 243

5. 3. 4 전장 정보의 확보와 질적인 확장과 적용 • 245

5. 3. 5 참 진리의 확인 절차 • 250

5. 3. 6 진리의 절차탁마 과정 • 255

5.4 확립된 삶의 철학 완성 • 260

5. 4. 1 개요 • 260

5. 4. 2 삶에 대한 철학적 기초 • 264

5. 4. 3 철학의 의미 • 265

5. 4. 4 인생관의 확립 • 271

5.5 임무 수행 능력 및 지휘 역량 배양 • 280

5. 5. 1 임무의 정의, 군사 전문성 • 282

5. 5. 2 임무 수행 능력 구비 • 287

5. 5. 3 부대 지휘 리더십과 지휘 역량의 습득 • 297

　　5. 5. 3. 1 리더십과 지휘력의 계발 • 297

　　5. 5. 3. 2 지휘역량의 제요소 • 306

5.6 국가적 비전의 확립과 체득 • 314

　　5. 6. 1 개요 • 314

　　5. 6. 2 국방 안보의 실상 • 315

　　5. 6. 3 국방 안보의 대전략 • 317

　　5. 6. 4 국가 안보 비전의 성립 • 319

5.7 강인한 인간, 무사, 군인의 완성 • 324

　　5. 7. 1 개요 • 324

　　5. 7. 2 전장 환경의 실제 • 325

　　5. 7. 3 전투 준비 태세 • 328

　　5. 7. 4 강인한 무사, 군인의 실체 • 330

　　5. 7. 5 군사 지휘관의 품성 • 334

　　5. 7. 5. 1 무사와 군인에게 요구되는 품성의 요소 • 341

5.8 민주시민 · 생활인으로 성장 • 353

　　5. 8. 1 자유 민주 시민 정신 일반 • 353

　　5. 8. 2 국가 · 국민 · 시민 • 356

　　5. 8. 3 자유민주주의 기본 질서와 성숙한 민주시민 • 360

　　5. 8. 4 민주시민으로서의 군인 • 363

　　5. 8. 5 민주 시민의 필요 덕성 • 366

　　5. 8. 6 민주시민으로 사는 생활인 양성 방안 • 370

06 ┃ 군인·무인의 삶과 인생행로 · 373

6.1 인간 삶의 여정에 대하여 · 374

6.2 군인, 무사, 선비정신 · 377

    6. 2. 1 군인, 무사, 무인의 삶 · 377

    6. 2. 2 무사도, 선비 정신의 역사적 배경 · 380

    6. 2. 3 무인과 선비의 정체성 · 384

    6. 2. 4 선비정신과 군인의 길 · 390

    6. 2. 5 선비의 현대적 의의 · 396

6.3 다양한 전문가 활동 · 398

    6. 3. 1 인생, 삶의 다양성 · 398

    6. 3. 2 생애개발과 자기개발의 실상 · 403

    6. 3. 2. 1 인간의 생애개발 · 403

    6. 3. 2. 2 자기계발 · 409

    6. 3. 3 전문가의 본질 · 415

6.4 예술, 예술활동에 대한 조예 · 427

    6. 4. 1 행복한 인생 · 427

    6. 4. 2 미학, 예술과 인생 · 433

    6. 4. 3 예술활동과 삶 · 441

6.5 명예로운 인생의 항로, 홍익인간의 삶 · 448

    6. 5. 1 다양한 인간 삶의 가능성 · 448

    6. 5. 2 인생과 살아감의 의미 · 454

    6. 5. 3 홍익인간, 명예로운 인생의 삶 · 459

07 | 대한민국 젊은이의 선택 · 465

7.1 인간 존재의 의미 · 466

    7. 1. 1 개인, 인생의 의미, 인생의 실상 · 466

    7. 1. 2 개인 정체성의 완성 · 474

7.2 도전, 수련하는 인생의 행로 · 479

    7. 2. 1 인간 삶의 과정과 태도 · 479

    7. 2. 2 향상일로(向上日路), 도전의 삶 · 483

    7.3 정성과 감사의 삶 · 493

    7. 3. 1 성실한 삶의 실제 · 493

    7. 3. 2 정성과 감사의 생활 태도 · 496

7.4 역사에서의 소박한 자취 · 505

    7. 4. 1 소박한 인생의 여정 · 505

08 | 소박하고 지혜로운 인생 여정 · 515

8.1 우리들 인간 존재의 실상 · 516

8.2 자기 삶의 여정 · 518

8.3 삶에서 고수의 자세 ; 조용함, 단순함, 느림 · 522

09 | 우주의 심연 속으로 · 527

9.1 우주, 인간, 존재 · 528

9.2 원초적 혼돈 속으로 귀의함 · 536

9.3 황제 내경黃帝內經 · 538

9.4 금강경金剛經 • 541

9.5 도덕경道德經 • 544

9.6 주역周易 • 551

　　가. 수화기제(水火旣濟): 끝날 때까지 끝난 것이 아니다 • 553

　　나. 화수미제(火水未濟): 미제 괘는 형통하다 • 554

주석 • 557

참고 문헌 • 559

01

사관생도론 일반

1.1 사관생도, 누구인가?

대한민국 사관생도는 육·해·공군사관학교 및 국군간호사관학교에서 수학하는 대한민국 국민을 말하며, 「사관학교 설치법」 시행령에 따라 사관학교에 입학한 날부터 각 군의 군적에 편입된다. 육·해·공군 사관학교를 졸업하고 장교로 임용된 사람은 군인사법 규정에 따라 10년 동안 복무할 의무가 있으며, 간호사관학교 졸업 후 장교로 임용된 사람은 6년 동안 복무할 의무가 있다. 사관생도는 「군인보수법」에 따른 보수 및 「군보건의료에 관한 법률 및 군인 복지 기본법」에 따른 복지 혜택을 받을 수 있다.

　우리나라의 사관학교는 해방과 더불어 각기 다른 군사 교육기관을 모체로 하여 각각 설치되었다. 개교 당시 사관학교는 오늘날과 같은 법적 근거와 체계적인 교육과정을 갖추고 시작된 것은 아니었다. 당시의 사관학교는 건군 초기 미군으로부터 현대적인 군사제도와 교리를 도입하여 군 지휘부의 초석이 될 장교 육성에 최우선 목표를 두고 설치되었다. 주요 교과 내용은 군사 교리와 공학 및 영어였다. 1951년 이전까지 사관학교는 해방 이후 일본군이 차지했던 군 간부들의 자리를 보충하고 군 병력 증강을 위해 군 장교가 갖추어야 할 최저 기본 요건만 갖추면 입교시켜 소정의 교육과정을 거쳐 참위(소위)로 임관시키는 군 장교 전문 양성 교육기관이었다.

4년제 정규 사관학교 교육은 이미 1951년부터 실시되었으나 1955년 10월 1일 법률 제374호, 「사관학교 설치법」이 공포됨으로써, 사관학교가 명실상부한 4년제 대학 및 전문 직업 군 장교 양성학교로서 발전할 수 있는 기틀이 마련되었다. 이러한 법적 근거를 통해 사관학교는 4년제 대학교육 기관으로서 전공 과정에 상응한 교육과정을 운영하고 있으며 이에 상응한 문·이·공학사 학위를 수여하고 있다. 사관학교 설치의 법적 근거가 되는 「사관학교 설치법」 중 교육과 관계되는 주요 내용을 살펴보면, 각 군 사관학교는 육·해·공군의 정규 장교가 될 자에게 필요한 교육을 부과하기 위해 설치되었으며, 수업 연한은 4년으로 한다고 규정되어 있다. 사관학교 입학 자격은 교육법 제111조에 규정된 학력이 있는 자로서 17세 이상 21세 미만의 대한민국 국민으로 정하고 있다. 또한, 교육과정은 군사학과 일반학 과정으로 나누되 군사학 과정에 관한 사항은 국방부 장관이 정하고, 일반학 과정에 관한 사항은 국방부 장관이 교육부 장관과 협의하여 정하도록 하고 있다.

일반학 교육과정은 이학사, 문학사 또는 공학사 학위 수여에 충분한 것이어야 하며, 그 과정과 시설에 관해서는 교육법 중 대학 관련 규정을 준용하게 되어 있다. 교수와 교직원에 대해서는 대통령령으로 정하는 바에 의해 필요한 공무원과 군인, 군무원을 두는데, 교장은 각 군 장관급 장교 중에서 참모총장 제청으로 국방부 장관 상신에 의해 대통령이 임명한다. 또한, 일반학 교육과정 담당자 가운데, 교수 · 부교수 · 조교수는 국방부 장관의 제청으로 대통령이 임명하고, 전임 강사와 조교는 사관학교 교장이 임명한다.

사관학교는 그 자격에 있어서 교육법 제109조와 제110조의 규정에 따른 수업 연한 4년의 대학으로 간주하고, 그 졸업자에 대해서는 이학 분야 전공자에게는 이학사 학위를, 인문 사회 분야 전공자에게는 문학사 학위를, 공학 분야 전공자에게는 공학사 학위를 수여하며, 졸업과 동시에 각 군의 소위로 임명하도록 하고 있다. 현대적인 사관생도는 우리나라의 전통적인 개념으로서는 학생이나 유생, 낭도 등이 정서에 부합되나 사관학교 생도를 차별화하고 특수성을 부여하는 의미에서, 또 근대 조선의 개화기에 외국 열강의 영향에서 새로운 개념의 생도라는 용어가 사용되기 시작하였다.

1.2 현대적 군사제도의 형성 개념

국가에서 군 조직은 대외적으로 국가의 존립과 안정을 보장하는 실효적이고 명시적인 조직이며 대내적으로는 안정적인 국가 통치를 보장하는 국가 권력의 핵심 조직이며 상징적인 국가 조직체이다. 군 조직은 국가 존위를 좌우하며 나아가 국가의 성장 발전과 국제 정치와 통상 및 외교에서 묵시적인 압력 수단으로 행사되는 등 국가 이익의 중심에 있는 조직이다. 군은 그 조직, 예산 및 인적자원의 동원 내지는 공급에 국내외적으로 배타적인 권한을 갖는 특수성이 있다. 이러한 군 조직의 골간이 되는 군 간부 인력을 양성하는 중심 기관이 사관학교이다.

군도 일종의 경영 조직으로서 지휘 및 운용은 간부 조직에 의해 이루어지며 간부 조직의 전형적인 형태로 지휘 체계가 유지된다. 특히 상명하복이 조직 유지와 임무 수행의 핵심 요소인 군에서는 특히 엄격한 위계질서가 요구되며, 유지된다. 이러한 조직과 체계 내에서 군 간부의 양성과 지휘가 이루어지고 있다. 특히 과학 기술, 사회 제도와 사상의 발전으로 재래식 또는 근대적 개념의 직접적인 군대의 대결에 의한 전장 개념이 과학과 기술을 배경으로 한 다양한 복합전(複合戰) 전장 개념으로 변모함에 따라 이에 대응하기 위한 현대적 개념의 군대 조직이 출현하게 되었다.

1. 2. 1 사관생도의 현대적 의미

사회 발전과 특히 과학 기술의 발전으로 오늘날 군 장교의 역할은 단순히 전장에서 병사들을 통솔하는 데 그치지 않는다. 군 장교는 군의 최대 특징인 사람을 지휘하고 통제 및 조정할 뿐만 아니라 테크노시대의 군 전략 전술 관리자로서 최신 과학 기술이 응용된 전장 무기의 첨단화 기술을 습득 및 운용하는 특수 인력 집단이다. 따라서 장교는 다양한 과학 기술과 사회 발전에 대한 비전과 지식을 보유하고 이를 활용할 수 있는 고급 기술자로서 군에서뿐만 아니라 사회의 고급 인재로서 점차 그 활동 범위를 확장해 가고 있다. 참고로 세계 각국의 육·해·공군 사관생도의 의무 복무 후 사회 진출 추세를 관찰하면, 현대 사회에서 고급 지휘자 혹은 기술 인력으로서 군 장교의 수요를 추측할 수 있다. 사관생도는 미래의 군 장교이다. 사관생도가 한 국가에서 가지는 사회적인 가치와 역할은 그 나라의 사회적·역사적 배경과 문화적 전통에 따라 다양한 현상을 보이기 때문에 여기서는 대한민국과 한국 사회에서 사관생도의 위상에 대해 논의하고자 한다.

대한민국 사관학교는 근대 국가로 발전하는 초창기에 외국 세력에 의해 창설되었다. 하지만 이 땅에 새로운 군대 조직을 창조한다는 신개념의 창시, 그리고 발달한 서양 문물 및 제도를 전통 사회에 이식시키려는 과정에서 발생한 사회적인 충격으로 인하여 초기의 사관학교와 사관생도의 위상은 사회 · 문화적으로 경계의 대상으로 자리 잡았다. 사관생도는 조선 말의 혼란기를 거치면서 정치적 소용돌이를 경험하고 새로운 개념의 군사적 사회 계급이 되었다. 일제강점기에는 소수 엘리트 청년들이 다양한 개인적인 목적으로 일본군의 사관생도로 입학하여 교육을 수료하고 일본군 장교로 복무하였다. 그중에서 일부 애국 성향의 졸업생은 일본 군부를 탈출 혹은 사퇴한 후에 중국과 만주 등지에서 중국군에 협조 혹은 독립군에 가담하여 항일 독립전투를 수행하였다. 이들은 일본 군대의 전술과 전략을 이용하여 일본군에 대적할 만한 전투력으로 항일 전투에서 훌륭한 전과를 거두었다. 그들이 거둔 성과는 대한민국의 항일 독립 전투사에 길이 남을 위업으로서 조국의 해방을 앞당기는 데 많은 기여를 하였다.

그들은 중국군뿐만 아니라 세계 2차대전에 참전한 미국군과도 교류 협조하여 인적 유대감을 쌓음으로써, 해방 후 군사 및 정치권에서 중요한 역할을 담당하였다. 미국을 비롯한 연합군과 소련군에 의하여 해방을 맞기는 했지만, 남한에서는 미군정이, 북한에서는 소련 군정이 실시되었다. 우리 대한민국의 독립 정부는 그 후 많은 시간이 지나서 국민의 직접선거에 의해 수립되었다. 신생 대한민국은 정부를 조직하고, 국방을 위한 제도로서 군사 조직과 제도를 정비하여 국군을 창설하였다. 이에 따라 각 군사 조직에 요구되는 필수 요인들을 양성할 필요성이 대두되었고, 이를 위해 육·해·공군 사관학교가 설립되기 시작했다.

정부 수립 직후, 국가 조직 및 제도가 정비되지 않았고 이로 인하여 사회가 불안정한 모습을 보이자 국토 방위와 국민 보호가 무엇보다 시급하다는 사회적 여론이 형성되었다. 이에 국가 방위에 대한 사명감을 갖고 미래에 대한 비전을 국가 방위에 둔 젊은이들이 솔선수범하여 국방과 안보 임무에 지원하였다. 대한민국 청년들의 미래에 대한 이상을 실현할 수 있는 교육기관으로서 사관학교에는 우수한 인재가 지원하고, 사관생도는 사회적 신망의 대상이 되었다. 이러한 국민과 사회의 기대를 받은 수많은 훌륭한 국가의 인재가 사관학교에서 교육받고 장교로 임관되어 각 군 조직의 중심으로 활동하기 시작하였다. 사관학교에서 충분한 교육을 받은 애국심 투철한 정예 청년 장교들이 대한민국 국군을 훌륭하게 조직하고 통솔하며 모범적인 근무 태도를 보임으로써 국민에게 존경과 신망을 받으며 경외의 대상이 되었는데, 이러한 모습은 사관생도의 국가적인 모델이 되었고 그것은 하나의 전통이 되어 지금까지 이어지고 있다.

1.2.2 국가 조직에서 사관생도의 의미

당위론적인 사관생도의 이상적 표상은 국가가 위급지경에 이르렀을 때, 국민의 군대이고 국가의 최후 보루인 군의 일원으로서 외적의 위협과 침략으로부터 국가를 보위하고 국민의 안녕과 질서를 위해 온몸을 던져 임무를 수행하는 것이다. 이러한 군의 지휘를 총괄하는 각급 지휘관은 그 사명의 막중함과 그 임무의 전문성에 상응하는 소신과 능력을 겸비하여야 한다.

이러한 지휘관이 되는 가장 중심의 교육과정과 제도가 사관학교이고 사관학교에서 교육과정을 이수하는 소수의 선택된 우수한 청년 자원이 사관생도이다. 사관생도는 학업, 체력 및 덕성 측면에서 국민의 신뢰를 받을 수 있는 최고의 품성을 갖추어야 하며, 4년이란 비교적 장시간 동안 엄격하게 통제된 환경에서 교육 훈련을 받는다. 우수한 인재가 엄격한 환경에서 양성된다는 점에서 사관생도에 대한 기대감과 신뢰가 높아진다. 사관생도의 사회적 기능은 국민에 대한 군의 신뢰감 고양이다. 이들의 높은 도덕성과 품성은 대중적인 도덕성과 생활 기준에서 하나의 이상적 기준으로 설정되고 최소한의 도덕, 즉, 법에 의하여 유지 및 운영되는 일반 사회에 신선한 활력소를 제공한다. 또한, 자녀 교육에 대한 하나의 이상적인 모형으로 상징적인 의미를 갖기도 한다.

이와 같은 고전적이고 형상화된 사관생도의 이상적인 모형은 과학 기술의 비약적인 발전과 이에 따른 사회 및 경제의 구조적이고 혁명적인 변화에 의하여 현저하게 다른 형태로 변화되었는데, 그것은 기능적 모델로서 존재의 의의이다. 우선 고전적인 지·덕·체의 함양이라는 도식적인 훈련 과정에 의한 교육제도는 전자시대의 초고속 정보사회가 지향하는 첨단 전쟁 양상을 지휘하는 미래 지향적 지휘관 양성에 한계를 노출하게 되었다. 현대 전쟁 양상의 가장 중요한 특징은 정보와 정보망에 의한 상호 협조적인 정보 이용을 통한 전투이다. 이러한 현대 정보전에서는 한 사람의 지휘관이 거의 모든 정보를 보유하고 처리하며, 동시에 거대한 정보 협조 체계에서 하나의 정보 수집 요소로서 자기 지휘권을 전혀 행사하지 못할 수도 있다. 현대의 사관생도는 지휘 통솔이나 심리전, 전략학 등 고전적인 전투 관련 과목 외에 통신망을 통한 정보의 수집 및 처리 기술을 배워야 하며, 협동 전장 개념에 의한 정보 수집 요소로서의 기능에 대한 지식을 필수적으로 보유하여야 한다.

현대전의 특징인 C4I-ISR 그리고 합동 전장 개념의 미래 지향적 전투 상황에서는 고전적인 진지 사수나 특정 지역 점령이라는 개념은 아무 의미가 없다. 대신 어느 지역이나 어떤 집단의 인적 구성이 전략적이나 전술적으로 의미가 있을 때, 예를 들어 전투 지휘 총사령관이나 대통령, 국방부 장관 등을 포함하고 있을 경우, 고도의 장거리 정밀 타격 수단인 위성 무기나 전자 유도 원거리 타격 무기 체계를 이용하여 그러한 전략적 고부가가치 요소를 격파함으로써 전투 수행의 하위 제대를 무력화하여 전투를 종결짓는 것이 현대전의 개념이다. 그러므로 평화 시에는 정보 공유체계 및 협동 전장의 기반을 구축하기 위해 인접 국가, 전략·전술적으로 자국에게 유리하다면 어느 국가와도 협조 관계를 구축하는 것이 주요 과제가 되고, 나아가 자국의 정밀 장거리 타격 무기 체계가 지나가는 영공의 해당 국가에게 영공 통과에 대한 협조를 얻는 것이 전투의 중요한 승패 요소가 될 수 있다. 위와 같은 평소의 협조 관계 구축에는 정치 외교적 교류만이 아니라 군사적인 인적·물적 교류도 중요한 요소가 된다. 이러한 인적·물적 군사 교류의 중심에 직접적인 군사력이 아닌 인적 요소로서 사관생도나 군사 교육 인력의 상호 교류는 중요한 군사적인 상징성을 가진다.

1.3 사관생도의 멋

사관생도가 거리를 지나가면 주위 사람들로부터 "멋있다."는 말을 많이 든는다. 그 이유는 사관생도가 지식과 체력을 겸비하며 여타 젊은이들과 다르게 격리 생활하여 신비감을 주며, 엄격하고 힘든 훈련을 받는다는 통념, 그리고 이목을 끄는 제복의 영향 때문이다.

　　사관생도 본인은 장차 군의 장교로서 조국 방위의 막중한 임무를 수행하겠다는 결심으로 사관학교 입학을 희망했고, 어려운 입시를 통과하여 사관생도 생활을 하고 있으며, 오늘도 "자랑스러운 조국 대한의 젊은이"라는 문구를 보며 군에 대한 결의를 새롭게 하는 대한민국 청년이다. 이런 '사관생도는 어떤 젊은이인가?' 대한민국의 극소수 젊은이들만 사관생도로서 국가의 선택을 받는다는 점에서 그 임무의 특수성과 희소성의 가치가 드러난다. 일상적인 사관생도의 생활 그 자체는 순수함과 이상을 품고 성실하게 도전하는 젊은이로부터 발산되는 수련과 정진의 멋이다. 우리가 사용하는 멋이라는 말은 범상치 않은 생활 속에서 유머와 재치가 포함된 품성이나 행동 양식을 의미하며, 사관생도에게는 외부로 드러나는 외모 · 복장 · 언어나 행동과 관련된 측면이 가미된다고 할 수 있다. 행동 양식을 통해 전달되는 독창적이며 추상적인, 그리고 이지적인 사관생도의 강렬한 인상이 사관생도 고유의 멋이 된다. 멋은 멋을 느끼는 타인의 순수한 감정 이입이지 '멋있다'고 느끼는 감정을 유발한 원인 제공자와는 전혀 무관하다는 특성이 있다. 그러나, 멋의 속성과 전달 과정이 그렇다고 해서 사관생도 모두가 자연스럽게 멋있어지지는 않는다는 데 문제가 있다. 멋이 어떻게 표출되어 타인에게 감정의 이입으로 변하는지 알아보면 참으로 신기한 면이 있다. 멋이 타인에게 인식되는 결과에는 당사자의 책임이 없지만 멋을 창조하는 덕목들을 내면에 갖추는 몫은 전적으로 자신의 책임이기 때문이다. '멋의 본질은 무엇인가?' 이에 대한 답은, 멋의 기준이 주관적이고 감정적이기에, 백인 백답의 다양한 의견이 있을 수 있다. 하지만 진정한 멋은 자신의 역할에 몰입하며, 최선을 다할 때 나타나는 것이다.

각 군 사관학교는 지난 70여 년 동안 조국 방위의 신성한 임무에 필요한 장교를 양성하는 데 필수적인 우수한 교육제도를 시행하고 있지 않은가? 자신에게 주어진 교육과 훈련에 사심 없이 침잠하여 최선을 다할 때, 어느새 자신이 진정 자랑스러운 대한의 젊은이가 되었음을 자각할 것이다. 본인의 불굴 투지와 훌륭한 교육제도가 조화를 이루어 멋진 사관생도로 양성된 후, 조국 수호의 영광스러운 임무를 수행할 때 사관생도 본인은 임무의 현장에서, 국민은 후방에서 그들의 임무 수행의 질과 효용성을 평가 지표로 사관생도의 멋을 느끼고 체험하게 될 것이다. 사관생도의 임무 수행에서 드러나는 멋은 현실적으로 증명되고 확인되어야 하며, 실제적인 능력으로서 우리 국민 앞에 분명하게 나타나야 할 당위성이 있다. 사관생도의 임무가 우리나라 여타 젊은이들의 임무와 확연하게 구별되는 점은 그것이 군인의 임무라는 것이다. 여러 가지 의미로 군의 임무에 관해서 정의가 있을 수 있으나 자신의 생명을 담보로 함과 더불어 부하의 생명도 자신의 지휘권 내에 둠으로써 타인의 생명에 대한 무한대의 책임을 지는 임무라고 정의할 수 있다.

'사관생도에게 막중한 임무를 수행할 수 있는 가장 궁극적인 가치의 덕목이 무엇인가?' 그것은 바로 정직함에 기초한 사관생도의 명예심이다. '정직성의 본질은 무엇인가?' 공자님의 가르침대로 "아는 것을 안다고 하고 모르는 것을 모른다."고 하는 의미에서의 정직성이다. 정직성에 바탕을 둔 중도적이고 객관적인 현상 인식이 가장 지혜로운 스승이다. 정직성의 굳건한 토대 위에 사명의 막중함, 즉, 자신과 타인의 생명을 담보로 한 임무를 수행하는 주체로서 최상의 지식을 갖추어야 한다. '최상승의 기준은 무엇인가?' 그것은 상선약수(上善若水)와 해불양수(海不讓水)의 의미가 부여하는 세부적인 임무 수행에 지식과 지혜의 덕목들을 적용하는 과정에서 나오는 자연스러움의 능력이다. 자신의 하찮은 일도 수많은 고뇌와 희생을 통해 이루어지는데, 하물며 국가의 존망이 자신에게 달린 극한 상황을 상상해 보라. 그때 다양한 형태로 접해 온 교육의 편린들인 정직, 충성, 책임, 명예 그리고 애국심 등이 어우러진 지휘관의 단호하고 확신에 찬, 거침없이 포효하는 한마디의 명령, 그곳에 사관생도의 멋이 있고 앞으로 영원히 이어 나갈 조국 방위의 한 역사가 창조되는 순간이 있을 것이다.

사관생도의 멋은 이처럼 여타 다른 젊은이들과 다른 양식과 의미를 가지는 본질적인 특성을 배태하고 있다. 그러나 그 의미가 특수하고 아무리 고고하다 해도, 본질은 사관생도 개개인의 존재 의미인 개인의 정체성이라는 토양 위에 기초해야 한다. 다시 한번 사관생도 제복을 착용한 자신을 관조해 보고 진정한 명예에 대해 자기에게 물어볼 일이다. 그리하여 미래의 자신이 멋진 무인의 기상을 갖추고 멋있는 인생행로를 개척할 수 있도록 이 시각 이 자리에서 준비해야 할 것이다.

02

군사제도의 역사와
사회적 배경

2.1 개요

사관생도는 사관학교가 있어야 존재할 수 있다. 따라서 사관생도를 논하려면 먼저 사관학교를 살펴볼 필요가 있다. 현존하는 사관학교는 외국의 근대 문물을 받아들여 세워진 것이므로, 현재의 사관학교와 유사한 학교가 우리 역사에 존재하였는지 찾아내어 현대적인 사관학교와 비교 분석할 필요가 있다. 또한, 사관학교는 군사제도와 밀접한 관계가 있다. 우리나라는 한국전쟁 이후로 수십 년 동안 남북한이 대치하는 상황에서 병역법의 변경과 그때그때 상황에 따라 군사제도가 많이 바뀌었다. 이러한 군사제도의 역사를 거슬러 올라가 보면, 우리나라가 처한 지리학적·역사학적 환경과 외세의 침입 및 내부적인 요인으로 인하여 군사제도가 고대로부터 복잡하고 다양한 형태로 발전해 왔음을 알 수 있다.

군사제도는 군의 창설·유지 및 운용에 관한 일체의 제도로서 한 나라의 군사제도는 국방체제, 병역제도, 군비, 교육 훈련 등의 광범위한 내용을 포괄하며, 국가 제도와 표리관계를 이루면서 시대적 성격이나 전쟁의 형태에 영향을 받는다. 따라서, 군사제도는 국력을 반영할 뿐만 아니라 그 우열에 따라 민족의 생존과 국가 존립이 좌우되기도 한다.

이에 역사적으로 성립되고 발전해 온 군사제도를 순차적으로 고찰하여 역사 속에서의 군대 모습을 인식하고, 현대적인 군대 제도의 깊이 있는 이해를 도모하고자 한다. 먼저 고조선, 삼국시대 및 고려, 조선 시대를 거치면서 나타난 전문적인 무관 양성 경로를 조사해서 군의 기간이 되는 사관생도의 역사적인 정의를 살펴본다.

2.2 삼국시대 이전

한반도에서 신석기시대의 씨족사회나 청동기시대의 부족사회에서는 씨족이나 부족 자체가 군사 조직이었고, 성년 씨족원이나 부족원이 곧 군인이었다. 신석기시대 유물의 대부분이 무기라는 사실도 부족원 모두가 성년이 되면 일정한 절차를 거쳐서 대부분 군인이 되었음을 보여준다. 이러한 상태는 부족국가 시대에도 크게 다르지 않았다. 그러나 부족국가에서는 예리하고 효율적인 청동제 무기를 사용하는 권력자가 등장하여 대표자로서 군사 지휘권을 행사하였고, 부족국가의 구성원은 바로 군인 조직이었다.

기원전 9, 8세기경 부족국가로 출발하여 늦어도 기원전 4세기경에는 철기 문화를 본격적으로 수용하여 부족연맹 국가로 성장한 고조선의 상황도 유사하다. 위만(衛滿)이 고조선 사회를 군사 1,000명을 거느리고 멸망시켰다는 기사로 미루어 보아, 일정한 규모의 군대를 거느린 족장 또는 지배자가 각지에 존재했음이 분명하다. 부족국가가 부족연맹 국가로 발전한 시기에는 왕이 각 부족국가의 군(軍)을 중심으로 편성된 연맹군을 연맹장 직속으로 두었다. 그러나 부족연맹 국가 말기에 이르면 각 부족의 군사 조직은 내부에서 서서히 붕괴하기 시작한다. 즉, 사회의 모든 구성원이 아닌 일부 선택된 사람들로 군대가 조직되기에 이른 것이다. 가장 먼저 정복 국가로 발전한 고구려에서 본격적인 계층사회가 형성되면서 군사 조직도 변하였다. 삼국시대에 이르러 고대국가로 성장한 고구려·백제·신라는 국가 차원의 군사 조직을 만들었고, 원시적인 씨족이나 부족을 단위로 했던 군사제도는 없어졌다.

2.3 삼국시대

삼국시대에는 정복을 위한 투쟁이 치열했기 때문에 군사권의 독립은 이루어지지 않았다. 삼국이 중앙 집권적 고대국가 내지는 귀족국가로 발전하면서 국왕의 지휘를 받는 전국적인 군사 조직이 편성되었다. 즉, 국왕은 모든 군대의 총사령관으로서 직접 전투에 참여하거나, 무장(武將)인 귀족을 파견하여 전투에 임하도록 하는 강력한 지휘권을 행사하였다.

삼국의 각 지방에는 과거에 부족들이 웅거하면서 쌓은 성(城)이 있었는데, 성병(城兵)들이 이를 지켰다. 이들 성은 지방 군사 조직의 핵으로서 그 본질을 유지하면서 동시에 지방 통치 구획의 기능을 하여 나중에는 중국식으로 군(郡)이라 표현되기도 하였다. 성(城)의 지도자를 고구려에서는 처려근지(處閭近支) 또는 도사(道使), 백제에서는 군장(郡將) 또는 도사·성주(城主), 신라에서는 당주 또는 군사대등(郡使大等)이라 했으나, 일반적으로는 성주라고 불렀다. 성주는 중앙

귀족으로서 일정한 지역을 다스리는 행정적인 수장(首長)보다는 성병(城兵)의 편성·동원 등의 군사적 지휘자 역할이 더 강했다. 또한, 성병은 현지 토착민으로 평시에는 농경에 종사하다가 유사시에 동원되었는데, 부족한 훈련을 보충하기 위한 군사 훈련 조직으로 고구려의 경당(扃堂) 등이 있었다.

군 규모의 성보다 작은 단위의 것을 소성(小城) 또는 촌(村)이라고 하여 구별했으며, 신라의 현(縣)이 이에 속한다. 군 규모의 여러 성을 통합하는 행정 구획은 대성(大城)으로서 고구려는 오부(五部), 백제는 오방(五方)으로 구분했고, 신라는 주(州)라 하였는데 삼국통일 후 전국을 구주(九州)로 정비하였다. 삼국의 대성에는 각기 욕살(褥薩), 방령(方領), 군주(軍主) 등의 장관을 파견하였다. 대성도 군사적 성격이 강하여 군관구 조직(軍管區 組織)과 비슷하였다. 이처럼 대성, 성, 소성으로 편제된 삼국의 지방행정 조직은 군사적 성격이 강하여 전국이 군사조직체와 같았으며, 그 장관도 오히려 군정(軍政)의 책임자였다.

2.3.1 고구려의 군사제도

고구려는 압록강, 혼강 일대를 중심으로 건국됨으로써 좋은 땅이 부족하여 생산물이 많지 않았는데, 이를 대외 정복을 통하여 보충하였다. 이러한 상황으로 고구려는 일찍부터 군사 조직이나 군사동원 체계를 잘 갖추어 나갔다. 초기의 군사 조직은 자치권을 갖는 나부(那部)의 연맹체제로 편성되었는데, 각 나부는 군사 활동에 참여함으로써 일정한 경제적 대가를 얻을 수 있었다. 4세기 들어 왕권에 의한 집권력이 강화되면서 나부 체제가 해체되고 점차 왕권 아래의 군사 조직으로 편제되었다. 이후, 대외 정복 활동이 확대되어, 전쟁 형태는 소국 단위가 아니라 중국이나 백제 등을 대상으로 하는 국가적 규모로 되었다. 따라서 소규모 전사 집단에 의존하는 초기 형태는 지양되고 전 주민을 대상으로 하는 국가 차원의 병력 동원체제가 요구되었다.

고구려 후기의 군사 조직은 중앙 군사 조직과 지방 군사 조직으로 나누어 볼 수 있다. 중앙 군사 조직으로는 수도의 5부(部)를 들 수 있는데, 각 부에는 일정한 규모의 군사가 배치되어 중앙군으로서 수도 방위 임무를 담당하였을 것으로 추정된다. 지방 군사 조직은 지방행정 조직과 하나의 체계로 짜였으며 지방행정 조직이 그대로 지방군 편제 조직으로 기능하여 지방관이 해당 지역 지방군을 통솔하는 역할을 동시에 가졌다. 고구려의 대표적인 군사 훈련은 수렵 행사였다. 유목 수렵 문화의 전통을 갖고 있고 대외 군사 활동이 활발하였던 고구려에서 군사적 능력은 왕에게 요구되는 필수적인 덕목이었다. 미성년자 교육기관인 경당(扃堂)은 군사 훈련의 중요한 장으로 평민 자제들은 이곳에서 글을 읽고 활쏘기를 익혔다.

고구려 군사 조직의 병종은 크게 육군과 수군으로 나뉘었는데, 주력은 육군이었다. 육군은 다시 기병과 보병으로 나뉘었다. 육군 가운데 병사의 수는 보병이 많았으나 핵심 전력은 기병이었다. 고구려의 수군도 강력한 전투력을 보유하였다. 본격적인 수군의 활동은 고구려가 낙랑군 지역을 차지한 후로 이 지역의 해상 세력을 기반으로 수군을 편성하였다.

2. 3. 2 백제의 군사제도

백제의 군사제도에 대한 자료가 많지 않고, 다만 사비성 시대의 경우는 자료가 소량 존재하여 당시 군사 조직의 대략적인 면모를 파악할 수 있다. 백제는 왕도(王都)의 5부에 제2 관등인 달솔(達率)이 각기 500명의 부병(部兵)을 거느렸다. 따라서, 당시 백제 왕도의 수비병은 2,500명 정도였다. 지방의 군사 조직은 지방의 행정 조직과 밀접한 관련이 있으며, 군사의 지방 주둔은 지방행정의 지휘소가 있는 성을 중심으로 이루어졌다. 지방행정의 중심은 5방의 방성이었으며 이곳에 배치된 부대가 지방 군사 조직의 핵심이었다.

백제 군사제도의 편제는 육군과 수군으로 이루어져 있었다. 백제는 서쪽과 남쪽이 바다에 연해 있으며 일본과 빈번한 교섭이 이루어지고 있었던 것으로 보아 수군의 비중이 육군과 대등했던 것으로 추정된다. 다만 육지에서 고구려, 신라와의 전쟁이 빈번하고 영토를 보존하기 위해 육군의 중요성이 커졌으며 그 병력 수는 증대되었다. 육군은 기병과 보병으로 분류되어 편성, 조직되었다. 실제 전투에서는 기병과 보병이 통합되어 외적과 대적하였다. 남자로서 장정(丁)의 연령에 해당한 민(民)은 군역의 의무가 부과되었다. 민이 군역을 부담하면서 군사로 충원되었다.

2. 3. 3 신라의 군사제도

신라의 군사제도는 삼국 간의 항쟁이 격화된 진흥왕 때부터 본격적으로 정비되기 시작하였다. 즉, 서기 544년에 종래 왕성 주위에 배치되어 있던 6개의 부대를 통합하여 대당(大幢)을 편성하였는데, 이는 군사력의 기본이 되는 6정의 효시가 되었다. 그 뒤 550년대에 영토의 비약적인 확장과 더불어 점령지에 주를 설치하여, 군사 조직으로 6정이 편성되었다. 이 6정 군단은 주의 수도(州治)에 배치되어 주의 이동과 함께 그 소재지가 이동되었는데, 대당을 제외한 나머지 5개의 정은 모두 해당 지방민을 징발하여 편성된 부대이다. 한편, 이 6정 못지않게 비중이 큰 군단으로 법당(法幢) 그리고 국왕을 시위하는 목적을 지닌 군사 조직으로 시위부(侍衛府)가 조직되었다.

또한, 6정 군단을 보충하기 위한 군사 조직에 화랑도와 같은 청소년 단체가 있었다. 특히 화랑도는 평소에 충(忠)과 신(信) 등 사회 · 윤리 덕목을 귀중하게 여기면서 수련을 쌓은 결과 삼국통일을 이룬 7세기 중엽까지 1세기 동안 국난기에 적합한 시대정신을 이끌어 갔다. 그 밖에 수도 방어를 위해 위병과 사자대라는 특수 부대도 존재하였다. 신라의 군사제도는 삼국통일 후 큰 변화를 겪어 중앙군으로 9서당, 지방 주둔군으로 10정, 기타 많은 부대가 편성되었다. 9서당의 특징은 본래 신라 사람 이외에도 백제와 고구려의 피정복민을 포함하고 있다는 점이었다. 또한, 10정은 국방의 역할뿐 아니라 지방 치안을 확보한다는 의미에서도 중요한 군사 조직이었다.

2. 3. 4 통일 신라 시대의 군사제도

신라가 삼국을 통일한 뒤, 군사제도는 한층 더 강화되고 정비되어 행정 구획과 별도 조직으로 구분되었다. 통일신라 시대의 군사제도는 왕을 직접 호위하는 친위군(親衛軍)과 왕권 수비를 위한 중앙군과 지방군으로 구분되었다. 중앙 군사 조직은 6정이 통일 후에 9서당(九誓幢)으로 정비되어, 전제 왕권을 강력히 뒷받침하는 주체가 되었다. 또한, 9서당은 피정복민으로 편성한 부대가 전체의 3분의 2에 달하여 백제·고구려 유민을 관용으로 포용하여 민족의 융화를 꾀하는 역할을 하기도 하였다. 통일신라 시대 군사 조직은 중앙군인 9서당(誓幢)과 지방에 배치된 10정(停)이 있었다. 9서당은 통일 이전 진평왕 5년(583)에 조직된 서당이 시초였다. 서당은 신라인 소모병(召募兵)으로 편성된 부대로 기존 군단인 법당 및 6정과 달리 왕권과 밀착된 특수한 성격의 중앙 군사 조직이었다.

통일신라의 지방 군사 조직은 10정(十停)으로 정비되었다. 신라는 통일 후 지방을 아홉 주로 나누어 주마다 1정씩 군부대를 두었다. 다만, 지역이 넓고 국방 요지인 한주(漢州)에는 2정을 배치하여 모두 10정이 되었다. 각 정은 지역의 정치·경제의 중심지인 주치(州治)가 까운 곳에 배치되었다. 즉, 정이 설치된 지역은 통일신라의 군사적 요지이자 지방 통치의 거점이었으며 이는 정이 국방만이 아니라 치안을 위한 군사 조직이기도 하였음을 알게 한다. 이들 10정의 군대는 대개 기병(騎兵)이었다. 10정 이외의 지방 군사 조직으로 오주서(五州誓)가 있었다. 오주서는 국방의 요지라고 할 수 있는 청주(菁州), 완산주(完山州), 한산주(漢山州), 우수주(牛首州), 하서주(河西州)에 설치되었으며, 기병으로 편성되었다. 각 주에 설치된 지방 군단에는 지방민이 징발되어 군인으로 충원되었다. 대개 기병으로 편성된 10정이나 오주서와 달리 주로 보병으로 편성된 지방군으로 만보당(萬步幢)이 있었는데, 이들은 9주에 고루 배치되었다. 이 밖에도 순수하게 국방을 위해 국경 지대에 배치된 삼변수당(三邊守幢)과 삼국시대에 조직된 여갑당(餘甲幢)과 법당(法幢) 등도 그대로 배치되었다.

2.4 고려 시대의 군사제도

고려 시대 중앙군의 근간은 2군(軍) 6위(衛)이다. 2군은 왕의 친위군을 일컫는 것으로 응양군, 용호군이 있었다. 6위는 서울의 경비와 국경 방어의 임무를 띠며 상장군, 대장군, 장군 등으로 하여금 통솔하게 하였다. 이 편제는 성종 대에서 현종 대에 걸쳐서 완성되었는데 여기에 모두 45개의 영(領)이 소속되어 있었다. 하나의 영은 1,000명의 군인으로 조직되어, 고려의 중앙군은 모두 4만 5,000여 명이었다. 중앙군은 처음에는 특정한 군반씨족에서 충당된 전문적인 직업군인이었다. 이들은 군역(軍役)을 세습하는 대신 그에 대한 반대급부로 군인전(軍人田)을 지급받아 생활 기반으로 삼았다. 또한, 이들은 후기에 특수부대인 별무반(別武班)과 삼별초(三別抄)를 설치한 하나의 요인이 되었고, 무신정변을 일으켜 정치 실권을 행사하였다.

중앙 집권적인 통치 체제를 완비하기 위해서는 지방 관제의 장비와 함께 군사 조직의 정비도 필수 불가결한 것이었다. 태조를 비롯하여 역대 왕들은 군사 조직 정비에 힘썼으며 고려 초기 지방 호족들이 독자적으로 거느리고 있던 사병(私兵)이 점차 중앙정부에 직속되는 중앙군의 일부로 편입되었다.

지방에는 주현군이 있었는데 5도(道)의 주현군은 일반 농민들로 구성되어 농사에 종사하면서 군역(軍役)을 치렀다. 이들의 군역에는 전투에 참여하는 것 외에 또 하나의 임무가 있었는데 그것은 방수였다. 방수는 경비를 말하는 것으로 1년간 방수 기간에 필요한 피복과 식량을 스스로 부담하였다. 한편 군사적으로 중시되던 동계(함경도와 강원도 일부 지역)와 서계(평안도 지역) 양계에는 초군, 좌군, 우군이 조직되어 국경 수비를 담당하였으며, 특수군으로는 거란 침입에 대비한 광군사, 여진 침입에 대비한 별무반과 항몽군인 삼별초가 있었다.

2.4.1 고려 전기

성종 때를 계기로 군사 조직은 중앙 2군 6위(二軍六衛), 지방 주현군(州縣軍) 등으로 정비되어 갔다. 중앙군은 태조의 직속 부대와 여러 장수가 거느리고 있던 군대를 토대로 서서히 편제되었다. 당시 중앙군은 처음에는 중군(中軍), 좌강(左綱), 우강(右綱)의 3군으로 편제되었다. 2군 6위에는 각각 정·부 지휘관인 상장군(上將軍), 대장군이 각 1인씩이 있어 해당 군, 위의 모든 일을 관장하면서 합좌 기관(合坐機關)으로 중방(重房)을 구성하였다. 2군 6위 밑에는 영(領) 이하의 더 작은 단위 부대들이 있었다. 이들 하급 부대에는 따로 하급 장교를 지휘관으로 임명했으며, 이들도 회의체(會議體)인 방을 구성하였다. 이들 지휘관은 이 방에서 장교의 권리를 보장받고, 군졸의 지휘 통솔에 관한 여러 업무를 의논하였다. 2군 6위는 신분과 군역을 세습하는 특수 신분층인 군반씨족 출신의 전문 군인들로 구성되었으며, 이들 중앙군은 군호(軍戶)를 형성하여 군적(軍籍)에 별도로 관리되었다.

지방군은 군사와 역역(力役)을 주로 담당한 주현군과 국방을 주로 담당한 주진군(州鎭軍)으로 구분된다. 주현군은 계통에 따라 둘로 나누어진다. 첫째는 947년(정종 2)에 설치된 광군(光軍) 계통으로, 호족의 지배 아래 있던 부대를 중앙정부의 통제 아래 흡수한 예비군 성격의 군대 조직이다. 이들은 해당 지방의 농민으로 구성되어 중앙의 광군사(光軍司) 지휘 통제를 받는 한편, 해당 지방의 호족이 직접 지휘한다. 둘째는 중앙에서 12군과 5도호부의 진수군(鎭守軍)으로 배치된 군사 조직이다. 고려는 새로 정복한 지역의 군사적 통제를 위해 후백제와 신라의 옛 땅에 각각 안남도호부(安南都護府)와 안동도호부(安東都護府)를, 동서 양계에는 안변도호부(安邊都護府)와 안북도호부(安北都護府)를, 황해도 돌출부에는 안서도호부(安西都護府)를 설치하고 군대를 상주시켜 치안과 국방을 담당하게 하였다. 그러나 남방 지대가 변경으로서 의의가 없어지자 양계를 제외한 지역의 도호부는 거의 무의미한 존재가 되었고, 12주 절도사 체제로 개편되면서 이 체제가 군사적으로 지방 통치의 중심이 되었다.

2. 4. 2 고려 후기

문신 귀족 중심인 고려 사회에서는 군사를 동원하는 일도 문신이 맡아 최고 사령관인 원수(元帥)의 직책까지 독점하였다. 그러므로 무신은 비록 상장군이나 대장군이라 하더라도 실질적인 관료적 기능의 권한을 보유할 수 없었다. 따라서, 국가가 큰 규모의 군사를 동원하기 위해서는 새로운 조직의 군대가 필요하였으며, 숙종 때 여진족 토벌을 위해 신기군(神騎軍), 신보군(神步軍), 항마군(降魔軍)의 세 부대로 나누어진 별무반(別武班)을 설치하였다. 별무반은 군반씨족과 관계없이 문·무의 산관(散官), 이서(吏胥)에서부터 상인, 노복, 주민 및 승도(僧徒)에 이르기까지 모두 징발되어 편성되었다. 그 결과 군반씨족을 중심으로 한 고려 전기의 군사제도는 붕괴되고, 무인 집권기에는 권력자가 사병을 조직 운영하는 별도의 군 조직이 출현하게 되었다. 1258년(고종 45), 최씨 군사 정권이 타도되고, 고려 정부가 개경으로 환도하는 과정에서 도방과 마별초 등이 없어졌고 삼별초의 해체 과정도 시작되었다. 이리하여 농민 중심의 병농 일치적(兵農一致的)인 군사 체제가 시작되어, 국경이나 군사적 요지에 만호부(萬戶府)를 두고 그 밑에 몇 개의 익(翼)을 설치함으로써 제도화되었다.

2.5 조선 시대의 군사제도

2.5.1 조선 전기의 군사제도

'조선 전기의 군사 조직'[1]으로 중앙에는 5위(五衛), 궁중을 지키고 임금을 호위·경비하던 군대인 금군(禁軍)이 있었고, 지방에는 진관 체제(鎭管體制)가 형성되어 있었다. 진관 체제란 행정 조직 단위인 읍(邑)을 군사 조직 단위인 진(鎭)으로 편성하고, 각 읍의 수령이 군사 지휘권을 갖는 체제이다. 조선 정부는 또한 국민개병제(國民皆兵制)에 입각한 병농(兵農) 일치 체제를 확립하려고 하였다. 그러나 국민개병제의 원칙은 당시 형성되어 있던 양반 계층이 사실상 군역에서 제외되었고, 천민 계층도 때때로 특수병에 뽑히는 경우 외에는 군역에서 제외되었기 때문에 부분적으로 적용되었고, 군사력의 주류는 역시 절대다수인 양인 농민(良人農民)이었다.

중앙의 군사 조직인 5위는 의흥위, 용양위, 호분위, 충좌위, 충무위를 말하며, 입직과 시위 등의 임무를 수행하는 한편, 각기 지방의 병력을 분담, 관할하였다. 조선 전기에는 국민들이 병역을 나누어 맡는 국민개병제였으며 후기에 직업 군제로 변화하였다. 국민개병제는 병농 일치제를 말하는 것으로 농민들이 평시에는 농사를 경작하면서, 일정 기간 군무에 복무하는 제도이다. 군에 들어가면 국가에서 정해주는 소속에 따라 중앙군이 되거나 지방군이 되었다. 조선 후기로 가면 5군영이 설치되고, 직업 군인으로 조직적 상비군이 편성되었다. 그리하여 농민은 군포를 내는 것으로 군역을 대신하였고 복무는 직업군인이 하였다. 임진왜란 중에는 포수(砲手), 사수(射手), 살수(殺手) 등 삼수병(三手兵)이라는 특수 부대를 훈련, 양성하는 훈련도감(訓鍊都監)이 신설되었다. 그 후, 군제를 개혁하여 총융청, 수어청, 어영청, 금위영을 설치하였으며, 훈련도감과 함께 오군영을 이루어 주로 서울과 경기지방의 방위를 담당하게 하였다. 중앙군에 들면서도 5위에 속해 있지 않은 군대 조직으로 내금위(內禁衛), 겸사복(兼司僕), 우림위(羽林衛) 등의 국왕을 직접 호위하는 금군이 있었다. 금군은 수는 적으나 왕권 강화와 직결되어 그때그때 필요에 따라 설치되고 법제화하였다. 내금위는 국왕 측근에서 근무하는 친병인 까닭에 엄격한 무예 시험을 거쳐 선발되었고, 대체로 번차(番次) 없이 장번(長番)으로 근무하면서 전원 체아록(遞兒祿)을 지급받았다.

조선 시대의 해군 조직인 기선군은 뒤에 선군(船軍), 다시 수군(水軍)으로 명칭이 바뀌어 갔다. 건국 초 사병이 혁파되고 특수병인 갑사 등이 강화되어 기선군에 편입시켜 보강하였다. 그 결과 기선군의 수는 약 5만 명에 이르렀다. 기선군은 대개 연해민(沿海民)들 가운데서 충당되었으며, 고된 해상 근무의 대가로 어염(魚鹽)의 이익을 추구하도록 특전이 주어져 왔으나, 점차 어염의 이익이 자염(煮鹽)의 역으로 변하여 군역에 덧붙여져서 근무 조건이 더욱 힘들어졌다. 이에 따라 기선군의 역을 기피하는 현상이 나타나고, 그 신분이 신량역천(身良役賤)으로 격하되기에 이르렀다. 이들은 도(道) 수군도절제사(水軍都節制使)와 그 밑에 수어처(守禦處) 별로 설치된 포(浦)의 만호, 천호 등이 지휘하였으며, 기선군은 양번(兩番) 교대로 복무하였다.

한편 지방의 군제는 진관 체제(鎭管體制)로서, 각 도에 병마절도사(兵使)와 수군절도사(水使)가 있는 곳을 주진(主鎭)이라 하였다. 주진 아래에 몇 개의 거진(巨鎭)을 두어 그 크기에 따라 절제사(節制使), 첨절제사(僉節制使) 등을 두었는데, 이들 군직은 대부분 수령들이 겸직하였다. 각 도에는 병영과 수영을 설치하고 그 아래에 여러 진영을 두었는데 각 병영의 장관을 병마절도사, 해군 조직의 지휘관을 수군절도사라 하고, 영(營), 진(鎭)에 소속된 군인을 진수군(鎭守軍)이라고 하였다. 진수군은 정병인 영진군과 노동 부대인 수성군(守城軍), 해군인 선군(船軍)으로 구분되어 있었다. 그 중 영진군은 양인인 농민을 기간으로 한 군대로서, 상번 때 병영에서 근무한 농민이 하번(下番) 때에는 농업에 종사하는 병농 일치의 군대였다. 이처럼 진관제는 지역 방어의 개념으로 요새 등에 상주 병력을 배치해 두었다가 전쟁이 나면 자력으로 방어를 하는 체계였다.

1466년 지방군 최고 지휘관인 병마도 절제사를 병마절도사(兵馬節度使)로 바꾸었고, 수군도절제사에서 안무처치사(水軍都按撫處置使)로 바뀌었던 수군 최고 지휘권자도 수군절도사(水軍節度使)로 바꿔

주진을 담당하게 하였다. 이들은 각각 병사, 수사로 통칭되었다. 각 도의 육수군은 병사 아래로 우후(虞侯)와 대개 지방 수령인 첨절제사, 동첨절제사(同僉節制使), 절제도위(節制都尉)로, 수군은 수사 아래로 우후와 만호 · 천호로 이어지는 지휘 계통이 형성되었다.

진관 체제는 전쟁도 하고 방위도 한다는 자전자수(自戰自守)의 원칙에 따라 전국을 방위 지대로 조직 및 편제한 것이었다. 하지만 이 체제는 많은 적이 침략해 올 때는 오히려 군사력이 분산되는 문제점이 있었다. 게다가 공역에 다른 사람을 대신 내보내는 폐단도 발생하였다. 이러한 방위 체제의 문제점을 보완하기 위해 군사를 총동원하여 대적하는 제승방략(制勝方略)이라는 응변책이 강구되었다. 제승방략은 먼저 함경도에서 이일(李鎰) 등에 의하여 시도되었는데, 전쟁이 일어나면 도 내의 모든 병력을 집중적으로 동원하여 응전하는 방책이었다. 이에 따르면 유사시에 각 읍의 수령은 소속 군사를 이끌고 지정된 방어 지역으로 집결한다. 하지만 이들은 군사 지휘 능력이 없으므로 중앙에서 파견되는 순변사(巡邊使), 방어사(防禦使), 조방장(助防將) 등의 경장(京將)과 병, 수사가 지휘권을 가졌고, 수령은 인솔 책임만 졌다. 제승방략은 이처럼 많은 군사력을 동원하여 적을 총력 방어할 수 있다는 이점은 있으나, 후방 지역에는 군사가 없어 한 번 방어선이 무너진 뒤에는 적을 막을 방도가 없다는 치명적인 약점이 있었다. 그러나 진관 체제가 무너진 상황에서 창궐하는 왜구를 막기 위해 16세기 초반부터 남방에도 제승방략 체제를 적용하게 되었다.

이것은 결국 16세기 말엽의 임진왜란 때 이일의 상주 싸움과 신립(申砬)의 충주 싸움 패전 뒤, 조선의 후방군이 없었던 까닭에 왜군이 상주에서 충주, 다시 서울로 쉽게 진격할 수 있는 빌미를 제공했다. 북방에서는 그래도 무장(武將)이 파견되어 방어에 임하였으나, 남방에서는 군사를 모은 뒤 경장(京將)의 파견을 기다려야 하는 불합리성을 안고 제승방략이 실시되던 때에 임진왜란이 일어난 것이다.

2. 5. 2 조선 후기의 군사제도

조선 후기의 군사제도는 중앙의 5군영(五軍營)과 금군, 지방의 속오군(束伍軍) 체제로 특징지을 수 있다. 16세기 말에 이르러 조선 전기의 군사제도는 거의 기능 정지 상태에 있었다. 이를 틈타 침입한 왜군을 물리치기 위해 군사제도의 재정비·재편성이 시급하였다. 이에 16세기에 변방비어(邊方備禦)를 위해 설치한 비변사의 권한을 강화하는 동시에 포수(砲手), 살수(殺手), 사수(射手)의 삼수병(三手兵)을 중심으로 하는 훈련도감을 중앙에 설치하였다. 훈련도감은 임진왜란 당시 군사 지휘권을 장악하고 있던 유성룡(柳成龍) 등의 강력한 주장으로 그 이름과 같이 임시 군영으로서 설치되었으나, 그 뒤 필요에 따라 상설 조직으로 편성하여 중앙의 핵심 군영이 되었다. 유성룡은 기민 구제, 정병 양성을 주안점으로 하여 훈련도감의 군사를 장번(長番)의 급료병(給料兵)으로 편성함으로써 용병제의 시초를 이루었고, 과거의 궁시(弓矢) 중심에서 포수 중심으로 편제를 바꾸었다.

훈련도감의 지휘부는 의정(議政)이 겸하는 도제조(都提調), 병조판서와 호조판서가 겸하는 제조(提調)의 자문 아래 대장(大將), 중군(中軍), 별장(別將), 파총(把摠), 종사관(從事官), 초관(哨官)으로 편제되었다.

이 밖에도 군관, 별군관, 지구관(知穀官), 기패관(旗牌官), 도제조군관, 감관(監官), 약방(藥房), 침의(鍼醫) 등 군사 훈련이나 각종 행정에 종사하는 직종이 있었다. 훈련도감 군은 후대로 내려오면서 국가 재정의 어려움으로 몇 차례 증감이 있었으나, 대개 5,000여 명의 군총(軍摠)을 유지하며 수도 방어의 핵심적인 역할을 했다.

훈련도감과 달리 번상하는 향군으로 편제된 중앙군이 어영청과 금위영이다. 어영청은 인조반정 뒤, 후금(後金)의 침입에 대한 대비책으로 설치가 논의되다가 1624년(인조 2년) 이괄(李适)의 난을 계기로 중앙군으로 정착되었고, 1652년(효종 3년) 어영청으로 개편되었다. 그 뒤 왕권 호위와 북벌의 선봉으로 존치되던 어영청은 북벌의 의미가 감소되면서 수도 방어군으로 정착되었다. 어영청의 편제로서, 어영청의 군사는 보인(保人)의 부담으로 번상하였으므로, 조선 전기 5위 체제의 정군 번상과 같은 체제이다. 어영군에는 훈련도감 군과 달리 화포군(火砲軍)인 별파진(別破陣)이 설치되었고, 겸파총(兼把摠) 11원을 두어 무예에 소질 있는 수령을 임명하여 도 내의 번상하지 않은 향군의 훈련을 담당하게 했다.

조선 후기로 가면서 사회 전반에 걸쳐 근대 지향적 개혁이 이루어졌으나 군사제도는 쉽게 개혁되지 못하여 19세기 전반의 세도정치 아래서 군정의 문란은 극에 달하였다. 이러한 상황에서 1863년 고종이 즉위하자 흥선대원군이 섭정하여 국방력 강화에 적극적으로 대처하였다. 대원군은 당시 의정부의 직권을 침해하고 있던 비변사를 폐지하고 국초의 삼군부(三軍府)를 다시 두어 의정부와 양립시킴으로써 세력 균형을 이루도록 하는 동시에 중앙군 강화에 노력하였다. 그는 중앙군의 기강을 바로잡고 노약자를 도태시키는 등 각종 모순을 해결하고 부단한 훈련과 함께 막대한 내탕금을 풀어 무기 수선, 화약과 연환(鉛丸) 제조, 식량 비축, 신무기 개발에 힘써 외적 방어에 성과를 거둘 수 있었다. 1872년 고종의 친정이 시작되자 왕권 호위의 강화가 더욱 절실하여 훈련도감 등에서 가장 우수한 군사 500명을 뽑아 궁궐 숙위를 전담하는 무위소(武衛所)를 설치하였다. 그 지휘권자인 무위도통사(武衛都統使)의 권한도 강화되어 무위소는 수도의 모든 군무에 관여하는 군영으로 발전하였다.

1876년 병자수호조약 체결 뒤 조선 정부는 근대 무기 도입과 군사 조직에 관심을 기울여 1880년 통리기무아문(統理機務衙門)을 설치하였다. 모든 군국 기무를 총령하는 통리기무아문 밑에는 13사(司)를 두었고, 국방과 관계되는 관서로는 군무사(軍務司), 변정사(邊政司), 군물사(軍物司), 선함사(船艦司) 등이 있었다. 조선 정부는 이와 함께 군제 개편에 착수하여 신식 군대인 별기군(別技軍)을 설치하고, 구 군영(舊軍營)을 개편하였다. 이들 별기군은 급료와 피복 지급 등의 모든 대우가 구식 군대보다 월등하였다. 별기군은 모든 군을 근대화하기 위한 시험 조치로 설치되었지만 이듬해 일어난 임오군란으로 말미암아 해산됨으로써 실제적인 면에서 국가 발전에 도움을 주지는 못했다. 군령 계통도 광무 연간에 원수부(元帥府)가 설치되어 황제가 군 통수권자인 대원수로서 군기를 총괄하는 체제를 갖추었다. 과거에 설치되었다 폐지된 무관학교(武官學校)도 1898년에 복구되는 동시에 연성학교(硏成學校), 유년 학교 등이 설립되어 사관 양성과 간부 및 생도 교육도 본격화했으며, 1900년에는 군사 경찰을 위한 「육군 헌병 조례」가 반포되고 육군병원도 개설되었다. 그러나 1904년 러일전쟁에 승리한 일제가 다음 해부터 각종 군사 조직을 감축 또는 폐지하고 말았다. 중앙군은 시위 연대 등이 모두 폐지되고 보병 1개 연대와 포병 1개 중대로 축소 편성되었다가 이윽고 모든 중앙군이 시위 혼성여단(侍衛混成旅團)으로 통합되었다가, 1907년 7월 징병법을 실시한다는 이유로 강제로 해산되고 말았다.

한편, 지방군은 대원군 섭정 당시 병인양요(丙寅洋擾) 등으로 이양선(異樣船)의 출몰이 잦아지자 수도권 방어와 관계되는 연해의 군비를 강화하였다. 강화도에는 다시 진무영을 설치하여 여러 갈래의 군사 체제를 일원화하고 해방(海防)을 위한 요지에 진과 방어영을 설치하였으며, 러시아의 남하를 막기 위해 북방 방어군을 증강하고 파수처를 늘렸다. 흥선대원군은 당시의 지방 군사 조직 편제를 그대로 유지하면서 방어를 강화하여 국제정세에 대처하였다. 그러나 고종이 친정하면서 근대화라는 명목으로 중앙의 군제를 반복, 개혁하는 가운데 지방에는 관심을 쏟을 겨를이 없었다. 이러한 혼란 중에 일제의 압력으로 갑오경장이 추진되어 1895년 중앙은 물론 지방에도 훈련대를 설치, 확대해 나갔다.

2.6 근대 이후의 군사제도

2.6.1 일본 정규군의 배치

일본의 조선 주둔군은 1906년 8월, 한국 주차군 사령부 조례에 따라 경성에 사령부가 설치되면서 정식으로 편성되었다. 당시에는 일본 군대가 1개 사단씩 2년마다 교대로 한국에 주둔해 왔다. 그러나 1915년 12월 24일 조선 2개 사단 증설안이 확정됨에 따라 조선 내 일본군 병력으로 조선군 사령부를 지배할 수 있는 체제를 확립하였다.

일제는 초기에 조선총독부와 헌병 경찰에만 의존하여 한국을 식민지 통치하였으나 이에 불안을 느껴 일본 정규군을 배치하여 무력을 증강하였다. 일제는 일본 육군 제19사단을 나남에 주둔시켜 북부 조선 일대를 지역별로 구획하여 배치하였으며, 제20사단을 용산에 주둔시켜 중부와 남부 조선을 지역별로 구획하여 각지에 배치하였다. 일제는 이들을 합하여 조선군(朝鮮軍)이라고 부르고 사령부를 용산에 두었다. 그 결과, 일제강점기의 한국은 전국이 거미줄 같은 일본 정규군의 배치망에 중첩되어 들어가게 되었다. 일제는 또한 경상남도 진해와 함경남도 영흥만에 일본 해군 요새 사령부를 설치하고, 해군과 중포병 대대를 주둔시켰다. 1911년 한국에 주둔시킨 일본 정규군의 병력은 2만 3,000여 명에 달하였다.

일제강점기 초기의 식민 통치의 무력은 1911년 기준으로 보아도 ① 헌병경찰 1만 3,971명, ② 조선 주둔 일본 정규군 약 2만 3,000여 명, ③ 조선총독부 행정 요원 1만 5,115명으로 합계 약 5만 2,086명에 달하였다. 일제는 이러한 5만여 명의 무력 조직을 전국에 거미줄같이 배치하여 한국에 대한 식민지 무단 폭압 통치 체제를 갖추었다.

2. 6. 2 의병운동에 대한 탄압

일제는 이러한 식민지 무단통치체제를 구축하고 한국인의 국권 회복 운동, 독립운동에 대한 잔혹한 탄압을 자행하였다. 일제는 대한제국 강점 이전인 1905년 이래 전국 각지에서 봉기하여 1907~1908년에 절정을 이루며 치열하게 전개되던 의병 전쟁에 대하여 '조선 주차군'이라고 부르던 일본군을 투입하여 잔혹하게 탄압하였다. 그러나 한국인들은 이에 굴하지 않고 비록 숫자는 크게 줄어들었으나 1910년 일제 강점 이후에도 부분적으로 1914년까지 줄기차게 의병 전쟁을 전개하였다.

2. 6. 3 국내의 항일비밀결사 독립운동

일제가 식민지 무단 통치 체제를 만들어 탄압을 가해도 한국 민족은 불굴의 투지로 일제 치하의 암흑천지 속에서도 줄기차게 비밀결사를 조직해서 독립운동을 전개하였다.

1911년 '105인 사건' 이후 발각된 비밀결사만 해도 독립의군부(獨立義軍府, 1913), 광복단(光復團, 1913), 광복회(光復會, 1913), 기성볼단(1914), 선명단(鮮命團, 1915), 조선국권회복단(朝鮮國權回復團, 1915), 영주 대동상점(大同商店) 사건(1915), 한영서원(韓英書院) 창가집 사건(1916), 자립단(自立團, 1916), 홍천 학교 창가집 사건(1916), 이증연(李增淵) 비밀결사(1917), 조선산직장려계(1917), 조선국민회(朝鮮國民會, 1918), 민단조합(民團組合, 1918), 자진회(自進會, 1918), 청림교(靑林敎) 사건(1918) 등이 있었다. 이밖에 대동청년단(大東靑年團)을 비롯하여 일제에 발각되지 않은 다수의 소규모 비밀결사들과 여러 이름의 계(契)들이 조직되어 민족독립을 되찾기 위한 광범위한 지하 독립운동을 전개하였다.

2. 6. 4 항일 독립군 조직

일제에 국권이 침탈된 1910년부터 1945년 광복 때까지의 시기에는 국가적으로 통일된 군사제도를 가지지 못하였지만, 국권 회복과 조국 독립을 위해 활동한 우국지사, 독립운동가, 항일 투쟁가들이 조직한 단체들이 각기 독자적인 군관체제를 정비하고 전술을 익히며 작전에 임하는 형태를 취하고 있었다. 이들 독립운동 단체 중 정부 형태를 띤 것으로는 러시아령 해삼위(海蔘威) 신한촌(新韓村)에 세운 대한 국민의회(大韓國民議會)와 국내에서 세운 한성 임시정부(漢城臨時政府), 그리고 중국 상해에서 조직된 대한민국 임시정부(大韓民國臨時政府) 등을 들 수 있다. 거의 동시에 수립된 이 3개 정부 사이에 법통성의 문제가 제기되었으나, 협상을 통하여 단일화된 정통 대한민국 임시정부를 선포하였다. 그러므로 민족 항일 시기의 군제는 이 대한민국 임시정부에서 제정·반포한 법령과 그 소속 군인인 광복군을 통해 파악할 수 있다.

2. 6. 5 대한민국 임시정부의 군 편제

3·1운동의 성공에 고취된 한국 국민은 임시정부 수립 운동을 전개하여 1919년 4월 상해에서 대한민국 임시정부, 서울에서 한성정부, 노령에서 대한 국민의회가 수립되었다. 이 3개의 임시정부는 1919년 9월 상해에서 하나의 대한민국 임시정부로 통합되었다. 임시정부는 민주 공화정체를 채택하여 의정원과 국무원을 두고 대한민국 임시 헌법을 제정·공포하였다. 이것은 9년간 단절되었던 민족 정권을 계승한 것이었을 뿐 아니라 군주제를 폐지하고 공화제를 수립한 것만으로도 한국 역사상 획기적인 것이었다. 임시정부는 한국 국내와의 비밀 연락망으로 연통제(聯通制)를 조직하여 국내 통치권을 일부 행사하고, 독립운동 자금을 국내로부터 공급받았다. 연통제 시행 2년 만에 전국의 도·군·면에는 독판·군감 등의 비밀 행정조직이

만들어져서 국내 독립운동을 지도하였으며, 국내인들이 군자금을 모집하여 전달하였다.

임시정부는 신한청년당 대표로 파리에 파견된 김규식을 외교총장 겸 전권대사로 임명하여 유럽에서의 외교활동과 미국에 구미위원회를 두어 외교활동을 전개하였다. 1919년 8월에 스위스에서 열린 만국 사회당 대회에도 대표를 파견하여 한국의 독립을 결의하게 하는 등 외교활동을 전개하였다. 또한, 국제연맹과 태평양회의에도 대표를 파견하여 한국의 독립을 국제여론에 호소하기도 하였다. 임시정부는 기관지로『독립신문』을 간행하여 배포하고, 사료 편찬소를 두어 한일 관계 사료집을 간행하여 선전 활동을 전개하였다. 임시정부는 만주의 독립군에게도 군자금을 지원하고 독립전쟁을 고취하는 활동을 전개하였다.

2. 6. 6 국외의 독립군 기지 창건 운동

해외에 망명한 애국자들과 국민들은 국외에서 독립군 기지 창건 운동과 외교활동을 활발히 전개하였다. 신민회는 만주 · 노령 일대에 무관학교를 설립하고 독립군 근거지를 건설하며, 독립군을 창건하여 적절한 기회에 국내와 호응, 국내에 진공하여 독립전쟁을 감행함으로써 독립을 쟁취한다는 '독립전쟁 전략'을 채택하고, 만주 국경 부근에 1911년 신흥 무관학교(新興武官學校), 1913년에는 동림 무관학교(東林武官學校)와 밀산 무관학교(密山武官學校)를 설립해서 독립군 근거지를 창건하는 데 성공하였다. 이러한 무관학교는 청년 학생들을 모집하여 사관 교육을 철저히 하고 독립군 장교를 양성하였다. 무관학교 졸업생은 독립군을 편성하여 본격적 무장투쟁을 준비하였다. 또한, 미국의 클레어몬트와 하와이에서도 한인 소년병학교(韓人少年兵學校)가 설립되어 무장투쟁을 준비하였으며, 심지어 멕시코에 이민간 동포들도 자제들에게 군사훈련을 시켜 독립전쟁에 대비하였다. 한편, 만주에서는 광복회, 러시아에서는 권업회(勸業會), 상해에서는 동제사(同濟社)와 신한 청년당(新韓靑年黨), 미주에서는 대한인 국민회·신한협회 등의 단체가 조직되어 독립을 위한 활발한 외교활동을 전개하였다.

2. 6. 7 독립군 무장투쟁의 발전

일제 식민 통치하에서 애국 국민은 3·1운동 직후에 만주와 러시아령에서, 3·1운동에서 폭발한 한국 민족의 독립 의지와 독립 역량을 독립군의 무장투쟁으로 한 차원 더 발전시키려는 운동을 전개하여, 독립군 단체들이 자발적으로 조직되기 시작하였다. 1920년 말경까지 자발적으로 조직된 독립군 단체들을 보면, 대한 독립군, 군무도독부, 북로군정서, 국민회군, 의군부, 대한정의군정사, 한민회군, 조선독립군, 의단, 대한독립군비단, 광복회군, 의민단, 흥업단, 신민단, 광정단, 야단, 혼춘군무부, 국민의사부, 대진단, 백산 무사단, 혈성단, 태극단, 노농회, 광영단 등(북간도지방)과, 서로군정서, 신흥 학우단, 광한단, 대한 독립의용단, 대한 독립 청년연합회, 광복군 사령부, 광복군 총영, 천마산대, 보합단, 의성단 등(서간도 지방)과, 대한 독립군

결사대, 대한 신민회, 대한독립군 등(노령 지방) 30여 단체에 달하였다. 3·1운동 후에 급속히 성장한 독립군 부대들은 무장을 강화하고 실력을 기르면서 군사적 통합을 추진함과 함께 국내 진입작전을 감행하기 시작하였다.

홍범도(洪範圖)가 지휘하는 대한 독립군은 선도적으로 3·1운동 후 처음으로 국내 진입작전을 단행하였으며, 1919년 9월에는 함경남도 갑산군에 진입하여 일제 경찰관 주재소 등 식민지 통치 기관을 습격하였고, 일본군을 패주시켰다. 대한 독립군과 일본군과의 전투 중에서 봉오동 전투, 청산리 독립전쟁의 대승리는 일본군의 '간도 지방 불령 선인 초토 계획'을 완전히 붕괴시켰으며, 간도, 노령 일대의 독립운동을 보위하고 한국 민족 독립운동의 발전에 지대한 공헌을 하였다. 그러나, 독립군은 1920년 12월에 밀산(密山)에 집결하여 대한 독립군단이라는 군사 통일을 실현한 다음, 소련의 적군과 합작하기 위해 자유시에 들어갔다가 1921년 6월에 자유시 참변이라는 비극적 상황을 겪게 되었다.

임시정부는 「대한민국 임시정부 헌법」을 비롯한 여러 법령과 함께 군사 관계 법령을 제정하였다. 주요 군사 관계 법령으로는 「대한민국 임시 관제」, 「대한민국 임시 군제」, 「대한민국 육군 임시 군구제」, 「임시 육군 무관학교 조례」, 「군무 경위 근무조례」 등이 있었다. 이 법령에 따르면, 임시 대통령의 직할 기관으로 군사에 관한 최고 통솔부인 본영(本營)과 국방 및 용병(用兵)에 관한 모든 계획을 비준하는 참모부(參謀部), 그리고 중요 군무에 관한 대통령 자문기관인 군사 참의회(軍事參議會)가 있었다. 그리고 정부 부서에는 군무부(軍務部)를 두고 그 장인 군무총장은 육·해군의 군정과 군속을 통할하고 소관 각 관서를 감독하였다. 병역을 국민의 의무로 규정하고, 상비병과 국민 병으로 구분하여 부과하였다. 상비병은 만 20세 이상에서 40세 이하 의 장정을 징집령으로 모집하여 편성하였으며, 국민병은 18세 이상 50세 이하로 자원입대한 남녀로 구성되었다. 이들의 병역 의무 기간 은 현역은 1년, 예비역은 3년이었다. 특히, 독립군을 모집하기 위해 서간도 군구, 북간도 군구, 강동 군구를 두고 지방 사령관이 모병하도 록 하였다. 이들 상비병이 의무연한을 복무하고 나면 50세까지 국민 병으로 복무하도록 하였다. 군대 편성은 분대(17명), 소대(51명), 중대 (155명), 대대(687명), 연대(2,219명), 여단(6,189명), 군사령부로 하고 3 개분대로 1개 소대, 3개 소대로 1개 중대, 2~5개 여단으로 군사령부 를 구성하였다. 그리고 군계(軍階)는 장교로 장관(將官), 영관(領官), 위 관(尉官), 하사(下士)가 있었고, 사병으로는 병원(兵員)이 있었다. 장관 에는 정장(正將), 부장(副將), 참장(參將), 영관에는 정령(正領), 부령(副 領), 참령(參領), 위관에는 정위(正尉), 부위(副尉), 참위(參尉), 하사에 정 사(正士), 부사(副士), 참사(參士), 병원에는 일등병, 이등병, 상등병이 있었다. 그러나 이들 군제가 현실적으로 적용되기는 어려웠다. 그것 은 임시정부 요원의 산재(散在), 재정의 궁핍, 일본의 탄압과 방해, 중 국 정부의 몰이해, 즉, 망명 정부의 한계에서 오는 취약점 때문이었 다. 따라서, 이 기간의 군제는 형식적으로는 임시정부의 직제 성격을 지니나, 실질적으로는 각지에 산재한 독립운동 단체들의 독자성이 크게 작용하였다. 그러나 임시정부의 직할 군단인 광복군이 창설됨 으로써 그 맥을 이었다.

2. 6. 8 광복군의 창설

임시정부가 광복군의 창설을 계획한 것은 1936년이었으나 실제로 광복군 총사령부가 설립된 것은 1940년 9월 17일이었다. 1937년 중일전쟁이 일어나자 임시정부는 군무부에 군사 위원회를 설치하고 정규 군사계획을 협의하였다. 당시, 중국에는 1931년 이래 뤄양 군관학교(洛陽軍官學校) 한인 특별반에서 군사훈련을 받은 150여 명과 일본 등지에서 군사교육을 받은 100여 명 등 250여 명의 한국 청년이 대기하고 있었다. 이들을 주축으로 한 광복군 창설 계획은 1939년 9월 중국 장개석 정부의 승인을 얻어 1940년 9월 17일 충칭의 자링빈관(嘉陵賓館)에서 총사령부 창립식을 가짐으로써 실현되었다. 광복군 총사령부는 광복군을 소대, 중대, 대대, 연대, 여단, 사단의 6단계 위계 부대로 편성하되, 2년 이내에 3개 사단 규모로 확대할 계획을 하고 있었다. 그러나 응모자 부족으로 4개 지대로 출발하였으며, 각 지대는 각기 초모공작(招募工作)을 통하여 장교와 병원(兵員)을 충원하였다. 초급장교의 경우 뤄양 군관학교 외에 황푸군관학교(黃埔軍官學校), 난징 중앙 군관학교(南京中央軍官學校)에서 군사교육을 받은 사람이나, 그 밖에 신흥 무관학교와 박용만(朴容萬)이 1914년 하와이에 세운 대조선 국민군 사관학교(大朝鮮國民軍士官學校), 1921년 이르쿠츠크에 세워진 고려 혁명군관학교(高麗革命軍官學校) 출신자들로 충원되었다.

광복군은 창설부터 중국 정부의 승인을 받았지만 군사 활동이 주로 중국 영토 내에서 이루어질 뿐만 아니라 재정적으로도 중국 정부의 지원을 필요로 했기 때문에 중국 측에 의하여 활동 내용이 제한될 수밖에 없었다. 따라서, 지휘권을 포함한 군사 행동 요령은 '한국광복군 행동 준승 9개 항(韓國光復軍行動準繩九個項)'에 구속되지 않을 수 없었다. 1941년 11월에 중국 측에서 통고 받은 이 9개 항의 내용은 광복군이 중국군 참모총장의 명령과 지휘를 받아야 하며, 임시정부는 형식적으로만 통수권을 갖는다는 규정을 비롯하여 광복군의 군령권을 인정하지 않는다는 것이었다. 따라서, 이 조항에 의하면 광복군은 임시정부의 군대가 아니었다. 이에 임시정부는 1943년 12월 이래 이 9개 항의 개정을 교섭하였으며, 광복군의 작전 지휘권을 강력히 요청하였다. 이에 중국 정부는 1945년 4월 9개 항을 폐기하였다. 이에 따라 광복군은 즉시 국내 진공 작전을 펼칠 수 있게 되었다. 그러나 1945년 4월부터 미군과 협력하여 공정대까지 편성하면서 김구(金九)가 직접 진두지휘했던 이 작전은 일본의 갑작스러운 항복으로 실천에 옮길 기회를 잃고 말았다. 그리하여 광복군은 임시정부와 함께 미군정 당국에 의해 해체되었으며, 요원들은 개인 자격으로 귀국했다. 그 뒤 이들이 대한민국 국군 창설에 대거 참여함으로써 광복군은 대한민국 국군의 모체가 되었다고 할 수 있다.

대한민국 임시정부는 1920년대에 한때 침체하였으나, 김구(金九)를 주석으로 한 임시정부는 일본의 패망을 전망하고 건국을 준비하여 1941년 11월 「대한민국 건국강령」을 발표하였다. 이것은 광복군이 국내 진입작전을 감행하여 연합군과 함께 조국을 광복한 뒤, 새로운 국가를 수립하는 기본원칙을 공표한 것이었다. 1941년 12월 8일 일제가 태평양 전쟁을 도발하자 임시정부는 12월 9일 대일 선전

포고를 하고 뒤이어 대독 선전포고를 발표하였다. 광복군은 중국의 각 전선에 투입되어 일본군에 대한 심리 작전에 큰 성과를 올렸으며, 광복군과 미군과의 합동작전이 계획되어 미군 전략정보처(OSS)의 특수훈련이 시행되었다.

2.7 광복 이후 건국준비 기간

한 나라의 군사제도는 제도, 그 자체만으로 발전하는 것이 아니라 국력 및 다른 국가 제도와의 관련 속에서 발전하는 것이다. 대한민국의 군제 역시 정치, 경제, 교육 제도나, 국방사상, 국방정책, 군비 등과의 관련 속에서 발전되어 왔다. 그러므로, 군사제도를 올바르게 파악하려면 그 배경이 되는 문물, 제도 전반에 대한 검토가 같이 이루어져야 하나, 그 범위를 군의 운용과 유지에 필요한 국방체제, 병역제도, 군사교육제도, 군수제도 등에 국한하여 검토한다.

2.7.1 대한민국 국방체제

대한민국의 현 국방체제는 1945년 11월 13일 군정법령에 따라 설치된 국방사령부 기구에서 비롯된다. 미 군정 당국은 당시 미군이 담당하던 38선 경비를 미군과 교체하여 맡을 준 군사적 경비 요원 양성의 필요성을 인식하였다. 그 결과, 미 군정은 경비 업무를 전담할 기구로 국방사령부 산하에 기존 경무국 외에 군무국을 신설하면서 그 운용 조직으로 육군부와 해군부를 설치하였다. 또한 1946년 1월 11일 군정청 국방사령부 내에 남조선 국방 경비대 임시 사무소를 설치하고 1월 15일 국방 경비대를 발족시켰다. 1948년 8월 15일 대한민국 정부가 수립되자 대한민국 국군으로 개편되었고, 9월 5일 육군이 창립되었다.

한편, 군정청 교통국 해사과에 해안 경비 업무를 위해 1945년 11월 11일 창설된 해방 병단(海防兵團)도 국방사령부에 편입되었다. 1946년 6월 15일 미군정청 내의 국방사령부가 통위부로 개편됨을 계기로 조선해안경비대가 발족하였다. 같은 해 함정 30여 척을 입수, 10월 1일에 총사령부를 경남 진해로부터 서울로 옮기고 1947년 9월까지 기지 설치를 전국 등지에 완료 후 1948년 8월 15일 대한민국 정부 수립과 동시에 대한민국 해군으로 정식 발족하였다.

군정 당국은 1946년 3월 29일 국방사령부의 지휘 · 감독 아래 있던 경찰국을 독립시키고, 그날 군정청 집행부서의 국제(局制)를 부제(部制)로 개정함에 따라 국방사령부는 국방부로 개편 하였다. 그 뒤 1946년 3월 20일부터 서울에서 개최된 미소 공동위원회에서 남한 임시정부 문제가 토의되었을 때, 소련 측이 국방부라는 명칭에 문제를 제기함에 따라 1946년 6월 15일 국방부를 국내 경비부로 바꾸었다. 그러나 한국 측에서는 국방의 뜻을 그대로 살리기 위해 조선 말기의 군제인 3영(三營) 중의 하나인 중영(中營), 즉, 우영, 후영, 해방영을 통합한 명칭인 통위영의 이름을 따서 통위부(統衛部)로 호칭할 것을 주장, 국방부는 통위부로 개칭되었다. 이에 따라 이미 설치되었던 남조선 국방 경비대는 조선경비대로, 남조선 국방 경비대 사령부는 조선경비대 사령부로 각각 개칭되었고, 해방병단은 해안경비대, 해방병단 총사령부는 조선 해안경비대 총사령부로 각각 개칭되었다. 그리고 그해 12월 17일에는 통위부의 기구개편에 따라 참모총장제를 신설하고 참모총장에게 조선경비대와 조선해안경비대를 지휘하도록 하는 일종의 통합군 체제를 갖추었다.

1948년 8월 15일 대한민국 정부가 수립되고, 헌법에 기초하여 정부조직법과 국군조직법이 제정·공포됨에 따라 새로운 국방기구가 탄생하게 되었다. 즉, 정부조직법에 따라 국방부가 설치되어 육·해·공군의 군정을 담당하게 되었고, 또한 국방 기관의 설치·조직·편성의 대강이 정해졌으며, 군정·군령의 유기적이고 체계 있는 국방기능의 수행을 목적으로 국군을 조직하게 되었다. 국군은 육군과 해군으로 구성되고, 대통령이 국군의 최고 통수권자로서 대한민국 헌법과 법률에 따라 국군 통수권 행사 시 필요한 명령을 발할 권한을 행사하게 되었다. 그리고 이러한 대통령의 직무 수행에 필요한 자문을 위해 최고 국방위원회와 그 소속 중앙정보국, 국방 자원관리 위원회, 군사 참의원이 설치되었다. 국방부 장관은 군정을 관리하는 외에 군령에 관하여 대통령이 부여하는 직무를 수행하며, 국방차관은 장관을 보좌하고 국방부 장관 유고 시 그 직무를 대행하도록 하였다. 또한, 국방부에는 참모총장과 참모차장을 두고, 그 밑에 육군본부와 해군본부를 설치하였다. 육군본부와 해군본부에는 각각 육군 총참모장과 해군 총참모장을 두고, 각 군 총참모장은 국방부 참모총장의 명을 받아 해당 군을 통리하여 예하 부대를 지휘, 감독하도록 하였다. 한편, 국방부는 육 · 해군의 작전, 용병과 훈련에 관한 중요사항을 심의하기 위해 연합 참모 회의를 설치했으나, 1949년 5월 기구 간소화 작업으로 국방부 참모총장제와 연합참모 회의는 폐지되었다.

한편, 대한민국 공군의 경우, 해방과 더불어 국내외 항공계에 종사하였던 항공인들이 항공력의 중요성을 알리고 항공인들을 규합하기 위해 1946년 8월 10일 한국 항공 건설협회를 창립하였다. 1920년대의 한국인 비행사들인, 안창남, 서왈보, 최용덕, 권기옥, 박경원 등이 그 뿌리이다. 한국 하늘을 비행한 최초의 비행사는 안창남이며, 상하이 임시정부의 군무총장을 지낸 노백린 장군이 1920년 2월 독립군 비행사 양성소를 미국 캘리포니아주 윌로우스에 건립하여, 우리나라 최초의 조종사를 탄생시킨 것이 독립군 공군의 태동을 알리는 최초의 역사가 되었다. 1948년 5월 5일 통위부 직할로 한국 최초의 항공 부대가 창설되었다. 미군으로부터 정식으로 간부 교육을 받은 7명이 육군 내에 이 항공 부대를 조직했는데 이 7명의 멤버는 '공군 창설 간부 7인'이라는 이름으로 기록되었다. 이후 1948년 9월 13일 미군으로부터 L-4 연락기 10대를 인수함으로써, 독립된 공군 창설의 기반을 갖추게 되었다. 1949년 1월 육군 항공사관학교 창설, 2월 육군 항공사령부 예하 여자항공교육대 창설에 이어, 1949년 10월 1일 육군 항공대가 육군에서 독립하여 공군으로 창설되었다.

이리하여 국군의 편제는 현재와 같은 육 · 해 · 공군의 3군 체제를 갖추게 되었다. 그 뒤 국방부 장관의 3군 군사적 통합 기능 강화가 절실해짐에 따라 1952년 국방부에 임시 합동회의가 설치되었고, 이

기구는 1953년에 연합 참모본부로 개칭되었다가 1963년 5월 「국군 조직법」 개정에 따라 합동참모본부와 합동 참모회의로 되었다. 한편, 1978년 11월에는 한미 연합군을 더 효율적으로 운용하기 위해 한미 연합군사령부가 창설되어 오늘에 이르고 있다.

2.8 군사교육 제도

국군은 오늘날 현대적인 장비로 무장한 정예 60만 대군으로 성장하기까지 많은 역경을 극복하면서 현대적 군사 교육제도를 확립하였다. 미 군정 당국은 1945년 11월 31일 국방사령부를 설치하고 남한의 국방력을 조직·편성·육성하기 위한 제반 업무에 착수하였다. 그 일환으로 미 군정 치하에서 군 조직의 간부 양성에 최대 걸림돌인 언어 문제를 해결하기 위해 1945년 12월 15일 서울에 군사 영어학교를 개설하였는데, 이것이 한국 최초의 군사학교였다.

그 뒤 국방사령부는 남조선 국방 경비대 확장으로 간부 양성이 필요하게 되자 군사영어학교를 폐교하고 1946년 5월 1일 남조선 국방 경비사관학교를 설치하였다. 조선 해안 경비대에서는 이미 1946년 1월 해군병학교를 설치하여 장교를 양성했으며 1946년 6월 15일 해군병학교를 조선 해안 경비사관학교로 개칭하였다. 군정청은 경비대가 군사적 임무를 띤 것이 아니라 단순히 치안 경찰 예비대로서 조직되었기 때문에 경비대 간부 양성을 위주로 경비사관학교만 설치하고 그 밖의 교육기관에 대해서는 전혀 계획을 세우지 않았다. 그러나 전장 통신은 군 조직 운영의 필수 기능이었으므로, 1946년 6월 국방경비대에 통신과를 설치하는 한편, 통신 기술병 양성을 위해 1947년 1월에 조선경비대 통신 교육대를 경상남도 진해시 해안경비대 기지에 설치하였다. 이어, 1947년 8월에는 군기 학교(지금의 헌병학교)를 설치하였다. 조선 해안경비대는 사관학교 출신만으로 장교가 충원되지 않으므로 사관후보생 교육을 시행하기 위해서 1948년 6월에 특별 교육대를 설치하였다. 또한, 하사관 교육을 위해 1947년 9월 항해 교육대를 비롯하여 각종 교육대를 학교로 승격시켰다. 그리하여 정부 수립 시까지 군사학교는 사관학교를 포함하여 총 17개 학교로 증가하였다. 1948년 8월 15일 대한민국 정부 수립과 함께 국방 경비대가 대한민국 국군으로 편입됨에 따라 기존의 경비대 사관학교는 각각 육군사관학교와 해군사관학교로 개칭되고, 신병훈련소를 비롯하여 많은 병과 학교가 신설되었다. 그리고 1948년 7월 육군은 고급 지휘관과 사단급 이상 부대 참모의 자질 향상을 위해 참모 학교를 설치하였다. 그리고 1949년 10월 1일에는 육군항공대가 육군에서 독립함에 따라 육군 항공사관학교가 공군사관학교로 개칭되었다.

당시 한국군의 교육은 기본적으로 미국의 제도와 내용을 그대로 모방하고 도입한 것이었다. 비록 차용한 것이지만 한국군의 교육이 조금씩 틀을 잡아가고 있을 때 6·25전쟁이 발발하였고, 진행되던 교육은 대부분 폐쇄되었다. 그러나 전쟁 수행을 위해 부대가 급히 편성됨에 따라 교육 훈련은 계속되어야 하였다. 그리하여 1950년 8

월 전선이 일단 안정을 되찾음에 따라 부산에 보병, 포병, 기갑, 공병 및 통신교육 등을 위한 육군 종합학교를 개설하여 장교 후보생을 교육하기 시작하였다. 이들 전시 학교는 그 뒤 각 병과 학교로 발전하여 각각 간부 후보생 과정, 기초 군사반 과정, 고등 군사반 과정 및 특기 교육과정으로 세분되었고 1951년 9월에는 군 요구에 따를 수 있는 교육 체계와 능력을 갖추었다.

한편, 1951년부터는 대규모 장교단을 미국 군사학교에 파견하여 교관 확보에도 힘썼다. 그리하여 1952년 여름까지 현대식 군대 육성을 위한 교육체제의 기초가 확립되었다. 1953년 7월 휴전 성립과 더불어 군사교육도 전시 교육체제에서 평시 교육체제로 전환되었고, 교육 내용도 군의 전문화를 강화하는 방향으로 바뀌었다. 1960년대에 들어와서는 현대전의 특징인 합동 및 연합 작전 기술을 가르치기 위해 합동 참모대학이 설치되었다. 이어 국가 차원에서 안보 정책 및 군사 전략과 이를 지원하는 자원관리 정책의 기획과 집행 능력을 향상시키기 위한 군 최고 교육기관으로 국방 대학원을 설치함으로써, 한국군의 교육체제는 완성되었다. 1970년대에 들어서 자주국방체제 확립을 전제로 군 현대화 계획과 전력 증강 계획이 추진됨에 따라 군의 교육 훈련도 미국 교리 전수 교육에서 벗어나 한국적인 교리와 훈련이 개발되기 시작하였다. 이리하여 오늘날에는 자주 독립국가의 위상에 부합되는 군사 교육제도를 정착시킬 수 있게 되었다.

03

사관생도의 특성

3.1 조국에 대한 복무자

인간을 제외한 지구상의 모든 동물은 그들이 살아가야 할 자연환경에 꼭 알맞도록 거의 최적화로 완성된 상태로 태어난다. 그에 비하여 인간은 미완성 상태로 출생하고, 사회적 독립 생존이 가능한 완전한 성장을 이룩하는 데 거의 20년의 세월이 필요하다. 또한, 인간이란 단순히 자연 속에서 태어나서 자연과의 관계만으로 살아가는 생물학적 존재가 아니다. 많은 사람이 거듭 지적한 바와 같이, 인간은 세상에 태어날 때 이미 여러 가지 사회적 관계를 맺는다. 사회 속에서 태어나 다른 사람들과 관계를 맺으면서 생활을 영위해 가는 존재이다. 어떤 부모의 자녀로서, 그리고 어떤 국가의 국민으로서 태어나게 마련인 우리는 성장 과정에서 어른들의 보호와 간섭, 그리고 사회의 문화적 영향을 크게 받는다. 한자어 인간(人間)이 사람과 사람과의 사이, 즉, 복수적 개념의 공동체를 의미하는 것도 인간이 사회적 존재임을 내포하고 있다. 혼자로서의 생물학적 개념이 아닌 여러 사람으로서의 사회적 개념을 갖고 있는 것이다.

일반적으로 사람은 영·유아기와 아동기, 청소년기, 성년기, 중년기를 지나 노년기에 이르는 일련의 사회활동 단계를 거치면서 삶이 변화해 가는데, 이를 생애 주기라고 한다. 한 개인이 사회활동의 기반이 되는 직업을 소유하고 가정과 국가 사회의 구성원으로서 성공을 이루기 위해서는 청소년기의 진로 탐색과 학업·취업 준비가 중요하다. 직업을 선택한 후에도 업무 수행의 효율성과 발전을 이루기 위해서는 성년기에도 지적, 학문적 수행을 계속하고 사회생활에서 지속적으로 심리적인 만족을 성취해야 한다.

사회생활이란 개인이 가정 밖에서 행동하는 모든 활동을 의미한다. 사회생활 중에서 직업이 특히 중요하다. 직업의 직(職)은 개인이 위치한 직위를 중심으로 수행하는 직무라는 뜻이다. 즉, 개인이 직분을 맡아 수행하는 사회적 역할을 의미한다. 또한 업(業)이란 자신의 생계유지와 능력을 발휘하기 위해 특정한 일에 몰입한다는 뜻이다. 따라서 직업이란 생계유지 수단인 동시에 개인에게 맡겨진 사회적 역할 수행을 가리킨다. 사람들은 자신이 하는 일을 모두 직업이라고 생각하지만, 모든 일이 직업은 아니다. 일반적으로 계속성·경제성·사회성·윤리성이라는 조건을 갖추었을 때 비로소 직업이라고 할 수 있다.

직업은 자신의 의사에 따라 선택하는 일이다. 자신의 의사에 반하여 강제적으로 행해지는 일은 진정한 직업이 될 수 없다. 가치 있는 일을 직업으로 가짐으로써 사회와 타인을 위해 봉사할 수 있으며 그것이 곧 사명적 일의 가치이다. 법률의 명령에 따라 행해지는 사회 봉사활동은 수입이 있더라도 직업으로 보지 않는다. 직업을 통하여 국가와 사회, 그리고 가족에게 긍정적인 기여를 하는 것은 매우 중요하다. 이는 직업이 귀천을 따지는 대상이 아니라 자부심과 사명의 대상인 까닭이다. 그러므로 세상에 존재하는 대부분의 직업은 가치 있는 일이라고 할 수 있다.

인간은 직업을 통해 자신의 이상을 실현한다. 인간의 잠재적 능력, 타고난 소질과 적성 등이 직업을 통해 계발되고 발전한다. 즉, 직업은 인간 개개인의 자아실현 매개인 동시에 그것을 구현하는 현장이다. 인간은 직업을 통해 자신이 갖고 있는 제반 욕구를 충족하고 자신의 이상이나 자아를 실현함으로써 인격의 완성을 기한다. 직업은 삶 그 자체이며 내용이기도 하며, 삶의 중심 과정이고 목적 그 자체이다. 다시 말해 자연적 존재이면서 동시에 사회적 존재이기도 한 우리 인간은 직업을 통해서 자기의 기본적 욕구와 사회적 욕구를 충족시킬 수 있을 것이다. 인간은 직업을 매개체로 하여 자기의 삶을 완성해 간다고 볼 수 있다. 그래도 사람에 따라 그리고 처한 상황에 따라 각자 중점을 두는 가치는 달라질 수 있다. 어느 하나 혹은 두 가지 가치를 완전히 결여하는 경우도 적지 않다. 개인적 삶의 개척, 사회적 욕구의 충족, 자아의 실현, 이 세 가치가 심한 불균형을 이루거나 일부 결여되어 있으면 직업 활동을 계속할 수 없는 위기를 맞게 된다. 따라서 이상적인 직업은 이 세 가치가 조화를 갖추고 있어야 한다.

'우리는 왜 직업을 가져야 하는가?', '우리는 직업에서 무엇을 바라고 얻을 수 있는가?', '직업이 우리에게 갖는 의미는 무엇인가?' 이 질문들은 서로 밀접하게 연관되어 있다. 사람은 누구나 직업을 갖고 살아가기 때문에 직업은 인간의 삶에 있어 중요한 의미가 있다. 현대 사회에서 직업이 갖는 의미는 여러 가지가 있는데 대표적인 것이 경제적·사회적·심리적 의미이다. 인간이 순수하게 정신적인 존재가 아닌 이상, 사회 구성원으로 활동하면서 생계를 유지하기 위해서 재화가 필요하다. 인간은 직업 활동을 통해서 살아가는 데 필요한 경제적 소득, 즉, 재화를 얻는다. 많은 보수는 물질적 풍요뿐 아니라 그것과 연관되는 정신적·문화적 풍요를 가능케 하고, 자기가 생각하는 보람 있는 일을 할 수 있도록 해 준다는 점 등에서 커다란 매력으로 작용한다. 이는 직업이 갖는 경제적 가치이다.

또한, 인간은 직업을 갖고 조직의 틀 안에서 활동하면서 사회적 소속감과 인간적인 연대감을 갖는다. 개인이 살아가기 위해서는, 또 사회가 유지되기 위해서는 수많은 작업과 업무들이 수행되지 않으면 안 된다. 아무리 뛰어난 사람이라 하더라도 모든 일을 혼자서 다 할 수는 없으므로 일을 서로 나누어 맡아서 하고 그 성과를 교환하게 된다. 직업은 이처럼 사회적으로 필요한 역할을 나누어 맡아서 수행하는 것이다. 자기가 맡은 역할을 수행한다는 것은 그만큼 사회적인 공헌을 하는 것이므로 이에 따라 사회적 지위 혹은 권력이나 명예가 주어진다. 여기서 사회공동체에 대한 소속감이나 연대감을 느낄 수 있다. 이는 직업이 갖는 사회적 가치이다. 어떤 부류의 사람들은 직업 활동을 하는 것 자체가 즐거우므로 직업을 통하여 사회활동을 한다. 일반적으로 직업은 무엇을 얻기 위한 수단으로 간주하는 데 반해서, 이 경우에는 직업 자체가 목적이 된다고 할 수 있다. 이처럼 직업 활동 자체가 즐거울 수 있는 것은 그것을 통해 자신의 능력과 소질을 발휘하여 자아를 실현할 수 있기 때문이다. 자아실현 과정은 또한 창조의 과정이 되며, 창조의 과정에서 자신의 개성·능력과 소질을 유감없이 발휘하는 것은 자주성을 확립하는 것이기 때문에 스스로 즐겁게 깊이 몰입할 수 있다. 이러한 상황에서는 독창적인 일을 할 수 있고, 자기 혁신도 가능해진다. 여기에서 우리는 직업이 지니는 세 번째 가치인 창조적 가치를 발견할 수 있다. 앞의 두 가치가 외재적 가치인 데 대해서 이것은 내재적 가치이기 때문에 우리는 이를 통해 삶 자체의 충일감을 누릴 수 있다. 이상과 같이 직업의 본질에 대한 정의를 분석해 볼 때 직업과 사회활동은 동의어처럼 보이지만 그 의미에는 차이가 있다. 직업이란 인간 개체의 생존 발전과 그들의 공동체인 사회에서 기능의 역할 분담, 그리고 자아실현을 목표로 하는 지속적인 노동을 의미한다. 인간은 직업에 종사하면서 일을 통해 만족감과 성취감을 얻고 삶의 의미와 가치를 발견하면서 행복을 느낄 수 있다. 따라서 직업과 일은 인간에 대한 구속이나 고통의 원인이 아니라 보다 나은 삶으로 인도하는 행복의 원천이다. 인간은 자신이 선택한 직업과 일을 통해 자아를 실현하며 행복을 추구한다. 따라서, 직업을 왜 선택하는가에 대해서는 소극적 측면과 적극적 측면을 생각해 볼 수 있다. 소극적 측면으로, 생계유지를 위해 일을 하고 그 대가로 보수를 얻는 것을 목표로 하는 지속적 활동이라는 경제적 기능이 있다. 적극적 측면으로, 직업을 통해서 무엇을 하는가에 대해 일을 통해 자신이 소속된 사회에 일정한 역할을 분담하는 지속적 활동이라는 사회적 기능을 지적할 수 있다.

그런데 인간의 사회적 활동을 전체적으로 평가할 때에는 그 활동의 성격이나 의미 못지않게 그 활동을 올바르게 성공적으로 수행하는 것도 중요한 평가 요소이다. 따라서 '왜?' 그리고 '무엇을 하는가?'와 더불어 '어떻게 하는가?'라는 절차적 정당성도 중요한 문제로 대두된다. 직업이란 자신이 가진 재능으로 서로에게 봉사하는 것이다. 기본적으로 자기 생활을 유지하기 위한 것이기도 하지만 넓게 보면 타인에 대한 봉사를 위한 것이기도 하다. 직업이 돈벌이 수단이라고 생각하는 사람들이 많지만, 그것은 본질에서 벗어난 것이다. 다양한 직업 관계에서 사람들이 주고받는 것은 돈이지만, 물질은 부차적인 것이다. 근본적으로 우리가 주고받는 것은 마음이다. 관계를 통해 이어지는 것은 다양한 경험, 감정, 느낌이다. 그 경험, 감정, 느낌과 함께 영적으로 한 걸음씩 성장하는 것이다. 따라서 직업 활동에는 옳고 그름, 좋고 나쁨의 가치 평가와 사회적 공헌도에 대한 평가가 뒤따르게 마련이다. 그리고 인간은 자신의 능력과 소질에 따른 직업 활동을 통해 개인의 비전과 의지를 스스로 실현해 갈 수 있으므로 일하는 것이 힘들고 고통스러운 것만은 아니다. 오히려 그 속에서 보람과 만족을 느끼면서 더욱더 즐거운 마음으로 일에 몰두할 수 있다. 이처럼 직업 활동이 가치의 평가와 창조를 수반하는 점이 곧 직업이 갖는 윤리적 기능, 즉, 직업의 가치적 측면이다. 따라서 직업을 선택할 때는 직업 활동이 갖는 경제적·사회적·윤리적 기능들을 충분히 고려하여 신중하게 결정해야 한다.

인간은 생활하는 가운데 자연 발생적으로 공동체를 형성하였으며 최고의 단계로서 국가조직을 이루었다. 이렇게 형성된 국가는 독립을 유지하고 구성원인 국민, 즉, 개인의 생존을 보장하기 위한 방위 조직체로서 군대를 둔다. 군대를 협의로 '위기관리를 전문적으로 수행하는 조직 집단'이라고 정의하였을 때, 군대는 그 기원이 인류 문명의 시작만큼이나 유구하다 할 것이다. 심리학자는 인간의 욕구가 상황의 긴급도와 필요성에 비례하여 우선순위를 갖는 계층적 구조로 배열되어 있다고 보았다. 즉, 어떤 욕구는 다른 욕구보다 우선권을 갖는데, 이러한 욕구의 위계적 계층은 고정되어 있지 않고 상대적으로 나타난다. 그래서 하위 계층의 욕구가 어느 정도 충족되면 상위 계층의 욕구가 나타나는 것으로 파악하였다. 이 계층 구조의 하단에는 가장 근본이고 핵심적인 욕구로서 생리적 욕구, 안전의 욕구, 애정과 공감의 욕구, 그리고 존중의 욕구 등이 있다. 반면, 최상부에는 자아실현 욕구가 자리 잡고 있다. 자아실현 욕구는 자신의 역량이 최고로 발휘되기를 바라며 창조적인 경지까지 자신을 성장·완성함으로써 잠재력을 전부 실현하려는 욕구이다. 따라서 자아실현 욕구는 자신의 직업과 매우 밀접한 관련이 있으며, 이 욕구가 실현될 때 더욱 행복한 삶을 누리게 된다. 성공적인 직장 생활은 최고의 조건이 충족될 때 가능하다. 일반적으로 자신이 좋아하며, 잘하고, 가치 있는, 이 세 가지 조건에 두루 만족할 수 있을 때 비로소 좋은 직업이라고 할 수 있다.

우리는 군인의 직업적 특성에 대한 의미를 말할 때 일반적으로 나라에 몸을 바친다고 한다. 이는 국가를 보위하고, 국민의 생명과 재산을 보호할 의무를 시간과 공간을 통하여 무제한으로 담당하는 것을 의미한다. 군인의 사명이 이처럼 중요하기 때문에, 군인을 직업으로 선택할 때에는 희생적, 헌신적 자세를 가져야 한다. 군 입대와 동시에 나 개인을 위한 지극히 좁고 작은 범위 안에서 살지 아니하고 나라와 겨레를 위한 큰 세계에서 살겠다는 큰 목표를 세우고 거기에서 자기 인생의 보람과 긍지를 찾는 것이 군인의 본분이다. 그러므로, 군인의 비전은 국민의 군대로서 국가를 방위하고 자유 민주주의를 수호하며 국가의 통합에 기여하는 데 두어야 한다. 국군의 사명은 대한민국의 자유와 독립을 보전하고 국토를 방위하며 국민의 생명과 재산을 보호하고 나아가 국제 평화유지에 이바지함이다. 자기 한 사람만의 행복과 안락을 위한 자신의 비전을 갖는 것은 어린아이도 능히 할 수 있지만, 나라와 겨레 전체를 위해 군인으로 복무하려는 삶을 목표로 하는 것은 누구나 할 수 있는 쉬운 일이 아니다. 말 그대로 군인은 대아(大我)에 살고 죽어야 한다. 대아 정신이란 국가와 국민을 나와 같은 것으로 보는 인식과 태도이다. 즉, 국가가 나 자신이며, 내가 바로 국가라고 보는 정신 자세이다.

고대 그리스나 로마에서 군인은 시민으로서 최고의 의무요, 특권이었다. 군 복무를 마치지 않으면 시민으로 행세할 수 없었을 뿐 아니라 나라의 지도자가 될 수 없었다. 그리고 군 복무를 통해 배우고 체화된 희생과 봉사 정신, 그리고 약자를 보호하는 사회적 예의와 활동 규범은 서양에서 신사도의 기본이 되었다. 군인으로서 복무하는 기간은 일상의 자유로운 삶을 잠시 접어두고, 정든 가정과 사랑하는 부모 형제의 곁을 떠나 있어야 함은 물론, 학업이나 직장도 일시 중단해야 하는, 개인의 희생과 봉사를 요구하는 어려운 시간이다. 그러나 인생이라는 장구한 시간을 고려해 볼 때, 젊은 시절에 국가에 헌신함으로써 사회에 대한 봉사 정신과 연대감을 경험하고 자신의 인생관과 생사관을 성찰하고 보완하는 기회를 얻게 된다. 따라서 군 복무 기간은 귀중한 정신적·신체적 자산이 될 것이다.

이처럼 군인은 국가와 민족을 위해 봉사하기 때문에 국가는 군인에게 가능한 한 물질적·정신적으로 지원하고 예우한다. 군인의 사명과 의무는 국가와 민족을 위해 봉사하는 데 있다는 점에서 본질적으로 신성하다. 그러므로 동서고금을 막론하고 어느 나라에서나 군인 복무 경력을 가장 명예로운 것으로 규정하고 있다. 이러한 군인의 신성한 책무를 충실하고 명예롭게 완수하기 위해서는 군인의 명예 기준에 따라 사고하고 행동해야 한다. 그러므로 사회의 분위기가 아무리 물질 만능으로 흐를지라도 군인은 개인의 이익에 과도하게 몰입하는 세속에 물들어서는 안 된다. 오늘날 대한민국에서 건실한 남성이면 누구나 병역의 의무를 지고 있다. 즉, 군인 생활은 특수한 사람들만의 생활이 아니라 이 나라의 주인공으로서 남성이라면 누구나 일정 기간 국민의 생업을 지켜야 하는, 삶의 한 과정이다. 이 점에서 민간인과 군인은 불가분의 관계를 맺고 있으며, 서로 별개가 아닌 하나의 공동 운명체를 이루고 있다.

군 생활은 군 임무의 특수성으로 해서 사회의 일반 생활과는 많은 차이가 있다. 통상적으로 군은 엄격한 규율에 따라서 통솔되는 조직 사회로 인식된다. 사실 군은 일반 사회와는 동떨어진 국토의 변방 또는 병영에서 근무하며 명령과 복종 관계가 뚜렷한 단체 생활을 한다. 이 모든 특징은 군 본연의 업무를 위해서 필요 불가결한 것이다. 이러한 점에서 군인 생활과 민간인 생활은 별개로 인식되기 쉽다. 그 때문에 상호 이질적인 점을 앞세워 일반 민간인 생활과 군인 생활 사이의 상호 이해를 소홀히 하거나 연대 의식을 희박하게 하여 상호 부정적인 의식을 갖게 되기 쉽다. 우리는 군 생활을 통해 인내를 배울 수 있고 땀과 눈물의 의미도 깨달을 수 있다. 이처럼 국가 발전의 원동력이 될 청년들 각자가 삶의 과정에서 당연히 가져야 할 책무로서, 그리고 성인 남성이면 보편적으로 갖는 경험으로서 군 생활은 국민 누구에게나 결코 이질적이거나 사회생활과 단절적인 것으로 인식되어서는 안 된다. 이와 같은 측면을 고려한다면 군 복무도 장병 개개인의 인생에서 별개의 과정이 아니고 가장 소중한 일부분인 것이다.

국토는 우리 국민이 삶을 영위하는 터전으로, 국가가 관할하는 영토, 영해, 영공으로 이루어져 있다. 그리고 이 국토를 수호하는 군사 조직이 있고 각 조직은 주어진 환경에서 가용 자원과 인적 요소를 최정예화해서 해당 분야를 효과적으로 방어하는 주체를 구성한다. 이 방어 주체들은 육군·해군·공군 및 몇 종류의 특수군으로 분류된다. 이른바 각 군은 임무를 효율적으로 수행하기 위해 조직과 체계 및 그것을 가동하기 위한 인적자원을 보유하고 있다. 군은 제대나 계급을 통하여 인적자원을 효율적으로 지휘 통솔함으로써 역할을 수행한다. 군 인적 조직에는 크게 정책 및 작전 등을 결정하는 조직, 작전 임무를 수행하는 조직, 행정 및 지원 부서 조직 등으로 나누어지고 각 조직의 지휘 및 명령 계통의 주역을 장교라고 한다.

사관생도는 장차 군의 장교로 임관되어 상당 기간 동안 지휘관으로서, 군사조직과 부하를 통솔하여 국토를 방위한다. 국토를 방위하는 군인의 임무는 일반 직장인의 근무처럼 일과를 수행한 뒤, 가정으로 퇴근하여 나머지 시간을 가족을 위해, 혹은 자신의 발전이나 여가활동을 위해 실행하는 형태가 아니다. 하루 24시간을 한치의 빈틈도 없이 근무함으로써, 국가를 방위하고 국민의 안위를 책임지는 예외적이고 특별한 임무 영역이다. 국가의 방위와 국민의 안위를 책임지는 임무는 시간과 장소를 구별하지 않으며, 크게는 외부 세력이 국토를 침략하여 점령하려고 시도하거나, 국내에 불안 상태를 조성하여 국민의 평화로운 사회 및 생업 활동을 위협하는 일체의 행위를 방지하는 것이다. 이러한 상황은 흔히 대규모 인원이나 장비가 투입되는 무력 충돌을 일으키며, 위험한 상황에서 복무 요원의 신체 손상 및 생명에 대한 위협을 필수적으로 수반한다. 또한, 여건에 따라 위협적 상황이 단기간에 그치기도 하지만 몇 달 또는 몇 년에 걸쳐 장기간 지속하기도 하며, 그 상황을 평정하는 동안에는 임무 수행을 중단할 수 없는 본질적인 문제가 있다. 이러한 형태의 임무 수행은 근무 상황이 아닌 복무 형태라고 할 수 있다. 복무 형태는 위험하거나 지속적인 관심이 요구되는 무한정 기간의 임무 수행이라고 정의할 수 있다.

국가에서 군대 조직의 존재 의미는 국토방위 및 국민의 생명과 재산을 안전하게 보호하는 것이며, 그 존재 의미를 구현하는 데에는 고도의 위험이 따르기 때문에 집단적인 무력의 통제 및 행사가 수반된다. 군인의 복무 활동은, 이러한 임무 수행의 결과로 인명 살상 및 재산이나 환경의 심각한 훼손 등을 발생시킬 수 있는, 인간의 사회 활동에서 가장 위험한 직업 활동이라고 볼 수 있다. 장교는 군사 임무를 기획하고 실행하며 명령을 받아 부하를 통솔하여 군사 임무를 수행하는 데 주도적인 역량을 발휘하는 소수 정예 조직원으로 장교의 교육과 임명은 특별한 절차와 교육 훈련 과정을 통해 이루어진다. 사관생도는 장차 장교로서 군대에서 장기간 국토방위 임무를 수행하기를 희망하는 젊은이들 가운데 선발된 교육생을 일컫는다. 사관생도는 국가에 복무하는 임무를 수행하기 위한 훈련과 교육을 받고 있으므로 국가에 복무하는 임무를 수행하는 자라고 우리는 정의할 수 있다. 사관생도는 미래의 정규 장교로서 위험한 전장 상황에서 승리를 가져올 수 있도록 자신의 지휘 역량을 끊임없이 향상하고, 평소에 임무 수행에 대한 교육과 훈련에 한 치의 잘못도 없어야 한다. 행동이나 지휘 태도가 군의 명예에 부합되어야 하며 지휘자로서 상하간 조화와 신뢰를 얻을 수 있도록 늘 노력하여야 한다. 이러한 복무 자세에 대한 최저 기준으로 군의 장교로서 직업윤리의 개념이 있다. 직업윤리의 개념은 학자들에 따라 달리 해석될 수 있으나 군인의 직업윤리는 조국에 대한 복무자로서 교육·훈련에 매진하여 전투의 승리를 가져올 수 있도록 자신의 역량을 최대한 배양하는 것이다.

3.2 전장에서 승리하기 위한 역량 보유

사관학교는 교육이념 및 목적으로 보면 장교 양성 교육기관의 특성을 가지고 있으며, 사관생도가 장차 군의 정규 장교로서 임무를 수행하고 지속적으로 성장하는 데 필요한 지성과 덕성을 함양하게 하고, 강인한 정신력 및 체력을 연마시키는 교육을 실시하고 있다. 사관학교는 이러한 목표를 달성하기 위해 다음과 같은 세부적인 교육 목표를 명시적으로 제시하고 있다. 국가 방위를 담당하는 사상적인 배경을 투철하게 하는 진정한 애국심과 자유·민주 정신 함양, 군 지휘관으로서 리더십 발휘에 필요한 건전한 가치관 정립과 고결한 품성 도야, 학사 학위 수여에 필요한 일반학 교육, 군대의 기간 장교로서 필수적인 기초 군사 지식 습득과 지휘 통솔력 배양과 강인한 정신력 및 체력 연마 등이다. 이러한 교육 목표는 전장에서 제반 상황과 전술적 분야에 대한 사리를 정확하게 판단하여 신속하고 적절하게 대응책을 강구하고, 개인의 이해(利害)를 초월하여 살신성인의 삶을 살아가며 상하 동료와 인화(人和)하며, 어떠한 악조건에 처하거나 전장 임무를 수행해야 할 때, 과감하게 판단하고 결단 수행할 수 있는 군의 지휘관으로서 필요한 제반 자질을 체득할 수 있게 하는 데 그 초점이 맞춰져 있다. 이상과 같이 살펴보았을 때, 사관학교는 육·해·공군의 장교 양성을 궁극적인 목적으로 하고 있으며, 이를 위해 필요한 수준의 지성(知性)과 덕성(德性) 및 체력(體力)을 연마시킨다는 것으로 정리할 수 있다.

한편 민간 교육기관인 일반 대학교는 민족 문화를 창달하고 세계 문화 창조에 기여한다는 학문적 사명을 위해 정부 또는 유관 사회단체가 설립한 최고 지성의 전당으로서 종합대학교와 특수 대학 등이 있다. 이러한 설립 취지에 맞추어 대학은 학문의 이론과 방법을 계승·발전시키며 사회 각 부문에 필요한 인재를 양성한다. 또한, 세부 교육 목표로서, 학술적인 측면에서 교육과 연구를 실시하여 국가와 인류의 발전에 기여한다는 공통된 목적을 가지고 있다. 이는 교육기관이자 연구기관으로서 대학의 면모에 부합한다고 판단된다. 다만학교의 특성에 맞추어 특정 종교나 학문 분야를 강조하는 정도의 미세한 차이를 보이기도 한다. 일반 대학교의 교육 목적은 사관학교의그것과 대체적인 방향은 일치한다고 할 수 있으나 졸업생의 진로에중대한 차이점이 있다. 대학교가 지성과 인격을 갖춘 사회 지도자 육성에 궁극적인 목표를 두고 있다면, 사관학교는 지성·덕성·체력적요소를 갖춘 군대 지휘관 양성에 궁극적 목표를 두고 있다고 할 것이다. 하지만 대학교가 학부 교육과 학술적 연구를 비교적 균등하게 취급하고 있다는 점에서는 시사하는 바가 크다. 주지하는 바와 같이 대학교는 교육기관이자 연구기관이다. 그렇기에 대학교의 교육 목적은 두 가지 역할을 동시에 고려한다. 이는 교육의 주체인 학생과 연구의 주체인 교수의 입장을 동시에 포괄한다는 특징과 연결된다.

그런데 사관학교는 교육기관으로서의 면모만 강조된다. 즉, 각 군에서 필요로 하는 장교를 양성한다는 교육 목적만 내세움으로써, 결과적으로는 연구기관으로서의 면모가 주목받지 못하고 있다. 이는 결국 사관학교를 단지 사관생도 교육기관으로만 취급하는 작금의 현실과도 무관하지 않다. 이는 사관학교 특유의 연구 기능이 부적절하게 평가되는 것에도 영향을 미친다. 사관학교도 학사 학위를 수여하는 대학 교육기관이고, 학사 학위 수여에 부합하는 교수진과 교육 시설의 질적 양적인 기준은 교육법에 명시되어 있으며 그에 대한 검증은 필수적이다. 사관학교 졸업생이 국가 방위의 중차대한 임무를 전담하고 유사시 국가의 위기상황을 극복할 수 있는 지적 · 정신적 능력과 불굴의 체력을 필수적으로 갖추어야 한다는 사실을 고려하면, 우수한 사관학교 교수 요원의 확보, 교육 훈련 시설의 완비는 사관생도 양성 교육의 필요조건이다. 교육 시설의 준비는 단기간의 예산 확보로 가능하지만, 사관생도 교육은 군과 사회에서 필요로 하는 전문적인 학술 연구를 수행할 수 있는 충분한 인적 능력을 갖추었을 때 비로소 가능하게 된다. 따라서 사관학교도 그 목적에 있어서 생도 교육과 더불어 연구 기능이 명시되어 군내 · 외에서 필요로 하는 연구를 수행함으로써, 그 결과물이 생도 교육 및 군과 사회에 피드백될 수 있도록 하는 역할까지 수행하는 방향으로 전환되어야 우수한 생도 교육의 효과를 기대할 수 있다. 이렇게 해야만 사관학교가 군에서 필요로 하는 정규 장교를 양성하는 특수 목적 대학으로서뿐만 아니라, 장차 사회를 이끌고 나갈 우수한 인재를 양성하는 교육기관의 역할과 위상도 확보할 수 있다.

군대에서 임무 수행이란 전투 임무의 수행이며 전투 수행의 목표는 전쟁의 승리이다. 이것은 곧 국가 방위의 완수이며 외부의 침입에 대한 방어와 전쟁 상황의 승리와 사회적 평정의 회복을 의미한다. 군대는 무력의 조정 통제 및 행사를 통해 임무를 수행하는데, 무력은 그 행사의 결과가 국가의 안위에 중대한 영향을 미치기 때문에 국가 조직의 엄격한 통제를 받으며 소수의 집권 세력에 의해서 조직 및 행사되는 배타적인 특성을 갖는다. 그러므로 군대의 운영과 군사 행동은 매우 신중한 의사결정을 통해 이루어져야 한다. 군대는 조직과 이를 운영하는 인적자원과 부대시설 및 무장으로 통합 운영되므로, 인적자원의 역량과 조직의 유용성에 따라 전쟁의 승패가 결정된다. 그러므로 인적자원의 우수성이 군사 조직의 우수성을 결정짓는 초석이 된다. 전쟁의 양상은 다양하지만, 전쟁에 임하는 기본 개념은 아군의 피해를 최소화하면서 적군의 항복을 유도하는 것이다. 전투 지휘관 혹은 전쟁 지휘부의 전투 수행 역량으로 아군의 인명 피해와 장비 손실을 최소화하며, 무력 행동을 통해 국가의 정책 결정에 대한 우위를 선점하는 것이 군사 전략 전문가 집단에서 인식되고 있는 가장 이상적인 군사 행동 양식이다. 전쟁 행위는 참전 국가 조직 간의 패권 확립을 위한 복잡하고, 집단적인 무력 행동이므로 한 국가의 일방적인 승리로 결정되는 현상은 쉽게 발생하지 않는다. 역사는 무력이 대등한 집단 간의 전쟁이 장기간에 걸친 살상과 파괴로 귀결된 사실을 여

실히 보여주고 있다. 유사 이래 수많은 전쟁이 계속되어 막대한 피해를 발생시켰지만, 오늘 이 시각에도 세계에서 전쟁의 행위가 계속되는 것은 전쟁의 본질에 대한 근본적인 지혜의 부족 때문임을 지적하지 않을 수 없다. 전쟁에는 승리하기 위한 능력이 필요하고 이러한 능력을 갖춘 쪽이 승리한다. 과도한 욕심, 무지, 그리고 감상의 지배를 받는 마음 등 이러한 인간의 본질적이고 치명적인 약점이 해결되지 않는다면 전쟁은 계속될 것이다. 약 오천 년에 걸쳐 기록된 역사의 수많은 전쟁을 통하여 전투 지휘관의 대표적 역량으로 다음과 같은 특징을 도출해 낼 수 있다.

전투 상황에서 지휘관이 갖춰야 할 최상의 덕목은 전장 상황을 정확하게 판단할 수 있는 지(知)적 능력이다. 지휘관이 탁월한 지적 능력을 보유하여야 전장 상황을 올바르게 인지할 수 있고, 이를 기반으로 승리하기 위한 전투의 특성, 인적 물적 자원의 특성을 분석하며, 제반 작전 운용 방안을 도출해낼 수 있다. 다음으로는 지휘관의 탁월한 지휘 방침을 부대원들에게 인식시켜 부대원 사이의 정보 소통을 원활하게 하는 부대 인화 능력이다. 인화를 중심으로 하는 지휘관의 소통 역량으로 전투 조직을 융합 통솔하여 지휘관의 의도를 추종하게 하는 것이다. 전쟁은 생사의 결전장이므로 생과 사의 개념을 명철하게 정의하고 어려운 전투 환경에서도 진퇴를 명쾌하게 결단하는 능력이 요구되며 이러한 용맹성 또한 지휘관에게 필수 역량이다. 지휘관으로서는 부대 운영과 전투 상황에서 명령 체계의 엄격함과 지속성을 유지하고, 부하 사병으로서는 부여받은 임무를 규정에 따라 엄격하게 이행할 수 있는 역량의 보유가 필요한 덕목이다. 마지막으로, 전쟁 도중이나 후에 이루어지는 논공행상의 공정성, 생과 사를 직면하는 상황에서도 지휘관의 명령에 따르고 동료와 협조할 수 있게 하는 신의 확보 능력이 전투 지휘관의 필수 능력으로 규정될 수 있다.

이 중에서도 지휘관의 탁월한 지적 능력은 전장의 상황을 판단하고, 적군 상황 및 작전의 상대성에 따른 변화에 유연한 대응 전략을 실시간으로 구사하여 다양한 변화가 생성 소멸하는 전장에서 마침내 전투를 승리로 이끈다. 지휘관의 지적 융통성과 방대한 전장 상황의 지식에 기초한 상황 구성과 분석, 활용 능력은 지휘관 지휘 역량의 근간이 된다. 전쟁 지휘관의 제일 덕목은 모든 상황에 대한 정확한 사실 인식인 것이다. 그러므로 사관생도 교육의 첫째 목표는 현 상태에서 아군과 적군의 전투력을 고려하여 전장 상황을 사실적, 객관적으로 관찰하고 승리에 대한 가능성을 파악하는 지적 능력, 감성적 정확성의 배양이다. 현실 상황 인식과 관찰에서 중요한 요소인 정직함이란 있는 것은 있다고 하고 없는 것은 없다고 하는 것이다. 즉, 전장 현실에 대한 작전 운용 및 명령의 효율성을 따지고 전술적 예상을 할 때 정확한 사실을 투사함으로써 올바른 분석 및 판단을 도출하는 지휘관의 의식적 능력을 말한다.

정직이란 단어는 '바르다'라는 의미를 뛰어넘는 큰 통찰력을 갖는 말이다. 불교에서 정직이라는 단어도 바른 견해라는 의미이다. 사실과 바른 견해는 손등과 손바닥의 관계이다. 사실과 바른 견해가 없으면, 환상적 개념을 갖거나 개인적인 지식의 집합체에 불과한 일부 사실로 전체를 호도하여, 현실적 실체 파악의 근거를 소멸시키는 오류를 범하게 된다. 지적 정직성에 기인한 바른 견해를 가짐으로써, 실체가 사실의 되고 사실이 진실이 되어, 진심에 따른 조화가 이루어지고 아름다운 심상이 구성된다. 아름다운 심상이란 우리가 말하는 진선미이다. 진선미는 아름다움 그 자체이고 아름다움은 곧 사람다움이다. 사람다움을 통해 존재의 가치가 되고 명예가 되고 가치 있는 삶으로 연결된다. 사관생도가 교육과정을 통하여 진실한 명예로움을 오롯이 경험할 때, 전체 인생 역정은 온통 바른 견해로 채워지고 명예로운 의식 활동이 몸 전체에 스며들어 생각·말·행동·습관·운명이 강력하고 명예롭게 재구성된다. 우리가 직업을 가지고 사회생활을 하면서 긍정적이고 발전적인 환경을 조성하기 위해서는 합당한 윤리적 소명 의식을 가져야 한다. 사회적 활동에서 직업윤리란 직업인으로서 마땅히 지켜야 하는 도덕적 가치관을 말하는 바, 이는 사회적 규범이 내면화된 것으로서 직업인에게 평균적으로 요구되는 정신적 자세나 행위 규범을 말한다. 직업윤리는 국민윤리나 일반윤리보다는 좁은 의미로서 직업에 대한 가치체계라고 할 수 있지만, 모든 국민이 직업을 통해 사회 발전에 공헌한다는 점에서 국민윤리나 일반윤리의 가장 핵심적인 내용이라고 할 수 있다.

우리는 임무 수행 과정에서 윤리적 결과를 고려하지 않고, 지침이나 경험, 습관에 따라 무비판적으로 진행하는 경향이 있다. 직업 활동의 결과가 윤리적인 논란을 일으켰을 때, 직업윤리가 제대로 세워져 있지 않다면 해결의 실마리를 찾지 못하고 혼란에 빠지게 된다. 이러한 상황은 특히 무장을 통제 운용함으로써, 업무 이행의 결과가 인명의 살상을 초래하는 군사 조직의 경우에는 용인될 수 없다. 따라서 군인은 업무 수행 과정에서 일어날 수 있는 문제들에 대해 깊이 고민하고, 문제가 발생했을 때 명확한 입장을 갖고 대응할 수 있는 직업윤리를 가지고 있어야 한다. 그래야만 개인은 사회적 위치를 확고하게 확보하고, 자신의 역할이 하나의 요소로서 사회의 전반적인 진보와 발전에 기여하게 될 것이다. 현대사회에서 각 직역(職域 : 직업의 구역)과 직능(職能 : 직업에 따른 고유한 기능)에 따라 직업윤리가 존재한다는 것은 엄연한 일이다. 실제로 직장생활에서의 실천윤리는 각기 특수성을 가지고 있는 직업윤리로서 존재하는 것이다. 정치가의 윤리, 공무원의 윤리, 근로자의 윤리 등은 이러한 특수성을 띤 직업윤리를 가리키는 것이다. 전문적인 직업윤리를 제정하는 데에는 두 가지 고려 요소가 있다. 첫 번째는 전문적인 준비를 하는 데 기초가 되는 특별한 정신 상태로서의 심리적 준비이다. 이는 그러한 특별한 정신 상태가 점차로 사람의 속성과 자질로 변한다는 주장에 근거하고 있다. 두 번째로, 준비성은 활동 과정에서 안정적인 성격 특성으로 변한다는 것을 고려해야 한다. 이런 이론적 바탕을 기반으로, 직업윤리 제정 준비에는 법칙, 특징, 구조, 기준 등의 요소가 포함된다. 일반적으로 말하자면 이론적·방법론적 지식을 갖추고, 전문적 응용 기술에 대한 비전을 제시하며, 해당 직업 활동에 대한 긍정적인 태도를 유지해야 한다. 또한, 개인 활동을 활성화하는 동기 부여 원칙에 기초하며, 심리적, 과학적, 이론적, 실용적 측면 등 전문적 요소도 포함된다.

3.3 조국 방위의 간성

사관생도는 사관학교 졸업 후 각 군의 초급 장교로 임관된다. 그리고
초급 지휘관으로 임무를 수행하면서 일정 기간이 지나면 지휘 계통
에 따라 차상급 지휘관의 임무를 수행하는 직급과 계급을 부여받는
다. 이때 실무 지휘 경험과 지식에 더하여 중견 간부로서 임무를 수행
하는 데 필요한 지적 · 전략적 능력을 배양하기 위해 군 간부 교육과
정을 필수적으로 이수하게 된다. 그 후 부대 지휘 현장으로 복귀하여
상위 지휘 경력을 계속 축적하기도 하고, 군의 작전과 교리를 개발하
는 보직이나 부대 지원 부서에 보직을 받아 임무를 수행하기도 한다.
또한, 지휘관의 참모와 조력자로서 임무를 수행하기도 한다. 일정한
기간 군 복무를 완료하면, 군을 떠나 국가와 지역 사회의 일원으로 사
회 활동을 시작하게 된다. 하지만 군을 전역한 예비역으로서, 국가 안
보를 위협하는 긴급 사태가 발생하게 되면, 즉시 해당 군에 소집되어
다시 국가 방위에 참전하는 의무를 수행하게 된다. 그러나, 현대의 복

잡한 사회구조에서는 과거와 다르게, 국가의 위급 상황이 국가와 국토에 대한 물리적 위협에 의해 발생할 뿐만 아니라 다양하고 더욱 중요한 위험 요소에 의해 발생한다. 이러한 외부로부터 침략에 의해 국가에 중대한 위협이 발생하면 예비역은 군인으로 다년간 근무한 경험과 지식을 활용하여 국가적 위기 방어에 참여하여야 하는 의무를 갖게 된다.

국가 안보는 어떠한 위협으로부터 국가의 이익을 지키는 문제이다. 국가의 기능으로서 국방 안보를 확보하는 방법으로 크게 두 가지가 있다. 하나는 자국의 능력을 향상시키는 방법이라고 할 수 있는 내적 균형(Internal balancing) 방안이고, 또 하나는 다른 국가와 협력하여 안보를 확보하는 외적 균형(External balancing) 방안이다. 내적 균형 방안은 국가 경제력의 성장, 군사력의 증강, 과학기술의 발전, 효과적 안전 전략 수립 등이다. 즉, 국가적 운용 능력을 향상함으로써 자국의 안전을 보장하는 것이다. 외적 균형 방안은 능력 증강 이외의 수단으로 자국의 안전을 보장하는 것이다. 전통적인 방법은 타국과 동맹을 결성하여 합동 전력을 구성하는 것이다. 즉, 2개국 이상의 국가들이 상호 안전 보장을 약속하여 자국의 상대적 능력을 향상하는 방법이다. 이러한 국방 활동은 국가의 안전과 평화를 지키기 위해서 행해지므로, 국방의 주체는 기본적으로 국가이고 객체는 외부의 침략 세력이 된다. 국방의 주체가 반드시 국가인 것은 아니다. 침략의 본질은 국가에 의한 군사력의 선제 행사이지만, 군사력의 행사는 국가가 아닌 정치적 무장단체 등에 의해서도 이루어질 수 있다. 예를 들어 반정부 단체 등의 군사적 선제 활동은 국가에 의한 군사력의 행사가 아니므로 침략이라 하지 않고 일반적으로 내란 또는 반란이라고 한다. 그러나 내란과 반란이 군사력의 규모나 힘에 있어서 적국에 의한 침략보다 약하지만, 국가 방위라는 견지에서는 침략과 다름이 없다. 따라서, 내란과 반란도 국방의 객체가 된다.

한편, 한 나라의 평화와 안전 및 번영과 발전을 위해서는 국방만이 아니라 국가 안보도 중요하다. 국방과 국가 안보의 목적은 다 같이 국가의 안전에 있다. 그러나 국방은 주로 외부의 무력 침략에 대해 국가의 안전을 확보하는 것인 데 반해, 국가 안보는 무력 침략뿐만 아니라 정치·경제·사회·심리적인 위협으로부터 국가의 안전을 확보하는 것이다. 즉, 국방은 국가 안보를 위한 하나의 수단으로서 부분적인 개념이고, 국가 안보는 종합적인 개념이다. 국방은 군사력을 비롯한 국방력과 이를 운용하는 제도, 그리고 국방 사상과 국방 사상으로 무장된 의지의 네 요소가 갖춰져야 한다. 한 국가의 국방력은 국방 사상이나 제도에 의해 뒷받침되지만, 그 중심은 군사력에 의한 방위 역량이다. 방위 역량은 과거에는 군사력만을 뜻하였으나, 제2차 세계대전 이후 군사력 일반의 발달, 특히 핵무기와 운반 수단의 발달로 전선과 후방의 구별이 없어지면서 오늘날에는 민방위 역량까지 방위력에 포함하게 되었다. 현대사회가 산업화하고 정보 통신 기술이 발전함에 따라 도시화가 확대되고 복잡한 정보화 환경으로 발전하면서 국가적 위기 상황을 유발하는 다양한 위협이 증대되고 있으며, 위협의 규모와 파급력 또한 커지고 있다. 이와 같은 국가적 위기 상황은 기상이변과 같은 자연재해, 대규모 사고 등의 인적 재난과 군사적 위기 상황 등이 있다. 국가적 위기 상황이 발생하면 국가는 최우선으로 국민의 안전과 재산을 보호하여야 한다. 국가 안전 보장의 측면에서 볼 때 정치, 외교, 경제, 사회문화, 군사, 과학기술 등은 기본 요소이지만, 민간과 군 조직과의 관계는 환경문제, 정보화 등과 함께 국가 안전 보장의 주요 요소로 분류된다. 민간과 군 관계(Civil-military relations)는 역사적으로 대립과 갈등을 일으키면서도 때때로 균형을 이루며 발전해 왔다. 현대 국가에서는 일반적으로 군사 기능과 민간 기능이 분리되지만 국가 기관 내부에서는 두 기능이 상호 작용하는 밀접한 관계에 놓여 있다. 곧 군사 집단과 민간인 집단이 갈등과 대립의 이분법적 관계가 아니라, 상호 이해와 보완으로 국가 발전과 안전 보장에 기여하는 종합적이고 순환적인 관계로 정의된다. 국가적 위기 상황에서는 안보 유관 기관 간에 소통과 특정 정보에 대한 공유가 잘 이루어지지 않는 문제도 많이 발생한다. 이러한 정보 공유와 통신의 문제점을 해결하기 위해서는 사전에 군사 조직과 비군사조직 간에 정보를 잘 공유할 수 있는 협조 체계를 구성하는 것이 필요하다.

장교는 다양한 임무 수행 부대에서 일정 기간 복무한 후, 해당 상위 직위에 상응하는 지휘 계통에 대한 교육 훈련을 거쳐서 상위 계급으로 진급한다. 그리하여 각 군 최고 지휘관으로, 또는 고급 참모 부서의 책임자로 복무, 각종 군사 인력 양성, 교육 임무에 참여, 해당 군 내부에서 상호 연계된 합리적인 의사결정 과정에 참여 등을 하거나, 타국 기관과의 협조나 범국가적인 사안에 대한 의사결정 과정에 참여하게 된다. 장교는 이러한 지휘 통솔과 국가적인 의사결정과 통제에 참여한 경험을 거치면서 중대한 군의 작전, 타국 기관과의 안보 협력에 관한 비전을 습득할 수 있다. 그러한 비전을 갖춘 장교는 군 최고위 의사 결정권자인 각 군 참모총장, 합참의장, 국방 최고 지휘관인 국방부 장관 등의 직책에 임명될 수 있다. 장교는 군 통수권자의 의도를 받아서 군을 지휘 통솔하고 법률과 절차에 따라 명예스러운 군 복무를 마치고 전역한 후에는 은퇴 생활을 하기도 하고 다양한 민간 기관에서 활동하기도 한다. 어떤 생활을 하든 국가의 안전 보장이 위기에 처했을 때는 국가 기관과 민간 조직의 협조, 통제 운영 임무에 필수적인 인력으로 활용될 수 있다. 국가의 안전 보장과 국토방위에 필수 불가결한 복무자를 우리는 국가 방위의 간성이라고 한다. 사관생도는 이와 같은 국가 방위의 간성으로 성장하는 경력 발전의 출발점이라고 할 것이다. 사관생도가 국가 방위의 간성으로 성장하여 국민의 평화와 자유를 보존하고 민주주의를 수호하며, 조국에 봉사하고 개인적인 기술과 시민의식을 고양하는 것이다. 나라를 지키는 군인을 호국간성(護國干城), 국지간성(國之干城)이라고 한다. 간성은 방패와 성이라는 뜻이다. 『시경』「국풍(國風)」 주남(周南)의 토저(兎罝)에서 나온 말이다. "잘 짜인 토끼그물이여/ 말뚝 박는 소리 쩡쩡/ 굳세고 굳센 무사여/ 공후의 간성이로다(肅肅兎罝 椓之丁丁 赳赳武夫 公侯干城 숙숙토저 탁지정정 규규무부 공후간성)." 정정(丁丁)은 그물을 치려고 말뚝을 박는 소리이며 규규(赳赳)는 굳센 모양이다. 방패와 성은 밖을 막아서 안을 보호하는 수단이 된다.

3. 4 진리 탐구와 수련 정진하는 생활인

장구한 인류 역사에서 수많은 일상과 크고 작은 사건들의 반복이 있었지만 그 어느 하나도 같은 과정이 단순히 복제로서 재현되는 상황은 없었다. 겉으로는 역사의 반복으로 보이지만, 우선 시대에 따른 사회 역사적 및 정치적 변화가 이루어져 왔고 유통되는 지식의 규모와 이를 운용하는 절차와 체계에 대한 지혜가 가속적으로 팽창해 왔다. 자연 생태계에서 개체가 생존을 유지하려는 싸움은 치열하다. 특히 식량을 획득하기 위한 사냥이나 치열한 전투에서 간발의 정보 공유, 협조 관계, 상황에 대한 판단력 차이는 생존 여부와 직결된다. 역사 이래로 구성원의 안전을 도모하고 자원이 확보된 영역을 지키는 임무를 수행하는 무인 · 전사 또는 군인들은 본능적인 감각으로 전략과 전술을 개발하고 발전시켜왔다.

인간의 지성사에 비추어볼 때 동양과 서양의 역사관과 우주관, 세계관은 분명한 차이가 보인다. 서양의 우주관은 기본적으로 만물은 발전하고 팽창한다는 것이며 철학적 사고도 다분히 분석적이고 체계적인 특성을 내포하고 있다. 그러므로 서구사회는 시간이 지날수록 팽창하고 지식의 양이 기하급수적으로 증가하는 경향을 보인다. 서양의 전투 양상 변화 과정을 보면 검투사를 비롯한 개인 사이의 결투에서 분대를 형성하고 군단으로 발전했으며, 현대에는 전구 단위 전투 개념을 발전시키고 있다. 이 개념에 따르면 한 전구 내에 수많은 소규모 부대가 정보와 명령 계통, 보급망으로 유기적으로 결합하여 체계적이고 종합적으로 운용되고 있으며, 이론적으로는 각 소규모 전투 부대를 표방하는 제대이론과 이들을 유기적으로 관련시켜 주는 조정 및 통제 이론들이 홍수를 이루고 있다. 오늘날에는 자연인 한 사람이 처리할 수 있는 용량 이상의 지식을 지휘관이 수용하여 의사결정을 하는 모델이 적용되고 있으며 거대한 참모 조직과 기계적인 의사결정에 의존하여 운영되고 있다. 이러한 모델은 자료를 공급하고 구성하고 분석하는 작업으로 막대한 양의 시간과 노력이 요구된다.

동양의 우주관은 순환이다. 만물은 기본적으로 생성 · 발전 · 변화 · 소멸의 과정을 거치면서 순환하여 발전해 나간다는 생각이다. 한 마디로 '생장염장(生長斂藏)'이라고 하였다. 즉, 우주는 만물을 낳고(生), 기르고(長), 성숙시키고(斂), 마침내 휴식하는(藏) 네 과정을 통해 질서를 유지한다는 개념이다. 이러한 우주 변화의 실체가 우리 사회 현상의 근원을 이루고 있으므로, 군자는 끊임없이 탐구하여 궁극의 깨달음을 얻고 이를 생활에 반영함으로써 삶을 한 단계 상승시켜 다음 세대에 전승해야 한다고 보았다. 순환적 사유는 변동의 시작과 끝을 규정하지 않지만, 처음과 끝이 만난다는 사유 구조를 특징으로 한다. 이것을 단순화하면 모든 운동은 궁극적으로 그 과정의 출발점으로 되돌아온다는 것이다. 순환적 관점은 시간의 흐름, 역사 과정을 일련의 지속적 주기로 설명한다. 그렇다고 해서 같은 과정이 반복된다거나 그 내용이 천편일률적이라는 것은 아니다. 이러한 순환을 더 구체적으로 표현하면 창조적 순환이라고 할 수 있다. 동양의 순환 사유는 자연 현상으로부터 발전한 것이지만, 인간 사회에도 적용되는 측면이 있다. 순환 인식은 미시적으로는 개인의 태도에서부터 거시적으로는 문명에 이르기까지 그 분석 수준이 다양하다. 민족국가나 사회가 아니라 문명이라는 거시적 분석 단위를 연구 대상으로 관조해 보면 문명은 인간과 인간, 인간과 자연의 관계에서 발생한다. 문명은 각종 역경, 즉, 도전에 대한 응전으로부터 성립한다. 이때 중요한 역할을 하는 것이 창조적 소수자(Creative minority)이다. 문명의 성장이란 그 과정에서 특징적으로 나타나는 기술의 발전, 지식의 증가 등 환경에 대한 인간의 지배력 증대를 의미하는 것이 아니고, 활동의 영역이 외부의 환경으로부터 인간 사회 내부로 이행하는 것을 의미한다. 이러한 성장은 자기 결정력의 향상을 의미하며, 사회 부분들 간의 지속적인 분화를 수반한다. 문명이 성장한 다음에는 쇠퇴와 해체 과정을 거친다. 문명의 쇠퇴는 사회적 분열이 더욱 확대되는 것으로 나타난다. 이처럼 동서양은 같은 사회 현상에 대하여 상반되게 인식하는 철학적인 기반을 갖추고 있다. 하지만 인류 지식의 발전 과정을 통해 우리는 개개인이 현실에서 지적 능력을 배양하기 위해 노력해야 한다고 인식하는 점에 대해서는 동서양이 같다는 것을 알게 되었다. 동양의 기본 철학은 종합적인 우주관으로서 인간과 우주를 통합하는 하나의 법칙을 찾아내고, 그 법칙을 사회 모든 분야에 적용해 나가려고 노력하였다. 그리고 그 법칙을 도 혹은 성정기등(性定氣騰)의 추상적인 개념으로 파악하려고 하였다. 지금까지 동서양의 기본 사유의 차이에 대해서 알아보았다.

　　지휘관은 이러한 사회적 지식과 더불어 과학 및 군사적 지식과 정보를 획득하고 자기 부대에 적용해 승리를 쟁취함으로써 부대와 전투원들의 생사와 안전을 확보하는 것을 부대 지휘 통솔의 최우선 목표로 삼아야 한다. 이와 같은 부대 지휘의 절대 목표를 완수하기 위해 지휘관은 이에 수반되는 유무형의 유용한 지식과 자료를 확보하기 위해 끊임없는 관심과 노력을 기울여야 한다. 또한, 전쟁 수행에 대한 지휘 통솔의 중대함과 복잡성을 이해하고, 부대를 효율적으로 운용하며, 전술 전략 데이터 운용의 정확도를 높이기 위한 훈련 과정이 필수적으로 요구된다. 현대적인 각종 임무 제대로 편성된 군사 조직은 서구사회의 창조물이며 군사 조직의 발전과 운용을 위한 지식과 정보의 확보는 현대 지휘관들에게 필수적인 과제이다. 사관생도는 사관학교 입교 전에 중등교육을 통하여 전문 지식을 탐구 및 습득할 수 있는 기본자세와 교육을 이수하였다. 사관학교에서는 장교의 기본 소양인 학사 학위 과정, 초급 지휘관에게 요구되는 군사 과정, 그리고 체력 및 정신전력 등에 대한 교육과 훈련을 이수하게 된다. 대학교가 지성과 인격 측면에서 사회의 지도자적 자질을 갖추게 하는 데에 궁극적인 목표를 두고 있다는 점에 견주어 볼 때, 사관학교는 지성 · 덕성 · 체력적 요소를 기초로 한 군대의 지휘관을 양성하는 데에 궁극적 목표를 두고 있다고 할 것이다. 사관생도는 졸업과 동시에 군의 장교로 임관되어 조국과 국민을 위한 방어 임무에 복무하게 된다. 초급 장교 시절에는 소규모 제대의 군사 임무, 대원의 지휘 통솔과 개인 직무 발전 교육과 훈련을 이수하고, 소정의 군 지휘관 중급과정의 전문 지휘 과정을 이수한 후 중급 부대의 지휘관에 보직되며, 차후 근무 태도와 역량에 의한 평가를 거쳐서 국방 조직의 고급 지휘관으로 보직된다. 지휘관으로서 임무를 완수하면 절차에 따라 전역하여 장기간의 군 복무를 완료하고, 사회에 진출하여 사회적 인연과 능력에 부합되는 직업에 종사하거나 자신의 연령대에 부응하는 은퇴 생활과 지역 사회에 봉사하는 사회적 생활을 하게 된다.

군의 장교는 일반인과 달리 무력을 지휘, 통제하면서 국가의 방위와 안보 임무를 담당한다. 무력의 통제와 집행은 부대원은 물론 민간인에 대한 위험을 일으킬 수도 있으며, 작전에 따라 광범위한 불편과 인명의 손실을 발생시킬 수 있으므로 그에 합당한 전문 지식과 운용 능력을 보유해야 한다. 그렇게 하기 위해서는 직무 능력은 물론 여가 및 문화 활동과 사회 봉사활동 분야에서도 최고 전문가로서 능력을 갖추기 위해 부단하게 지식을 습득하고 교육 훈련을 받아야 한다. 교육 훈련에 요구되는 기본 태도는 새로운 지식 즉, 학문을 받아들이는 겸허한 자세와 열성적인 탐구 정신으로 정의할 수 있다. 전문가는 해당 분야의 학문을 연구하여 소기의 성과를 거두고 이를 활용할 수 있는 지적, 경험적 능력이 완비된 사람을 의미한다. 전문가 반열에 도달하기 위해서는 배움에 대한 열망으로 이를 이행하고 사색하며 현실에 적용하여 실무 경험을 보유하는 것이 필요하다. 먼저 학문을 대하는 태도를 고찰해 보면, 유교 경전(經典) 중의 하나인『중용 (中庸)』에서 말하는 '학문하는 방법과 태도는 널리 배우고(博學之하고), 자세히 묻고(審問之하고), 신중하게 생각하고(愼思之하고), 밝게 변별하 고(明辨之하고), 독실하게 행하여야 한다(篤行之니라).'라고 쓰고 있다. 박학(博學)·심문(審問)·신사(愼思)·명변(明辨)은 앎에 이르는 길이 며, 독행(篤行)은 앎을 실천하는 것이다. 이는 학문의 참다운 의미가 배운 것을 실천에 옮기는 것임을 알려주고 있다. 수천 년 동안 흐릿하 고 깜깜했던 것을 하루아침에 환하게 밝혀낸다면 어떤 유쾌함이 그 와 같으며 어떤 즐거움이 그와 같겠는가? 풀리지 않는 의문점에 대하 여 몇 년이고 사색에 침잠하여 반복해서 심혈을 기울이면 어느 순간 에 영감이 떠올라 명쾌하게 해결의 실마리를 찾아낼 수 있는 것이다. 많은 사람이 어떠한 목적을 가지고 학문을 하고 있다. 많은 목적이 있 겠지만 공통적이고 궁극적인 목표는 정신적인 깨달음을 통한 안락· 안위·만족이고, 자신이 이룩한 학문의 경지를 후학이나 세상에 봉 사함으로써 인류의 문명 성장에 기여하는 것이다. 학문(學問, Learning, Science)은 배우고 익히는 것이다. 학문은 직접 경험하기도 하고 다른 사람이나 기록, 즉, 간접경험을 통해 지식을 습득하고 익혀서 체득하 는 과정을 거친다. 학문은 교육을 통할 수도 있지만 스스로의 탐구로 도 이룰 수 있다. 많은 학문 분야가 인간을 풍요롭게 하고, 성장하게 하고, 현실에 대한 훨씬 더 넓은 비전을 갖게 해준다. 비록 학문에 뜻 을 내고 공부하기가 쉬운 것이 아니지만, 공부하는 것은 분명 가치 있 는 모험이다.

학문하는 과정에서 사람의 성격, 인간의 발달사, 문화가 사람 행동에 미치는 영향 등에 대한 여러 가지 이론과 접근 방법에 깊이 들어가다 보면, 자신의 삶과 다른 사람들의 삶을 돌아보게 된다. 그리고 과학적 방법을 소중하게 생각하는 것을 배우며, 통찰을 얻어 데이터를 통해 어떤 결론에 이르기 위해서는 아주 힘들고, 객관적이며 인내를 필요로 하는 과정을 거쳐야 한다는 것을 이해한다. 학문을 이루는 여러 이론, 접근 방법, 그리고 많은 자료가 우리의 비판적인 사고를 발달시키도록 도움을 준다. 좋든 싫든 훌륭한 전문가가 되고 싶다면, 그리고 우리의 인격과 명예를 잃지 않고 쓸모 있는 사람이 되고 싶다면, 꼭 필요한 요구 사항이다. 그리고 나서야, 나무로부터 숲을 보게 되고 기만을 눈치채고 조종을 이해하게 된다, 즉, 비판적인 사고를 발달시키며, 사물의 발달을 단계별로 이해한다. 우리가 어떻게 발전하고 성장하는지, 어떻게 삶의 변화를 겪어가는지 이해하면, 단지 소중한 지식만 얻어지는 것이 아니다. 인간 발달의 각각 특정 단계마다 그 단계 고유의 독특한 사항들도 알게 된다. 개인의 삶을 통해 세상이 어떻게 돌아가는지 알기는 쉽지 않다. 오늘날과 같이 빠르고 역동적으로 변화하는 사회 속에서 내가 어디에 있는지 가늠하기란 무척 어렵다. 그러므로 세계사적인 관점에서 현실을 관조할 수 있는 통찰력이 절실히 필요하다. 학문 탐구는 과정과 변화를 공부하는 일이기 때문에 그것을 통해 과거부터 현재까지 사회와 기술의 발전 과정을 파악하여 현재를 이해하는 실마리를 얻게 된다. 학문하는 과정에서 당사자는 무지를 자각하고 사색과 탐구를 통하여 세상에 대한 새로운 관점을 발달시킨다. 그리고 근거 없이 떠도는 수많은 믿음을 깨뜨리도록 돕는다. 눈에 보이는 현상에 대하여 명확하고 단정적인 결론과 진단을 내리는 일이 섣부른 판단일 수 있다는 것을 발견하고, 각각의 개념 간에는 여러 가지 미묘한 차이가 있음을 알게 된다.

한 분야에서 전문성은 해당 분야에 대한 포괄적인 인지, 구조 및 특성 파악, 그리고 지속해서 좋은 성과를 내는 것으로 인정받는다. 전문가는 특수 훈련과 반복 경험을 통해 특정 분야의 지식과 기술을 습득한 사람으로 정의된다. 전문 지식을 가진 사람은 훨씬 더 효율적으로 정보를 습득한다. 전문성이란 전문직 종사자들이 높은 수준에서 일관되게 활동할 수 있도록 하는 인지 기능이다. 그리고 한 사람이 인간 행동의 특징으로서, 한 영역에서 기대할 수 있는 최적의 성능 수준으로 정의된다. 이러한 정의를 종합해 보면 전문성은 특정 분야에서 다양한 경험을 쌓고 훈련을 거듭하여 획득된다. 전문가는 해당 분야에서 대규모의 의미 있는 패턴을 인식하고, 장단기 심층적으로 기억하여 직무 관리 기능을 수행한다. 전문가는 해당 분야의 문제를 인식하고 표현하며 문제를 질적으로 분석하고, 자기 감시 기능이 강한 특징이 있다. 그러므로 전문성을 획득하지 못한 어설픈 사람은 이치를 분명하게 밝히지 못하고, 원칙이 없으며, 자기가 좋아하는 것만 추구하며, 자신의 지나침과 모자람을 스스로 알지 못한다. 학문은 인간의 천성을 완성하고, 경험에 학문 자체가 완성된다. 학문이 경험으로 한정되지 않으면, 너무나 막연한 원리 원칙의 나열에 지나지 않는다. 그러므로 자기 계발과 사회적 지적 능력 향상에 대해서는 개인차, 동서양의 철학적 차이에 무관하게 노력이 핵심 요소가 되는 것을 알 수 있다. 특히 개인의 생사, 국가의 안위 및 쇠망과 융성이 갈리는 전투를 총괄하는 장교는 지속적인 지적 능력의 배양, 그리고 이를 활용할 수 있는 수련을 계속하는 생활인의 자세를 가져야 하는 것은 자명하다. 발전하는 과학과 사회 환경에 대한 지식을 지속해서 습득하고 이를 군사 행동에 적용하여 전쟁에서 승리함은 필수적인 장교의 덕목이다.

3.5 선택된 젊은이의 길

한 나라의 국방 조직을 운용하고 물자를 유지하는 중심은 국방 인력이다. 국방 인력의 확보를 위한 국방 안보 인력 양성 교육은 국가의 방위력 확보를 위한 군대의 주된 활동이기 때문에 군대 조직의 특성을 그대로 반영한다. 군사교육은 전장에서 개인의 생사를 좌우하고 전투의 승패와 직결되며 나아가 국가의 사활을 좌우하기 때문에 그 중요성을 아무리 강조하여도 지나치지 않을 것이다. 잘 조직되고, 정비되고, 훈련된 군사력을 보유한 국가라면 주변국이 섣불리 침해하지는 못할 것이기 때문이다. 군대 조직은 그 목표 및 임무, 임무 수행 방법, 조직 구성원의 측면 등에서 시민 단체나 타 국가 기관과 구별되는 배타적인 특성을 갖는다.

국방 안보와 관련하여 군사 조직 교육의 목표에 대해서는 포괄성과 중요성을, 임무 수행 요구에 대해서는 긴박성과 신속성을 갖는다. 군대 교육은 승리를 보장하는 최상의 전투 능력 배양에 주안점을 둔다. 군대 교육의 궁극적인 목표는 유사시 전투에서 승리할 수 있는 전투력의 육성이다. 전쟁은 무기가 하는 것이 아니고 인간이 하는 것이다. 아무리 성능 좋은 최신 무기가 있더라도 이를 사용할 줄 아는 사람이 없다면 그 무기는 한낱 고철덩이에 불가할 것이다. 군대 교육은 개인과 부대의 임무 수행 능력을 배양하여 전투력을 강화하는 것이다. 임무 수행을 위한 방법적 측면에서 군사 조직은 집단성 또는 전체성 강조, 위계질서 강조, 그리고 강제성과 타율성 강조 등의 특성을 갖는다. 군대 교육은 완전한 행동 숙달을 요구한다. 배운 내용이 정신 속에 동화되고 체질화되어 조건 반사적으로 행동할 수 있는 경지에 도달했을 때, 요원들은 극한적인 전투 환경을 극복할 수 있다. 전장의 극한 상황에서는 위험과 공포를 극복할 수 있는 용기, 육체적 고통을 견딜 수 있는 정신력과 체력, 불확실성을 극복할 수 있는 결단성 및 침착성 등이 요구되는데, 교육을 통해 이러한 점들이 자신도 모르는 사이에 발현될 수 있게 되는 것이다. 군대 조직 구성원은 강제적 충원, 청년층 위주의 구성원, 구성원의 다양성, 구성원의 복합성과 빈번한 교체 등의 특성이 있다.

군대 교육은 실제 상황에서 훈련할 수 없다는 결정적 단점이 있다. 이러한 한계를 극복하기 위해 실전에 가까운 상황을 인위적으로 조장하거나, 실제 사례를 시뮬레이션화하여 전투 시에 가능한 모든 상황을 간접 경험하도록 하는 실전 근접 교육이 중요시되고 있다. 군대 교육은 전시 극한 상황을 가정하여 평시에 시행된다. 이러한 특성은 군대 조직만이 갖는 고유 영역이다. 그러나 전쟁 상황을 가정하여 교육한다고 해서 군대를 전쟁만을 위한 조직으로 생각하는 것은 잘못이다. 군대는 국가 체제 수호와 국민 생존의 최후의 보루로서 존재하는 것이다. 군대는 백 년을 사용하지 않는다고 할지라도 준비하며 조직하지 않으면 안 되는 조직이다. 군대는 전쟁 수행보다도 오히려 전쟁 억제 효과를 갖는 것에 더 큰 존재 의미를 두어야 한다. 그러므로 유사시에는 적의 침입으로부터 국가 체제를 수호하고 평시에는 강한 전투력을 유지함으로써 가상의 적을 견제하기 위해서, 군대는 부단한 교육 훈련 활동을 끊임없이 수행해야 한다. 군대를 사회의 일부로 고려한다면, 당연히 사회와의 유기적인 관계 속에서 이해되어야 한다. 사회가 변화할 때 군대도 변할 수밖에 없고, 군대는 조직의 생존을 위해서 사회 변화에 지속해서 대처하고 적응해 나가야 한다. 이것은 군대 이외의 다른 사회 부분에서도 마찬가지이다. 오늘날에는 군대를 사회의 한 부분으로 받아들이기보다는 배타적인 영역으로 사고하는 경향이 있다. 이와 같은 현실에서 군대의 참모습을 구축하기 위한 노력이 필요하다. 군대의 참모습은 전체 사회에 강한 영향력을 발휘하여 다른 부분으로부터 거부반응을 갖게 하기보다는 국가를 수호하고 국민의 재산과 생명을 지키는 본연의 사명을 성실히 수행하여 사회 안정을 구축하고 나아가 사회 발전에 일익을 담당하는 것이다. 군대의 역할에 대한 경험적인 분석을 토대로 군대가 사회 발전에 기여하도록 하는 것이 중요하다. 그러므로 정치적인 사고에 얽매여 제대로 언급되지 못하고 있는 군대의 사회적 역할과 기능에 대한 엄밀한 검증과 평가가 요구된다.

군대는 교육, 훈련 활동을 통하여 조직의 목적을 달성하는데, 이는 구성원을 교육하고 훈련해 군 장비와 관리 시설 및 제반 체제를 원활하게 운용함으로써 가능한 것이다. 그러므로 군대 교육은 국가 방위라는 원천적인 임무 수행을 가능하게 함으로써 사회 안전을 도모하는 한편, 인적자원을 양성하고 정치 사회적인 기제를 동원하여 국민교육 효과를 발휘함으로써 사회 통합 기능을 수행한다. 이와 같은 군대 교육은 군대와 사회를 연결하는 역할을 수행하게 되는데, 그에 따라 정치, 경제, 사회, 문화 등의 시대 상황을 반영하여 사회의 발전과 유기적으로 연계·운영되어야 하는 과제도 안고 있다. 국가 발전이란 국가 공동체가 더욱 높은 단계로 진화하고 번영하는 것을 의미한다. 이는 국가 구성 요소들, 즉, 정치, 경제, 사회, 문화 등의 제 영역이 유기적으로 상호작용하여 시너지 효과를 일으킬 때 극대화된다. 발전이라는 개념은 다양한 입장에서 설명할 수 있다.

발전은 주로 진보, 성장, 진화, 증진, 근대화 등의 다양한 유사 개념들과 함께 사용된다. 그리고 정치, 경제, 사회, 문화 등 각 영역은 제각기 발전에 관한 이론을 가지고 있다. 발전 이론에 관한 주장을 통하여 이끌 수 있는 결론은 통일적인 발전 이론을 수립하기 어렵다는 것이다. 이는 발전이 여러 가지 요인이 복합적으로 상호작용한 결과이기 때문에 오는 현상이다. 그러므로 발전에 대해서 이론적으로 설명하기보다는 현실적이고 경험적으로 접근하게 되는 것이다. 이러한 관점에서 발전의 문제를 경험적이고 구체적으로 논할 때 그것은 정치 발전·사회 발전·문화 발전 등으로 언급된다. 군대 교육은 국가 방위라는 군대의 일차적인 임무를 수행하게 할 뿐만 아니라 구성원들 개인의 자질과 역량을 향상해 국가 발전에 긍정적인 역할을 한다. 군대 교육이 국가 발전에 기여한다는 입장은 두 가지로 요약될 수 있다. 첫째는 국민 교육기관으로서 기능이고, 둘째는 국가 근대화의 매개체로서 기술 인력 양성의 학교 기능이다. 군대 교육은 국민의 일체감 형성에 기여한다. 이는 군대 교육의 정치 사회화 기능이다. 군 입대로 민간 사회로부터 떨어져 생활해야 하는 청년들은 독립심을 기르게 되며 성년이 되는 첫 단계를 거친다. 일정 기간의 군대 생활은 개인의 인생에서도 가장 중요한 전환점이 되지만 해마다 수십만 명의 청년들이 군대 경험을 하고 사회로 배출된다는 것은 국가적인 차원에서 대단히 중요한 의미를 가진다. 무엇보다 군대 교육은 국민의 일체감 조성에 매우 중요한 역할을 한다. 이것은 군대의 충원이 전국적인 차원에서 이루어지며, 개인은 군대 교육을 통해 규칙과 규율을 받아들이고 집단정신을 함양하기 때문이다.

군대 교육의 유형으로는 군 정신교육, 군 일반교육 등이 있다. 군인의 정신전력을 이야기할 때 국가관과 민족관이라는 표현을 많이 사용한다. 그런데도 '국가관이 무엇인가?', '민족관은 무엇인가?'라는 질문에 정확하게 대답할 수 있는 사람은 극히 드물다. 여기에서 국가관, 민족관의 정립이 얼마나 빈약한지 짐작할 수 있다. 말할 나위도 없이 국가관, 민족관에 대해 곰곰이 생각해 보지도 않은 사람에게 그것의 정립을 운운한다는 것은 어불성설이다. 국가관·민족관을 논의할 때 가장 중요한 요소는 무엇인가, 우리는 어떠해야 하는가에 대해서 간단히 이야기하고자 한다.

국가관·민족관이라 할 때 '관'이란 한마디로 이야기하면 가치관이다. 국가나 민족과 관련된 가치관이다. 국가관·민족관이 국가와 민족을 보는 관점이라면 먼저 국가와 민족의 무엇을 어떻게, 그리고 왜 보는지 알아볼 필요가 있다. 국가는 국민·주권·영토의 3요소로 구성되어 있고, 강제적인 권력을 보유하고 있다. 그리고 민족은 혈연, 지연, 언어, 풍습, 역사 공동체로서 통일 의식을 가진 집합체라 할 수 있다. 그러면 국가관·민족관은 국가와 민족의 어떠한 측면을 이야기하는가? 국가의 주인은 주권을 행사하는 국민이고 국가는 국민의 자유와 행복을 보장할 수 있도록 권력을 행사한다. 국가는 국민의 합의에 의한 인위적인 산물이다. 따라서 국민 개개인의 자유와 행복을 극대화하는 측면이 강조되어 왔고 앞으로도 그럴 것이다. 한편 민족은 인위적으로 형성된 국가와는 달리 역사적인 경험 속에서 자연적으로 형성된 복합체이다. 따라서 민족은 국가처럼 객관적인 요소만을 가지고는 이해할 수 없다. 같은 민족이라는 동일한 민족의식, 즉, 공동체 의식이 중요한 구성 요소로 등장하는 것이다. 그러나 민족 구성원들의 의식 속에 민족의 발전을 위한다는 생각이 자리 잡고 있다는 점에서 국가관과 민족관은 일맥상통하는 점이 있다. 그리고 국가나 민족을 막론하고 그 구성원들은 자신의 의사와는 전혀 관계없이 출생 시부터 국가나 민족의 구성원이 된다는 점에서도 공통점이 있다. 비록 자신의 의사가 그 구성원 여부를 결정하지 않는다고 하더라도 국가나 민족은 개인에게 직접적인 영향력을 행사한다. 과거의 수많은 외세 침략기와 국권 상실 시대에 우리 민족이 겪었던 심대한 고통의 역사를 관조하면 국가나 민족이 개인에게 미치는 영향이 얼마나 심대한지 알 수가 있다. 그러므로 개인은 싫든 좋든 국가나 민족을 염두에 두지 않을 수 없으며, 따라서 거기에 대한 일종의 관점이 생기게 되는 것이다. 즉, 국가관·민족관은 국가와 민족이 개인에게 미치는 영향은 어떠하며, 따라서 개인은 국가와 민족을 위해 무엇을 어떻게 행동할 것인가에 대한 관점, 그리고 그에 대한 가치관이라고 할 수 있다. 그러면 국가와 민족 그리고 자신을 위해 어떠한 국가관과 민족관을 견지해야만 국가와 민족, 개인의 행복과 무궁한 발전을 확보할 수 있을까? 그리고 국가와 민족, 그리고 자신의 발전을 최대한 보장받기 위해서는 어떠한 가치관이 요구될까?

국가관·민족관의 가장 기본적인 바탕에 자유민주주의에 대한 확고한 신념이 필요하다. 올바른 국가관·민족관의 정립을 위해서는 우선 역사적으로 입증된 바람직한 가치관을 살펴볼 필요가 있다. 즉, 대한민국은 어떠한 나라인가, 그리고 우리 민족과 국가는 역사적으로 어떤 삶을 살아왔으며, 어떤 이상과 가치를 추구해 왔느냐는 물음에서부터 출발한다. 오늘날 자신이 사는 이 나라가 어떠한 나라인가를 새삼스럽게 스스로 물어야 하는 이유는 마치 '나는 누구인가?'라고 스스로 자신에게 묻는 이유와 같다. '이 나라가 어떤 나라인가?'라는 질문은 반만년의 역사와 전통, 국토 분단, 사회와 생활의 변화 및 이에 따른 문제, 국제적 환경과 세계 속에서 한국의 지위 등 객관적 상황이 우리에게 어떠한 의미를 주는지 묻는 것이다. 그리고 목표, 미래에 성취하고자 하는 소망 등이 어떤 가치를 지녔는지 묻는 것이다. 특히 그 물음은 오늘날과 같이 급격한 변화와 다양한 가치관, 그리고 복잡한 국내외적 상황이 삶의 조건으로 되어 있는 시기에서는 어느 때보다도 중요한 의미를 지닌다. 사회의 급격한 변화는 오랜 역사를 통하여 이어져 온 사상, 제도, 예술, 관습 등을 통합하는 데 어려움을 주고 있다. 더욱이 고도의 산업화, 기계화, 조직화는 전통으로부터 우리를 단절시키고 끝없는 변화 속에서 방황하게 할 수 있다. 이럴 때일 수록 변화의 추세에 휘말리지 않고 정신적·제도적 전통을 유지하면 서 대처할 수 있어야 한다. 따라서 이런 시점에 우리는 다시 한번 국 가와 민족의 의미를 생각하며 올바른 국가관·민족관의 확립에 힘써 야 할 것이다. 오늘날 사회의 변화는 국내에 한정되지 않고 국제적으 로도 확대된다는 특징이 있다. 우리의 생활 반경이 국제무대에 확대 되었을 뿐 아니라, 외국의 온갖 문물이 물밀 듯이 닥쳐와 변화를 가속 화하고 가치 기준을 흔들기도 한다. 이런 때일수록, 우리 사회가 추구 해 온 이상과 지향해야 할 이념적 방향을 다시 확인하고, 선택을 지혜 롭게 하며, 국제 사회에서 역할을 수행할 수 있어야 한다. 공동체, 특 히 국가 공동체·민족 공동체는 열린 마음을 가진 사람들의 협동과 혈연 의식에 의해서 유지되고 발전한다. 국가와 민족은 단순히 내가 우연하게 속해 있는 조직체만이 아니다. 궁극적으로 국가와 민족에 의하지 않고 개인이 성장하고 목적을 실현할 수 있는 기회를 얻을 수 없다. 나라를 지키고 민족을 사랑하는 것은 곧 개인의 생명과 재산과 명예를 지키는 기본적인 조건이다.

이런 입장에서 볼 때 군대 교육은 군대가 전체 사회에서 제 위 상을 찾는 데 가장 큰 기여를 하는 기능의 하나이다. 사회가 고도로 복잡화되고 각 부문이 밀접하게 상호 작용하는 상황에서 군대 조직 을 비롯한 각 부문의 별개 활동은 국가적으로 큰 의미가 없다. 그리고 국방이 군대 조직 고유의 과업이기는 하지만 군대만의 독자적인 활 동으로 이루어진다고 기대하기는 어렵다. 군대가 교육을 통하여 다 양한 인적자원과 제도를 사회에 공급하였다면, 사회의 선진 제도와 체제를 받아들이는 것은 당연하다. 군대는 자체뿐 아니라 유관 조직을 통해 수많은 인력을 포용하고 있다는 측면에서 군대 교육이 국가 발전에 심대한 영향을 미칠 수 있다. 군대에는 다양한 전문 분야가 있는 만큼 다양한 전문가가 포진하고 있다는 점에서도 군대 교육이 사회에 기여할 수 있는 측면을 강조할 수 있다. 19세기를 전후하여 군대에 전문직 장교단이 형성되기 시작하였다. 전문직 장교단의 탄생은 근대사회의 독특한 성격으로 자리매김하였고 나아가 민간과 군부의 관계가 근대 이전과 달리 설정되었다. 전문직 장교단은 무력을 관리한다는 측면에서 일반 전문직과 구별되며 직업군인 내에는 이러한 특수성을 반영하는 독특한 직업윤리가 형성되었다. 윤리(倫理)란 '사람이 반드시 지켜야 할 도리'라는 의미이다. 이 윤리가 군과 결합하면 군 직업윤리로서 군인이 지켜야 할 규범과 도덕성, 사고하고 행동하여야 할 도리, 가치관, 인생관, 행동철학이라고 할 수 있다. 군 직업윤리의 보편성은 훌륭한 인간이 훌륭한 군인이 될 수 있다는 것이다. 군대 윤리는 일반적인 사회 윤리와 절대 무관하지 않다. 군대의 윤리적 건전성은 일상 업무 및 전투 수행 능력 수준을 결정한다. 윤리적으로 타락한 군대는 국가의 존립을 위태롭게 할 수 있다. 따라서 군 직업윤리의 확립은 군의 단결과 사기를 고양하고 엄정한 군기를 세워 군의 전투력 향상에 기여할 뿐만 아니라, 군에 대한 국민의 신뢰와 지지를 이끌어낸다. 현대의 군 장교는 전문 직업인으로 분류된다. 군 전문직은 세 가지 요소를 갖추고 있다. 첫째, 전문 기술이다. 전문 기술은 곧 지식(Expertise)으로 일반 직업과는 차원이 다른 폭과 깊이가 있고 사회의 총체적 문화 전통의 일부분을 구성하고 있다. 둘째,

사회적 책임성(Social responsibility)으로, 전문직 종사자는 사회에 이로운 일을 하며 보수보다는 봉사와 헌신적인 자세로 임한다. 셋째, 단체성(Corporateness)으로, 전문직 종사자들 간에 유기적 일체감을 공유하며 장기간의 훈련이나 규율, 사회적 책임의 공유 등을 통해 일체감을 유지한다. 군 장교들 사이에는 민간인과 공통 영역이 존재하는데 그것이 바로 '군사 적성'이다. 장교는 무력과 폭력을 관리한다는 점에서 그 요건에 몇 가지 고려 사항이 있다. 장교는 인간 조직을 지휘·통제 등의 기술을 발전시켜 궁극적으로 연합 작전을 펼칠 수 있어야 한다. 또한, 현대사회에서 폭력의 행사 및 관리가 복잡해지면서 특정 분야가 아닌 광범위한 분야를 연구하고 그에 합당한 훈련을 받아야 한다. 장교는 현재 기술뿐만 아니라 과거의 역사적 배경, 장차 발전 추세, 경향도 알아야 하며 특히 전사(戰史) 연구는 매우 중요하다. 아울러 폭넓은 일반교양 습득을 통해 다른 직업과의 연관성 이해는 물론 전문 직업인으로서 정신력을 함양하여야 한다. 장교는 폭력 관리 기술을 보유하며, 국가 안보를 책임지고 있다는 점에서 타 직업인과 구분된다. 따라서 경제적 보상이나 처벌로 지배되지 않는다. 또한, 장교의 책임으로, 국가의 요구 사항을 충족하는 방법에 대해 조언하고 국가의 결정에 따른 임무를 완수하기 위해 노력하여야 한다. 군은 개인보다 집단을 앞세우며 전통, 정신(Sprit), 일체성 등을 높이 평가하는 만큼 개인의 의지를 집단의 의지에 종속시켜야 하며, 이기주의는 장교의 금기 사항이다. 군은 국가에 봉사하기 위한 존재이기 때문에, 국가 정책의 효과적 도구로 사용된다. 따라서 충성과 복종은 군의 최고 가치이다. 그래서 군인은 상관으로부터 정당한 명령을 받으면 그에 맞서지 않으며, 머뭇거리지도 않고, 자신의 견해를 그에 대신하지도 않고, 즉각 복종한다.

현대사회는 분업화로 다양한 전문 분야가 발전하고 있으며 각 분야는 유기적으로 연관되어 있다. 인간의 생애를 출생, 교육, 직업 활동, 은퇴로 분류해 볼 때, 현대사회에서는 출생과 성인에 이르기까지 교육은 복지의 목적으로 그 비용을 국가에서 부담하고 있다. 성년이 되기까지 교육을 받고 나면 개인의 지적 능력과 취향, 성취도에 따라 직업을 선택하며 경제생활을 통하여 이전 세대의 사회적 활동을 계승하고 나아가 사회 발전에 기여하기도 한다. 이 기간이 개인으로서는 인생의 황금기로서 결혼을 하고 개인의 성취를 이루며 자기 존재를 확인하게 된다. 군인도 청년기에 선택하는 특수한 직업군 중의 하나이다. 다만 군인은 무력의 행사를 근간으로 하는 직업으로서 개인 및 가정생활의 심각한 제약을 요구한다. 그러므로 군인은 군인을 선호하는 청년과 군 복무를 통하여 국가에 봉사하려는 이상을 보유한 젊은이가 선택하는 직업이 된다. 군의 인적자원 특히 장교는 지휘관으로서의 능력, 즉, 전쟁을 승리로 이끌 수 있는 자질과 리더십을 갖추고, 장차 교육을 통해 국가의 주요 군사 임무에 대한 의사결정 능력을 갖출 수 있도록 수련 정진하는 태도와 진리를 사심 없이 추구하려는 지적 욕구를 보유한 소수의 정예 청년 인력을 선발하여 양성하는 것이다. 그러므로 사관학교 입교를 희망하는 열혈 청년들은 무엇보다 먼저 자신의 존재 의미를 반추하여 진정한 마음으로 국가와 민족에 봉사하려는 내면적 욕구가 자신에게 내재하는지 살펴보아야 할 것이다. 현대의 수많은 직업 중에서 선택될 직업으로서 군인은 평범하고 안이한 생활이 배제되는 진정으로 험난하며 심지어 생사가 경각에 달린 상황을 수시로 맞을 수 있는 직업임을 깊이 인식해야 할 것이다. 오늘도 전국 각지에서 수많은 청년 학생들이 미래의 호국간성을 꿈꾸며 심신을 단련하고 학업에 정진하고 있다. 조국의 안보를 담당하는 간성으로 국가의 부름에 부응한 대한민국의 자랑스러운 젊은이들에게 영광스러운 사관학교 입교와 조국에 대한 진정한 봉사지원에 경의를 표한다.

3.6 명예로운 봉사자의 삶

세계 각국의 사관학교 교육에서 가장 많이 회자하고 있는 표어 중 "안이한 불의의 길보다 험난한 정의의 길을 택한다."가 있다. 많은 사관생도가 지금도 연병장, 교육관, 내무실에서 이 표어를 크게 외치고 있다. 이 구호에서 안이한 길은 불의이고 험난한 길이 정의라고 일방적으로 단정 짓는 것은 아니다. 사람은 세상에 태어나면서부터 어머니로부터 자양분과 사랑을 받고, 자라면서 아버지와 가족과 사회 나아가 국가와 세계 및 우주의 존재를 인식함으로써 자신에 대한 의식의 지평을 넓힌다. 그리고 지역 사회와 국가의 일원으로 성장하면서, 세상의 실체에 대하여 배우고 지식과 경험을 축적함으로써 생존을 도모하며 살아간다. 그러다가 어느 시점에서 문득 자신이 세상에 홀로 존재한다는 실상을 체험하면서 찰나의 순간 우주에 존재하는 한 개체로서 자각하게 된다. 이러한 자각은 세상에서 고립된 존재라는 소외감을 동반하여 다소 혼란스러운 실존 경험을 겪게 한다. 독립된 개체임을 깨달으면 그때까지 주변에 대해 가졌던 감성적인 유대 관계에서 벗어나게 된다. 생존을 유지하기 위해, 본능적 행동 양식을 자연적으로 수용하고 순응하는 생활을 시작하게 된다. 또한, 이성적으로는 안전과 물질적 기반을 확보하기 위해 사회생활을 계획하고 사회의 행동 양식에 따른다. 그리고 그때까지 교육을 통해 받아들인 지식과 자신의 경험칙에 따라 인생관과 생사관 및 국가관의 기초가 형성된다. 어린 시절에는 가족 등의 일차 집단 관계에서 오는 친화적인 나눔과 봉사의 생활 양식이 주를 이루지만 성장하면서 재화의 획득과 정보 소유를 추구하는 생활 양식이 현재의 환경에 추가되어 개인의 성장 발전 모델이 만들어진다. 청년기에 개인의 발전과 가족의 번영을 위해, 자기 비전의 초기 방향을 결정하고, 이러한 비전을 실현하기 위한 청사진을 마련하여 실행에 옮기기 시작한다. 이때 이루어지는 중등교육 및 독서와 각종 교외 활동을 통해 얻은 경험과 지혜를 기반으로 직업에 대한 초기 선택이 이루어진다. 사관생도는 국토방위를 자신의 비전으로 삼은 대한민국의 청년으로서 국가와 민족에 봉사한다는 인생관을 보유하고 있다. 사관학교에 입교한 청년들은 사관학교 교육 훈련을 통해 자신의 이상을 실현하는 인생행로를 시작한다. 사관학교는 절차에 따라 사관생도에게 교육과 훈련을 실시한다. 사관생도는 사관학교에 입교한 후 교육과 훈련, 내무생활, 독서와 사색을 통하여 자신의 존재 및 정체성에 대해 더욱 깊이 성찰하여 인생관을 확립하고, 국가에 대한 의무 수행에 매진한다. 이러한 사관생도의 교육과정은 다른 교육과정과는 많은 상이점이 있다. 우선 사관생도는 소정의 교육과정 동안 군인사법에 따른 적용을 받으며, 통제된 환경에서 생활한다. 이러한 환경은 청년 시기에 누릴 수 있는 자유를 일부 유예함으로써 장교로서 기초 소양을 획득하기 위한 교육 훈련과 개인 학습에 전념하여 소정의 목표를 교육 기간에 완수할 수 있게 한다. 이러한 사관생도 교육 훈련 과정은 열혈 대한민국 청년의 국가적 봉사활동으로, 시간이 흐른 후 자기 인생행로의 한 시기에 분명하게 자리매김할 수 있는 귀중한 과정으로 귀결된다.

사관학교 졸업 후 사관생도는 이학사 학위를 취득하고, 각 군의 장교로 근무하면서 일반 국민과 교류하기 시작한다. 초급 지휘자는 해당 부대에서 장병을 지휘하면서 임무를 수행하고, 경력 발전과 개인의 생활 안정을 위해 노력을 경주한다. 군사 조직과 민간 부분이 연계되는 임무를 수행할 때 군 장교는 지역 사회와 민간 분야에 봉사하는 마음으로 최대한 성실하게 복무해야 한다. 대민 접촉이 수반되는 군사 작전을 수행할 때에는 관련 민간단체나 개인에게 충분히 사전 고지하고 재산 피해가 발생하지 않도록 유의하며, 작전에 지장을 주지 않는 범위에서 민간에게 최대한 봉사하여야 한다. 군부대는 작전이나 훈련을 수행할 때 보안 유지와 안전에 완벽하게 대비하여야 하지만 민간 분야 또는 안보 국방 분야와 관련될 때에는 별도의 규정에 따른 절차를 시행하여야 한다. 사관생도는 사관학교 졸업 후 일정 기간 장교로서 군사 업무에 복무해야 하는 의무를 지며 이 기간이 지나면, 절차에 따라 상위 지휘관 지위로 보직되거나 본인의 선택 때문에 전역 또는 퇴역을 한다. 사관학교를 졸업하고, 의무 복무를 마치거나 상위 지위의 임무를 완료하고 군을 전역한 장교는 예비역의 의무를 부여받는다. 장교가 지휘를 담당한 군사 행동은 국가의 안전 보장에 중대한 영향을 미치기 때문에 매우 신중한 의사결정과 행동이 요구된다. 그러므로 군사 조직은 군대를 운용하는 인적자원의 역량 향상과 조직의 유용성을 확보하기 위해 군의 기간 인력을 교육·양성하여 왔다. 군대 조직에 복무하는 우수한 인적자원은 조직의 우수성을 결정짓고, 이들이 지휘하는 부대에 따라 전쟁의 승패가 결정되고, 국가의 생존과 멸망이 엇갈린다. 일생에서 황금기인 청년 장년기를 위국헌신의 군인 본분을 실행하면서 국가의 간성으로 생활하였던 예비역 장교는 국가 안보에 대한 고도의 전문성, 조직의 운영 및 지휘에 대한 지식과 자료를 보유하고 있다. 그러므로 예비역 장교는 조직 및 인력 지휘, 무기를 비롯한 위험물 관리 및 통제 분야의 전문가라고 할 수 있다. 이러한 예비역 장교들의 전문성은 날로 복잡해지는 현대사회에서 복합적인 군사 안보 상황뿐만 아니라 다양한 재난 발생의 국가적 위기 상황에서 전문가로서 국민에게 봉사할 기회를 부여한다.

자원봉사란 공공복지를 향한 가치임과 동시에 민주적 방법에 따른 자주적·협동적 실천 노력이며 사회에서 발생하는 제반 문제를 예방·해결하고 사회적 환경을 개선하기 위해 공사(公私)의 조직체를 통하여 무보수로 서비스를 제공하는 활동으로 정의할 수 있다. 자원봉사에 나서는 사람은 타인의 문제, 우리 사회의 문제를 자신의 문제로 받아들이고, 문제 해결을 위해 서로 돕고 의지하는 관계를 맺으며 범위를 점차 확대해 나간다. 자원봉사를 뜻하는 영어 Volunteer는 라틴어 Voluntas에서 유래했는데, 이것은 인간의 자유의지, 마음속 깊이 우러나오는 의사라는 뜻이다. 즉, 의무가 아닌 자발적으로 행하는 활동을 의미한다. 현대에서는 이 말이 제1차 세계대전 당시 지원

병을 일컬으면서 쓰이기 시작했는데, 차츰 '주로 사회복지 분야에서 자발적으로 봉사활동을 하는 사람'을 자원 봉사자(Volunteer)라고 부르면서 일반화되었다. 이 Volunteer의 개념이 우리나라로 유입되면서 자원봉사는 '스스로 원하여(自願)' '받들고 섬긴다(奉事)'라는 의미로 이해되었다. 자원봉사 활동의 개념은 시대, 국가적 상황, 혹은 활동 분야에 따라 다양한 의미로 사용되어 왔다.

최근에는 주로 공공복지 사업의 중요성을 이해하고 그 사업을 돕기 위해 자신의 능력과 시간을 자발적으로 무보수로 제공하는 사람들을 말하며, 사회문제의 예방 및 해결 또는 국가의 공익사업을 수행하는 공사 조직에 자발적으로 참여하는 사람도 증가하고 있다. 특히 사회 지도층이나 전문가 그룹에서 영리적 보상을 받지 않고 인간 존중의 정신과 민주주의 원칙에 입각하여 국가나 지역 사회에서 필요로 하는 서비스를 제공함으로써 사회의 공동선을 고양함과 동시에 이타심의 구현을 통해 자기실현을 성취하려는 경향이 두드러지고 있다.

세계정세의 변화, 사회 발전의 가속화, 초국가적·비군사적 위협의 증대 등으로 국가 위기 상황이 과거와는 다른 모습으로 변화하고 있다. 국가 안보는 이제는 군사 분야만의 임무가 아니다. 국제 분쟁, 민족 간의 불화 및 사회 불안의 증가로, 군대 조직이 아닌 중앙정부가 국가 총력전의 새로운 개념으로 국가의 안전 보장에 힘써야 한다. 이에 따라 국가 차원의 효율적인 통합 위기관리를 위해 통합 방위 체계의 재정립이 요구되고 있다. 적의 침투 및 도발뿐만 아니라 자연재해와 테러 발생 등 사회 불안 사태가 발생하였을 때 정부와 지방

자치단체는 통합 방위사태를 선포하여 모든 국가 방위 요소에 대하여 지휘 체계를 일원화하여, 「비상대비 자원관리법」에 의한 중점 관리 대상 자원을 유기적으로 사용할 수 있어야 한다. 이를 위해 국가적·사회적 조직을 효율적으로 지휘 통제하고 자원의 배분과 활용을 체계화하며, 평소에 사회적 재난 상황 발생에 대비한 조기 경보 시스템을 구축하고 훈련을 조직적으로 실시하는 등 유비무환의 대비 태세를 갖추는 것이 요구된다. 재난 구호 활동에서 지휘관은 관계 기관과 신속하게 정보를 공유하고 방대한 상황 인식 자료에 기초한 적절한 판단으로 지휘 통제하여 수많은 돌발 상황에 적절하게 대처해야 한다. 군 작전 상황을 운용하면서 상황 판단과 지휘 통제 경험을 쌓은 예비역 장교는 이런 상황에 적절한 인력 집단일 것이며, 예비역 장교로서는 유사시 국가에 봉사할 기회를 가지는 것도 무인으로서 보람 있는 일이 될 것이다.

04

사관생도의 비전

4.1 군대교육과 비전의 특성

조직의 비전은, 조직 전체가 합의한 조직 활동의 꿈이 실린 목표, 일반적으로 5-10년 후 미래의 조직이 마땅히 갖추고 있어야 할 모습, 즉, 조직의 미래상을 표현한 것이 비전이다. 이러한 비전을 도출해 내기 위해서는 다음과 같은 개념적이고 현실적인 질문에 대한 대답이 요구된다. 먼저, 조직의 주요 목적에 대한 질문으로, '우리는 왜 존재하는가?' 조직의 업무 대상에 대한 질문으로, '우리는 누구를 위해 존재하는가?' 그리고 조직이 제공하는 핵심 서비스에 대한 질문으로, '우리는 무엇을 제공하기 위해 존재하는가?' 등이다. 이러한 비전은 조직의 존재 이유와 목적, 조직이 추구하는 바람직한 미래상을 문서로 구체화한 것이다. 그러므로 조직의 임무가 조직의 사명이라면, 비전은 조직의 미래상이다.

군사 교육기관은 국가의 안전 보장을 담당하는 요원 교육과 제도의 창안이 군사 교육기관의 주된 활동이기 때문에, 인적 교육기관과 조직의 특성이 제도와 운영에 그대로 반영된다. 군사교육의 결과는 배출된 인적자원들이 전장에서 개인의 생사를 확보하고 전투의 승패, 나아가 국가의 존망과 직결된 임무를 수행하기 때문에 그 중요성을 아무리 강조하여도 지나치지 않는다. 잘 조직되고, 정비되고, 훈련된 군사력을 보유한 국가에 대하여 주변국이 섣불리 침해하지는 못할 것이기 때문이다. 군사 조직은 국가의 안전을 보장하기 위해 여타 조직과 구별되는 상황에서 특수한 방법으로 임무를 수행하는 특수한 구조를 가진 국가적 단위이다. 군사 조직은 그 목표 및 임무, 임무 수행 방법, 조직 구성원의 측면에서 다음과 같은 특성을 갖는다.

첫째, 군대 조직은 목표의 포괄성과 중요성, 그리고 임무 수행 요구의 긴박성과 신속성을 갖는다. 군대에서 군사교육은 전시 상황을 가정하여 평상시에 시행된다. 이러한 특성은 군사 조직만이 갖는 고유 영역이다. 그러나 전쟁 상황을 가정한다고 해서 군대를 단순히 전쟁만을 위해 운영되는 조직으로 생각하는 것은 잘못이다. 군대는 국토 수호와 국민 생존권의 보호를 보장하는 최후 보루이다. 군대는 백 년을 사용하지 않더라도 오늘, 매일 매일 훈련하고, 준비하지 않으면 안 되는 조직이다. 인류의 장구한 투쟁의 역사에서, 군대의 존재는 전쟁의 수행보다도 전쟁 억제 효과에 더 큰 의미가 함축되어 있다. 그러므로 평시에 강력한 전투력을 유지함으로써, 미래 가상의 적을 견제하기 위해 군대는 부단한 교육과 훈련 활동을 수행해야 한다.

교육과정에 관한 연구에서 기본적인 문제는 그 교육과정이 교육기관의 설치 목적과 교육 목표에 부합되는가에 관한 것이다. 교육기관이 설정한 교육 목표는 교육과정을 통해 실현될 수 있고, 뚜렷한 방향성을 가지면서 합리적으로 결정된 경우에 그 교육 목표는 교육 내용을 효율적이고 단계적으로 조직하는 기준이 되는 동시에 교육 결과에 대한 평가의 준거가 되기 때문이다. 우리나라 각 군 사관학교의 설치 목적과 교육 목표는 무엇인가? '사관학교 설치법(사관학교 설치법 347호)'에 명시된 사관학교의 설치 목적은 육·해·공군의 정규 장교가 될 자에게 필요한 교육을 하는 것이다. 그리고 각 군 사관학교 학칙에 명시된 사관학교의 교육 목표를 정리하면, 각 군 사관학교마다 상이(相異)하지만, 각 군의 정규 장교로서 임무 수행에 필요한 지성과 덕성 및 체력을 함양하고 지도자적 인격을 도야시킴에 있다고 할 수 있다. 이러한 사관학교의 교육 목표는 사관학교의 교육적 특성을 나타내는 동시에 많은 시사점을 던져주고 있다. 세부적인 교육과정의 기능 요소로서, 사관학교 교육은 육·해·공군에 필요한 전문 장교 양성에 그 목적을 두고 있다. 국방 조직 내의 다양한 군 장교 양성 교육기관 가운데 사관학교의 교육이 정규 장교 양성이라는 의미를 더욱 강조하는 것은 사관학교 출신 장교들의 자긍심 고취와 밀접한 관계를 갖지만, 사관학교가 군 장교 양성을 전문으로 하는 국가의 유일한 4년제 교육기관으로 지성, 덕성과 신체 단련을 통한 전인적 교육을 실시한다는데 더 큰 의미가 있다. 이러한 사실은 사관학교 교육의 질적 우수성을 담보하는 간접적 요인이 되기도 하지만, 사관학교 교육이 장교에게 필요한 모든 내용을 갖추고 있다는 것을 의미한다. 사관학교의 교육과정을 구성하는 일반학, 군사훈련을 포함하는 군사학, 그리고 훈육은 사관학교의 교육 목적을 달성하는 공통적 수단이다.

이처럼 사관학교의 비전을 살펴보았다. 기관과 조직의 비전을 정립하는 이유는, 비전은 복잡하게 뒤얽혀 있는 미로 속에서 목적지로 가는 몇 가지 중요한 길에만 집중할 수 있도록 여러 구체적인 특징을 단순화하기 때문이다. 그 누구도 세상의 모든 문제에 정확하게 완전한 해답을 제시할 수는 없다. 잘 아는 분야에 대해서는 자신의 지식과 경험에 의존하겠지만, 그 밖의 복잡한 사회 현상을 이해하고 판단할 때에는 자신이 알게 모르게 갖고 있는 세상을 바라보는 창(窓)인 비전에 의존할 수밖에 없다.

일반적으로 비전은 특성에 따라 두 가지로 분류할 수 있다. 제약적 비전과 무제약적 비전이다. 전자는 아무리 뛰어난 지식이라도 그것만으로 정책을 결정하는 데 한계가 있으며 이를 보완하고 균형 있게 제어해 줄 수 있는 또 다른 지식과 제도가 필요하다고 가정한다. 반면, 무제약적 비전은 인간의 이성에 대한 강한 신뢰를 바탕으로 세상을 바꿀 수 있는 아이디어와 지식이 존재한다고 믿는 것이다. 그러나 국가 차원의 중장기적 비전 수립과 관련해서는 둘 중 어느 한 가지를 선택하는 것이 아닌, 이들의 현실주의적, 이상주의적 세계관 모두를 반영해야 할 필요성이 제기된다. 국가의 미래상을 설정할 때에는 어떤 상황도 일어날 수 있는 미래에 대해 아웃 라이어를 포함하여 다양한 구성원들이 참여하여 자유롭게 토론과 검증을 벌여야 하기 때문이다. 이 글에서는 국가 단위의 거대 미래 비전이 어떤 내용을 담아야 하며, 그것이 어떠한 과정을 통해 도출되고 실제 정책에 적용되어야 하는지 명시적인 표상을 제시하고자 한다. 전쟁 양상은 사회 가치와 과학기술의 복합적 요인에 의하여 변화한다는 견해가 주류를 이룬다. 오늘날의 상황은, 탈냉전 이후의 국제 질서 변화와 과학기술의 가속적 발전에 따른 사회·경제적 변화와 함께 전쟁 양상의 혁신적 변환을 예고하고 있다. 이러한 변화는 순수하게 미래 상황을 예측해 보는 관점에서만 제시되는 것은 아니다. 변화의 시기에 '우리 한국군은 어떠한 상황 인식과 방향 설정을 해야 할 것인가?'라는 문제가 제기되고, 그에 대한 해결책으로 군사 제도와 인적 조직을 완성하며 이를 운용할 인력 자원 양성이 현실적 임무로 제시된다. 사관학교의 임무와 비전에 대한 명확한 정의와 명시적 선언이 왜 중요한가? '눈은 별을 향하되 발은 땅에 두어라.'는 말과 같이 단체의 궁극적인 이상과 현실적인 임무에 대한 정의가 요구되기 때문이다. 비전은 조직이 달성하고자 하는 목표의 표상으로 미래에 도달하고 쟁취하여야 하는 상황을 설정하는 것이다. 비전에서 제시되는 상황과 현재 상황과의 격차를 극복하고 미래상에 도달하려는 정책이 전략이며 이런 전략이 잘 실현되도록 절차를 변화시키고 관리하는 것이 전술이다. 비전은 순간적 발상이나 개인의 영감에서 우연히 만들어지는 것이 아니라 다양한 경험과 지식의 습득 및 공유를 기반으로 광범위한 정보 수집 및 이에 대한 객관적이고 정밀한 분석을 통하여 제정될 수 있다. 무한한 가능성의 세계인 미래에 대해 부단히 질문하고, 창조적 발상을 제안하고, 이에 대한 해답을 창출하기 위해 정보·지식 및 경험을 수집, 축적, 논의, 공유한 결과 나타나는 지적 창조물이 비전이다. 이러한 비전은 충분한 시간을 두고 명확하게 정의된 절차에 실시될 때 절차적 타당성이 확보되고 구체적이고 현실적인 방안이 창조되며, 공감대와 실행에 대한 생명력이 확보된다. 사관학교는 학생들이 졸업한 후에 종사할 분야가 구체적으로 결정되어 있고, 담당할 역할이 분명하므로 교육 목표 역시 보다 구체적이고 분명하게 설정될 수 있다. 군사 전략을 뜻하는 영어 Strategy는 그리스어 Strategos에서 유래했는데, 군대를 의미하는 Stratos와 이끈다는 의미를 가진 -ag가 합쳐진 용어(병법/군사학에 근원)이다. 전략의 하위 개념으로 군사 작전에서 사용되는 전술은 전략과 비교하여 다음과 같이 정의할 수 있다. 전략(Strategy)은 기업이나 국가가 경쟁 우위를 갖기 위해 자원을 배분하는 전반적인 계획으로서 전투가 아닌 전쟁에서 승리하기 위한 계략이며, 전술(tactic)은 특정 기능 분야 또는 시장에서 성과를 높이는 계획으로서 소규모 전투에서 승리하기 위한 작전이다.

사관생도들이 임관 후 직면할 미래 사회는 과학기술 발전과 사회 변화 추세를 고려할 때, 어느 때보다 불확실성이 극대화할 것으로 예측된다. 따라서 생도들은 위국헌신의 국가 간성으로서 이러한 미래 상황에 대처할 수 있는 적절한 자질과 역량을 갖출 것이 요구된다. 이와 같은 필요에 부응하여 생도들은 장차 조직 문제를 주도적으로 해결할 수 있는 리더로 성장해 나가기 위해, 전략적 역량을 배양할 필요가 있다. 미래의 대한민국 국방 환경을 조망해 보면, 한반도에 어떠한 군사적 위협이 닥쳐올지 예측하기 어렵다. 즉, 북한의 위협이라는 기존의 정형화된 틀과 달리 강대국들과의 역학 구조 속에서 고강도→중강도→저강도 위협 등 군사적 위협의 스펙트럼 구성이 복잡해질 전망이다. 오늘날의 사회를 정보화 사회라고 한다. 정보화를 추진하는 것은 정보통신 기술의 급속한 발전이며, 특히 컴퓨터의 기술적 진보와 보급이다. 군에서 정보란 적과 적국에 관한 모든 지식으로 통용되지만 여기서 말하는 정보는 어떤 사항에 관한 알림, 판단에 필요한 지식으로 통칭한다. 정보 혹은 지식 자산은 원자재, 노동, 시간, 장소 및 자본의 필요를 감소시키기 때문에, 현대 선진 경제의 중심적 자원이 되고 있으며, 정보 자산의 가치가 급상승하고 있다. 그러므로 정보를 장악하기 위한 투쟁 즉, 정보 전쟁이 곳곳에서 벌어지고 있다. 정보 자원 및 통신 채널의 장악이 군대나 경찰과 같은 전통적인 힘을 대신해서 새로운 권력의 척도로 대두하고 있다. 군사 능력의 구성 요소에서도 정보의 획득, 전파, 저장, 처리 능력이 차지하는 비중이 매우 커지고 있으며 군사적 IT(Information Technology)에 대한 투자 수요가 급증하고 있다. 전쟁에서도 과거의 하드웨어 위주에서 C4I 등 소프트웨어 운용 능력을 중시하며, 적의 지휘부 종심 타격 등 정보(Information)체계 파괴 전략을 중시한다. 적의 감시체계를 무력화하고, 적국의 통신 중추 신경을 마비시킴으로써, 정보의 흐름을 차단하고 상황 판단을 불가능하게 함으로써 대량 인명 살상이나 화력 투사에 의한 대량 파괴가 없이도 적을 무력화시킬 수 있다. 즉, 소프트킬(Soft-kill) 혹은 비살상(Non-lethal) 전쟁 형태가 발전하고 있다. 미래에는 확장된 첨단 과학기술의 적용과 정보전을 얼마나 성공적으로 수행하느냐에 따라 전쟁의 승패가 결정될 것이다. 그러나 과학기술은 인간 잠재력의 사용을 확대해 주지만, 결코 인간을 대신할 수는 없다. 마찬가지로, 과학기술이 전장에서 작전 지휘관의 과업을 쉽게 해준다고 볼 수도 없다. 오히려 상황 변화가 빠르고 전장 공간이 확대된 상황에서, 다양한 전투 자산들을 동시에 조정, 통제한다는 것은 뛰어난 지휘관이라 하더라도 어려운 과업이다. 그러므로 미래 정보전에서 지휘 임무를 수행하기에 적합한 인재를 확보하고 양성하는 교육 훈련 과정의 개발이 매우 중요한 과제가 된다. 전자 장비의 기능, 컴퓨터 모의 모형과 그래픽 알고리즘 등은 고도의 전문 지식으로 취급되지만 장차전(將次戰)에서는 보편화할 그것으로 예상한다. 1991년 1월부터 2월 사이에 있었던 걸프전에서 미국은 40일간의 항공 작전과 100시간의 지상 작전을 통하여 첨단무기체계의 위력을 유감없이 발휘하였다. 그러나 하드웨어(Hardware)적인 우세를 뒷받침할 수 있었던 것은 고도의 훈련을 통해서 연마된 병사들의 뛰어난 자질과 장교들의 지휘력과 치밀한 전략과 전술이었다.

과거 전쟁사를 통해 비교 분석했을 때, 병력 1명당 점유 배치 면적의 증가 추세는 기하급수적이며 최근에는 지수적(Exponential) 변화까지 나타내고 있다. 이는 병력의 생존성 증대라는 효과를 가져오기도 하지만 반면에 전장의 공간적 영역이 확대됨으로써 전장의 새로운 구조를 형성하게 할 수 있다. 즉, 소위 적군과 아군이 대치하는 전선 개념을 소멸시킬 가능성이 있으므로 확대된 전장의 전 영역에서 동시다발적인 전투를 유도하게 될 것이다. 예컨대, 남북한(南北韓) 간에 전쟁이 발생한다면 전장은 한반도 전역으로 확대될 것이다. 적군과 아군은 서로 상대 정부의 전의를 상실하게 하여 유리한 입장에서 전쟁을 종결하고자 할 것이다. 따라서 전선을 구축하여 축차적으로 전진하는 방법보다는 전략적인 거점을 장악하려는 양상이 될 것이며, 전체 전장에서 적군 아군이 혼재하는 상황이 될 수 있다. 장차전은 고도의 과학 기술전으로서 탐지, 정보, 지휘 및 통신 수단의 고도 전자화가 이루어지고, 장거리 투사가 가능한 전투 장비와 무기의 정밀성, 정확성, 치사도가 비약적으로 증대할 것이다. 그러므로, 적군을 직접 조우하기 위해 대부대를 이동시키지 않고도 정밀 유도 무기와 기동성이 뛰어난 소규모 통합 전투단으로 상대 전력을 무력화시킬 수 있다. 또한, 장차전에서는 통합 작전 체제의 효율성이 증대되어 지상군, 해군과 공군 전력을 통합하여 적의 전후방에 산재한 전장 구역을 동시에 타격할 수 있다. 적의 모든 자산이 아군의 가시거리에 있는 것과 같은 상태에서 작전이 전개될 수 있으므로, 접적(接敵) 전투와 후속 작전 그리고 후방 작전의 시간적·공간적 구분이 불명확해질 것이다. 인적 구성의 감소와 전장 종심의 확대, 전장 밀도의 증가 등으로 대별되는 미래 전장 구역의 특성은 군에서 작전 전력 구조의 변화를 수반한다. 이는 통상적인 작전적 수준의 개념적 전력 역량에 기술적인 요인들의 첨가로 이루어진다.

국가 차원의 미래 전략 수립은 불확실한 미래에 대응하여 안정적인 국가 발전을 도모하기 위해 정부가 주도하는 종합적인 지적 활동의 문서화를 뜻한다. 그 결과물인 국가 미래 전략 보고서는 크게 두 영역으로 구성된다. 하나는 미래 사회의 변동을 예측하고 비전을 제시하는 미래 전망 영역이고, 또 하나는 미래 변동에 대한 선제적 대응을 위해 현재 추진해야 할 정책 과제를 제시하는 영역이다. 그러나 오늘날 미래 연구는 국가 차원에서의 미래 비전 수립과 현재 전략 추진 모두에 역점을 두고 있으며 이를 적극 활용할 수 있도록 정책적 연계를 강화하고 있다. 교육과정은 교육 목표를 달성하는 수단이며, 교육과정 개발은 현재의 교육에 대한 변화를 전제로 하는 실제적 활동이다. 즉, 현재 교육과정을 둘러싼 여러 가지 영향력들을 분석하고 분석을 통해 밝혀진 불합리한 요소들을 제거하여 더욱 합리적인 내용으로 조직해 나가는 과정(Process)이므로, 체계적이고 논리적인 방법으로 수정해 가는 절차(Procedure)를 거친다. 교육과정 개발의 일반적 절차는 교육 목표 설정, 학습 경험의 선정 및 조직, 그리고 교육 결과 평가 등이다. 따라서 교육과정 개발은 교육 목표 설정을 최우선 과제로 하는데, 교육 목표 설정은 교육적 변화와 관련된 여러 가지 요인들을 분석함으로써 이루어진다. 사관생도의 경우 역사적·사회적 및 군사적 특성을 검토하고, 국제 정세 변화 전망과 미래 전쟁 양상을 심층 분석함으로써 사관생도 양성 비전을 도출할 수 있다.

4.2 심신 수련이 겸비된 복무자

사관학교에 입교하면 그때까지 받아온 중등교육 과정, 가족을 위주로 한 생활 환경과 분명하게 차별되는 생활 환경과 주변 상황에 처하기 때문에 사관생도는 육체적·지적 한계를 느끼며 정신적·정서적 충격을 경험하게 된다. 사관학교 입시 과정을 통하여 장차 환경이 변한다는 것을 이해하고, 정서적으로 준비하지만, 실제 사관생도 교육 과정은 그 한계를 넘기 때문이다. 사관학교는 소수의 정예 청년을 선발하여 미래에 대비한 수월성 교육과 훈련을 부과하고 평가하며 미래 국가 안보를 담당하는 인재를 양성한다. 따라서 사관학교의 교육 과정은 그 목적에 부합하는 체계적이고 엄격하며, 효율적인 내용으로 구성되어 있다. 지·덕·체를 망라하는 다양한 교육과 훈련 과정은 개인에게 어려운 경향이 있고, 교육과정을 이수하면서 당연하게 정신적인 고통이 수반된다. 소정 기간 교육 훈련을 마치고 나면 사관생도는 국군의 장교로서 국가를 위해 복무하게 되며, 장교로 복무하는 동안에는 자신의 지휘명령에 따라 부하 장병들의 생명과 안전이 결정된다. 따라서 지휘관으로서 직무에 합당하는 지휘명령을 하달하기 위해서 다양한 전장 상황에 관한 부단한 연구와 부하 장병에 대한 교육 훈련에 촌음을 아껴 매진하여야 한다. 일정 기간 단위 부대 지휘자로서 근무를 마치고 나면 지휘관의 자력을 보충하기 위한 고급 군사교육 과정, 합동 작전 전략과 전술 교육 훈련 과정을 이수하고, 중급 규모 부대의 지휘관으로 진급하여 근무하게 된다. 이 기간에 타 군과의 협조 유지, 민군 관계 작전 및 협조 훈련, 대한민국을 대표하여 국제 협조 및 연합 작전 수행 임무를 담당하기도 한다. 중급 부대 지휘관으로 이러한 경험을 하고 나면 그때까지의 전술 작전 수행이라는 국지적 안목에서 벗어나 국가의 방위 및 안보 전략, 타국과의 연합 작전 등 입체적이고 체계적인 국가적 비전을 습득하게 된다.

사관학교 졸업 후 일정 기간 의무 복무 후 전역하면, 민주 시민으로서 시민사회에 복귀하여 국방 안보 분야의 전문가로서 직책을 수행하거나, 다양한 사회적 직무에 종사하게 된다. 시민사회에서 접하는 기회는 다양하며, 직무에 요구되는 지식이나 전문성의 깊이도 각각 다르다. 전역자들이 이 새로운 사회생활 환경에 진입하게 되면, 자신이 청년기에 청운의 큰 포부를 가슴에 품고 사관학교에 입교하던 시점과는 다소 다른 감회를 갖는다. 물론 전역자는 군 복무에 대한 만족함, 자부심과 명예심으로 넘치고 있으나, 장차 자신이 있어야 할 미지의 사회 환경에 대한 일말의 근심이 있을 수 있다. 과학과 의료 기술의 비약적인 발전으로 국민의 건강 상태가 좋아지고 평균 수명이 늘어나, 군을 전역한 후에도 상당 기간 사회에서 활동할 수 있는 시간이 주어지고 있다. 이러한 주위 환경에 대한 도전과 응전을 통한 적응 과정은 절대적 최선을 향한 불굴의 투지를 배양해야 하는 사관생도의 운명적인 인생행로다. 일생을 통하여 타인과 협조하며 상생하고, 적대적으로 변화하는 사회적 환경에 수반되는 난관을 돌파해 나가기 위해서는 군대 생활과 다른 정신적 자세가 요구된다. 개인의 존재, 세계와 사회의 존재, 역사 발전에 대해 철저하고 정확한 이해를 통한 올바른 인생관의 정립, 사회생활에 필요한 지적 능력과 이를 추진해 나갈 수 있는 불굴의 의지와 강인한 신체적 능력의 배양이 요구된다. 청년기는 인생에서 가장 많은 변화와 혼란을 겪는 시기로서 청년들의 올바른 성품 정립을 위해 가치관 함양 교육과 훈련을 통한 인성 교육이 요구된다. 바람직한 교육과정은 지식 전달에 있는 것이 아니라 알고(知), 깨닫고(情), 행동하게(意) 하는 것이며, 전인교육이란, 바로 이 세 가지 영역의 균형을 잡아 주는 것이다. 지·정·의를 통합한 교육으로 인성 교육과 전인교육을 완성할 수 있다. 전인 교육은 지성(知)과 감성과 영성(情)을 가진 존재가 자기 자신과의 관계뿐만 아니라 타자와의 관계 안에서도 자신과 타인의 삶을 이해하고, 역사 안에서도 책임 있는 존재로 살아가도록(意) 돕는 교육을 의미한다. 사관학교는 지·정·의를 갖춘, 전인적 품성을 보유한 생도를 양성하며 자신에 대한 성찰과 체험을 중심으로 하는 교육이 될 수 있도록 다양한 학습 방법을 제시한다. 교육의 인지적 측면은 세상의 진리들과 그것들이 어떤 의미인지 알려주는 것, 사고방식에 따라 삶의 가치 규범을 세울 수 있는 능력 등을 가르치는 것이다. 정의적 측면은 인지적으로 습득한 것을 행동으로 연결해 주는 고리 역할을 하는 것으로 옳고 그름에 관한 판단, 양심, 자아 존중, 감정이입, 선에 대한 사랑, 자기 통제, 회개, 인정, 겸허함 등을 가르치는 것이다. 그리고 행동적 측면은 지식으로 얻은 앎과 감정과 영성으로 느낀 변화의 욕구들을 행동으로 삶 속에 일생 실천하게 하는 가르침이다.

동서양의 교육에서 공통적으로 강조한 것은 知(Geistig), 德(Sittloch), 體(Physisch)의 온전한 발전을 통해 조화로운 인간상을 지향하는 삼위일체 교육론이다. 우리나라의 교육은 홍익인간의 이념 아래 인격을 도야하고, 자주적 생활 능력과 민주 시민으로서 필요한 자질을 갖추어 인간다운 삶을 영위하고, 민주 국가의 발전과 인류 공영의 이상을 실현하는 데 이바지하는 국민 육성에 목적을 두고 있다. 우리나라 교육 또한 전인교육을 추구한다. 전인교육은 건전한 가치관 및 자아 정체성 형성을 지향한다. 일반적으로 가치관은 인간의 생각을 결정하기 때문에, 가치관의 유형, 삶의 목적 등에 따라 같은 삶이라도 행복 또는 불행으로 갈릴 수 있다. 개인적 목표 달성만을 추구하는 삶이 아닌 사회, 국가, 세계 차원의 더 큰 목표를 추구하는 삶이 더 행복한 인생으로 발전할 수 있다. 그리고 학생들의 끊임없는 고민과 수많은 시행착오는 삶이 올바른 방향으로 정립되고 정신적으로 건강한 삶을 이루는 밑거름이 된다. 따라서 건전한 가치관과 자아 정체성 형성을 위해 일상생활과 연계된 체험이 중심이 되는 인성 교육을 실시할 필요가 있다. "이러한 인재를 양성하기 위해서는 평소 인간이 가진 인격을 완성하고 가치관을 형성하는 것 외에도 인격 형성을 저해하는 요소를 판단하고, 제거할 수 있는 인간성을 회복하는 것이 매우 중요하다."[2] 인성 교육의 구성 요소로 정직, 책임, 공감, 소통, 긍정,

자율, 존경, 배려, 시민의식, 심미성, 도덕적 예민성, 판단력, 의사결정 능력, 행동 실천력 등 인간의 다양한 지적·정서적 품성이 제시되고 있다. 이를 정리하면 자신과의 관계에 필요한 요소와 타인과의 관계에 필요한 요소로 크게 두 가지 범주로 구분할 수 있다. 자신과의 관계에 필요한 요소는 정직, 책임, 자율, 긍정, 심미성, 행동 실천력 등이고, 타인과의 관계에 필요한 요소는 배려, 도덕적 예민성, 판단력, 의사결정 능력, 공감, 소통, 존경, 공정성, 시민의식, 용서 등이다. 이와 같은 구성 요소를 살펴본 결과 인성 교육은 한 개인이 자신의 내면을 바라보고 인간다운 면모를 갖출 수 있는 역량을 키우는 교육과 이를 바탕으로 사회 속에서 인간답게 살아갈 수 있는 역량을 키우는 교육이 중심이라는 것을 알 수 있다. 개인의 내면과 본성, 성격은 매우 다양하며, 그 개인이 사는 사회적 환경 또한 매우 다양하므로 심신 수련을 위한 세부 교육 내용을 표준화하는 것은 어려운 문제이다. 바람직한 인성 교육은 개인의 특성과 사회적 맥락의 다양성을 수용한 맞춤형 교육이라고 할 수 있다

4.3 작전 전략, 전술 지휘관

사관학교의 교육 목표는 사관생도에게 장차 군 정규 장교로서 임무를 수행하고 자신의 군 경력 수행에 따라, 지속해서 발전하는 데 필요한 지성과 덕성을 함양하게 하고, 강인한 정신력과 체력을 연마시키는 데 있다고 규정하고 있다. 이 교육 목표에 기초하여, 첫째 투철한 애국심과 자유민주주의 정신 함양, 둘째 건전한 가치관 정립과 고결한 품성 도야 및 군사 전문가에게 요구되는 다양한 군사 지식 습득, 지휘 통솔력 배양과 국가 방위와 안전 보장 정책 수립 능력 등의 배양이 요구된다. 생도 교육 수학 과정에서 배우고 생각하지 않으면 위험하게 되며, 생각만 하고 배움을 실행하지 않으면 어려운 상황에 처하게 된다. 따라서 교육을 통해 큰 비전을 보유하고, 이를 달성하기 위한 제반 수단을 조정 통제할 수 있는 다양한 형태의 작은 세부 학습기술을 보유한 균형적인 사고 즉, 이상과 현실을 고려한 진정한 지혜와 책략을 가진 국가 지도자로 성장하는 것이 바람직하다. 이를 위한 초기 목표는 크고 균형적인 비전을 심어주고, 초임 장교 임무 수행에 필수적인 기초 군사 지식을 습득시키며, 균형 잡힌 정신과 건강한 신체를 배양하는 것이다. 초임 장교는 군대뿐만 아니라 일반 사회에서 통용되는 윤리와 도덕의식을 확립하며, 장차 실무 경험과 더불어 고급 지휘관 자력 구비에 요구되는 교육 경력을 추가하여 참모형·지휘형 또는 사회 지도층으로 성장할 수 있도록 잠재력을 배양해야 한다.

대부분의 사관학교 졸업생은 일정 기간 각 군의 초급 및 중급 지휘관으로 근무하며 의무 복무 기간을 보내게 된다. 초급 지휘관은 각 군 모두 개인화기의 운용과 소규모 전술 작전 임무를 수행하며, 지휘 인원은 50여 명 이내이다. 군사적 역량은 전투원으로서의 기본 전투 기술, 지휘관으로서의 전투 지휘 능력, 군사 전문가로서의 전문 지식의 습득 및 활용 능력이라고 정의된다. 임관 후 군 간부로서 임무 수행의 핵심은 적과 싸워 승리하는 것이다. 따라서 생도는 임관 후 즉각 임무 수행이 가능할 정도의 기본 전투 기술을 갖춰야 하고, 부대 편제·편성 등에 관한 이해를 바탕으로 전투 지휘 및 관리 능력을 배양해야 하며, 장차 군사 전문가로 성장하도록 전사, 용병술, 무기 체계 등에 관한 군사 전문 지식을 습득하고, 나아가 그 개념과 원리를 충분히 이해해야 한다. 탈냉전 이후 세계는 인종·종교 분쟁 격화와 대량살상무기의 확산, 소수민족의 주권 회복 주장, 지역 분쟁에 대한 초강대국들의 군사적 개입 강도의 변화(Operations other than war)에 따라 지역적 분화 양상을 보인다. 국가 간 무기 판매 경쟁으로 인하여 첨단 무기의 확산은 제3세계 국가들의 군사력을 증대시키고 있으며 분쟁 지역에 대한 외부 세력 개입 문제를 더욱 복잡하게 만들고 있다. 우리는 미래의 군사 분쟁 방식이 갖는 몇 가지의 중요한 의미를 고려해야 한다. 국익을 위협하는 요소는 적대국뿐만 아니라 테러분자 및 범죄자들과 같은 비국가 주체들에 이르기까지 지속해서 확대될 것이다. 따라서 한국군은 모든 위기를 외교 · 경제 및 정보를 포함한 국가적 차원의 대응 방안의 목적으로 군사 작전이 수행될 것으로 예상하고, 전투를 준비해야 한다. 또한, 우리는 인도주의 차원의 지원 또는 평화 유지 작전과 같은 또 다른 유형의 작전들을 동시적으로 또는 개별적으로 수행할 수 있도록 전투력을 적절히 변형해야 한다. 그러므로 상황에 따라 우리의 능력을 신속히 적응시킬 수 있도록 적정 교리를 개발하고 훈련을 수행할 필요가 있다.

향후 한국군은 비정규 형태의 위협, 초국가적 성격의 위협에서부터 국가들의 조직화한 전력에 의한 전통적인 위협에 이르기까지 다양한 범주의 행위자들에 대비해 작전을 준비할 필요가 있다. 한국군은 평화 유지 전력 또는 평화 강제 전력으로 행동할 수도 있고, 국가 또는 동맹국을 방어할 목적에서 전투를 수행할 수도 있을 것이다. 어떤 상황에서든 전투 수행 능력이 있는 제대로 기강이 잡힌 무장 전력만이 적절하게 대응할 수 있을 것이다. 따라서 앞으로도 전투 수행은 우리의 준비와 훈련에서 핵심적인 부분이 되어야 한다. 왜냐하면, 고도의 모험이 수반되는 위험하고도 어려운 과업이 곳곳에 도사리고 있을 것이기 때문이다. 무력 분쟁은 국가 간의 문제를 정치 · 외교 · 경제 등과 같은 여타 수단으로 해결하지 못하는 경우 발발한다. 무력 분쟁은 전쟁 이외의 군사 활동에서 전쟁에 이르기까지 다양한 형태를 띤다. 오늘날 이 같은 가능한 분쟁의 범주를 분쟁의 스펙트럼 (Spectrum of conflict)이라고 표현한다. 이는 무수히 많은 형태의 분쟁이 존재함을 의미한다. "오늘날 군 교리에서는 전쟁 활동을 전략, 작전 및 전술이란 3개 수준으로 구분해 설명한다. 전쟁의 전략적 수준은 다시 대전략과 군사 전략으로 구분된다. 전쟁의 대전략이란 국가에서 가장 높은 수준의 지휘를 일컫는데, 전쟁 돌입 여부, 전쟁에서 추구하는 정치적 목표, 군사력 사용을 통해 조성해야 할 군사적 상황, 정치 및 군사적 측면에서 준수해야 할 제한 사항, 동맹국·적국 관계, 그리고 전쟁에 투입할 군사력과 여타 국가 자원을 결정하는 문제들이 여기에 해당한다."[3] 전략은 목표 달성을 위한 노력을 조직해주는 상황 의존적인 행위 계획이다. 군사 전략은 군사력의 행사 또는 위협을 통해 국가의 정책 목표를 달성하기 위한 군사력의 활용에 관한 기술(術: Art)과 과학을 의미한다. 군사 전략은 추구하는 군사적 목표와 방안 및 수단으로 구성된다. 이 3개 전력 운용 구성 요소는 적절히 균형을 이루어야 한다. 군사 전략은 현존 능력에 근거해 작성되는 작전 전략(Operation strategy)과 미래 국방력 건설을 고려한 군사력 발전 전략(Force development strategy)으로 구분된다. 군의 전략과 비전, 즉, 우리 군의 합동 비전은 국가 안보를 위한 장기 계획에 해당한다. 그런데 군의 전략 비전은 '어떻게 싸울 것인가?'라는 문제와 직접 연계되어 있다. 전략 비전에서 말하는 '어떻게 싸울 것인가?'의 문제를 상황 의존적 성격의 이론에 근거해 생각하면 목표 방안 및 수단 간에 심각한 불균형 문제가 야기될 수 있다.

4. 3. 1 군사 전략과 전술의 특성

전략은 전쟁 상황에서 승리를 확보하는 가능성을 높이고, 패배할 가능성을 최소화하기 위한 전시와 평시에 필요한 정치·경제·정보 및 군사력을 개발해 활용하는 기술(術: Art)과 과학이다. 군사 전략(Military strategy)은 군사력의 행사 또는 위협을 통해 국가의 정책 목표를 달성하기 위한 군사력의 활용에 관한 기술과 과학을 의미한다. 국가 전략은 국가 목표를 달성하기 위해 평시와 전시에 군사력과 함께 국가의 정치·경제 및 정보력을 개발해 사용하는 기술과 과학을 의미한다. 군사 전략은 국가 전략의 일부로서, 국가 전략을 지원해야 하며 국가 정책과 일관성이 있어야 한다. 전략은 목표, 방안 및 수단으로 구성되는데, 여기서 목표는 추구하는 목표를, 방안은 방책(Course of action)을, 그리고 수단은 목표를 달성하기 위해 사용할 수 있는 도구(資源, Resourse)를 의미한다. 이 같은 점에서 보면 군사 전략은 군사적 목표, 방책 및 자원으로 구성된다. 군사 전략은 작전 전략과 군사력 발전 전략이란 두 가지 유형이 있다. 작전 전략은 현재 군사력에 근거하는데, 단기적 행위를 위한 구체적인 계획이다. 장기적 성격의 전략은 미래의 위협과 목표에 관한 판단에 의존할 수 있다. 따라서 이 경우 현재의 군사력 태세(Posture)의 제약을 받지 않는다.

군사 전략의 목표를 달성하고 방책을 이행하려면 군사 작전 운용을 위한 각종 자원이 요구된다. 반면에 군이 보유하고 있는 자원에 의해 군사적 목표와 방책이 영향을 받는다. 군의 자원을 군사 전략 요소로 고려하지 않으면 전략과 능력의 불일치, 즉, 군사 전략의 목표를 달성하고 방책을 이행할 수 있는 군사적 능력이 충분치 못한 상황에 직면하게 된다. 대전략에 해당하는 작전 계획을 작성할 때, 근간이 되는 작전 전략을 현재 능력에 근거해 작성하는 것은 이 같은 이유 때문이다. 군사 전략의 본질적인 구성 요소인 목표, 방안 및 수단은 임의로 바꿀 수 있다. 이 점에서 국가는 다수의 국가 전략을 갖추고 있어야 한다는 결론에 도달하게 된다. 한국 전쟁에서 보았듯이, 군사적 목표는 순간적으로 변할 수 있으므로, 군사 전략은 신속히, 그리고 종종 바뀔 수 있다. 같은 관점이지만 전쟁 전반에 걸쳐 일관성 있게 적용될 수 있는 군사 전략은 존재하지 않는다. 전쟁이란 인간과 인간의 의지 대결이며, 작용과 반작용이라는 상호작용의 산물이기 때문이다. 따라서 전략은 적의 반작용에 적절히 반응할 수 있는 성격이 되어야 한다. 대전략 수준에서의 지휘 책임은 정치 지도자들에게 있다. 그런 지휘를 하려면 군사 전략 수준의 자료를 받아야 한다. 군이 정치 지도자들에게 제공하는 자료에는 군사적 측면에서 가능한 대안들, 이들 대안의 상대적인 이점과 성공 가능성, 적의 예상 반응, 그리고 동맹국의 예상 반응이 포함된다. 그 외에 적의 군사 능력 평가, 아군 전력의 준비 정도, 그리고 분쟁 기간 중 요구되는 군과 민간의 부담을 수치로 표시한 내용도 제공된다. 또한, 군은 대전략 수준의 의사 결정을 위해 교전 규칙과 군사적 분쟁이 주는 법적인 의미에 관한 자료도 제공한다. 전쟁 중에도 이 같은 자료는 지속해서 갱신된다. 대전략 수준의 전쟁을 수행하는 정치 지도자들과 군사 전략 수준의 전쟁을 수행하는 고위급 군사 지도자들 사이에 긴밀한 실무 협조가 요구되는 것은 이 같은 이유 때문이다. "군사 지휘 측면에서 가장 높은 군사 운용 정책 수준은 군사 전략 수준이다. 군사 지휘부는 국가 대전략을 군사 전략 지침으로 전환한다. 군사 전략 수준에서는 대전략 수준에서 결정된 제한 사항을 준수하며, 어디서 어떻게 싸울 것인지, 전쟁에 투입되는 자원의 양, 그리고 한 군데 이상의 전구(戰區: Theater)에서 전쟁이 진행되는 경우 개개 전구에 배정되는 자원의 양 등을 결정한다. 이때 대전략 지침에 근거해 정치 지도자가 마련해준 국력의 수단인 외교·경제·정보 및 군사적 자산들의 활용에 관한 조건을 부여한다. 또한, 군사 전략 수준의 지휘관들은 정치적 목표를 군사적 목표들로 전환할 책임을 갖는다. 이들은 또한 분쟁의 최종 상태, 즉, 국가전략 목표들을 지원하고자 할 때 달성되어야 할 군사적 조건들을 정의한다.

군사 전술 사항은 작전 운용 및 수행 수준에 관한 사항들이다. 군사 전술은 군사 전략 지침에 명시된 제한 사항들을 준수하며 군사 작전을 운용하며 수행하는데, 이는 배당된 군사력으로 전쟁의 전략 목표를 달성하는 방안에 관한 세부 사항이다. 전략 지침이 전술 목표로 전환되고, 작전 수행을 고려한 군사력 운용 계획이 작성되는 곳이 작전 전술 수준이다. 이 같은 과정의 결과로 전술 목표들, 그리고 전술 수준의 지휘관들에게 임무가 부여된다. 전역계획과 개별 임무를 생성해내는 과정에서 전술 및 군사 전략 수준과 긴밀한 관계를 유지하게 된다. 여기에는 작전적 수준의 지휘관이 명시한 임무 목표를 달성할 목적에서 전투를 계획·수행하는 작전 수행 절차가 포함된다. 전술 수준의 지휘관들은 부여된 임무뿐만 아니라 시간·공간 및 군사력 그리고 전투 및 지원 자원 측면에서의 제한 사항들을 검토하게 된다."[4)]

군이 전력을 배치·운용하는 것은 군사 목표를 달성하기 위함이며, 군사적 작전의 계획과 시행은 이들 목표를 고려해 이루어진다. 개별적 수준에서는 바로 위 단계에서 설정된 목표들을 고려해 행동하게 되며, 전쟁의 개개 수준에서 추구하는 목표들은 계층적인 성격을 띤다. 대전략 수준에서 고민하는 사람들은 대통령과 관계 부처의 장관들이다. 여기서 정의되는 전략 목표에는 국익을 증진할 국가 안보 목표와 정치 및 군사적 측면에서의 제한 사항이 포함된다. 군사 전략 수준에서 고민하는 사람들은 국방장관과 합참의장이다. 여기서 정립된 군사적 목표에서는 군사적 측면에서의 최종 상태(End state)를 정의하고, 군사력 적용과 관련된 지침을 제공하게 된다. 작전적 수준에서 고민하는 사람들은 한국군의 합참의장 또는 연합사령관과 같은 사람이다. 여기서 정립되는 전역 목표에는 전역 전반의 일부로서 개개 작전 사령관이 계획 및 수행할 작전들에서 추구해야 할 목표와 정도가 개관(構觀)된다.

군사 전략의 수립 절차는 국가 목표, 안보 목표 설정이 최상의 개념이며, 이에 따라 국가 이익, 목표 식별, 국방 목표의 정의 후 전략 환경 평가, 안보정세 평가, 위협 분석, 장차전 양상 추정 등이 결정된다. 다음으로 정세 분석, 군사적 대응 조치가 요망되는 위협에 대한 분석, 위협 유형을 고려한 장차전 양상 추정, 미래 전장 상황 가정 및 군사 전략 목표가 설정되고, 가능성 있는 제반 위협 예측 및 대처, 적의 약점 이용 및 강점 대응, 가용 자원 범위 설정, 군사 전략 개념 수립이 성안 된다. 이후, 군사 전략 목표 구현 여부, 전략 환경 평가, 양병 차원에서 군사력 소용 제기와 용병 차원에서 임무 부여 및 자원 할당 등이 기술되며, 군사력 건설 방향 제시, 부대·기관에 지침 하달 등이며, 이러한 사항들이 반드시 포함되고 기술되어야 한다. 작전 전술 계획 수립은 개념을 생성·발전시키며, 임무 분석, 계획 지침, 참모 판단, 지휘관 판단, 작전 개념 설정 후 계획 완성 및 발전, 계획 검토 및 승인 후 지원 계획 시작 등의 절차로 진행된다. 전술 제대 계획 수립의 핵심 요소는 임무 분석, 최초 준비 명령 하달 사항, 첩보 교환을 통한 상황 평가, 최종 목표 상태 설정, 결정적 전투 상황 설정, 주요 부대 운용 계획, 기만 관련 사항, 우발 및 장차 작전, 계획 지침과 준비 명령을 고려한 작전 구상 등이다. 다음으로 작전 지역 및 위협 분석, 상대적 전투력 분석, 방책 수립, 분석, 비교, 선정 및 구체화 등에 대하여 분석하고 결정한다.

4. 4 국가적 비전을 보유한 호국간성

4. 4. 1 사관생도 개관

청년 시절부터 국가 보위와 국민의 안위를 유지하고 보장하겠다는 일념으로 사관학교에 입교한 사관생도는 교육 훈련 과정을 이수하면서 지성을 연마하며, 지휘 역량과 체력을 배양하는 등 모범적인 장교가 되기 위한 개인 역량을 배양해 나간다. 사관학교 졸업 후에는 장교로 임관되어 군 복무에 참여한다는 명예로운 자부심을 가지고 국방 안보 과업을 수행하면서 강인한 정신력과 애국 애족하는 사고방식을 겸비하게 된다. 정규 장교로 복무하면서, 국방 안보 임무와 군 작전 운용 실무를 통하여 국가적 비전의 지도 이념을 자연스럽게 체득하게 되며, 이러한 확장적인 사고는 다시 군사교육 훈련과 군사 실무에 적용되어 보다 확대된 다중을 지휘할 수 있는 지휘 역량의 발전을 필연적으로 동반하게 된다.

국가는 국방 전략, 전술의 운용을 효율적으로 수행하기 위해 무력 운용 체계를 조직하며, 이의 행사를 정당화할 수 있는 군사력을 독점하는 정치 공동체로 정의된다. 정치 공동체인 국가의 운영을 확보해주는 것은 무력의 행사 권한이 합법적으로 부여된 군사 조직이며, 군대의 궁극적인 역할과 책임은 국가 국방과 안보의 확보에 있다. 국가가 군대에 막대한 인력과 예산을 제공하는 이유도 외부의 침략이나 간섭으로부터 군이 국토와 국민의 생명 및 재산을 지켜줄 것이라는, 국가가 존립하는 근본적인 이유에 대한 기대 때문이다. 이와 같은 개념으로부터 군인의 직업적 책임 그리고 국가에 대한 충성의 정의가 도출되며, 군대와 군인의 역할, 책임, 특성, 고유성, 임무, 의무, 가치 및 규범이 생겨난다. 정당한 존재 이유, 사회의 기대와 신뢰 등을 바탕으로 군은 어떤 역경도 이겨낼 수 있으며, 합당한 목표를 지향하고 도덕적인 동기를 가진 전문 조직으로서 정치 공동체 유지에 필수적이다. 군사 전략 개념은 전쟁을 전제로 전쟁의 본질, 성격, 목적, 수단 등을 고려하는 가치적 측면으로서의 전쟁 철학, 그리고 전쟁을 억제하거나 전쟁 준비를 통해 일단 유사시 전쟁에서 승리하기 위한 기능적 측면을 동시에 포함하는 의미로 해석될 수 있다. 군인으로서 국가 안보 임무를 성실하게 수행하기 위해, 사관생도는 국방 안보 분야의 이론과 융합된 실무 지식과 실질적 전투 능력 배양을 위한 자기계발과 실무 훈련을 끊임없이 수행하여야 한다.

4. 4. 2 개인적 철학관 · 국가관

인생관이나 생사관, 철학을 떠나서, 개인으로서 삶의 여정이나 생활 방식은 상상할 수 없다. 개인의 활동 방향과 기준을 제시하는 철학 사상은 개인의 성장에서 맞이하는 결정의 순간 들에서 사리 판단에 중요한 근거를 제공한다. 우리는 항상 현실보다 나은 이상적인 목적을 추구하며 합리적으로 사고하고 발전을 위해 노력한다. 무엇이 더욱 나은 것인지 판단할 때, 개인이 보유한 사물과 사회에 대한 철학적 기반이 절대적 중요성을 갖는다. 군인은 일생을 통하여 순수한 봉사 정신과 철학적 사고, 그리고 조직적인 훈련을 통하여 예하 전투 부대를 통솔하고 전투에서 승리하는 개념과 자신의 역량을 확보해 나간다. 또한, 국가와 민족의 항구적인 안녕과 질서 유지를 위한 큰 비전을 마음속에서 싹 틔우고 성장시킨다. 인류의 투쟁 역사는 애국심이 위대한 민족을 만든다는 점을 극명하게 보여준다. 또 애국심은 국민에게 조국에 대한 강한 충성심과 의무감을 고취하여 강대국을 만들기도 한다. 역사적으로 많은 위인의 영웅적 행동들과 위대한 애국 행위들을 이끌어내는 것은 애국심이었다. 인류 역사상 위대한 역사를 전개한 인물들의 애국심은 공익 정신에서 시작된 위국헌신, 선공후사, 보국안민 사상을 가지고 있었다는 공통성을 발견할 수 있다. 나라 위해 자신의 몸 바침이 군인의 본분(爲國獻身 軍人本分)이라고 했다. 즉, '대저 군인이란 국가의 중임을 맡은 자다. 충의의 마음을 길러 외적을 무찌르고, 강토를 지켜 인민을 보호하는 것이 당당한 군인의 직분'이라고 했다.

4. 4. 3 임무의 효율성과 영속성 문제

군의 전략과 전술 운용 태세는 전장에서 승리를 보장하는 효능이 있어야 한다. 군대 운용의 전술적 효과는 국가의 기본 정책과 국가적 이익을 아우르는 모든 국가 행정과 일관성이 있어야 하며, 국가와 사회적 분쟁은 인간의 의지와 의지의 격렬한 충돌로 볼 수 있다. 국내의 정치적 분쟁은 정치적 대의 및 목표를 추구하면서, 국가 기관과 시민사회 조직들이 서로 협력하며 때로는 충돌하는 사회적 관계 발전의 연속선상에서 일어나는 현상으로 생각할 수 있다. 정치적 분쟁 과정에서는 다양한 유형의 행위자들이 다양한 방식으로 전투를 수행할 것이라고 예견할 수 있다. 이 같은 관점에서 군사 작전을 평시, 전쟁 이외의 군사 활동, 그리고 전시라는 포괄적인 범주로 묶어서 생각할 수 있다. 이에 따라 군사 조직의 운용에도 다양한 유형의 전투 수행 능력을 갖추어 직접적인 무력 충돌 이외에 평화 유지 작전, 인도주의 차원의 민간 관련 작전을 적절히 혼합한 형태로 작전을 수행할 필요가 있다. 전략 개념은 승리를 획득할 가능성을 높이고 패배 가능성을 줄이기 위해 정치·경제·정보 및 군사력을 개발해 활용하는 작전 운용 관련 유사 과학으로 정의될 수 있다.

군의 모든 장교가 군사 전략 및 작전 운용에 대한 전문가이지만, 전문성의 질적 심도는 장교의 직책에 따라 차이가 있다. 소대장과 비교해 대대장에게, 그리고 일반적으로 직책이 높아질수록 보다 많은 전문성이 요구된다. 그러나 군에서 가장 높은 수준의 전문성은 제반 병과를 통합해 작전을 수행하는 문제, 특히 육군·해군과 공군이라는 이질적인 집단을 통합해 정치적 목표를 달성하기 위해 합동 작전을 계획하는 것이다. 국가 안보에 대한 시각과 패러다임의 변화, 그리고 국가 안보 확보 방법 및 수단의 변화 또한 한국미래 안보의 과제이다. 즉, 정치·경제·군사·사회문화 및 환경 등 다양한 안보 요소들 사이에 비중과 우선순위의 차등이 존재하는 현실을 고려해야 한다. 외부로부터의 위협, 국내적 취약성 그리고 지역 및 세계 안보 정세의 불안정성 등이 주요한 고려 요소가 된다. 또한, 경제 문제가 국가 안보 요소로서 비중이 점차 높아지는 현상을 고려하여 안보·경제 복합체계 또는 군사와 경제 간의 상호 영향에 대한 이해가 요구된다.

한 국가의 안보 영역은 그 국가의 국력, 국제적 역할과 위상, 안보 목표, 주변 환경 특히 현재적·잠재적 위협의 수준과 범위 등 다양한 요인에 의해 결정된다. 따라서 한국의 국가 안보 전략은 한반도 주변의 지역 전략에서 아시아 전략으로 확대되어야 할 뿐만 아니라 지금까지 거의 구체화한 바가 없는 세계 전략도 별도의 장으로 자리 잡도록 할 필요가 있다. 우리도 해양 안보와 통상 관계를 고려한 동남아 및 서남아 국가들과의 안보 협력을 강화하고, 자원 안보의 관점에서 중앙아시아 및 중동 국가들과 포괄적 안보 관계를 증진할 필요가 있다. 나아가 한국의 국력과 국제적 위상 및 역할 등에 걸맞게 세계 안보 쟁점에 전략적으로 참여하는 세계 안보 전략이 수립되어야 한다. 인류의 보편적 가치를 보호하고 인권 문제, 환경문제, 에너지 문제, 국제 분쟁 등의 관리 및 해결에 관심을 두면서 국가 이익을 확보하는 전략을 세울 때가 되었다. 최근 국가 안보 보장 방식의 세계적 추세는 단순화하면, 군사적 위력을 사용하는 물리적 힘에 의한 방식도 중요하지만, 더욱 중요한 것은 다양한 국가적 가용 자원을 상호 연계시켜 승수 효과를 얻는 것이다.

4. 4. 4 국가적 비전의 중요성

군대란 국가를 보위하며, 국가와 국민을 위해 봉사하기 위해서 존재한다. 군대는 국가의 이념과 체제적 가치들에 대한 불변의 충성을 보이고, 군대가 문민 통제에 종속하는 것이 타당함을 받아들인다. 또한, 합법적 명령에 절대복종이 요구된다. 국가에 대한 충성은 군의 직업적 가치의 기본이다. 군 지휘자가 된다는 것은 명예로운 것이며, 또한 국가 안보를 확보하려는 호국의 간성으로서 복무하는 의무를 사심 없이 수용하는 것을 의미한다. 그러므로, 진실한 군 지휘관은 개인의 이익이나 명성을 추구하기보다는 국가와 국민에게 충성하는 봉사에 집중하여야 한다. 장교는 부하의 안전을 최선으로 보존하고 그들의 복지에 대해 배려하며, 그들에게 부대에 대한 헌신과 긍지를 함양시켜야 한다. 장교는 한 개인으로서, 국가와 부대에 대한 충성을 핵심적으로 나타내는 책임 의식을 보여주어야 한다. 이러한 가치는 장교 자신의 행동뿐만 아니라 부하 장병들의 행동에 대해서도 모든 책임을 받아들일 것을 요구한다. 책임은 의무와 명예라는 군인 정신의 전통적 요체로서, 항상 명예로운 방법으로 의무를 다하는 것이다. 그러므로, 군은 국가적 이익을 보호할 힘을 행사하도록 군 지휘자들에게 권한을 부여하고 있다. 장교는 국가를 대표하는 권위를 보유하고 있으며, 항상 국가적 이익과 국제적 관계 개선에 대한 기본적 개념과 행동 양식을 습득하고 있어야 한다. 국제 정세와 정치와 안보 분야의 본질을 파악하고, 항상 국가적 관점에서 현재의 전술이나 작전 운용에 대한 대안을 고민하여야 한다.

또한, 장교는 군사력으로 국가 전략 목표를 달성하기 위해 군사 목표를 설정하고, 이를 달성하기 위해 최선의 군사 정책과 군사 전략을 선택한다. 그리고 선택된 정책과 전략을 수행하는 데 필요한 군사력 수요를 판단하여 자원을 가장 효율적으로 배분하여 전략 능력을 분석한 다음 작전 계획을 수립하여야 한다. 예하 부대 지휘관은 전략 지침에서 제시된 군사 전략 목표를 달성하기 유리한 상황을 조성하는 방향으로 작전 계획을 수립하여 실시하며, 전술적 수단들을 결합 또는 연계시켜 가용 전투력을 통합함으로써 부대의 모든 잠재력을 발휘하여 전투태세를 완비한다. 군인의 기본적인 복무 목표는 적의 직접적인 군사적 공격에 대응한 전략과 전술 작전을 성안하여 전장에서 결정적인 방식으로 승리를 거두는 것이다. 그러나 적의 공격이 전장에서만 발생하는 것은 아니다. 과학기술 발전과 국제 교류의 확장으로 점점 좁아지는 오늘날의 세계에서 우리의 국익은 전 지구적 차원의 성격을 내포하고 있다. 그 결과 우리와 인접해 있지 않은 지역에서의 행위가 대한민국 국민, 무역 및 국가 상황에 직접 영향을 줄 수 있다. 우리나라의 국가 안보는 기본적으로 우리의 능력에 의존하는 것이지만, 초국가 집단의 범죄 행위가 대한민국을 향할 때 다국적 연합 지휘 및 정보 상호 공유에 대한 장교의 능력이 요구되고 있다.

4.5 자신의 발전과 멸사봉공하는 삶의 투혼

인류는 지구상에 출현한 이래, 사회 조직과 국가 체제를 건설하여 생존과 안전을 확보하고, 더욱 향상된 미래를 개척하기 위해 끊임없이 노력해 왔다. 학문, 사회 조직 및 과학기술의 발달을 통하여 인간은 우주에서 자기 존재의 유일성과 유한성을 자각함에 따라 자기 존재의 존귀성을 깨닫게 되었다. 그리고 세상에서의 존재 의미를 확보하고 행복한 생활을 위해 교육을 받고 다양한 직업을 선택하였다. 직업을 선택하는 요인은 자신의 미래상, 취향, 재능, 환경 등 다양하지만 다른 측면으로는 사회적 봉사와 경제적인 이익 추구로 나누어볼 수 있다.

군인으로서 학문과 무술을 연마하여 오롯이 국가와 민족을 위해 봉사하려는 젊은이들의 삶과 자기완성 과정이 사관생도의 수련 과정이라고 할 수 있다. 국가를 위해 일생 봉사하는 사람은 그 동기의 위대함과 봉사 정신의 순수함을 그 특징으로 삼는다. 국가에 봉사하려는 마음을 가진 사람은 국가의 안전과 국가 백년대계의 완성을 위해 끊임없이 학문과 심신을 단련한다. 그러한 노력은 현장에서 더욱 향상된 직무 수행으로 나타나고 나아가 국가의 번영과 안전을 확보하는 사명을 완수하는 데 기여할 수 있다. 임무를 완성하기 위해 촌음을 아껴 매진하며, 자신의 역량을 최고의 경지로 올리려고 불굴의 노력을 기울이는 것은 위대한 멸사봉공의 근무 자세이다. 나아가 무인으로서 강건한 신체를 갖추기 위해 체력을 연마하고 건전한 생활 태도를 유지하는 것은 순수한 봉사를 위한 명예로운 길이며 개인의 존재 실현을 위한 일이다. 광산에서 나온 광석이 용광로를 거쳐야 순도 높은 금속이 되는 것과 마찬가지로, 조금이라도 사적인 나태함에 물들지 말고 순수한 봉사를 위한 노력을 기울이어야 하며, 그리하여 지적·기능적 역량을 최고도로 유지할 때 명예로운 개인의 품위를 완성할 수가 있다. '지적 역량'이란 학문 분야에 대한 전문 지식을 바탕으로 주어진 문제를 해결하기 위한 논리적 이해력과 창의적 응용 능력이라고 정의할 수 있다. 사관생도는 장차 군 조직의 리더로서 조직의 문제를 주도적으로 해결해야 하며, 불확실한 상황들을 예측하고 적절한 대응책을 제시할 수 있어야 한다. 그러므로 사관생도들은 국가와 군에 대한 주인의식을 가지고, 끊임없이 자기를 개발하면서 국가와 국민에게 헌신하고 기여하고자 하는 책임감 있는 태도를 보여야 한다. '군인, 무사의 기상이란 무엇인가?' 군인은 국가와 민족의 안녕과 질서 유지를 위해 국토를 방위할 수 있는 지략과 무예를 보유하여야 한다. 무인의 지적 역량과 능력은 전투 활동을 통하여 그 참모습이 발휘된다. 예로부터 무인의 임무는 적과 싸워서 승리를 쟁취함으로써 적군의 자국 영토 침략을 용인하지 않은 것이다. 무인으로서 전투에서 승리를 이루기 위해서는 먼저 전장 상황을 정확하게 파악하여 그에 상응하는 전략과 작전을 수립하여야 한다. 다음으로 전투 상황에 필요한 전투 가용 자원을 확보함으로써, 전투를 효과적으로 수행하는 작전 운용 능력이 필요하다.

그러므로, 장교는 자신이 직면하고 있는 문제들을 해결하기 위해 끊임없이 길을 묻고 그 답을 찾아가는 배움의 여정에 입문하여야 한다. 배움의 여정은 공부하는 것이다. 공부(工夫)는 중국어로는 공력이나 시간을 뜻하지만, 한국어로는 '학문이나 기술을 배우고 익힘'이라는 뜻을 담은 한자어다. 인간은 '나는 누구인가?'라는 정체성에 대한 의문을 품고 있으며, 자신의 삶이 향상되고 행복하게 사는 것에 중요한 가치를 두고, 이를 실현하기 위해 노력한다. 자신의 삶을 향상하기 위한 욕구는 자신을 신뢰하고 자기 존재 가치에 대한 존중과 책임성을 바탕으로 한다. 이처럼 인간은 자신의 잠재력을 극대화하여 자아를 완성하려는 욕구, 즉, 자기실현 욕구를 갖고 있다. 인간의 궁극적 목표는 행복한 삶의 영위일 것이다. 인간은 이것을 성취하기 위해 노력하고, 지향하는 궁극적 목표가 이루어지는 순간에 '자기실현이 되었다.'고 생각한다. 이러한 자기실현은 사회적 관계 속에서 자신의 가치, 자신의 잠재력을 발현하는 과정이며, 자기 자신만을 위한 완성은 이기적인 단계라고 할 수 있다. 따라서 자기실현은 자신을 겸허히 수용하면서도 타인과 융합되는 가운데 자신의 잠재력을 계발하여 성장해가는 과정이라고 할 수 있다. 자기실현은 자기의 잠재력을 최대한 발휘하여 이상적인 자기가 됨으로써 행복하고 자신감 있는 삶을 영위하는 것이다. 자신의 내면세계에 대한 올바른 인식을 통해 직면한 문제를 들여다봄으로써 자신을 정화하는 힘을 키우는 과정이다.

창의성은 개인마다 추구하는 삶을 이루는 데 중요한 요인이다. 창의성의 바탕에는 현실을 충분하게 이해하고 이를 발전시키기 위한 부단한 학습 활동이 있다. 학(學)과 습(習)은 모두 갑골문에서부터 등장하는 것으로 봐서 매우 오랜 전통을 가진 글자이다. 원래는 각각 따로 쓰여 '배우다'와 '반복을 통한 복습'의 의미로 쓰였으나, 한나라 때의 [사기]에서 이미 한 단어로 결합해 쓰였고, 지금까지 이어졌다. 앞에서 언급했듯이 학(學)에는 매듭 지우는 법이나 글자 등 어떤 구체적인 것을 '모방해 배우다.'는 의미가 들었고, 습(習)에는 날갯짓을 배우듯 무한 반복해 익힌다는 뜻이 담겼다. 그래서 학습(學習)에는 창조성보다는 모방과 반복의 의미가 담겨 있다. 그런가 하면 일본의 벤쿄(勉强, べんきょう)는 '힘써서(勉) 강해지다(强)'는 뜻이므로 강해지기 위해 힘쓰는 것이 '공부'이고, 공부를 열심히 하면 강해질 수 있다는, 그래서 '공부'는 사회적 지위나 권력을 포함한 힘을 가질 수 있다는 의미가 들어 있다. 그러면 '배움을 주고 정신적인 사고의 지평을 확장할 수 있는 스승은 어떤 사람인가?' 도(道)를 갖춘 사람이 바로 스승이 되며, 스승은 나이가 많고 적음, 지위가 높고 낮음과 상관없다. 그런 스승이라면 언제라도 찾아 모시고 의문스러운 것을 여쭤봐야 한다. 그런데도 사람들은 찾아가 가르침 구하기를 꺼린다. 자신보다 나이가 적고, 지위가 낮고, 학벌도 낮다고, 남에게 배우는 것을 수치로 여긴다. 옛 성인들은 가르침 구하기를 싫어하지 않았다. 그래서 자기보다 나은 부분이 있으면 언제라도 찾아가 가르침을 구했다. 성인이라

불리는 공자도 담자(郯子)를 찾아가 행정 제도를, 장홍(萇弘)을 찾아가 음악의 정신을, 사장(師襄)을 찾아가 악기 연주법을, 노자(老子)를 찾아가 세상의 질서를 질문하였다. 언제나 자신보다 나은 사람을 찾아 가르침을 구하고 배우는 자세, 이것이 성인이 가졌던 미덕이다. 그런 까닭에 성인은 더욱 성인이 되고, 소인배는 더욱 소인배가 되는 것이라고 했다. 세태 탓하기 전에 자신에게 제 역할 하는지 돌아봐야 한다. 공자의 말처럼 "세 사람이 길을 걸어도 반드시 스승이 있는 법이다(三人行 必有我師)." 그런데 어찌 가르침을 구하지 않고, 사람을 따질 수 있겠는가? 나보다 더 나은 도(道)를 가졌으면 그가 바로 스승이다.

배움에 대한 갈망과 스승에 대한 존중, 이는 동양의 아름다운 전통이자 지켜야 할 유산이다. 어쩌면 미래 사회를 대비하는 좋은 자산일지도 모른다. 군사부일체(君師父一體)나 "스승은 그림자도 밟지 않는다."는 속담은 스승에 대한 존중을 반영하는 말이다. 스승이 자신을 낳고 키워준 아버지나, 전통사회에서 최고의 지위에 놓였던 임금과 같은 대우를 받았던 것은 스승이 그만큼의 지대한 존재였고 그러한 사명을 수행했기 때문이다. 제4차 산업혁명이 시작된 오늘날 과학과 사회 변화의 속도는 너무나 빨라 정보의 유통량이 기하급수적으로 확장되고 있어, 10년 후의 일도 예측하기가 어렵다. '10년 후, 인공지능과 생명공학의 발전, 기후 환경의 변화 등으로 우리의 미래는 어떻게 변하며, 어떤 직업이 사라지고 존재할 것인가?' 또 '인간의 본질은 또 어떻게 설정될 것인가?' 이런 근원적인 문제조차 예측하기 어렵다. 지금 태어난 아이들이 본격적으로 사회에 진입할 2050년이라면 인류의 존속 가능조차 가늠하기 어렵게 되고 말았다.

이러한 시기, 인간만이 가질 수 있는 사색의 힘, 통찰의 힘, 소통의 힘은 더욱 절실하고 간절하다. 동양의 공부와 스승에 대한 훌륭한 전통이 이를 해결할 훌륭한 열쇠가 될지도 모른다. 지위, 신분, 나이를 떠나 도(道)를 갖췄다면 스승의 자격은 충분하다. 진정한 사표를 찾아 의문을 해소하고 미래의 예지를 배워야 하는 자기반성과 성찰이 우리 일생을 통하여 요구된다. 사관생도들은 투철한 명예심과 수준 높은 윤리성을 바탕으로 유혹 앞에서도 자신의 생각, 감정, 행동을 조절하고, 통제할 수 있는 정신적인 강인한 태도를 가져야 한다. '사회적 역량'이란 군과 사회의 다양성을 이해하고, 존중·배려를 바탕으로 원활한 의사소통을 통해 조직의 문제를 해결할 수 있는 능력이다. 군의 정예 장교들은 임무 수행 과정에서 타군 장교와 병사에 대한 이해와 존중의 태도를 지녀야 하며, 부하·동료·상관 및 다른 성별 장교들의 특성과 요구를 종합적으로 고려하면서 업무를 수행해야 한다. 또한, 민주화된 개방 사회의 일원이라는 군의 특성을 명확히 인식하여 민간 사회의 요구와 관점을 이해하고 수용하려는 노력도 등한시해서는 안 된다. 아울러 계급·직책으로부터 오는 권위에 의존하기보다는 적극적이고 개방적인 의사소통을 통해 조직원들의 공감대 형성과 자발적 참여를 유도하여 임무 완수를 향해 부대의 단합된 힘이 발휘되도록 지속적인 노력을 경주해야 한다.

4.6 국가 사회에 기여하는 민주 시민

무인으로서, 청년 사관생도로서 지덕체를 겸비한 교육 훈련을 통하여 군의 장교에게 요구되는 최소한의 자질을 갖추고, 졸업과 임관을 거쳐 초급 지휘자를 역임하고 나면 중급, 고급 지휘관으로서 장년에 이르게 된다. 고급 지휘관에 이르기까지 군 복무 기간에 군사 작전 전략 지식을 습득하여 실전에 운용하는 경험을 쌓으면서 한편으로 심신 체력 연마를 지속하며, 대규모 부대를 지휘하는 고급 지휘관에게 요구되는 개인적 역량과 능력을 완성하게 된다. 그 과정은 힘들고 기나긴 자기희생과 절제의 연속이다. 이러한 장기간의 고독한 그러나 명예로운 군인의 길을 통하여, 국가에 봉사하고 또한 이 과정에서 얻은 값 비싼 경험과 지식을 보유한 후, 군문을 떠나는 퇴직인 전역의 기회를 맞이하게 된다. '퇴직'은 직장생활의 완성인 동시에 은둔의 시작이라는 전통적 의미로부터 직장생활의 책임과 압박으로부터의 자유에 이르기까지 다양한 의미로 논의된다. 그러나 평균 수명의 연장,

고령화, 노동의 새로운 정의 등은 새로운 퇴직 개념을 등장시켰다. 그에 따라 '퇴직' 대신 대안적 용어도 제시되고 있다. 즉, 퇴직을 인생의 성숙기 관리(Life maturity planning), 변화 관리(Transition planning), 독립 시기 관리(Independenceplanning freedom of choice), 여유로움의 시기(Downshifting) 등으로 표현하고 있다. 퇴직은 더는 일회성 이벤트의 개념이 아니다. 또한, 사회생활을 통해 쌓인 귀중한 경험들이 정년퇴직 후 활용되지 못하는 것은 국가적으로 손해이고 퇴직자 개인에게도 많은 상실감을 느끼게 하여 사회적으로도 수많은 문제를 잉태할 것으로 판단된다. 따라서 퇴직자들의 축적된 전문성을 활용하는 방안을 마련하는 체계적이고 사회적인 접근이 요구된다. 군문을 떠난 장교의 경우 자신의 적성과 능력에 부합되는 직업을 선택하여, 국가와 사회에 봉사할 기회를 부여받을 수 있다. 군대의 장교가 아닌 개인으로서, 지금까지 쌓은 다양한 부대 지휘 경험과 지도자의 덕목, 조직에 대한 입체적인 관리 능력을 바탕으로 국가에 대한 봉사의 기회를 끊임없이 찾아가는 외로운 사회적 여행자가 된다.

헌법에서 규정한 국방의 의무에 대한 인식은 전적으로 국민의 시민의식에 의존한다. 안보 현실을 감안한 이성적인 시민의식에 근거하여서만 국방의 의무에 대한 정당성이 논의될 수 있다. 정치 공동체 구성원이 가져야 할 기초적인 의식으로 시민 자격의 기초인 시민의식은 책임 의식을 동시에 포함하고 있다. 시민의식은 사상적으로는 서구 시민사회의 계몽주의, 정치·사회적으로는 유럽 각국의 시민혁명, 경제적으로는 창의와 책임이 밑바탕인 자본주의의 발달과 더불어 형성되었다. 이러한 시민의식은 오늘날 서구사회의 정치적 자유민주주의와 경제적 자유시장 경제 질서의 근간이다. 서구사회 시민의식은 풀뿌리민주주의의 실천적 시민운동과 오랜 시민교육에 그 뿌리를 두고 있는데, 시민 저항운동과 시민교육을 통해서 끊임없이 연마되었다. 현대사회에서 진정한 민주시민은 일상생활에서 타인의 인격을 존중하고 공동생활에 책임 의식을 갖고 참여하며 합리적 기준에 따라 의사결정하고 참여를 바탕으로 결정된 바를 성실히 실천한다. 시민들은 반듯한 정치 참여로 사회정의 실현에 이바지하는 가운데 자신의 행복을 자발적이고 자립적으로 실현한다. 건전한 시민들은 행복을 국가가 가져다주기를 기대하지 않는다. 자유에 대한 욕구, 자율과 참여에 대한 요구, 계몽 정신, 높은 차원의 윤리의식과 도덕성, 이성적 사고에 기초한 논리적 추론, 무엇보다 정의감과 자립심은 시민의식의 본질을 형성하고 있다. 그리고 준법정신 및 질서의식, 관용의 태도, 동료 시민을 신뢰하는 태도, 정치 지도자들을 감시하고 비판할 수 있는 비판 의식, 자신의 권리를 정당한 절차를 거쳐서 주장할 수 있는 권리 의식, 정직성 등도 시민의식의 기초이다. 따라서 시민의식은 국방을 튼튼히 하고 치안을 확실히 함으로써 사회 구성원 모두가 더불어 잘 살기 위한 요청이다. "시민사회는 국가 및 경제 세계 외부의 공적 생활을 지속시키는 시민들의 다양한 집단, 네트워크, 제도들을 중개하는 사회적 영역이다. 그리고 시민문화란 이러한 시민사회의 가치 및 상징체계, 다시 말해서 사회 성원 간의 자유와 평등, 관용과 협동, 그리고 신뢰가 그 핵심적 가치가 되는 생활 양식인 동시에 또한 그 생활 양식의 행위 기초가 되는 의미 영역이라고 볼 수 있다. 특히 시민 문화의 기초가 되는 신뢰에 대해서는 지속해서 관심이 높아지고 있다."[5] 경제적 번영과 관련된 신뢰, 사회적 자본의 개념으로서 신뢰를 중요시한 이론이 있다.

군에서 장교로서 근무할 때에는 시민의 일원으로서, 개인의 민주적 역량을 발휘하고, 은퇴한 뒤에는 그동안 축적한 경험과 지식을 살려서 사회에 공헌할 수 있다면 좋은 사회적 선순환이 이루어질 수 있을 것이다. 사람은 모두 고유한 개성과 재능을 가지고 있다. 따라서 은퇴 이후에도 자신만의 재능을 살려 자아를 실현하며 경제활동과 사회 활동을 지속할 수 있다. 은퇴한 근로자가 일하는 것은 재정적인 이유와 근로 윤리 때문이기도 하지만 자신의 기술을 활용하면서 성취감과 만족감을 느끼며 일하는 즐거움 때문이기도 하다. 조직적 관점에서 보더라도 고령자가 자신의 전문 분야에서 계속 근무하면 업무 수행의 숙련도가 높아 업무 몰입과 헌신, 조직 애착이 심화하여 생산성도 향상된다. 더구나 은퇴 시민의 재능, 지식과 경험이라는 무형의 사회적 자산이 소멸한다는 것은 매우 큰 손실이다. 퇴직자가 건전한 시민으로 살아갈 때 청소년에게도 좋은 모델로서 긍정적인 영향을 미칠 수 있다. 미래 사회에서, 과학 발전과 더불어, 국민의 의료 복지가 비약적으로 확대되어, 은퇴 후 삶이 점점 길어질 것이다. 은퇴한 노년층에게 사회 공헌은 '자기실현을 통한 자기 학대' 노력의 결과이기도 하다.

국방 및 안보 분야의 공직에서 은퇴한 시민은 풍부한 국방 안보 분야 전문 지식과 실무 수행 경력을 보유하고 있어, 시민사회의 해당 분야에서 충분히 공헌할 수 있으며, 사회 연계망 조직과 운용 전략 완성에 기여할 수 있다. 안전이나 방위 분야는 민간 사회에서 상대적으로 특수 분야이기 때문에 얼마든지 업무를 담당하여 사회 발전에 기여하는 의미 있는 제2의 삶을 설계할 수 있다.

05

사관생도 양성의 요체

5.1 개요

사관학교는, 군의 정규 장교 양성을 위해 법률로서 규정되고 설치된 교육기관으로서 사관학교의 교육적 기본 임무는 장교로서 직무 수행에 필요한 기본적 지식을 습득시키고 지도자적 인격을 도야시킴에 있다. 따라서 사관학교는 지성과 덕성 그리고 신체를 단련하여 불굴의 군인 정신이 함양될 수 있는 환경을 조성하여야 한다. 균형된 심신의 발전과 강건한 신체 단련으로 극한 상황에서도 전투에 임할 수 있는 능력은 군사적 임무 수행에 필수 요소이다.

사관학교 교육과정은 일반학, 군사학, 그리고 훈육으로 이루어진다. 일반학 및 군사학 교육과정은 일반 학문 및 군 전문 지식 습득에 주안점을 두며, 훈육은 기숙사인 생도대 생활을 통해 군 생활에 필요한 태도와 군사 문화를 습성화시키는 데 주력한다. 따라서, 사관학교 교육에 대한 논의와 교육과정 개발의 대상은 일반학과 군사학 교육과정이었다. 그러나 교육은 교실에서만 이루어지는 것이 아니며,

학생과 스승, 그리고 환경과 교육 전략, 생활의 부단한 상호작용으로 체득되는 과정이다. 사관학교의 교육 목표는, 사관생도가 장차 군의 정예 장교로서 복무하는 동안 요구되는 필수 근무 역량을 배양하며, 장차 국방 안보 분야 전문가로 육성하는 것이다. 대표적인 세부 역량으로는 건전한 가치관 정립과 전인적인 인성과 품성 계발, 투철한 애국심과 자유 민주정신 함양, 군사 지식 습득, 지휘 통솔력과 지성의 확립, 강인한 정신력과 체력 연마, 건실한 민주시민의 소양 배양 등이 있다. 이러한 교육과정은 사관학교의 교육적 이념을 성취하기 위한 전제 조건이기도 하다. 사관학교 교육의 요체는 다음과 같다.

5.2 전인적 품성과 인성의 계발

5.2.1 사관생도의 여정

사관학교는 현재의 대한민국 열혈 청년 중에서 지원자를 선발한 후, 소정의 교육과정을 통해 미래의 군 일선과 시민사회에 적응시키는 인재양성 교육기관이다. 교육과정은 다양하고 끊임없는 사회 변화에 주목하면서 인재양성에 중요한 의미가 있는 문제에 관심을 둔다. 사관학교 교육도 이러한 사회적 변화에 적극적으로 접근하고 수용하며, 특히 개인의 인성과 품성 등 기본적인 자질 측면에 중점을 두면서도 다양한 전장 환경에 유연하게 대응할 수 있도록 개인의 지·덕·체 능력 배양에 매진한다. 이와 같은 교육과정의 특성을 전인교육이라고 하는데, 여기에는 인간의 지성, 덕성, 체력과 이를 통합하고 조정 발전시켜 나가는 전인교육 과정이 포함된다.

미래 군 지휘관으로서 사관생도의 역량 배양과 성숙을 돕는 일이 사관학교 교육의 기본 목표이며, 사관생도 양성 교육의 최종 목표는 위급한 상황에서 국가의 방패로서 효율적인 임무를 완성할 수 있는 능력을 배양하고, 미래의 사회 활동에서 의미 있고 행복한 방식으로 자신의 삶을 이끌어 나갈 수 있게 견고한 정신적·신체적 역량을 길러주는 데 있다. 인생의 긴 여정에서 맞게 되는 온갖 어려움과 영욕의 순간에도, 한 인간의 삶을 지탱해주고 의미와 가치를 공급해주는 것이 인간의 내면 근저에 있는 내적 충실성이라는 바탕이다. 이 바탕이 건전한 전인적 교양이다. 이 의미의 교양은 단순히 제도적인 교육을 이수하는 것으로 달성되지 않고, 졸업장이나 자격증 같은 현시적 증명 등으로 담보되지 않는다. 교양을 겸비한 전인성은 대학 졸업을 위한 한시적 절차나 수단도 아니다. 그것은 그 자체로 목적이다. 운동선수가 해당 종목에 대한 지식과 이론을 완벽하게 이해한다고 해서 실제로 운동선수의 해당 운동에 대한 기능적 완벽성이 담보되지 않는 것과 같다. 인문과 사회에 대한 이론이 넘치고 사회적 행동으로 실천력을 갖추었을 때 전인적 교양이라고 할 수 있다.

5. 2. 2 임무 수행과 인성의 중요성

인간은 누구나 경험을 통하여 배움을 얻는 능력을 갖추고 있다. 인간은 생존에 필요한 여러 가지 기술을 익히면서 문화를 발전시켜 나간다. 그 생존 기술은 사회적 요구를 반영하며, 그 능력의 핵심은 기존 경험을 반추하는 힘이며, 반성은 더 나은 것을 경험하려는 의욕과 관심을 키운다. 이 의욕과 관심이 학습 능력으로 전화한다. 학습 능력은 하나를 배워 두 개를 아는 지적 추상의 정신적 능력이며, 배울 수 있는 능력이다. 인간은 학습 능력을 통해 자연과 사회를 알게 되고, 자연과 사회를 앎으로써 자신을 인식하고, 앎을 갈무리하는 창조적 삶을 살게 된다. 인간은 이론적 추론 능력을 통해 스스로 개념을 형성하며, 외부 세계를 읽고, 서로 의지해서 살아가는 믿음의 사회적인 도덕성을 구현한다. 그 근본적 학습 능력이 지적 교양을 높이고, 자기완성과 미래 발전에 충분한 지성과 정보를 제공하고, 세련되고 정교하게 행동하도록 고무하여, 인간의 문화와 사회성을 향상해 준다. 교육이 지향해야 할 궁극적 가치, 교육의 최종 효과가 전인적 인성 형성이며, 이를 지향하는 것이 일반교양 교육이다. 일반교양 교육은 단순한 필수 기능 교육과정이 아니다. 대학에서 배운 지식이 다 잊혀지고 다른 지식으로 대체되어도, 성공과 영광의 순간들이 다 지나간 뒤에도 여전히 남아 나를 지탱하는 강한 힘, 그것이 지성이 겸비된 인성 즉, 기본 교양이다.

인성 교육을 논리적 정합성을 고려하여 정의하면, 개인의 내면을 바르고 건전하게 가꾸고 타인, 공동체, 자연과 더불어 살아가는데 필요한 인간다운 성품과 역량을 길러주는 일이다. 세월이 바뀌고 삶의 외적 조건들이 바뀌어도 이 자산은 없어지지 않는다. 더 성숙한 인간, 더 나은 인간, 더 유용한 인간을 최종적으로 정의해주는 것은 이런 의미의 일반적이며, 환경의 변화에 유연하게 대응하는 건실한 교양이다. 군인, 의사, 변호사, 경영인, 전문가와 정책 입안자가 이런 교양을 갖춘 인간일 때, 그들은 분명 더 나은 지휘관이며, 의사이고 변호사일 것이며 더 나은 경영인, 전문가, 정책 입안자일 것이다. 대학

교양 교육은 그 궁극적 목표로서의 교양·교육의 정점으로서의 교양을 망각할 수 없다. 아무 관련 없어 보이는 분야의 지식을 묶는 힘, 서로 다른 주장들 속에서 자신만의 길을 찾는 통찰력의 바탕에는 일반 교양이 자리 잡고 있다. 이는 미래 사회에서의 생존에도 꼭 필요한 중요한 자질이 될 수밖에 없고, 교육의 모든 과정을 통해 다루어져야 하는 과제이다. 그런데 이러한 모든 교육적 과정과 내용은 결국 사람에게 영향을 주고 사람을 변화시키려는 과정에 관한 사항들이다. 한 사람을 어떻게 성장시켜 사회에 기여하도록 할 것인지가 핵심이다. 한 사람이 생각하는 가치, 태도(Attitude), 역량 등에 의해 세상이 변화해 간다. 그러므로 교육의 목표와 과정은 교육의 본질인 한 사람의 변화를 중시한다.

사관학교의 교육도 사관생도가 장교 복무 과정에서 직무를 수행하고, 인간적 성공을 거두는 데 초점을 맞춰야 한다. 사관생도 교육과정의 성공도 여기에서 출발해야 한다. 이제 대학은 전통적인 지식 창출과 지식 전수라는 틀을 넘어, 사회적 역할에 따른 직무의 전문성과 확장성의 보장을 더욱 강조해야 하는 시대다. 마찬가지로 사관학교도 사관생도 자신을 포함한 인간의 생존과 행복을 위한 교육철학과 추구하려는 가치를 새롭게 고민해야 할 때다. 일반 대학과 달리 사관학교는 개별 대학생의 생존 단계를 넘어 국가 안보 임무를 탐구하며, 지구촌 인류에 대한 책임의식, 실질적인 기여와 영향력 배양을 고민해야 한다. 단순 문제를 잘 해결하는 사람보다는 복잡다단한 문제를 해결하고 새로운 방향을 설정하는 생각의 힘을 갖춘 젊은 리더들을 양성하여야 한다. 그러므로 개인의 전공 분야 외에, 기본적인 인간의 미래 가능성을 확장해 주는 지적 소양을 한 단계 높이는 노력이 필요하다. 현대의 인성 교육은 도덕적 판단력만을 가르치는 기존의 도덕 교육을 지양하고 도덕적 자질 및 심리적 특성을 포함한 덕목(Virtue)들을 직접 교육하려는 경향을 보인다. 나아가 최근의 창의·인성 교육도, 배양하려는 인간상이 인성도 갖춘 창의적 인재로서, "전인적인 인성 교육 방안을 제시하고 있으나, 인성 교육의 방안에 대한 논의보다는 본질과 개념에 치우쳐 있다. 창의성 교육과 인성 교육을 체계적 관점에서 하나의 개념으로 결합한 개념의 시도는 아직 나타나지 않고 있다. 실제로 창의성과 인성은 같은 절차를 통해 획득된다고 하기보다는 별도의 절차를 통해 획득된 후, 학생들이 문제 해결 과정에서 그 내면에서 스스로 종합하게 된다. 그러므로 사실상 창의성과 인성을 묶어서 사유하기보다는, 오히려 별도의 과정에서 사유하고, 우연히 겹치는 경우 바람직한 협력과 화합을 이루는 것이 적절해 보인다."[6]

인성 교육에서 한발 더 나아간 것이 전인교육이다. 전인(全人, Personal integrity)은 보통 지·덕·체가 고루 도야된 인간 또는 진(眞)·선(善)·미(美)·성(聖)을 고루 갖춘 인간으로, 어느 특정한 측면만을 중시하는 것이 아니라 인간으로서 갖추어야 할 모든 기본적인 자질과 특성을 지닌 사람을 의미한다. 전인을 형성하는 요소는 연구자에 따라 감성, 오성, 이성, 상상력으로 분류하기도 하고, 인지적, 정의적, 행동적 측면 또는 지성, 정서, 신체, 행동, 창의성, 심미성으로 구분하기도 한다. 페스탈로치는 지력(思考, Head), 감정(心情力, Heart), 행위(技能力, Hand)를 전인의 구성 요소로 보았으나, 근본적으로는 모든 것을 갖춘 온전하고 원만한 인간으로 전인을 규정하고 있다. 그러므로 인간의 제 측면이 균형 있게 발달한 온전하고 원만한 인간으로 기르기 위한 교육을 전인교육이라고 정의한다. 교육이라는 말에는 한 개인의 통합적이고 균형 있는 발달을 추구한다는 의미가 내포되어 있으므로, 바람직한 교육을 한다고 할 때는 전인교육을 의미하는 것이다. 전인교육의 바탕에는 참된 인간, 진실한 인간, 의미 있는 인간으로 기르기 위하여 학습과 인격의 조화를 어떻게 이루느냐를 놓고 고민했던 배경이 있다. 전인교육의 의미를 구체적으로 살펴보면 다음과 같다. 첫째, 전인교육은 인간의 모든 측면, 즉, 지·정·의 혹은 지·덕·체 등이 조화롭게 발달한 전인을 양성하는 교육이라 할 수 있다.

인간을 무한한 잠재력과 능력을 갖고 있는 존재로 보고, 학생들의 내부에 존재하는 이러한 측면들이 골고루 발전될 수 있도록 도와주는 역할을 지향하고 있다. 전인교육은 현실과의 분리가 아니라 직접 체험하고 실제 생활에 응용함으로써 학생들이 배움의 깊이와 넓이를 확대하고, 삶을 풍요롭게 만들 수 있도록 돕고자 하는 것이 목표이다. 이런 맥락에서, 인성 교육의 핵심은 지식·기능만이 아니라 가치·태도를 포함하여 인간의 총체적인 역량 함양이 되어야 하며, 인성 교육의 궁극 목적으로서 앎과 실천의 일치가 실현되도록 '수행 관련 능력'에도 깊은 관심을 두어야 할 것이다. 다음으로, 전인교육은, 유럽의 사회과학 발전 프로젝트에서, 인성의 핵심을 개인의 성공적인 삶 또는 잘 기능하는 사회 건설을 성취하기 위해 개인이나 사회적 차원에서 가치 있는 결과물을 산출할 수 있는 능력으로 규정한다. 이러한 능력을 발휘하기 위해서는 특정 맥락의 복잡한 요구를 성공적으로 충족시키기 위해 태도, 감정, 가치, 동기 등과 같은 사회적 · 행동적 요소뿐만 아니라 인지적 · 실천적 기술을 가동해야 한다.

5. 2. 3 인성의 정의

인성(人性, Character; Personality)에 대한 학문적 개념은 사회학과 교육 철학의 개념이 시작된 이후 현대까지, 명확하게 정의되지 못한 철학적 주제이다. 동서양에서 인성을 지칭하는 단어의 의미는 조금씩 다르나, "인성은 하나의 의미로 정의되지 않는 다양함을 갖는다는 공통점이 있다. 이 같은 다양성은 인성의 의미를 하나로 정의하기 어렵게 하며, 자칫 단순하게 정의하면 의미가 협소해진다. 여기에서는 인성의 의미를 철학적이고 심리학적 관점에서 살펴보고, 아울러 현대를 살아가는 인간을 교육하기 위한 방편으로서 인성교육의 특성과 방향을 제시한다. 인성은, 사전적 정의로서, 다음과 같은 특성을 갖는다. 인성은 개인적이며 타인과 구별되는 특성을 의미하며, 힘들고 어렵고 위험하고 비호감적인 상황을 효과적으로 다루는 특성, 즉, 구체적이고 부분적인 특성보다는 전체적 인간의 심리적 특성을 지칭한다. 또한, 인성은 신뢰성을 주며 지속적인 특성을 가지며, 도덕적 탁월성과 확고함, 즉, 개인의 성격을 나타내기보다는 도덕적 가치판단의 요소를 함축하고 있다. 그리고, 정직, 용기와 같은 덕성을 가지며 그것을 통합적으로 운용하는 능력을 갖는다. 사전적 정의는 우리에게 인성의 개념에 대한 추상적 의미보다는 일상적 삶에서 느끼고 생활하면서 갖게 되는 인성개념의 의미를 보여준다는 점에서 의의가 있으며, 인성의 학문적 접근인 철학적 혹은 심리학적 개념정의와 더불어 실용적 개념의 의미를 준다. 인성의 사전적 정의는 포괄적이고 종합적인 의미에서 인성의 의미를 상식적으로 알려주는 특성이 있으며, 종합적이고 더 폭넓고 열린 자연 언어의 의미를 전달한다. 특히 인성교육의 관점에서 보면 교육의 대상인 인간의 다양한 관점을 포괄하는 인성의 다양한 특성과 여러 가지의 덕목을 보여준다는 점에서 인성의 사전적 정의는 의미가 있다."[7]

동양의 유가에서 인성은 인간의 본성을 의미한다. 인간이 인간으로서 살아가기 위해 근본적으로 필요한 것이 인성이라면 인성은 모든 사람에게 보편적으로 적용되어야 하는 어떤 규정이다. 그 이유는 인성이 보편적이지 않으면 모든 사람이 인성을 가졌다고 하기 어렵고, 인간이 서로 도덕적으로 소통하고 행동하고 신뢰하기 어렵기 때문이다. 서양에서는 인성을 Character(人性, 品性, 性格, 人格) 혹은 Personality(人格, 人性) 같은 단어로 사용한다. 따라서 인성 개념은 매우 복잡하게 정의되는 것으로 보이지만, 동양적인 개념 이론으로 전인적 특성, 심리적인 특징, 좋은 품성 또는 덕, 또는 인간 본연의 성격 등으로 개념을 발전시키고 있다. 인성은 지역, 시대의 문화와 사상에 따라 다른 의미로 사용되어 왔다.

우리나라에서 거론되는 인성교육은 주로 미국의 인성 혹은 품성 교육(Character education)의 영향을 받은 것이고, 또한 도덕 교육론 쪽에서 논의를 주도하고 있으므로 인성교육의 인성은 대체로 품성(Character)과 유사한 것으로 본다. 왜냐하면 지식위주의 교육에 대한 반발로 인간적인 특성 혹은 성리학의 본성(性)과 같은 도덕적 특성을 겸한 인간 본성 또는 심리학적인 자질로 인성을 정의하는 경향이 강하기 때문이다. 19세기 초의 단순한 능력 심리학적 입장(Faculty Psychology)에 따르면, 훌륭한 인격(Good Character)은 반복된 실천, 도덕적 설득, 도덕적 강제로 가능하다고 보았다. 또한 한 교육학파 철학자들은 "인성을 개인의 행동을 매개로 하여 알려지게 되는 습관의 상호관통(Interpenetration)이라고 했다. 사람의 인성은 경험을 통하여 얻어진 습관에 의해서 형성되므로 인성(Character)은 인격의 핵심적 부분이 된다. 좀 더 넓은 의미에서 보면 인성은 인격(The Person)이 되므로, 습관은 행위의 표면 아래에서 주변의 영향력 있는 요소들과 개인적 역량이 함께 적응하는 작용이다. 인성을 가진 사람을 알아보기 위해서는 다양한 상황에서 항상 겉으로 드러난 것이 아닌 개인 심성의 내부에 있는 사람의 성향을 장시간 관찰하는 것이 필요하다."[8]

인성은 감정적이거나 의지적 특성과 같은 정의적 측면을 가리키며, 개인의 독특하거나 두드러진 행위와 생각을 결정한다고 간주되는 심리적 복합이나 의식적이거나 내재된 행동 성향을 의미한다. 또한 인성의 의미는 다양하게 제시되고 있어 획일적으로 정의되기 어려우나 대체로 두 가지로 정리된다. 하나는 개인이 지닌 특성으로서 타인에게 주는 뚜렷한 인상을 의미하고 다른 하나는 사회적 기술 혹은 능숙함의 정도를 의미한다. 인성이란 인간다움을 뜻하며, 그런 의미에서 도덕성 및 덕의 개념으로부터 자유로울 수 없기 때문이다. 먼저 인성 개념의 경우, 개인의 내면을 바르고 건전하게 가꾸는 데 필요한 인간다운 성품과 역량, 개인적 차원의 고유성 및 타인·공동체·자연과 더불어 살아가는 태도를 포함한다.

인성은 사람으로서의 됨됨이, 사람의 품격을 말하며, 개인의 지(知)·정(情)·의(意) 및 육체적 측면을 총괄하는 전체적 통일체(統一體)의 중심을 지칭한다. 그러므로, 인성은 도덕적 행위를 실행하는 자아의 의식적 주체를 뜻한다. 인성 교육은 학교에서 다양한 교육과 생활 경험을 통하여 이루어지며, 통합적으로 한 개인의 성품에 작용하여, 인간으로서 바람직한 성향을 형성한 상태, 인간으로서 마땅히 지켜야 할 도(道)를 알고 실천하는 상태를 목적으로 이루어지는 교육을 뜻한다. 인성교육은 학교에서 학생들이 단지 상급학교 진학이나 장래 진로 개척을 위해 지식과 기술을 배우는 것을 넘어, 궁극적으로 바람직한 인격을 갖춘 훌륭한 인간으로 성장하도록 지성, 덕성과 신체적 역량을 계발하고 최선의 상태로 확장시키는 교육과정으로 정의할 수 있다. 또한, 한 개인의 행복한 삶에서도 개인의 인격적 자질이 중요한 요인으로 인식되고 있으며, 긍정심리학이라는 학문 영역이 나타나서, 행복한 삶에 긍정적 정서가 미치는 중요성이 연구되고 있다. 인성을 구성하는 개인의 정신적 특성으로서 지혜, 용기, 인간애, 정의, 절제, 영적 초월성 등의 덕목이 제안되고 있으며, 긍정심리학에서 말하는 인격 강점이 실질적으로 기존의 인격 교육에서 함양시키려고 하는 덕목들과 동일한 것으로 밝혀지고 있다.

"한편으로, 인성은 본질적으로 타인이 아니라 나 자신의 행복과 안녕을 위해서 반드시 함양해야 할 덕목이다. 스스로의 삶에 대한 주인의식을 갖고, 자신을 수용하며, 그 속에서 타인과 진정성 있는 관계를 형성할 수 있는 바탕이 바로 인성이다. 궁극적으로 온전한 자기 자신이 되어 가는 것, 이것이 바로 성숙이고 인성이다. 심리적 안녕(Psychological-wellbeing)에 대하여 아리스토텔레스의 에우다이모니아(Eudaimoni)에 뿌리를 둔 의 관점만 보더라도, 인성이 우리의 행복에 얼마나 필수적인지를 바로 알 수 있다. 이 관점은 삶을 통해 온전한 자기 자신으로 발달해 가는 것, 인간으로서 우리가 어떻게 살아야 하는가의 문제를 핵심적으로 다룬다. 구체적으로 크게 6개의 차원으로 이 개념을 이해할 수 있는데, 자율성, 개인적 성장, 자기수용, 삶의 목적의식, 환경에 대한 통제감, 긍정적인 관계가 그것이다. 먼저, 자율성은 타인의 인정을 기대하기 보다는 스스로의 내적인 기준에 따라서 자신을 바라보는 것으로서, 일상을 지배하는 관습 혹은 규범으로부터 억압이 아닌 자유로움을 얻는 것이다. 이는 자기결정권, 자기 조절능력과 같이 한 인간으로서 온전히 긍정적으로 기능하기 위한 핵심적인 특성이라 할 수 있다. 두 번째, 개인적 성장이란 스스로의 잠재력을 성취하고 시간이 지남에 따라 지속적으로 성장하는 것이다. 그리고 궁극적으로는 진짜 자기의 모습을 깨닫고 온전한 자기를 실현해 가는 것이라 할 수 있다. 세 번째, 자기수용은 자신의 과거를 포함하여 그림자와 같이 어두운 자신의 모습을 인정하고 받아들이는 것이다. 자기수용은 개인의 강점뿐만 아니라 약점까지도 인지하고 받아들인다는 점에서 진정한 자존감을 위한 필수조건이라 할 수 있다. 네 번째, 삶의 목적의식은 자신의 삶에서의 방향성을 인지하고, 삶에 대한 전반적이고 명확한 이해를 바탕으로 역경이나 어려움 속에서도 삶의 의미를 찾을 수 있는 것을 포함한다. 다섯 번째, 환경에 대한 통제감은 자신의 심리적 욕구에 적절한 환경을 선택하거나 만들 수 있는 능력으로, 자신 내부세계와 외부세계 간의 적합성을 고려함으로써 복잡한 환경을 조절하고 통제하거나 변화시키는 것이다. 마지막으로, 타인과의 긍정적인 관계는 깊은 우정과 사랑을 나눌 수 있는 능력, 타인과 친밀한 일체감을 느낄 수 있는 것으로, 성숙한 사람의 대표적인 특성이자 정신건강에 매우 핵심적인 요인이다."[9]

5. 2. 4 인성의 철학적 의미

인성의 철학적 고찰은 인류가 과거로부터 현재까지 논의되어 온 인성의 의미를 논리성, 일관성, 정합성을 가지고 이성적으로 이론화하고 이해하려 한다는 점에서 의미가 있다. 철학적 관점에서 보면, 인성의 의미를 논할 때 형이상학적 관점과 도덕 철학적 관점으로 나누어진다. 대개의 경우 도덕 철학적 관점은 형이상학적 관점으로 연결되는 경우도 있고, 단지 도덕 철학적 관점으로만 한정되는 경우도 있다. 또 다른 이론으로 인성은 단순히 덕목을 뜻하는 것으로 보는 덕 윤리(Virtue ethics)의 의미를 나타내는 경우가 있다. 이 경우에도 인성으로서의 덕은 형이상학적 의미와 관련이 있다. 고대와 현대를 막론하고 덕 윤리에서 논의하는 덕목은 너무 많아서 서로 상충되거나 경쟁하거나, 심지어 양립 불가능한 경우도 있다.

"덕 윤리는 인간의 번성, 즉, 인간의 고유한 기능인 덕을 잘 수행하여 개인이 행복하고 사회가 정의롭고 번성하는 것으로, 행복의 본질로서 덕 윤리의 정당성을 정의한다. 윤리학의 목적은 인간의 선(The Good)을 찾는 것이다. 선은 인간의 삶에서 덕 있는 행위를 통하여 이루어지고, 이는 그 결과로서 행복을 가져오는 것으로 보았다. 선은 복(Eudemonia; Happiness 혹은 Flourishing 혹은 Well-being)을 의미한다. 행복을 이해하기 위해서는 먼저 인간의 기능(Ergon; Function)이 무엇인지를 분명히 이해해야 한다. 기능 혹은 행위를 하는 존재인 생명체에서 선(The Good)과 잘삶(The Well)은 인간을 떠나서 저 멀리에 따로 존재하는 것이 아니라 바로 존재 자체의 기능 속에 있다. 그런데 인간의 핵심적 기능은 합리적 원칙을 갖는 요소의 활발한 활동이므로, 인간의 선은 인간 영혼의 이성적 부분의 활동을 잘 수행하는 것, 즉, 덕에 따르는 것에 의해서 이루어지는 것이다. 그러므로, 인간이 인간의 이성적 기능을 잘하는 것은 곧 인간이 인간답게 생각하고 행동하는 것을 말한다. 덕은 고대그리스 아테네의 Arete(잘함) 개념에서 왔음을 알 수 있다. 덕의 본질이 잘함이란 생각은 플라톤의 덕에 대한 설명인 '만물은 제 기능을 잘하는 것 혹은 생명체는 영혼의 기능을 잘하는 것'을 의미한다. 다음으로 덕 윤리의 한 가지인 행위자의 이론에 의하면, 덕은 상식적 직관에 의해서 결정된다는 것을 강조한다. 다른 사람이 행위를 할 때 칭찬할 만한 덕, 즉, 용기, 정직, 절제, 중용, 관용 등을 상식적 직관에 의해서 발견할 때 우리는 그가 덕을 갖추었다고 인정한다. 마지막으로 배려의 윤리이다. 오늘날 배려의 윤리는 많은 여성주의 학자들에 의해서 주장된다. 그들은 윤리학이 정의, 자율성, 도덕법칙 등에 초점을 맞추어야 한다는 것에 의문을 제기한다. 그들에 의하면, 윤리학은 여성적 성향인 배려, 양육, 친절과 같은 덕에 관심을 기울여야 한다. 그럴 때에 만이 인류는 행복한 삶을 살 수 있다고 본다."[10] 고대 그리스에서 덕의 의미는 실질적으로 다양하게 쓰였으며, 정의는 적어도 두 가지 의미로 사용되었는데 하나는 신의 정의(Dike:

우주의 질서)란 의미에서 쓰인 경우이고, 다른 하나는 주어진 정의를 지키려고 하는 정의로운 사람(Dikaios)이란 의미에서 논하는 정의이다. 이 양자 중 어느 것이 진정한 정의인가는 맥락적으로 이해하는 것이 필요하다. 전자는 영웅시대 혹은 신의 명령으로서 인간에게 부여된 것이고, 후자는 정의롭거나 정의롭고자 하는 사람의 정의로 영웅시대 혹은 신화시대를 지나 민주주의가 시행되었던 시대에 적용되는 덕이다. 이 같은 개념의 혼란기를 살면서 이에 대한 명확한 개념을 안정시키려고 노력하였다. 이런 과정에서 당시의 사람들은 선량한 시민으로 존재하는 것과 선량한 인간으로 존재하는 것이 일치하는가 아니면 일치하지 않는가에 대한 고민을 하였고, 이 고민은 오랜 시간이 지난 현재에도 유효한 고민으로 계속되고 있다.

덕 윤리를 이해하기 위하여 고대 그리스에서 분류된 전체적인 학문체계에서 살펴볼 필요가 있다. 그리스에서는 학문의 분야를 대략 세 가지로 나눈다. 하나는 순수 이론을 위한 것으로 형이상학, 물리학 등이고, 다른 하나는 실천생활을 위한 것으로 윤리학, 정치학 등이며, 마지막 하나는 창작을 위한 분야로서 시, 산문 등이다. 윤리와 정치는 실천생활을 위한 것으로 분류되며, 덕 윤리는 여기에 속한다. 제비 한 마리가 왔다고 봄이 오지 않듯이 인간은 한 번의 덕성스러운 행위로 인성을 갖추는 것이 아니라고 보았다. 그에게 덕은 인간이 끊임없는 실천을 통하여 자신의 행동의 중용을 찾아서 습관화하는 것이다. 용기 있는 사람이 되기 위해서는 만용과 비겁 사이에서 항상 주변의 상황을 살피고, 필요하다면 적절한 행동을 하여야 한다. 그리고 이것이 덕이 되기 위해서는 일회성으로 그치는 것이 아니라 습관화가 되도록 꾸준히 실천하여야 한다. 현대의 덕 윤리는 최선의 결과를 가져오는 것이 도덕적이고 좋은 것이라는 결과주의가 아니라 인간의 행동과 그 과정에서 인성과 도덕의 역할을 강조하는 이론이다. 덕이 있는 사람 혹은 덕을 쌓은 사람은 이상적 성격에 가까운 마음의 성향 혹은 기질을 갖춘 사람이다. 그러나 인성의 성취는 이상적 성향이나 기질을 가진 것만으로 되는 것이 아니라 스스로 그것들을 잘 양육 혹은 함양하여야 인성 혹은 덕을 갖춘 사람이 된다. 그렇지 않으면 인간이 잠재적으로 인성의 씨앗을 가졌다 하더라도 반드시 인성을 성취하는 사람이 되는 것은 아니다. 진정으로 덕을 갖춘 사람, 혹은 인성을 갖춘 사람은 아무리 주변의 환경이 어렵고 힘들더라도 남에게 친절하고 용기 있게 행동을 실천하는 사람이다. 또한 용기의 덕이 있는 사람은 보편적 도덕 법칙에 따라서 의무적으로 행동하기보다는 어려운 상황에서도 비겁하지 않고 그렇다고 만용을 부리지도 않으면서 용맹스럽게 행동할 수 있는 사람이다. 현대의 덕 윤리는 크게 행복주의(Eudaimonism 혹은 Eudaemonism), 행위자 이론(An Agent-Based Theory), 배려윤리(Ethics of Care) 등으로 나눌 수 있다.

그러나 우리가 사회 현상을 조금 차분하게 논리적으로 관찰하고 사색하는 시간을 가지게 되면, 선과 악의 구분은 가치 중립적이고 상대적인 개념에 기반하고 있음을 알게 된다. 자세히 보면 선이 없으면 악이 없고, 악이 없으면 선이 없는 것이다. 달리 말하면, 하나가 없으면 다른 하나도 존재하기 어렵다. 선과 악은 차이에 의해서 존재할 뿐이다. 선도 악도 아닌 인간의 본래적 마음이 있기에 마음의 차이인 선악이 상관적 관계로 드러나는 것이다. 이는 불교의 연기론에서 원인이 결과를 낳고 결과가 또 다른 것의 원인이 되는 것과 유사한 원리이다. 노자에 의하면, 인성으로서 인간의 마음은 도탑고 도타워서 아무것도 새기지 않은 통나무와 같고, 마음은 비어서 골짜기처럼 넓고 광활하며, 웅덩이처럼 탁하지만 점차 맑아질 수 있다. 인성은 무엇을 담을 수 있는 웅덩이와 골짜기 같은 것이다. 또 통나무 같아서 그것에 선을 그릴 수도 있고, 악을 그릴 수도 있다. 인성은 선악을 나누는 것이 아니라 양자를 상관적(相關的)으로 유지할 뿐이다. 노자는 성선설이나 성악설에서 보는 대립적 모순관계로 선악을 보지 않는다. 인성은 선이나 악으로 확인되지 않는 빈 마음(虛心)이다. 따라서 인성은 일상적 현실에 얽매이지 않고 초월한다. 그래서 그것은 해방된 마음이다. 인식론과 가치론의 관점에서 보면, 악과 선, 미와 추는 각자가 있기에 서로 존재하는 것이다. 그런데 인간이 어느 한쪽으로 그것을 환원하거나 종속시키려고 하면 독선, 오만, 갈등이 증폭한다. 결국 인성을 선악으로 구분하려는 것은 실패할 뿐이다. 인성 혹은 마음은 유위가 아니라 무위로 존재할 때 그 무한한 가능성을 실현할 수 있다고 선현들의 교훈은 말하고 있다. 그리스 철학자들도 인간의 마음을 선과 악으로 나누지 않지만 도덕적 행동은 선악으로 구분하였다. 그들에게는 인성을 최대한 실현하는 것이 중요하였다.

그리스 철학자들은 인성의 실현에서 앎은 곧 행함(Knowoing is doing)에 충실하였다. 그들에게 정의가 무엇인지, 선이 무엇인지, 용기가 무엇인지 알고 행하지 않는 것은 참된 지식이 아니었다. 도덕과 관련된 지식을 아는 순간 곧 그것은 실천이성을 발휘하는 것을 의미한다. 반면에 알지 못하는 것은 악이다(Ignorance is vice)라고 생각한다.

인간은 옳은 것을 알면 당연히 실천한다. 그럼에도 불구하고 인간이 악을 행하는 것은 그가 알지 못하기 때문이다. 인간은 옳은 것을 아는 순간부터 그것을 실천해야 한다. 한편 동양 철학사에서, 유교에서는 정신을 인간의 기본 원리 그 자체로서 천명 혹은 성, 성정으로 정의 하며, 유학의 한 분파인 주자학의 심성론에서 주리론과 주기론이 모두 성즉리(性卽理)를 주장하는 점에서는 같다. 그러나 이와 기의 분개를 강조하는 주리론이 본연지성(本然之性)과 기질지성(氣質之性)을 별개의 존재로 파악하는 데 반해, 이기의 혼륜을 강조하는 주기론은 본연지성과 기질지성이 별개의 것이 아니며, 다만 기질지성 가운데 이의 측면을 가리켜 본연지성이라 한다고 했다. 그리고 이의 운동능력을 인정하는 주리론에서는 성발위정(性發爲情)의 논리에 따라 사단(四端)은 본연지성이 발한 정으로, 칠정(七情)은 기질지성이 발한 정으로 설명하며, 본연지성과 기질지성을 갖춘 심은 이기의 합(合)으로 이해된다. 그러나 이의 운동능력을 부정하는 주기론에서는 정을 심지동(心之動)으로 파악하여 심발(心發), 성불발(性不發)을 주장하게 되며, 심과 성의 관계는 동하는 것은 심이고, 능히 동하게하는 소이는 성으로 파악된다. 이렇게 심을 발하는 것으로 인정함으로써 이 이론에서는 심의 허령(虛靈)한 지각작용의 본질을 기로 단정하고 성은 심 가운데 갖추어져 있는 소이연(所以然)·소당연(所當然)의 원리로이해하여 심시기(心是氣) 혹은 심즉기(心卽氣)를 주장하게 된다. 이것은 주리론에서 심을 이기합(理氣合)으로 파악하는 것과는 차이가 있다. 또한 인성에 관한 철학적 논의의 중심에는 항상 성선설, 성악설, 성무선악설이 있어 왔다. 유가에서는 "하늘이 명한 것은 성(性)이고, 성에 따르는 것은 도(道)이고, 도를 닦는 것은 교(教)이다(天命之謂性 率性之謂道 修道之謂教 ; 천명지위성 솔성지위도 수도지위교 : 하늘이 명하는 것을 성이라 하고, 성을 따르는 것을 도라 하고, 도를 닦는 것을 교라고 한다).”라고 하여 하늘의 명이 곧 성(性)이고 이를 따르는 것이 도이며, 교육은 도를 수련하는 것이다. 유가에서 성은 곧 천성이고, 천성은 인성을 의미한다. 따라서 성을 알고 이를 지키기 위하여 실천하는 것이 교육이기 때문에 과거 유교 문화권에서 교육은 대부분의 경우 인성교육을 의미한다고 할 수 있다.

5. 2. 5 인성의 심리학적 의미

인성의 심리학적 접근은 구체적이고 실험성을 기반으로 반복할 수 있는 특성을 갖는다. 심리학적 의미는 형이상학적 이기(理氣)보다는 실제적이며 세속적 성격이 강하다. 그 이유는 인성의 철학적 관점이 일반적이고 사변적이고 전체적인 측면이 강한 것과 달리, 구체적 인간의 심리현상에 근거하여 인성을 설명하는 특징이 있기 때문이다. 현대의 심리학적 주장에 근거한 인성 발달 교육과정은 인성에 대한 심도 있는 논의보다는 인성을 함양하는 다양한 이론과 실험적 방법을 가능한 한 많이 동원하는 교육으로 되어가고 있다. 인성에 대한 심리학적인 논의는 인간의 심리적 특성 인자인 기질과 성격, 성품의 차이를 규명하는 것으로부터 시작한다. “흔히 성품의 개념을 성격(Personality)과 혼용하는데 기질, 성격, 성품 이 셋은 다른 특성으로 규정되고 있다. 기질은 부모로부터 물려받은 유전적 요소이며, 부모의

DNA가 자녀에게 유전적으로 전달되어 내성적, 외향적, 다혈질, 담즙질, 우울질, 점액질 등으로 형성된 성향이다. 성격은 개인의 신체적 유전적 요소인 기질이 겉으로 드러나 개인의 행위로서 타인에게 영향을 주면서 나타나는 심리적 행위 양식이다. 성격은 특징적이고 지속적이며 안정적인 방식으로 생각하고, 느끼고, 믿게 되는 개인의 정신적 고유한 특질이다. 성품은 자신의 타고난 기질과 성격 위에 경험과 교육의 요소들을 포함한 환경적 영향에 의해 내면의 덕을 형성함으로써 균형 잡힌 상태를 나타낸다."[11] 성품(Character)의 어원은 고대 그리스어 To mark, 곧, 새겨진 것이라는 의미로서 성품은 한 사람의 일관되고, 예측 가능하며, 변하지 않는 성향으로, 성격의 깊이에 작용하고 행동과 태도 및 가치를 통합하는 원리를 제공한다.

삶을 살아가는 개인이 전반적인 생존 전략으로서 생각 · 감정 · 행동 속에서 표현되는 기질, 사람들마다 타고난 성격 등은 모두 고정된 것으로 간주된다. 그러나 타고난 기질과 성격 위에 더 좋은 가치와 경험들을 지속적으로 교육하면 성격도 품위 있게 바뀔 수 있는데, 이것이 바로 성품이다. 이러한 성품은 도덕적이고 윤리적인 성격을 띠며, 윤리적 결정과 행위에 영향을 주는 일련의 신념과 도덕적 가치들로 구성된다. 또한 성품은 일종의 성격이라는 자기표현 방식의 바탕을 제공한다는 점에서 성격보다 더 근본적이고 총체적인 의미를 내포하는 덕의 개념이라고 할 수 있다. 성격은 개인마다 갖고 있는 개성과 연관된 것으로서 간략히 정의하기는 쉽지 않다. 대표적인 성격에 대한 심리학적 정의로는 "개인이 환경에 독특하게 적응하도록 결정지어주는 심리적 · 물리적 체계의 역동적 조직, 환경에 독특하게 적응하도록 하는 한 개인의 성품, 기질, 지성 등의 안정성 있는 조직, 한 개인을 유일하고 독특하게 하는 특징의 총합, 개인이 접하는 생활 상황에 대해 독특한 적응을 나타내는 사고와 감정을 포함한 구별되는 행동 패턴, 다른 사람과 구별되어 독특한 존재로 변별하여 주는 여러 특성들의 총합, 일관된 행동 패턴 또는 개인의 내부에서 일어나는 내적 정신 과정"[12] 등이 있다. 위와 같은 여러 정의를 살펴보면 일반적으로 성격이란 환경에 대해 개인이 취하는 행동과 관련된 것으로서, 사람마다 서로 다른 독특함을 특징으로 하고, 일시적인 것이 아닌 항상성을 지니는 심리적 체계를 의미한다고 할 수 있다.

성격의 형성에 대한 심리학 연구는 정신분석학 이론, 현상학 이론, 특성이론, 사회학습이론, 사회관계이론 등이 있다. 성격심리학에서는 개인의 성격을 기술하고 설명하고 있으며, 성격이란 어떤 것이며 그 사람은 어떤 성격을 어떤 과정을 통해 형성하게 되었는지 밝히고자 하는 분야이다. 따라서 성격심리학은 성격을 가설적 구성 개념으로 파악하여, 성격은 개인의 행동을 통해 관찰된 귀납적 사실을 바탕으로 추리하여 얻어진 행동의 귀착 원인으로 정의한다. "성격에 대한 이론은 관점에 따라 특성이론, 행동인지적 접근, 정신역동적 접근, 인본주의적 접근, 사회·문화적 접근으로 구분된다. 특성 이론 16개 성격 지표나 5가지 성격 특성 요소와 같이 성격의 특성을 결정짓는 요소를 구분하고 이에 따라 개인의 성격을 이론적으로 기술한다. 특성 이론은 학자마다 서로 다른 성격 지표 수를 가지고 있으나 형성된 성격이 일정한 특성을 오랫동안 유지한다고 보는 공통점이 있다. 한편, 이러한 특성 이론을 비판하는 학자들은 이들의 성격 지표가 실제 개인의 행동에 대한 예언 타당도를 보이지 못한다는 점을 들어 비판한다. 특성 이론을 비판하는 학자들은 특성 이론의 예언타당도가 높지 않은 이유가 사실 개인의 성격을 구성하는 특성이란 것이 존재하지 않기 때문이며, 개개인의 성격도 시간과 상황에 따라 달라질 수 있다고 본다.

행동인지적 접근 연구는 행동주의 심리학에서 영향을 받은 성격 이론으로 인간의 성격이 외적 환경의 작용에 의해 형성된다고 본다. 이들은 개인의 행동에 따른 결과 돌아오는 보상에 따라 어떤 행동은 강화되고 다른 행동은 감소된다고 여겼고, 이러한 보상 기제를 조절하면 개인은 그에 따른 자기 통제력이 형성되고 그 결과 특정한 성격이 형성된다고 보았다. 정신역동적 접근 연구 분야는 정신분석학을 바탕으로 인간의 행동을 무의식에서부터 기원하는 욕망과 초자아로 대표되는 자기 통제 기제의 작용결과 나타난 결과로 본다. 이후, 개인의 성적 욕망을 무의식의 주요 작동 기제로 보는 프로이트의 이론을 수정하여 사회·문화적 환경이 개인에게 주는 영향을 강조한 이론을 구축하였다. 인본주의적 접근 연구는 인간의 자유의지와 개인의 주관적 경험을 강조하는 이론으로 현상학적 성격 이론이라고도 불린다. 이 이론은 개인의 직접적인 경험에 의해 형성된 자기 자신과 타인에 대한 가치 평가가 성격의 형성과 행동에 영향을 미친다고 파악한다."[13] 심리학이 형성된 이래 오랜 기간 동안 인간의 성격 형성을 설명하는 지그문트 프로이트의 이론에서 비롯한 정신분석학을 근거로 한다. 이러한 정신분석학에 따른 성격 이론을 비판하며 개인의 독특한 행동을 가져오는 지속성 있는 특징으로 성격을 바라보고 성격을 구분 짓는 특성들을 연구하였다. 개인의 성격이 어떻게 형성되는가 보다는 형성된 성격이 개인의 행동에 어떠한 영향을 미치는가에 보다 중점을 두었다. 이를 기능적 자율화라는 개념으로 설명하였는데, 간단히 말해 처음에 어떤 이유로 그렇게 행동하였는 지와는 관계없이 나중에 가서는 으레 그렇게 행동하는 것이 목적이 된다는 것이다.

한편, 형태 심리학 분야에서는 인간의 인지와 행동이 분석적인 과정을 통해서 수행되는 것이 아니라 주어진 장(場) 안에서 종합적이며 즉각적으로 일어난다고 보았으며, 동태적 인성 이론에서 인간의 행동은 개인을 둘러싸고 있는 장에 놓여진 여러 가지 벡터 요소, 즉, 심리적 장애와 유인력, 대상, 특정 행동에 대한 가치 판단 등의 조합에 의해 인간의 행동이 결정된다고 보았다. 이러한 관점에 따르면 인간의 성격은 어떤 고정된 특성이라기 보다는 특정한 상황 속에 놓인 여러 요소들에 의해 결정되는 행동 양식이라고 보았다. 형태심리학에 따르면 인간은 이러한 장에서 자신에게 주어진 관계 전체를 고려하여 행동하며 따라서 상황이 달라지면 당연히 행동도 달라지게 된다. 위의 이론들이 개인의 성격을 주로 개인 내부에서 형성되는 것으로 파악한 것과 달리 사회·문화적 접근은 사회·문화적 맥락 속에서 개인의 성격이 결정된다고 파악한다. 문화 인류학의 연구 성과를 토대로 문화에 따라 남·여의 성 역할이나 개인의 행동 양식 등이 다르다는 점에 주목하여 인류는 문화에 따라 매우 다양한 성격 유형을 가지고 있다고 파악하며, 동시에 이들 문화의 비교를 통해 인류의 공통적인 심리적 특징들을 규명한다.

5. 2. 6 핵심 인성역량 분석

"여기서 인성이란 한 개인이 자신을 둘러싸고 있는 대상과의 특정한 형태의 상호작용으로 표출되는 내면적 특성이란 것을 알 수 있다."[14] 바꾸어 말해 인성이란 사람사이의 상호작용 기술의 집합이라고 볼 수 있다. 이와 같이 인성은 한 인간의 정신 및 정서적 기반과 이를 바탕으로 만들어지는 개인과 사회적 인과관계 발전의 기초를 형성한다. 개인의 인생 여정에서, 철학적 · 육체적 발전에 필수적인 기반이 되는 요소 중의 하나가 인성이다. 그러므로 개인의 사회적 발전에 중요한 요소인 인성의 진정한 정의와 인성교육이 의미를 명확하게 할 필요가 있다.『교육학 용어사전』에 보면 인성을 다음과 같이 정의하고 있다. 인성이란 인간의 지속적 동기의 경향이나 행동성향의 조직으로서, 이는 인지적 사고나 가치 그리고 신체적 특성을 포함하는 개념이다. 그리고 건강한 인성의 특성을 다음과 같이 제시하였다. 건강한 인성은 과거의 지배를 받지 않고 미래의 지배를 받는다. 의식과 무의식을 총괄하며, 목적 지향적이며, 모험적이고 호기심에 충만하다. 인성은 개방적 · 객관적이고 자아실현적이며 지속적인 의미 창조이다.

다른 측면에서 보면 인성은 성품(性品)을 가리키기도 한다. 성품은 사람의 성질과 품격이며 성질은 마음의 바탕이고 품격은 사람된 모습이라고 설명할 수 있다. 그래서 인성은 사람의 마음과 사람됨이라는 두 요소로 이루어진다고 할 수 있다. 이외에도 인성은 문자 그대로 인간의 본성 또는 생래적으로 타고난 심성이라고 보는 입장도 있다. 종교적 관점에서 공통적으로 발견되는 인간의 본성은 원래 선할 뿐만 아니라 누구든 행복하고 생산적이며 자아 실현할 수 있는 잠재력을 가지고 있다는 것이다. 사회과학적인 정의에 따르면, 사람이 태어날 때부터 가지고 있는 자연적 성질로 인성을 규정하고 인성을 한 개인에 있어 변하지 않고 꾸준히 지속되는 항존적인 특징으로, 국어사전에서는 인성을 사람의 성품 또는 각 개인이 가지는 사고와 태도 및 행동 특성이라고 정의하고 있다. 성현들의 가르침에서 언급되는 인성에는 인간다운 면모, 성질, 자질, 품성이라는 의미가 내포되어 있고 인성은 자동적으로 형성되지 않고 공동체 내에서 습관과 실천을 통해 형성된다고 가르치고 있다. 교육기관에서는 인성 계발 이론을 채택하여, 인성을 사람이 태어나면서 가지는 성격이나 특질의 개념으로 정의하기보다는 교육, 학습, 훈련 등을 통해 습득할 수 있고 변화시킬 수 있는 인간의 성품으로 본다. 교육부에서는 대학생 인성교육에서 주요 가치로 제시한 자율, 봉사, 사회 공헌의 3가지를 인성지수의 중심으로 구성하고, 도덕성, 사회성, 정체성을 교육 목표(도덕성, 사회성, 정체성)로 각 주요 가치 아래에 3개의 하위 요인을 구성하는 방식으로 내용을 구성하며, 구체적인 인간 인성의 구성 요소로서는 지혜, 관용, 도덕, 책임 등 팔 개항을 두었다.

　"그렇다면 '인간다운 성품과 핵심 역량의 관계는 무엇인가?' 우선 성품은 성질과 품격의 합성어로 성질은 정신적·심리적 바탕 혹은 사물이나 현상이 본래부터 지니고 있는 독특한 개인적 바탕이고, 품격은 물건의 좋고 나쁨의 정도 혹은 품위, 기품으로 풀이된다. 인간다운 성품에는 도덕적 덕(Moral virtue), 시민적 덕 (Civic virtue), 지적 덕(Intellectual virtue) 등이 포함되고, 여기에 포함된 덕목들은 대부분 그 자체로 가치를 지닌 것이며 도덕적으로 긍정적인 것인 속성을 갖는다. 즉, 덕은 성품의 좋은 상태를 가리키며, 어떤 실천 행위가 규범적·당위적 차원에 부합하는 행위가 되도록 정당화시켜주는 근거가 된다. 한편, 미래 핵심역량을 강조해온 학자들의 관점에 따르면, 핵심 역량은 성공적인 수행(Successful Performance)을 추구하기 때문에 대체로 수행을 통해 탁월한 성과를 낼 때 가치를 인정받게 되며, 이로 인해 가치중립적인 속성을 상당 부분 지니게 된다. 실제로 최근 국내에서 실행된 연구에서는 핵심 역량 속에 인성 역량뿐만 아니라, 지적 역량과 사회적 역량을 포함하고 있다. 따라서 핵심 인성역량에는 다양한 능력 중에서 바람직한 인성의 측면과 정합성을 가지면서도 인성 함양을 위해 기본적이고 보편적이며 필수적인 능력이라는 의미가 내포되어야 한다. 즉, 핵심 인성역량은 바람직한 인성역량 중에서 필수적인 역량에 해당되므로, 핵심 덕목과 마찬가지로 도덕적이고 긍정적인 속성을 가져야 한다. 이러한 핵심 인성역량은 앎과 행위 실천을 연계하여 도덕적인 문제 해결력과 실천 지향성에 중점을 두기 때문에, 도덕적인 문제해결과 행위 실천을 위해 필요한 지식, 기능, 판단, 탐구, 성찰, 가치, 태도, 실천등을 포함한 총체적인 특성을 지닌다. 또한 핵심 인성역량은 윤리적 행동 실천을 위한 동기부여 및 기술(Skills)을 제공하여 성공적인 윤리적 수행 또는 행위 가능성을 높이고 행위의 일관성 및 안정성을 제공하는 특성이 강하다. 이렇게 볼 때 인성의 개념에는 궁극적으로 우리 인간이 지향하고 성취해야 하는 인간다운 성품의 의미가 담겨 있고, 이와 더불어 핵심 인성역량의 의미

또한 내포되어 있다고 말할 수 있다."[15]

역량(Competency), 핵심역량(Key competencies) 등의 개념은 다양한 맥락에서 사용되고 있지만, 학술적으로 엄밀하게 합의된 정의가 존재하는 것은 아니다. 그 이유는 역량 개념이 사용되는 맥락이나 목적에 따라 다양한 의미로 해석되기 때문이다. 역량 개념은 우수 수행자의 특성을 지식, 기술, 태도 등의 요소로 구분하여 나타낸 것으로 수행자의 특성에 중점을 두어 이해할 수도 있고, 수행자의 특성이 아닌 직무의 특성을 분석하여 최소한 달성해야 할 표준적인 수행의 정도로 이해할 수도 있기 때문이다. 그런데 역량 개념을 이해하는 데 있어서 수행자의 특성에 초점을 맞출 것인지, 아니면 직무의 특성에 초점을 맞출 것인지의 차이는 있지만, 대부분의 연구들은 역량 개념을 어떤 과제나 역할을 수행하는 데 필요한 수행 관련 능력으로 규정하고 있다. 이런 맥락에서 인성역량을 선정하기 위해서는 수행 관련 능력에 중점을 두고 고려한다. 역량을 특정한 상황이나 직무에서 준거에 따른 효과적이고 우수한 수행과 인과적으로 관련되어 있는 개인의 내적인 특성으로 정의하고, 내적인 특성으로서의 역량을 다양한 상황에서 일관되게 나타나며 비교적 장시간 지속되는 개인의 행동 및 사고방식으로 규정할 수 있다.

역량은 단순히 지식이나 기능을 소유하고 있는 상태가 아니라 과제 수행 맥락에 따라 적합한 자원을 가동시킬 수 있는 능력이다. 역량은 맥락을 제대로 이해하고 그에 적합한 자원을 제대로 활용했는지에 대한 반성적 성찰을 함의하는 능력 개념이다. 이렇게 볼 때, 사관생도 인성 계발을 위한 핵심 역량 개념에도 총체성, 수행성, 요구

지향성, 맥락성 등의 역량 특성을 충분히 내포해야 할 것이다. 보다 구체적으로, "핵심 인성 역량은 지식, 기능만이 아니라 가치, 태도, 감정, 동기 등 인간의 내적 특성들이 총체적으로 연관된 것이어야 한다. 즉, 핵심 인성 역량은 현실적으로 관찰 가능하고 성과가 쉽게 보이는 지식과 기법이 아니라, 새로운 문제 상황에서 인간의 다양한 능력 요인들을 총체적으로 동원하고 활용할 수 있는 능력으로서의 의미를 지녀야 할 것이다.

인성의 핵심 역량은 앎 혹은 지식의 소유를 넘어 그것을 도덕적 실천으로 연계하는 수행력으로서의 의미를 지녀야 하므로 개인적·사회적 요구를 충족시킬 수 있어야 한다. 다음으로, 핵심 인성 역량은 개인의 행복한 삶의 실현에 도움이 되고 잘 기능하는 사회 실현에 기여하여야 하므로 인성교육의 목적과 관련하여 좋은 인간과 좋은 시민의 육성에 기여하는 것이어야 한다. 마지막으로, 핵심 인성 역량은 주어진 문제 상황의 특성, 가치 관계 영역의 특성, 미래 사회의 분야별 특성 등에 적합한 방식으로 적용될 수 있는 맥락적인 특성을 지녀야 할 것이다. 특히 미래 사회를 대비한 핵심 인성 역량 선정이라는 관점에서 본다면, 인성교육을 위한 핵심 역량은 지식 기반 사회, 다문화, 세계화, 과학기술 발달 및 환경 문제 등과 같은 미래 사회의 변화와 그에 따른 윤리 문제의 해결에 중점을 두어야 하기 때문에, 미래 사회의 각 분야별로 예견되는 변화와 문제 특성에 맞게 적용될 수 있는 유연성을 지녀야 할 것이다."[16] 상황 인지론이나 분산 인지론 등 인지과학에서는 최근에 지식을 텍스트로 국한시켜 볼 수 없다는 점에 관해 역설해왔고 학습이론에도 커다란 영향을 미쳐 사회구성주의라는 새로운 패러다임을 형성해왔다. 상황 인지론의 관점을 취해 보면, 우리가 배우고 따르게 될 지식은 개인의 내부가 아닌 우리를 둘러싼 사회 생태적인 환경에 편재해 있다. 지식의 생산을 둘러싼 사회 기술적 체제나 지식의 생산 및 유통 속도나 과정 등 사회적 환경이 매우 빠르게 바뀌고 있고 이에 대한 접근 통로 또한 훨씬 다양해지고 넓어졌다. 자신이 원하는 지식이나 정보가 어디에 있는지, 어떻게 이용할 수 있는지 일종의 접근 문제로 대두되었다. 우리의 접근 대상이 되는 사회생태적인 환경에는 세상을 이루고 있는 것들, 예컨대 물건, 자료, 책, 도구, 테크놀로지 등 각종 정보원들이 포함된다. 학습은 이러한 정보원들을 활용하고 도구를 사용하는 능력을 섭렵하는 데 달려 있다. 이러한 관점에서 보면 우리는 지식을 원칙대로 소유하는 사람이라기보다는 유저(User), 즉, 지식을 유연하게 활용하는 사람이다.

"유교적 전통에서 볼 때, 동양의 윤리 사상과 정치사상에서 덕은 핵심 개념에 해당한다. 공자 사상의 두 축은 덕(德)과 예(禮)이다. 예는 문화적이고 형식적인 표준을 말하고, 덕은 인격적 탁월성을 말한다. 이 두 축은 정치에도 작용하고 개인의 완성에도 작용한다고 말할 수 있다. 인간이 덕성을 함양할 때 자기 맘대로 하는 게 아니라, 객관적인 표준으로서 예에 합치되어야 한다. 또한 백성을 상대로 정치를 펼 때도 덕의 감화가 필요하고 예가 문화적 표준으로 제시되는, 그러한 두 가지 틀이 필요한 것이다. 유교에서의 덕목은 오상(五常)이 가장 대표적인 것이다. 오상은 유교에서의 인(仁)·의(義)·예(禮)·지(智)·신(信)의 다섯 덕목을 말한다. 공자는 그의 가르침에서 인간의 덕으로서 인(仁)을 중시하여 지(知)·용(勇)과 아울러 그 소중함을 설명했으나, 맹자는 인에 의(義)를 더하고 또 예(禮)·지(智)를 넣어 인·의·예·지를 인간의 4개 덕목이라 했다. 그리고 한(漢)의 동중서는 오행설(五行說)에 바탕을 두고 여기에 신(信)을 더해 오상설(五常說)을 확립했다."[17] 이와 같이 이론적·경험적 근거에 입각하여 추출한 핵심 덕목에는 지혜, 절제, 용기, 성실, 효도, 예절, 존중, 배려, 책임, 협동, 준법, 정의가 포함되었다. 여기에는 개인적 차원으로 윤리적 문제 해결 능력, 긍정적 태도, 자기 관리 능력, 자기 성찰 능력이 거론되며, 관계적 차원으로 의사소통 능력, 대인관계 능력, 시민적 참여 능력, 다문화 시민성, 자연 친화 능력이 포함된다. 전인 인성(知, 情, 意)과 균형 조화인 지적(知的) 인성의 의미는 세상을 사실대로 인식하는 과학과 지식을 바탕으로 하는 인성을 의미하고 있다. 지(知)는 인식하는 지각과 인식한 내용을 저장하고 인출하는 기억의 기능을 포함하는 사고(思考)를 의미한다. 사고란 대상이나 사안을 이해하고 파악하는 활동 또는 과정으로 지각과 판단 기능을 포함한다. 감성적(情的) 인성의 의미는 타인과 공동체를 배려하는 시민적 인성으로, 소속된 사회와 소통하고 섬기는 인성을 의미한다. 정(情)은 느낌으로 사물의 가치를 알려준다. 즉, 사물의 평가를 통하여 호·불호, 쾌·불쾌, 수용·거부 등의 느낌으로 세상을 이해하게 하는 기능이다. 심의적(意的) 인성의 의미는 사회에서 윤리 리더십을 발휘하는 도적적 인성으로 선한 사회의 축을 넓히는 인성을 의미한다. 의(意)는 의도에 입각한 자기 결정을 하는 목적 추구 행동을 일으키는 작용이다. 의도란 방향을 의미하고, 행동을 일으키는 작용은 힘을 말하므로, 의지란 방향을 가진 심리 에너지의 힘을 의미한다.

인간은 개인 소유의 지식이라는 일정한 짐을 항상 머리에 이고 다니는 존재가 아니다. 어떤 분야에서 신참과 고참의 핵심적인 차이는 지식 활용에 있어서 유연성에 있다. 즉, 초심자는 지식을 있는 그대로 적용하려고 전전긍긍하는 반면 고참은 상황에 맞게 지식을 변용한다. 우리에게 지식이 있다면 그것은 우리 몸에 체화된 지식을 활용하는 능력이다. 지식의 소재지에 관해 이야기하자면 지식은 상황 안에 존재한다. 결국 모든 살아있는 지식은 상황 지식이다. 우리는 상당히 구조화된 상황, 즉, 일상생활 속에서 끊임없이 지식을 생산하고 포장하고 유통하는 일을 하고 있는 셈이다. 말 그대로 우리가 관여하는 일상 생활이 곧 지식의 관리 경영(Knowledge management) 그 자체인 것이다. 상황 학습론은 지식은 텍스트(Text)에 있지 않고 컨텍스트(Context)에 있으며, 학습은 컨텍스트를 통한 경험과 활동의 사안으로 다루어야 한다는 주장으로 요약할 수 있다. 지식과 지혜를 이와 같이 분류하는 한 사회가 제대로 기능하기 위해서는 그에 필요한 창의력, 생산력, 사고력, 의사소통 능력 등이 요구되며, 그것을 학교가 가르쳐야 한다. 나아가 역량 개념은 일반 역량(Generic competencies)이니 실용 지능(Practical intelligence), 현장 량(Competence at work) 등 오늘날 사회에서 살아가는 개인의 보편적인 능력을 지칭하는 개념이 된다. OECD DeSeCo(Definition and Selection of Competencies) 프로젝트에서는 미래 사회에서 요구되는 핵심 역량을 첫째, 사회적으로 이질적인 집단간의 상호작용 능력(Interact in heterogeneous groups), 둘째, 자율적으로 행동하는 능력(Act autonomously), 셋째, 여러 도구를 상호작용적으로 활용하는 능력(Use tools interactively) 등 세 가지로 제시하고 있다.

5. 2. 7 핵심 인성 덕목 선정

"바람직한 인성의 토대로서 덕(德; Virtue)에 대한 철학적 · 윤리학적 논의는 전통적으로 매우 중요한 학문적 탐구 대상으로 간주되어 왔으며, 비교적 최근에는 심리학적 논의 또한 활발하게 전개되고 있다. 서양 철학 및 윤리학적 관점에서 볼 때, 덕 개념은 인간을 선하게 만드는 성품의 상태를 뜻하며, 용기, 절제, 온화와 같은 인성 특질(Character traits)이 덕으로 불리는 반면, 무모 · 비겁, 무절제 · 목석 같음, 성마름 · 화낼 줄 모름은 악덕으로 간주된다. 덕을 지닌다는 것은 어떤 종류의 상황에서 적절한 방식으로 행위하는 것과 관계되며, 모두 정의, 용기, 절제, 지혜의 덕을 강조하였으며, 니코마코스 윤리학을 통해 행복, 즉, 에우다이모니아(Eudaimonia)를 구성하는 12개의 도덕적 덕 혹은 성격적 탁월성을 제시하였다. 여기에는 용기, 절제, 온화, 자유인다움, 통이 큼, 명예의 중용, 포부의 큼, 진실성, 재치, 친애, 부끄러워할 줄 앎, 의분이 포함되어 있다. 이러한 도덕적 덕 혹은 성격적 탁월성은 지나침과 모자람을 나타내는 두 개의 악덕과 함께 제시되었으며, 유덕한 사람은 두 악덕을 피하면서 중용(Mean)을 추구한다고 보았다. 덕에 대한 탐구는 오늘날 덕 윤리학적 전통을 꾸준히 계승, 발전시켜가고 있는 학자들에 의해 다양하게 해석되어 왔다. 역사주의적 관점을 중시하는 철학자 그룹은 덕을 특정한 역사적 맥락과 사회적 실천 속에서 요구되는 바람직한 인성으로 규정하였으며, 보다 최근에는 덕은 인간이 행복, 즉, 에우다이모니아을 위해, 번성하고 잘살기 위해 필요로 하는 인성 특질(Character traits)이라고 설명하고 있다.

　동양에서의 덕(德)은 어원적으로 볼 때, 인간의 행동을 통한 실천의 의미를 지니고 있다. 작은 걸음 [彳]으로 하늘과 관련된 마음을 실천하도록 하는 것이 덕의 문자에 담겨진 의미이다. 이와 관련된 모습으로는 생활에서의 예(禮), 정치에서의 덕치(德治) 등을 생각할 수 있다. 또한 덕은 하늘 [天]과 관련을 지니고 있으며 그 의미에 있어서 오름 [卄]과 함께 위로부터의 내려옴 [丨]의 의미를 지니고 있다. 여기에서 설명되는 천(天)은 '초월적 존재, 일자(一者), 신(神)'등으로 설명되는 대상들과 그 의미를 같이 하는 것으로 이해할 수 있다. 하늘(天)이 보는 눈으로 만물의 본성을 보는 것이 덕에 담긴 의미이다. 이는 자연, 우주와의 관계와 그 본성을 이해하는 것을 통해 덕을 실현할 수 있다는 의미이다. 한편, 한글학회『큰사전』에는 덕(德)이란 밝고, 크고, 옳고, 빛나고, 착하고, 부드럽고, 따스하여 사람으로서 길을 행하는 마음이라고 쓰고 있다. 이와 같은 뜻들은 모두 사람이 지켜야 할 길을 잘 이행해서 나의 것으로 삼는 것을 말한다."[18]

　"학문은 학문 활동의 결과로서의 지식 체계일 뿐만 아니라 학문하는 활동 자체가 담고 있는 과정을 의미한다. 전통적 지식 전수형 교육에서는 전자의 형태, 즉, 교과목 지식(Subject knowledge)에 역점을 두고 가르쳐왔지만, 이제 역량 중심 교육에서는 후자의 형태, 즉, 학문하는 활동 자체가 가지는 창의적이고 비판적인 사유 능력, 합리적 분석과 판단 능력을 함양하는 데 역점을 둔다고 볼 수 있다. 무엇보다 후자는 전공 교육보다는 교양 교육에서 역점을 두고 있는 교육 방향이기도 하고, 직업과 직종이 순식간에 사라지고 생겨나는 격변의 시대에 전공 분야의 전문적 지식의 습득을 통한 취업은 갈수록 어려워질 전망이다. 급변하는 사회 속에서 생겨나는 복잡한 과제를 해결할 수 있는 능력은 전공의 전문지식과는 다른 차원의 역량이 필요하기 때문이다."[19)]

"인성의 핵심 덕목 개념은 특정 과제를 수행하기 위한 지식, 기술에 국한하지 않고 인간의 총체적인 능력 및 그 능력들 간의 내적 구조(Internal structure)를 강조한다. 이것은 역량의 내적 특성들이 분절적이고 정태적인 것이 아니라, 특정 맥락의 복잡한 요구를 충족시키기 위해 지식, 기술, 태도, 감정, 가치, 동기 등 역량의 내적 구성 특성들이 하나의 내적 구조를 이루면서 역동적으로 연관을 맺고 총체적으로 가동되어 개인의 수행으로 표출된다는 점을 강조한 것이다. 전인 교육의 관점에서 보았을 때, 인간 능력의 다양한 구성 요소들은 서로 분리되지 않고 다른 구성 요소를 수반하며 작동한다는 점에서, 인성 역량의 내적 특성들의 내적 구조와 총체적인 특성을 강조한 OECD의 역량 개념은 학문적으로 정당화될 수 있다."[20)] 인성 내부 핵심 덕목에 관한 사회 과학적 정의에서 드러나듯이 역량은 이미 획득된 능력의 상태뿐만 아니라 실제 수행 상황에서 가동되어 과제나 요구에 대응하는 능력을 의미한다. 우리가 특정 맥락의 복잡한 요구들을 충족시키기 위해 역량의 내적 특성들을 적절한 방식으로 가동시킬 수 있고 조정할 수 있어야 한다. 는 것이다. 즉, 역량은 단순히 어떤 능력을 소유하고 있다는 잠정적 사실로부터 그 의미를 찾기는 어렵고, 실제로 사회적 요구에 대응하고 당면한 문제를 해결하기 위한 수행력으로서 의미를 지닐 수 있다. 이러한 수행력으로서 역량의 특성으로부터 추가적으로 역량의 요구-지향적(Demand-oriented)이고 맥락적 특성을 이해할 수 있다. 왜냐하면, 역량의 수행력은 개인적 · 사회적 요구에 대응하고 당면한 문제의 맥락에 적용되어 발휘되는 것이기 때문이다. 그래서 역량은 요구-지향적특성을 지닌다. 역량은 개인이 지니고 있는 과업 수행능력을 가리키기는 하지만, 그 능력을 개인적 · 사회적 요구에 대한 효과적인 대응이라는 측면에서 규정되어야 한다. 그리고 OECD의 정의에서 역량을 개인의 내적 특성과 맥락과의 상호작용의 산물로 보았듯이, 역량은 개인의 내적 특성이 특정 맥락의 복잡한 요구를 충족시키기 위해 내용에 따라 달리 적용되고 작용해야 한다는 것이다.

5. 2. 8 인성교육의 경향 : 덕 중심 교육

"덕윤리에서 이미 언급했듯이 현대는 덕을 중심으로 하는 인성교육이 강조되고 있다. 현대의 덕으로서의 인성교육의 경향을 보기 전에 먼저 과거로부터 내려온 인류의 전통적 덕목을 살펴보는 것이 이해에 도움이 된다. 동양의 전통적 덕으로 유가의 덕을 들 수 있다. 유가에서는 인 · 의 · 예 · 지 · 신(仁義禮智信)을 기본으로 하고 이 외에도 성(誠), 경(敬), 충(忠) 서(恕), 효(孝), 제(悌), 중용, 황금율 등의 덕도 중시한다. 유가의 덕은 앞에서 본것처럼 형이상학을 근거로 하여 다양한 덕의 실천을 강조한다. 이 같은 경향은 유교문화를 가진 한국, 중국, 일본, 대만, 월남, 싱가포르 등에서는 현재도 중요시되고 있다. 불교에서는 자비(慈悲)를 기본으로 팔정도(八正道 : 正見 正思 正語 正業 正

命 正精進 正念 正定), 절약, 절제, 이타심 등을 강조한다. 아시아 지역에서 불교의 덕은 현재도 번성하는 국가에서 실천되고 있고 인성교육에 많은 영향을 주고 있다. 서양에서는 고대 그리스의 플라톤이 지혜, 용기, 절제, 정의의 덕을 강조하였다. 이 네 가지 중요한 덕에 다른 덕들이 의존하거나 연계된다고 보았다. 아리스토텔레스는 중용의 덕을 기본으로 다른 덕들을 강조하였다.

그리스도교에서는 믿음·소망·사랑을 기본으로 가톨릭에서는 첫째, 순결(순수성, 지식, 정직, 지혜, 열정), 둘째, 절제(자제력, 정의, 존엄, 절제), 셋째, 관용(의지, 자선, 관대함, 희생), 넷째, 근면(지속성, 노력, 도덕, 청렴), 다섯째, 인내(평화, 비폭력, 자비, 고통 감내, 분노 억제), 여섯째, 친절(만족, 충성, 연민, 온전성, 질투 금지), 일곱째, 겸손(용감, 겸허, 존경, 이타심, 자부심) 등을 강조한다. 고대로마에서는 권위, 유머, 인내심, 자비, 위엄, 절제, 강인한 정신, 절약, 책임감, 열정, 존경, 근면, 신중, 의무, 전인(全人), 건강, 결의, 진실 추구, 우수함, 용기 등을 강조하였다. 현대의 인성교육에서 강조하는 덕은 다양하다. 전통적 덕에서 강조하는 대부분의 덕을 포함해서 광범위하게 필요한 덕목을 인성교육에서 활용하고 있다. 인성교육을 연구하는 조셉슨 연구재단(Josephson Institute)에서는 인성을 6가지 기둥(Six pillars of character)으로 나누고 세부 덕목으로 다양한 덕을 강조한다. 여섯 가지 기둥의 덕목과 세부 덕목은 다음과 같다; 첫째, 신뢰성(정직, 신뢰, 타인 기만 금지, 신뢰, 충성), 둘째, 존경(황금률 준수, 공경, 예절, 타인 감정의 이해, 차이의 이해, 관용, 비폭력성, 평화), 셋째, 책임(의무 수행, 계획성, 인내, 최선을 다함, 자제심, 자기 규율성, 신중한 사고와 행동), 넷째, 공정성(규칙 준수, 질서 유지, 개방성, 타인 비난 금지, 타인의 도구화 금지, 공정한 마음), 다섯째, 배려(친절, 온화함, 용서, 감사, 도움주기), 여섯째, 시민의식(사회 개선에 참여, 협력, 투표하기, 좋은 이웃되기, 법과 규칙 준수, 권위 존중, 환경보호, 자원봉사), 존경(Respect)과 책임감(Responsibility)의 덕을 서양의 전통적 3Rs에 비유하여 각각 4th R과 5th R로 부르면서 이 둘을 기본으로 하여 다른 덕을 함께 함양하는 것이 인성교육을 위해서 중요하다고 보고 있다.

한편 덕을 비 도구적인 것과 도구적인 것으로 나누는 경향도 있다. 비도구적 덕은 다시 세 개의 덕으로 세분된다. 미학적 덕, 개선의 덕, 예의의 덕 등이다. 첫째, 미학적 덕에는 ① 고귀한 덕(위엄, 활력, 아량, 평온, 고귀함)과 ② 매력적 덕(Charming virtue : 기품, 기지, 활발함, 원기)이 있다. 둘째, 개선의 덕(Meliorating)에는 ① 중재의 덕(관용, 합리성, 재치), ② 절제의 덕[온화(Gentleness), 유머, 상냥함(Amiability), 쾌활함(Cheerfulness), 온유(Warmth), 감사(Appreciativeness), 개방성, 침착, 비보복성(Nonvindictiveness)], ③ 예의의 덕[공손(Civility), 공손(Politeness), 품위(Decency), 겸손(Modesty), 호의(Hospitableness), 수수함(Unpretentiousness)]이 있다. 셋째, 도덕적 덕에는 ① 의무의 덕[정직, 성실, 참됨, 충성, 일관성, 신뢰성, 신중함, 믿음(Dependability), 호의성]과 ② 비의무적 덕(박애, 이타심, 자기 희생, 세심함, 관대함, 이해심, 초정직성, 초양심성, 초신뢰성) 등이 있다. 도구적 덕에는 ① 개인으로서 도덕 행위자의 덕(지속성, 용기, 각성, 신중함, 슬기로움, 조심, 기운, 냉철함, 경의)과 ② 집단의 덕(협력, 실천적 지혜, 지도자와 추종자로서의 덕)이 있다. 이상에서 보듯이 습관화를 위한 덕목을 열거하면 너무 많아서 이 모든 덕을 일일이 학교에서 가르치는 것은 불가능해 보인다. 하지만, 학교에서는 이 덕들 가운데서 지역적 특성과 문화적 특성에 따라 다양한 덕을 취사선택하여 가르칠 수 있다는 점에서 다양한 덕의 제시가 부정적이지만은 않다.

앞의 덕윤리에서 이미 지적했듯이, 덕의 개념은 너무 다양하고 많아서 통일된 체계나 대표적 덕을 중심으로 설명하기 어렵다. 덕은 개념적으로나 역사적으로 통합성을 가지고 논의되기보다는 다양한 사람이 다양한 덕목을 언급하여 왔다. 이 같은 상황은 과거뿐만 아니라 현재에도 비슷하다. 덕 윤리학자는 덕의 서열을 자신의 관점에서 다르게 체계화하였다. 따라서 많은 사상가와 학자들의 노력에도 불구하고 모든 덕을 체계화한 종합적이고 체계적인 한 가지의 덕 이론은 아직 없다. 결국 덕을 열거하는 것은 가능하지만 하나의 핵심적 덕을 지목하거나 그것을 중심으로 통합하는 것은 가능하지 않은 것처럼 보인다. 이 점에서 덕 중심의 교육은 혼란스럽게 보일 수 있다. 하지만 위에서 언급했듯이 교육의 측면에서 보면 이 같은 상황을 부정적으로만 생각할 필요는 없다. 학교, 가정, 사회가 연계하여 학교생활과 일상생활에서 많은 덕 가운데 상황에 맞는 필요한 덕을 교육하는 것은 바람직하다. 또한 덕에 지속적으로 관심을 가지고 교육을 실시하는 것은 반드시 덕의 체계화된 이론이 없이도 가능하다. 또한 덕의 특성상 습관화를 통해서 함양되므로 학교에서 덕을 통해서 인성을 함양하는 교육은 성장하는 아동에게 바람직하다고 할 수 있다. 그럼에도 불구하고 덕을 통한 인성교육에서 한 가지 주의해야 할 것은 현대의 인성교육은 일방적으로 특정한 덕을 교육하는 교화적 인성교육이 아니라 자발성을 기본으로 인성을 강조하는 교육이어야 한다는 점이다. 또한 인성교육은 현재의 경향이나 유행도 중요하지만 지식

교육과 더불어 학교의 기본적 임무의 하나라는 점이다. 이 점에서 인성교육은 해도 되고 안 해도 되는 선택 사항이 아니라 지속적으로 교육 속에서 실천되어야 하는 교육의 핵심이다."[21]

5.2.9 인성교육의 함의

5.2.9.1 인성교육의 실제와 절차

사관학교의 교육 목표는, 사관생도가 장차 군의 정예 장교로서 복무하는 동안 요구되는 근무 필수 역량을 배양시키며, 국방 안보 분야 전문가로 육성하는 것이다. 특히 전인적인 인성과 품성 계발, 투철한 애국심과 자유 민주 정신 함양, 군사 지식 습득, 지휘 통솔력 그리고 지성의 확립, 강인한 정신력과 체력 연마를 겸비함으로써, 군의 정예 지휘관으로서 포연 자욱하고 탄우가 빗발치고, 생사가 위태로운 극한 상황에서 담대하게 임무를 완수하는 지휘 능력을 배양하는 초기 목표를 지향한다. 명예로운 군 복무를 마치고, 전역 후에는 건실한 민주시민으로서 국가에 봉사할 수 있는 능력을 배양하는 것 또한 기본 교육 과정에 포함된다. 이러한 교육 과정은 사관학교의 교육적 이념을 성취하기 위한 전제 조건이기도 하다. 역동적인 군 작전 임무를 수행하고, 인적 물적 자원을 지휘 통제해야 하는 환경을 슬기롭게 조정하고 탁월한 조직의 발전을 이룩하기 위해서는 개인의 지적·정서적 역량과 신체적·정신적인 강인성과 상황에 능동적으로 대응하는 적극성이 요구된다. 이러한 개인의 지적·정신적 역량을 갖추고, 덕성과 신체적 강인성을 보유한 것을 전인적 인성이라고 정의한다. "우리 교육에서 인성교육이란 학생들의 바람직한 인성을 함양하려는 교육으로 정의한다. 그런데 실제로 바람직한 인성의 의미는 다양한 인간의 모습만큼이나 넓고 모호하여 파악하기 쉽지 않다. 국어사전에서는 인성의 의미를 사람의 성품, 각 개인이 가지는 사고와 태도 및 행동 특성으로 제시하고 있다. 그런데 인성교육에서는 인성을 한 개인의 성격이라는 가치 중립적인 의미보다는 개인적·사회적으로 바람직한 삶을 영위하는 데 필요한 개인의 특성들이 통합된 상태를 말한다. 인성교육에서의 인성은 지·덕·체(智德體), 지·정·의(知情意)가 고루 발달한 전인성이나 바람직한 인격 등과 같은 가치 지향적인 용어라고 할 수 있는 것이다.

인성과 인성교육의 의미는 이미 확정된 것이라기보다 시대적 변화와 사회적, 교육적 상황에 따라 강조점이 달라지는 것이라고 할 수 있다. 바람직한 인간의 육성이라는 교육 목적의 실질적인 의미가 시대적·사회적 맥락에서 구체화되는 것과 유사한 논리라고 할 수 있다. 또한, 인성의 개념 정의는 관련되는 이론적 배경에서 의미가 규정되기도 한다. 예를 들어, 인성의 핵심 요소를 도덕성에 두는 입장에서는 윤리학적·철학적 관점에서 정의되는 '인격'의 개념이 인성교육에서 초점을 두어야 할 의미라고 본다.

현대의 교육철학 사상에서는 학교에서 추구해 나가야 할 인성의 세 가지 차원과 핵심 역량을 다음과 같이 제안한다. 첫째, 도덕성 차원이다. 정직, 책임과 같은 핵심 덕목을 내면화해야 하고, 다양한 윤리적 상황에서 중요한 핵심 가치가 무엇인지를 인식하고 판단하는 능력과 책임 있는 의사 결정을 하는 능력이 필요하다. 둘째, 사회성 차원이다. 공감, 소통과 같은 능력을 개발하여 다양한 상황과 장소에서 타인의 생각, 감정, 관점을 이해·파악하고, 타인과 긍정적인 관계를 형성·유지하고 소통할 수 있어야 한다. 셋째, 감성 차원이다. 긍정, 자율과 같은 심리적 특성을 개발하여 자신의 강점, 약점, 흥미, 능력 등을 파악하며, 개인적 목표를 설정하고 목표 달성을 위해 자신의 생각과 행동을 조절하고 실행할 수 있어야 한다. 이러한 인성의 정의는 도덕성과 사회성 그리고 감성이라는 세 가지 차원을 설정한 점이라든가 덕목과 역량을 통합시켜 제시했다는 점에서 향후 학교의 인성교육에서 추구해야 할 인성의 의미로서 적절성을 보여주고 있다.

오늘날 교육에서 추구해야 하는 인성의 의미는 이상과 같은 연구 결과들과 학교폭력 문제 등 오늘날 청소년들이 부딪치는 문제를 극복해 낼 수 있는 인간다운 품성과 역량, 그리고 미래사회에서 바람직한 삶을 영위해 나가기 위해 요구되는 품성이라는 관점에서 이해되어야 할 것이다. 즉, 인성교육에서 추구하는 인성은 인간다운 바람직한 삶을 영위하는 데 필요한 도덕성과 시민윤리를 바탕으로, 인간의 참된 본성과 전인성의 토대 위에 미래 사회를 위한 도덕적·사회적·감성적인 소양을 일상생활 속에서 실천해 낼 수 있는 역량을 갖춘 상태를 의미한다. 이러한 의미의 인성을 길러내야 하는 인성교육의 개념을 인성교육진흥법 제2조에서는 인성교육이란 자신의 내면을 바르고 건전하게 가꾸고 타인·공동체·자연과 더불어 살아가는 데 필요한 인간다운 성품과 역량을 기르는 것을 목적으로 하는 교육으로 정의 하고 있다."[22]

5. 2. 9. 2 인성 교육핵심 요목

"인성교육을 폭넓은 의미에서 전체로서의 교육으로 보고 그 의미를 짚어볼 필요가 있다. 인성교육(敎育)에서 교(敎), 가르치는 것만을 의미해서는 부족하게 되며, 광의로 정의해 보면 교육은 구(救)가 되어야 한다. 교사는 진리를 교육하지만, 인생이란 지식을 가르쳐주는 것만으로 살아갈 수 있는 것이 아니다. 인간의 삶을 지식교육으로 한정하면 중요한 부분을 빠뜨리는 것이다. 생물학적으로도 동물의 새끼는 태어나면 대개 스스로 생활을 해 갈 수 있으나, 사람의 자식은 여러 해를 두고 키우지 않으면 못산다. 사람의 모성애는 새끼의 약한 모습을 인지하고 나서 자연스럽게 나타나는 것이다. 그러므로 인간의 교육은 그를 구원하여 역량있는 능력자로 구(求)하는 데까지 가야 참 교육이 될 수 있다. 육(育)이라 하지만 그저 키우는 것만 가지고는 부족하다. 제(濟)가 되어야 한다. 삶의 고난 속에서 스스로 그것을 극복하는 교육, 즉, 건저 주는 것이 되어야 참된 키움이다. 그 자리에 있도록 하는 것이 아니라 보다 높은 자리로 옮기어질 수 있어야 정말 성숙한, 성장한 것이다. 아래 매듭에서 위 매듭으로, 잎에서 꽃으로 건너가야 한다. 이것을 제(濟)라 하는 것이다. 제는 길러서 바치는 것이다. 인생은 그저 목적 없이 자라기만 하는 것이 아니라 바칠 데가 있어 키우는 것이다. 인생은 제물이다. 바치어진 존재이다. 바친 다음에야 참 사람이 된다. 그러나 제물을 바치면 바친 자에게 도로 주어 받아먹듯이 인생을 숭고한 목적에 바치면 자기를 도로 찾게 된다. 죽기를 각오하면 살고, 살길만 찾고자 하면 죽는 것이다. 인간은 스스로 목적을 설정하고 그것을 성취하기 위해서 자신의 노고를 마다하지 않는 경지에 오를 능력을 갖도록 교육하는 것이 필요하다. 이처럼 인성교육은 지식교육을 넘어서는 교육이 되어야 할 것이다. 인성교육은 교육의 참되고 궁극적 목적을 실현하는데 중요한 역할을 한다.

인성교육은 습관화, 이성적 판단, 심리적 능력을 동시에 개발하는 방향으로 나아야 하며, 학교에서 인성의 습관화는 교화로 변질되어서는 안 된다. 하지만 자신의 인성이 형성되지 않은 상태에서 자발성과 자율성을 바탕으로 스스로 인성을 계발해 나가고 실천하기는 어렵다. 이점에서 인성교육은 습관화를 시도하되 이성을 활용하여 비판의식을 갖는 방향으로 진행되는 것이 필요하다. 또한 학생이 인성을 올바로 형성하고 실천하는데 이성의 비판적 기능과 판단은 매우 중요하다. 이성적 판단 없이 감성만 앞세울 때 학생은 자신의 행위의 동기나 결과가 왜곡될 때 혼란에 빠질 수 있다. 인간은 이성적 판단이 필요할 때와 감성적 공감이 필요할 때를 구분할 수 있어야 포용력을 가진 인성을 함양할 수 있다. 발달 심리학, 생물학, 인류학, 도덕적 민감성 등의 연구를 통하여 우리는 이미 상당한 정도로 인간의 감정에 대한 충분한 이해의 능력을 갖고 있다. 인간이 다른 인간을 이해하고 그들 타인의 입장을 공감할 수 있을 때, 그는 타인에 대한 배려, 믿음, 사랑, 관용, 희망을 가질 수 있고, 궁극적으로 이 같은 덕목을 실천할 때 진정으로 자신과 타인의 행복을 실현하고 사회의 정의를 구현할 수 있다."[23] 인지적 능력, 전인 발달의 구성 요소인 지·덕·체 중에서 '지(知)'는 인지적 능력이라고 할 수 있으며, 인지적 능력은 학생들이 어떤 사실을 기억하고 이해하고 정보를 분석 및 처리하는 능력에 관한 분야이다. 전인 발달에 있어 개인에게 주어지는 다양한 정보들을 정확하게 평가하고 합리적으로 판단하는 인지적 능력은 매우 중요하다.

인성의 토대를 바로 세우기 위하여, 자아 존중감의 확립이 필요하다. 자아 존중감은 자기 자신을 어떻게 평가하고 그 평가를 어떻게 유지하느냐를 의미하는 것으로서, 인간 행동의 동기적인 요소로 작용하기 때문에 개인의 행동, 동기, 성취 및 사회적 관계에 이르기까지 폭넓게 영향을 미칠 수 있다. 그러므로 자아 존중감은 자신에 대한 이해와 동기를 제공함으로써 건강한 성격 발달, 원활한 적응 능력 배양에 중요한 요소로 작용하는 개성의 발달, 진로 개척의 밑거름이 된다. 이와 같은 기초 능력의 바탕 위에 새로운 발상과 도전으로 창의성을 발휘하며, 문화적 소양과 다원적 가치에 대한 이해를 바탕으로 품격 있는 삶을 영위하고, 세계와 소통하는 시민으로서 배려와 나눔의 정신으로 공동체 발전에 참여하는 창조적인 글로벌 인재라는 인간상을 구현하기 위해서는 무엇보다 자신에 대한 깊은 이해와 이를 바탕으로 하여 자신을 존중하는 태도를 키워주는 일이 우선되어야 한다.

그러므로 자아 존중감은 개인이 자신에 대해 갖는 태도 속에 나타나는 자신에 대한 가치의 판단이라 할 수 있다. 세부적으로, 첫째, 자신에게 생각하는 능력이 있고 인생에서 만나게 되는 기본적인 역경에 맞서 이겨낼 수 있는 능력이 있다는 자신에 대한 믿음이며, 둘째, 자신이 가치 있는 존재임을 느끼고 필요한 것과 원하는 것을 주장할 자격이 있으며 자신의 노력으로 얻은 결과를 즐길 수 있는 권리를 가지고 스스로 행복해질 수 있다고 믿는 것으로 귀결된다. 이러한 자아 존중감은 소속감, 능력감, 가치감이 발달한 것으로, 의미 있는 타인의 이상적인 자아에 의해 영향을 받으며, 자신을 생각하는 방법에 기초하고 있기에 변화하는 특징을 갖고 있는 복합적인 구조로 이루어져 있다.

이러한 자아 존중감을 바탕으로, 자기의 조절이 가능한 사회적 행동으로 나타난다. 자기 조절은 학생들이 체계적으로 자신이 설정한 목표를 달성하도록 인지, 행동, 정서를 유발하고 유지하는 과정으로, 자기 조절 학습 능력은 학습자가 능동적으로 인지적, 동기적, 행동적인 전략을 사용하여 학습 과정을 주도적으로 이끌어가는 능력이다. 사회를 위하여 공동체의 구성원으로서 상호간에 지켜야 하는 규범과 덕목을 갖추고, 서로 존중하며 조화를 이루며 살아갈 수 있는 공동체의식을 배양하여야 한다. 공동체 의식은 높은 정도의 인격적 친밀, 정서적 깊이, 도덕적 헌신, 사회 적응, 시간적 연속성 등을 특징으로 하는 모든 형태의 사회 관계를 포괄하는 것이다. 자신이 속한 사회에 관심을 갖고 참여하면서 소속감을 느끼고 같은 공동체 내의 사람들과 유대감을 느끼면서 조화를 이루며 살아가는 의식으로서, 이러한 공동체의식은 소속감, 상호 영향, 요구의 통합과 충족, 정서적 유대감으로 구성되어 있다.

성실誠實

성실한 생활의 중요성을 알고, 이를 생활 속에서 실천하려는 태도와 의지를 지니는 것이다. 이것은 성실(Sincerity)에 대한 개념 이해, 실천하려는 의지에 관한 부분으로 나누어지는데, 이 두 영역 중에서 실천 의지와 관련하여 학생들의 도덕 민감성(Moral sensibility)을 교육의 대상으로 한다. 도덕 민감성이란 학생들이 도덕 개념을 이해하고 있다고 할지라도 실천하는 상황에서는 개인마다 도덕 인식과 다른 행동 양상을 보이는데, 그 이유는 해당 상황에 대한 자신의 도덕 인식 수준이 직접적으로 필요한 것이 아니라, 그 상황을 도덕적 문제로 느낄 수 있는 도덕적 감각이 관여하기 때문이다. 이것은 직접적으로 행동을 이끌 수 있는 성향을 말하기도 하지만 타인에게 일어나는 도덕 상황에 대해서도 적절하게 판단할 수 있는 도덕 감각 반응을 의미하기도 한다. "성실은 거짓됨이 없이 자기가 하는 일에 정성을 다하는 자세를 말한다. 『중용(中庸)』20장에 誠者天之道(성자천지도) 誠之者人之道(성지자인지도)라는 말이 있다. 성(誠)이란 하늘의 도이고, 성(誠)으로 가는 것은 사람의 도라는 것이다. 글자로 말한다면 참되고 속이 차 있고 어긋남이 없다는 뜻이다. 하늘의 이치는 변함없이 사계절을 운행하고, 계절에 따라 생명을 내서 기르고 다시 거두어들이는 것이다. 잠시도 잊거나 쉼이 없다. 이와 같이 정성스럽고 참되어 거짓이 없음을 성(誠)이라 한다.

영어로 성실은 Integrity가 가장 가까운 개념이다. Integrity는 라틴어 Integer, 즉, 분수가 아닌 정수에서 유래되었다. 정수와 같이, Integrity를 지닌 사람은 분할되지 않고 완전하다. 성실성을 가진다는 것은 전체적으로 일관성을 지니는 것이며, 도덕 원리를 준수하고 도덕적 양심에 충실하여 자기가 한 말을 실행하고 자기가 믿는 것을 지켜나간다는 것을 의미한다. 성실한 사람은 편의에 따라 행동하는 것이 아니라, 자신의 신념이나 정체성에 따라 행위하며, 또한 자신이 누구이고 무엇을 가치 있게 여기는지 알고 있기 때문에 상황에 따라 일관되게 판단하고 행동한다. 따라서 성실한 사람은 정직(Honesty)하고 신의(Faithfulness)를 지키며 근면(Diligence)하다. 정직(正直)은 마음이 바르고 곧음을 의미한다. 정직은 대화에서의 정직과 행위에서의 정직으로 구분될 수 있으며, 전자는 다른 사람을 속이지 않고 자신이 알고 있는 것을 최대한 사실대로 표현하는 것이다. 후자는 훔치거나 부정행위를 하거나 기만이나 속임수를 쓰지 않고 규칙에 따라 행위하는 것이다. 신의는 상대방의 신뢰에 반하지 않도록 성의 있게 행동하는 것을 의미하며, 근면은 단순히 현대적인 의미에서 노동만을 뜻하는 것이 아니고 인간이 그의 내면 세계, 곧 그의 마음의 세계로 생각을 돌리고 그 뜻을 실현하기 위해서 애쓴다는 뜻을 가지고 있다.

지혜智慧

지혜는 어떤 상황에서 취해야 할 것이 무엇이고, 버려야 할 것이 무엇인지 분별하는 것이고, 지식의 사용과 획득에 수반되는 인지적인 힘을 말한다. 지혜는 실천적 지혜로 영어 Phronesis에 해당하는 것으로, 중용의 상태를 지시해 주는 이성적인 분별력이고, 인간적인 선에 관해서 참된 이치에 따라 행동할 수 있는 상태이며, 특별한 상황에서 옳은 시점에, 옳은 방식으로 행동하기 위해 의사 결정하는 사유 능력을 말한다. 실천적 지혜의 목적은 올바르게 행동하는 것이다. 실천적 지혜는 순수하게 인식의 차원에 머무르는 것이 아니라, 실천적인 행위로 연결된다. 올바르게 행위하기 위해서는 사태에 관련된 모든 것을 알아야 하고, 사태를 성공적으로 해결할 수 있는 능력이 있어야 한다. 그러므로 실천적 지혜에는 원하는것(Desire), 심사숙고(Deliberation), 합리적 선택(Rational choice) 등의 다양한 지적 특성들이 포함된다. 이것들은 실천적 지혜와 동일시될 수 있는 것은 아니지만, 실천적 지혜에 필수적으로 포함되어야 한다. 원하는 것은 목적에 관한 것이고, 심사숙고와 합리적 선택은 목적에 이바지하는 것으로, 수단에 우선적으로 관계하는 특징이 있다. 흔히 실천적 지혜는 모든 다른 덕들에 대해 지시적인 특성을 갖는다는 점에서 모든 덕의 어머니로 간주된다. 간략하게 정리하자면, 훌륭한 판단으로서 모든 덕을 지도하며, 서로 다른 덕들 간에 어떻게 균형을 취해야 하는지 말해주는 실천적 지혜는, 중용의 상태를 지시해 주는 이성적 분별력을 의미하기 때문에, 오늘날 청소년들의 인성 함양을 위해서 특히 필요하다.

용기|勇氣

용기란 자신이 옳다고 믿는 것을 지지하고 옹호할 수 있는 능력과 의지이다. 또한 어떤 반대에 직면하거나 성공할 가능성이 부족하더라도 가치 있는 목적을 위해 굳은 의지를 발휘하는 정서적인 힘이다. 일반적으로 확고한 신념을 가진 사람들이 충동적으로 행동하는 사람보다 용기 있게 행동한다. 그러므로 용기 있게 되기 위해서는 모든 사람의 권리와 존엄성을 지지해주는 신념 체계를 가질 필요가 있다. 용기는 용감함(Bravery)과 불굴성(Fortitude)의 덕을 포함한다. 용감함은 두려움, 고통, 위험, 불확실성, 위협 등에 직면하여 그것을 이겨내는 능력이고, 불굴성은 난제에 직면해서도 옳은 행위를 하게 해 주는 덕목이다.

책임責任

책임은 상호 의존적으로 결합된 인간 공동체 내에서 공동선의 실현을 위해 각 구성원들에게 부여된 역할과 의무를 충실히 이행하는 것을 말한다. 책임은 부름에 대해 응답하는 능력(Ability to respond)이라는 뜻을 가지고 있다. 그래서 책임에 있어서는 언제나 부르는 쪽과 응답하는 쪽이 서로 대응한다. 부르는 쪽은 가정(Home)일 수도 있고 회사(Company)나 기관(Institution)일 수도 있으며 사회(Society)나 국가(Nation)일 수 있고 또한 인류(People)일 수도 있다. 우리의 삶은 선택의 연속이므로 책임 있게 된다는 것은 자신의 선택과 삶에 대해 책임을 지는 것을 의미한다. 이성적으로 사고할 수 있는 능력과 도덕적 자율에 따라 선택할 수 있는 자유를 구가한다는 것은 곧 도덕적인 책임이 수반된다는 것을 뜻한다. 이와 같이 우리는 무엇을 행했는가에 대한 행위(결과) 책임과 더불어, 우리가 누구이고 어떤 과제를 부여받았는가 등으로 비롯되는 역할(과제) 책임을 동시에 가지고 있다. 이러한 역할 책임은 자신의 존재에 대한 책임뿐만 아니라 가족 및 지역 공동체, 인류공동체의 구성원으로서의 책임으로 확장될 수 있다. 일반적으로 책임감을 가진 사람은 책임을 전가하거나 자신의 일에 대한 타인의 인정 혹은 칭찬을 요구하지 않는다.

절제節制

절제란 스스로의 욕구, 감정 등을 잘 통제하고 다스리는 것을 말한다. 절제는 과도함에 맞서는 힘이자, 자신의 욕망과 욕구, 충동을 알맞게 조절해서 표출하는 힘이다. 절제력이 강한 사람은 동기를 억제하는 것이 아니라, 욕망 때문에 자신을 비롯한 다른 사람들에게 해를 끼치지 않도록 적절한 기회가 올 때까지 기다릴 줄 안다. 이러한 절제의 미덕이 잘 발휘되어야 인간의 이성적인, 공생(共生)의 삶이 가능해진다. 절제는 인간의 쾌락 추구, 욕망과 관련이 있으며, 그것들이 적정한 정도를 지키면서 이치에 맞게 합리적으로 조절되어야 인간의 이성적인 삶이 이루어질 수 있게 된다. 절제의 덕을 형성하기 위해서는 자기 통제(Self-control) 혹은 자제력의 배양이 필수적이다. 자기 통제 혹은 자제력은 우리 스스로를 다스릴 수 있는 능력이며, 동시에 유혹에 저항할 수 있는 힘이자 만족을 지연시킬 수 있는 능력이다. 기분을 조절하고 육체적 욕구와 결정을 규율하며 정당한 쾌락도 적절하게 추구하게 해주며, 자제력은 어떤 행동이 불러올 위험한 결과에 대해 경고하고, 자기 스스로 판단해서 감정을 억제할 수 있도록 도와주는 기능을 갖는다.

효도孝道

효도는 모든 행위의 근원이며 동시에 인(仁)을 행하는 근본이 되는 것으로서(『論語』「학이편」, 君子本務 本立而道生 孝悌也者 其爲仁之本與 ; 군자는 근본에 힘쓰니, 근본이 확립되면 도가 생긴다. 효와 경은 인을 행하는 근본이다.), 그 구체적인 모습은 양지(養志)와 양구체(養口體)의 실천으로 나타난다. 전자는 부모님을 정신적으로 편안하고 기쁘게 해드리는 것을 가리키며, 후자는 부모님을 육체적ㆍ물질적으로 봉양하는 것을 말한다. 효도의 밑바탕에는 낳고 길러주신 부모님의 은혜에 감사하고 이를 갚아드리고자 하는 감은의 정신이 담겨 있다. 이러한 효도가 확대되면 형제자매 간의 우애(友愛)와 경애(敬愛)로 발전하게 된다. 우애란 서로 위하고 나누어주며 사이 좋게 지내는 것을 말하며, 진정한 효도의 정신은 웃어른을 공경하고 아랫사람을 사랑하는 경애와 필연적으로 연결되는 되는 것이다. 동양의 지혜에서 인간의 효도가 인간의 사회적 활동의 척도가 된다고 가르치고 있다.

예절禮節

　예절은 사람이 만든 질서에 따라 나와 남을 구분하고 그 구분에 따라 알맞은 언어와 행동의 표현 방법을 정하고 사회에서 인정한 것이다. 예절에서 매우 중요한 것은 외부적인 형식보다도 우리가 상대하는 대상을 고귀한 인성으로 생각하면서 대하는 마음가짐이다. 상대방의 인성을 존중하는 마음가짐이 앞서면 우리의 언행과 태도의 형식은 자연스럽게 그에 따르기 때문이다. 그리고 예절은 상대방의 인성을 존중할 뿐만 아니라 자기 자신의 삶을 정돈함으로써, 곧 사회적인 상호 작용으로서의 삶을 정돈하고, 자기 자신의 인성의 통합을 이룩하게 하는 것이다. 그러므로 예절은 우리가 접촉하는 다른 사람들과의 관계를 위해서 중요할 뿐만 아니라 스스로의 인성의 도야를 위해서 더욱 중요한 것이라고 말할 수 있다. 예절의 덕은 친절(Kindness)과 겸손(Humility)을 필요로 한다. 친절은 타인의 행복과 기분에 관심을 보여주는 것이 되고, 겸손은 우리의 잘못과 실패에 대해 다른 사람을 탓하기 보다는 스스로 책임지게 하고 반성을 통해 고치고자 노력하게 해준다.

　겸손한 사람은 뭇 사람들의 시선을 받으려 하기보다 자신이 맡은 일을 훌륭히 완수하는 데 힘쓴다. 또한 자신을 갖출 줄 알며 자만하지 않는다.

존중尊重

존중(Respect)은 정중하고 사려 깊은 방식으로 다른 사람들을 대함으로써 그들이 존엄성을 가진 가치 있는 존재라는 것을 보여주는 것이다. 인간은 사물이 아니며 모든 사람은 존엄하게 대우받을 권리를 가지고 있다. 우리는 그들이 누구인지, 그리고 어떤 일을 해왔는지에 상관없이 존중으로써 그들을 대해야 한다. 일반적으로 당신이 대접받고 싶은 대로 상대를 대하라는 지혜의 황금률이 존중의 덕목을 가장 잘 설명해 준다.

존중은 폭력, 혐오, 착취 등을 예방하는 데 중요한 기능을 하며, 대체로 자기 존중, 타인 존중, 생명 존중으로 확대되는 특징이 있다. 배려는 나와 너의 관계 속에서 정의되는 것으로, 관계적 존재인 인간이 다른 사람의 행복이나 복지 등에 관심을 가지면서 그들의 필요나 요구에 민감하게 반응을 보이는 것을 의미한다. 즉, 타인에 대한 배려는 나와 타인 사이의 상호 의존적인 관계를 인식하는 바탕 위에서 타인의 필요와 행복에 책임을 느껴 그를 보살피고 돕는 도덕적 태도이다. 따라서 배려를 위해서는 타인의 고통에 대한 공감 및 연민(Compassion), 타인과의 차이에 대한 인정과 잘못에 대한 용서를 포함하는 관용의 덕이 필요하다. 감정 이입적 공감이란 다른 사람의 정서적 상태를 무심결에 그리고 때로는 강력하게 경험하는 것으로서, 다른 사람들의 감정을 같이 나누거나 다른 사람에 대해서 대리적인 감정적 반응을 하는 것을 가리킨다. 연민은 다른 사람이 어떻게 느낄지 생각함으로써 단순히 경험되는 것이 아니라, 그 사람이 고통을 경험하고 있을 그 개인적 곤경 상황에 대해 함께 느끼고 이를 개선해 주고자 하는 정서에서 비롯되는 것이다. 그러므로 연민과 관련하여 가장 핵심적인 요소는, 다른 사람의 고통에 의해 마음이 움직이되 이를 돕기 원하는 것(Wanting to help)이라고 말할 수 있다.

관용寬容

관용은 넓게 품어 안는 것, 다른 사람의 생각과 행동에 대해 관대하게 대하는 것, 자신과 다른 생각이나 입장을 널리 받아들이는 것 등을 의미한다. 오늘날과 같은 다문화 사회에서의 관용은 인종과 성, 외모, 문화, 신념, 능력, 성적 취향의 차이와 상관없이 개개인을 인간으로서 존중하도록 도와주는 덕목이다. 관용은 우리에게 '차이를 존중하라.'고 요구한다. 용서적 의미의 관용은 자신에게 잘못한 사람을 너그럽게 받아들이고 항상 만회할 기회를 주는 것이다. 가련하고 불쌍히 여겨 복수심을 버리는 것이기도 하다.

협동協同

협동은 사회의 공동선(Common good)을 창출하고 증진하기 위해 구성원들이 힘과 뜻을 모아 노력하는 것을 말한다. 이를 다른 말로 하면, 협동은 공동의 목표를 성취하기 위해 구성원들의 힘과 능력을 집약시키는 것이요 상부상조하는 것이다. 이러한 협동은 공동체가 발전하고 번영하기 위한 필요조건이 되는 것으로서, 공동체의 가장 작은 구성 단위인 가정에서부터 사회 국가 인류공동체에 이르기까지 모든 공동체의 흥망성쇠를 좌우하는 기본 요인이 된다. 이러한 협동의 미덕은 공동체의식이나 연대성(Solidarity), 조화 정신과 깊은 관련성을 갖는다. 공동체 의식 혹은 연대성은 사회 구성원들의 상호 결합성을 의미하는 것이다. 그리하여 공동체를 향한 충직한 마음에서 비롯한 나와 너, 우리가 하나로 얽혀 있다는 의식을 의미하게 된다. 즉, 인간의 공동체적 삶의 유기적인 얽힘을 우리의 의식 속에 받아들이는 것이다. 조화 정신은 대립과 투쟁보다는 모든 것을 하나로 융합하고 조화시키며, 우주 자연의 이치를 따르는 것을 의미한다.

준법遵法

준법이란 개인적 · 사회적 삶에 기초가 되는 기본 생활, 규칙과 공중도덕, 법, 그리고 기타의 사회적 약속과 의무 등 여러 가지 규칙 중 특히 법과 사회적 의무를 준수하고 실천하는 성향을 가리키는 것이다. 이러한 준법의 덕은 규범을 존중하고 그것에게서 나오는 당위적 명령을 의무로서 받아들여 이를 기꺼이 실천하고자 하는 성향이다. 준법의 덕은 개인과 공동체 모두에게 있어 그 존립의 기본이 된다는 점에서 매우 중요하다. 개인적 측면에서는 인간이 자연 상태의 욕구에 따라 제멋대로 휘둘리다가 자기 파괴를 결과하게 되는 일을 방지해 주며, 공동체 측면에서는 비개인적이고 추상적인 공동체의 규칙 그 자체에 대한 보다 고차적인 순응 성향을 지니게 함으로써 공동체의 안정과 질서를 가져다준다. 준법의 덕에는 규칙 준수, 질서 의식, 그리고 애국심 등이 포함된다."[24]

5.3 진리의 추구와 절차탁마 수련

5.3.1 개요

사관생도의 교육과정은 미래 지휘관의 자질에 필수적인 지식과 정보를 제공하고 전장 환경에서 생존 가능한 신체로 단련하는 것을 주요 내용으로 한다. 또한, 자유 민주 시민으로서 요구되는 지성과 교양을 쌓기 위한 독서와 사색 등 전인교육도 포함되어 있다. 그 결과 개인의 지성과 인지 능력이 향상되고 사회 적응력이 배양되어, 국가와 사회를 발전시키기 위한 과정의 이해와 이에 수반되는 절차, 지식과 정보 자료를 내적인 역량으로 갖추게 된다. 소정의 사관생도 교육과정을 성공적으로 완료하고 임관한 후에는 군 지휘관으로서, 그리고 국가의 국방 안보 분야의 간성으로서 국가와 국민에게 봉사하는 임무에 복무하게 된다.

군 지휘관으로서의 가장 중요한 장교의 임무는 무력 및 군사 집단의 통제와 운영이고, 군사 활동의 최종 목표는 국가의 안전을 위협하는 적대 세력의 퇴치와 무력화이다. 이러한 군사 활동의 과정에 대한 기록을 수집 분석하고, 역사적인 교훈과 군사 전문가들이 제안한 전투 승리를 위한 군사 행동 계획을 종합하여 수립하는 것이 군사 전략과 전술이다. 군사 전략과 전술은 엄밀하게 평가하면 시간적, 인적, 지리적인 조건에서 합리적 결과가 보장되는 학문과 과학의 영역에는 포함되지 않는다. 그 이유는 전략 전술에 대한 이론적 근거를 학문적인 증명 절차로서 적용했을 때 같은 유발 요인이 동일한 결과를 발생시키지 않기 때문이다. 유사 이래 발생한 수많은 전쟁이 벌어졌지만 명료하고 체계적인 승리 공식이 도출되지 못한 사실이 증명하고 있다. 군사 전략, 전술을 연구하는 학자들은 이에 대한 주요 요인으로 전쟁 상황에서 인간 지성의 개입을 지적하고 있다. 한 사람의 장수나 지휘관으로서, 지성과 사고방식이 동일하더라도, 그의 정신적 · 심리적 · 정서적 본질과 체력 상태가 어느 전장 상황에서나 동일하게 도식적으로 적용된다고 규정할 수 없기 때문이다. 이러한 전장 전개 상황을 동양의 무인 사회에서는 일생에서 단 한 번 맞이하는 전투라는 의미의 일기일회(一期一會)라고 말하고 있다. 이것은, 전장의 승패를 떠나 동일한 전투는 결코 재현될 수 없다는 의미이다. 따라서 무과의 최상위 장원 급제자이거나 현대의 정규 사관학교 우등생이거나, 혹은 전략 전술의 최고 권위자로서 동서양의 전략 전술을 모두 이해하고 외우고 있더라도, 장수는 지금 여기서, 과거와 차별되는 적군, 환경, 기후 등 현재의 전장 정보를 수집 분석하여 차별화된 현 상황의 전략 전술안을 창안함으로써, 승리를 이루어내어야 하는 절체절명의 과제를 안고 있는 것이다.

그러므로 지휘관은 평소에 다양한 역사에서 전략 전술을 배우고 실습하여 미래 전투 상황에 대한 다양한 대비 전략을 구상하고 있어야 하며, 전술 작전 운용에 대한 부대원들의 교육과 훈련에도 최선을 경주하여야 한다. 그리하여 전투에 임하는 지휘관은 전장 상황 및 피아간 유용한 정보를 최대한 수집하여 다양한 전략과 작전 특이점에 대한 전술적 원리를 신속하게 파악하고, 숙지하여야 한다. 전술적 제반 문제에 대한 본질을 인지하고 가능한 대안을 정확하고 신속하게 성안하여 차상·하급 부대와 협조 체계를 구축한 후 전투에 임하는 지휘 능력을 보유하여야 한다.

5. 3. 2 전쟁 승리의 기반은 전장 상황에 대한 인지 능력

인류 전쟁의 역사에서 승리한 전략과 전술을 개괄적으로 고려해 보면 국가 간 전쟁의 승부가 운세나 병력의 다소가 아니라 국가적 규모의 리더십을 생산하는 효율적인 정치 상황, 경제력, 외교적인 노력, 최선의 군사력, 유리한 자연적인 조건 등에 좌우되며, 이러한 요소들을 분석함으로써 전쟁 시작 전에, 이미 전쟁의 결과에 대한 확증적 예측이 가능하다는 것을 알 수 있다. 우수한 전략가는 세계가 객관적인 존재이며 모든 사물이 끊임없이 운동하면서 변화한다고 믿으며, 역동적인 전장 상황 속에서 유리한 조건을 만들 수 있으며, 체계적이고 창의적 작전 운용으로 전투 상황을 자기편에 유리한 방향으로 유도하는 군인이다. 전투에 임하여 승리하기 위해서는, 이길 만한 힘과 전략 전술 그리고 작전 운용 능력과 수단이 요구된다. 그러므로 군대의 병법과 인간 삶의 근본 모양과 법도에는 특별한 차이나 격차가 없으며, 다만 시대적인 조건과 당시의 상황이나 여건, 장소에 따라 행동하는 양식, 도구와 수단이 다를 뿐이다. 전쟁의 승리 전략은 다양하지만, 우수한 전략에는 크게 두 가지가 있다. 전쟁 전에 승기를 잡아 적군에게 전쟁의 승패를 예고해 주는 전략과 세밀한 작전을 준비해 두었다가 전쟁 시 이를 운용하는 방안이다. 다시 말하면 적의 책략과 계획, 즉, 전쟁 의지를 좌절시키는 것이 최상책이며, 차선책은 적국을 외교적으로 고립시키는 것이며, 부득이 전쟁을 수행할 때만 적의 군사력과 성곽을 격파하는 것이다. 상대적으로 우세한 군사력과 다수의 병력만으로는 결코 전쟁에서의 완전한 승리를 달성할 수 없으므로, 현존 보유 전력의 정예화는 물론, 경제, 외교, 정보전 등의 모든 잠재 역량을 결집해야 한다.

"전장에서는 모든 것이 변화하며, 사전에 변화할 것으로 예측한 것도 다르게, 그리고 빠르게 변화한다. 전쟁 상황에서 이상적인, 그리고 관념적인 전쟁 수행 이론은 한계가 있을 수밖에 없다. 원칙이나 규칙 또는 작전 계획은 교리화될수록 점점 더 보편성과 절대적 진리의 성격을 잃게 되며, 우리는 흔히 계산과 평가, 판단을 혼동한다. 계산은 정해진 법칙을 주어진 사례에 적용하는 것이다. 판단은 엄밀한 의미에서 특정한 규칙으로 설명할 수 없는 현실 속에서 새로운 규칙을 발견하는 것과 같다. 이 사람과 저 사람이 보기에는 화합할 수 없을 것 같이 보이지만, 모이면 시너지 효과를 낼 수 있다고 판단하는 것은 계산과는 판이하다. 지도자와 지휘관은 이러한 심층적 판단을 할 수 있어야 한다."[25] 철학은 지혜에 관한 학문인데, 병사의 생존이 걸린 전장 상황에서 지혜를 논하는 전략 전술학이야말로 가장 높은 차원의 지혜에 대한 학문이라고 할 수 있다. 군사 병학은 종합적인 학문이다. 지식 자체가 인격을 만드는 것이 아니라, 인격의 형성을 위해 지식을 활용해야 하는 것처럼, 과학적이고 현시적 지식만으로는 전쟁을 성공적으로 수행하지 못한다. 전쟁에서 승리하려면 지식을 활용할 수 있는 지휘관의 지적 역량과 전술적 창의력이 필요하다. 그것이 바로 전략이며, 그러므로 전략은 고정된 상황에 대한 유일한 고정된 정답이 아니라, 다양한 전장 환경에 대응하여 적절한 대안을 제시하는 조정 통제 능력이다. 우리 인간의 생각, 언어와 모든 경험은 상황의 변화에 대처하려는 적자생존의 산물이 될 수 있다. 우리가 사는 현실 환경은 유동하는 세계의 흐름에 따라 시시각각 변화하고 있으며, 우리의 현실 인식도 변화한다. 그러므로, 내가 믿고 있는 것이 완벽한 진리라고 한다면 현실에 대한 비판적 통찰의 지성이 사라지는 것이며, 더는 사회적 성장을 기대할 수도 없게 된다. 인간은 결코 완벽한 존재가 아니며, 진리 추구의 시작 단계에서 확실한 진리를 깨쳤다고 말하는 사람조차도 기본적으로는, 자신이 믿고 있는 바조차 철저하게 지성적 상대주의 입장에서 출발해야 한다. 즉, 자신의 그 입장도 여러 입장 중의 하나라는 사실을 명확하게 인정해야 더 큰 논의로 나아가 진리의 지평에 도달하는 가능성의 문호가 열린다. 자신 또한 틀릴 수 있다는 가능성을 인정하지 않을 때, 자신의 지성적 성장을 방기하는 우를 범하는 것이다.

학문의 진리 탐구란 현상에 대한 담론이 설득적 합리성을 성취하는 과정이다. 철학이나 과학에서도 진리를 찾는다. 하지만 철학이나 과학은 언제나 특정의 시대, 특정의 상황, 특정의 집단 혹은 정서, 특정의 경험, 증거의 협소성 같은 요인들을 토대로 하므로 항구적 진리를 발견하고 수립한다는 것이 매우 힘들다. 우리는 자신이 경험한 것만큼은 매우 확실하고 분명한 것으로 생각한다. 하지만 사물에 대한 우리의 경험은 놀랍게도 관찰자의 의식과 독립적으로 작동되는 것이 아니라 같이 맞물려 있다는 점이다. 다시 말해, 그 어떤 사건에 대한 경험을 존재론적으로 접근하면 우리의 언어까지도 이미 그 자체로 일종의 해석이지 독립적 실재(Reality)가 아니란 사실이다. 같은 컵을 하나 놓고 보더라도 제각각 보는 사람에 따라서 달리 보이고, 달리 느껴지며, 달리 경험된다.

전장에서 승리를 구하는 여러 가지의 조건 중에서, 군의 전투 양식을 결정하고 명령을 하달하는 지휘관의 자질과 이를 토대로 전쟁 승리를 위한 작전 운용 방안을 개발하려는 정보의 획득과 분석 판단 능력이 첫째 요소가 된다. 지휘관의 작전 운용 명령에 필수적으로 수반되는 지적인 인지 능력과 진리와 전장 자료의 획득이 전쟁에서 승리를 담보하는 최상위 구족 조건이 된다. 지휘관의 일반적인 리더십 자질과 이를 구성하는 기본 덕목은 지(智), 신(信), 인(仁), 용(勇), 엄(嚴)의 다섯 가지이며, 이런 품성을 지휘관 개인이 계발 · 습득하고 실전에서 운용하면 좋은 장수가 될 수 있다. 그러나, 이러한 우수한 덕성과 품성을 보유하고 있는 장수라 할지라도, 내면에 영적인 균형과 절제가 없으면, 지나친 지(智)가 교활의 적(賊)으로 될 수 있고, 지나친 인(仁)이 나약함의 나(懦)로 될 수 있고, 지나친 신(信)이 우둔함의 우

(愚)가 될 수 있고, 지나친 용(勇)이 흉악하고 조급함, 즉, 폭력(暴)이 될 수 있고, 지나친 엄(嚴)이 흉포하고 부하를 상해할 수 있는 잔혹함, 잔(殘)이 될 수 있다. 판단력과 리더십이 겸비된 훌륭한 지휘관이 있어도 전투 정보나 전장 환경에 대한 정확한 자료 및 정보의 제공은 전쟁 수행에 가장 중요한 요소가 된다. 그러므로 정확한 전투 상황 판단 및 분석의 기본인 정보와 전투 자료를 수집하고 판단하는 지휘 능력이 중요하다. 이러한 능력은 과학적인 자료 분석, 비판적이고 객관적인 사고방식을 함양하는 훈련을 통하여 일부 계발과 배양을 할 수 있다.

5.3.3 전장 정보의 획득과 평가

전쟁에서 전략, 작전과 지휘 능력의 핵심 사항인 정보 지식과 진리, 즉, 사실적 자료의 획득에 대하여 사유적인 시각으로 보면 동서양의 가장 뚜렷한 차이가 바로 도(道) 즉, 원리적 본질과 기(器) 즉, 운용적 실체에 대한 구별이다. 즉, 형이상적인 것이 도라면 형이하적인 것이 바로 기일 것이다. 이른바 도는 형상이 없는 것이고, 규율, 준칙 같은 의미를 갖고 있다. 반면에 기는 형상이 있는 것이고, 즉, 구체적인 사물 혹은 제도를 뜻한다. 쉽게 말하면 도(道) 및 기(器)는 각자 추상적인 도리와 구체적인 사물을 가리킨다. 동서양의 전략 문화에서 동양에서는 도를 중시하나 기를 경시하는 반면에 서양에서는 기를 중시하나 도를 경시하는 특징이 있다고 단언하는 논리적 근거 원리가 있다. 전투 상황에서는 군대의 사기, 무한히 변화하는 환경 및 지리의 이점(利)을 터득하여야 한다. 더 나아가 무궁하게 변화하는 사람을 부리는 술(術)에 통할 수 있는 경지를 가능하게 하는 세밀한 자료와 역사와 인문 자료에 대한 수집과, 이를 통한 승리 쟁취의 전략과 전술 운용에 대한 확철대오의 경지를 지향해야 한다.

　다음으로 전투 현장에서 구체적 현실과 치열하게 싸우는 한편, 시대적 상황을 직시하면서도 승리를 위한 다양한 지식과 정보를 자유롭게 자율적으로 활용할 수 있는 지휘관의 전술적 안목이 필요하다. 이러한 탁월한 노력과 정보를 보유한 후, 스스로 판단하고 자율적으로 행동하는 지휘관이 전투를 지휘할 수 있다. 지휘관으로서 구체적 현실을 예리하게 관찰하여 현 상황을 정확하게 판단할 수 있는 예리한 통찰력이 장교의 기본 소양이 된다.

　전장 상황 분석을 위한 계산은 무생물에는 엄밀하게 적용할 수 있지만, 사고하고 역동적인 생명체인 인간과 인간의 집단인 군대의 작전 운용에는 결코 쉽게 적용할 수 없다. 수 세기 동안, 교육적 실천을 이끌어 온 인식론은 현상의 이해를 설명하는 철학으로서 주로 개념 지식의 문제에 매달려 왔다. 인식론은 그러한 지식이 우리의 사고에서 그 어느 것보다도 우선적이라는 가정에 의해 표상적 교과 지식을 익히는 것에 그치는 것이 아니라, 그것을 통한 실천이 곧 학습 내용이라는 점에 관해 거듭 강조한다. 합리성은 수학 지식이 아니라 수학 지식을 실제 사회에 적용하고 활용하여 이익을 취함에 있다. 그 지식을 말하며 쓰기도 할 뿐만 아니라 사물을 그 지식의 관점에서 보고 듣고 느낌으로써 확장 활용의 개념을 체득하는 것이다. 문학 관련 지식이 아니라 문학적 실천, 미술이 아니라 예술적 실천이 되어야 한다.

여기서 실천이란 무엇을 함 또는 봄에 있어서 그 수준의 고하를 막론하고 궁리와 노력과 행동이 있는 경험과 행위를 가리킨다. 또한, 실천은 지식이 개인의 소유가 아닌 집단의 공유이며 따라서 지식을 학습한다는 것은 그러한 지식에 대한 습득일 뿐만 아니라 관련된 실천적 행동에 참여함을 뜻하는 것이다.

5. 3. 4 전장 정보의 확보와 질적인 확장과 적용

전쟁에서 승리를 보장하는 전략이나 전술 이론은 책을 통해 전쟁에 정통하고 이해하고자 하는 사람들에게 지침서가 될 수 있다. 즉, 전략과 전술 작전 이론은 길을 밝혀 주고 발걸음을 가볍게 해주며 판단력을 길러주고 함정에 빠지지 않게 지켜준다. 이론은 모든 사람이 처음부터 새로 정리하고 연구할 필요 없이 이미 정리되고 밝혀진 상태에서 그 문제를 만나게 하려고 존재한다. 이론을 통하여 미래 지휘관의 정신 자세를 길러주거나 자기 교육을 할 수 있게 안내해야 하지만, 전투 현장에서 전투 행위와 작전 수립에 강제성을 부여하는 사항은 금지되어야 한다. 이는 현명한 교육자가 학생들의 정신적 발달을 지도하고 도움을 주지만, 학생의 일생 전반을 지도하지 못하는 것과 같다. 학생은 이론을 통해 학습하고 지식을 체득하여 자신의 인생을 개척해 나가는 것이다.

전쟁에서 주도권을 잡기 위한 전략의 출발점은 아군과 적군에 대한 정보와 환경 지식, 그리고 이를 기반으로 한 전략, 전술적 판단이다. 전장 상황 정보의 수집에서 정신적 직관력, 즉, 미신이나 주술적 신통력은 전략적 지식이 아니다. 진정한 진리의 사실적 본체는 변화하는 인간의 행동이나 사물의 표면적 현상으로도 알 수 없다. 사물에 대한 경험적 지식은 전략적 지식이 아니며, 사전 연습, 실험이나 추측으로도 알 수 없다. 그러므로 먼저 정확한 전장 상황을 알려면 반드시 지휘관 자신이 확인한 정보를 평가하고 신뢰하여야 한다. 여기서 사람이란 물론 적의 상황을 잘 알고 있는 일반적인 인간 본성으로 이해해도 무방하다. 적이든 아군이든 전쟁을 계획하고 일으키고 수행하는 데는 사람의 본성, 성격, 의지, 욕망이 깊이 관여하기 때문이다. 무엇을 먼저 알아야 하는가? 원칙이나 규칙은 사용하기 위해 존재하기 때문에, 이론적 연구의 모든 실증적 결과, 즉, 원칙, 규칙, 방법은 교리화될수록 점점 더 보편성과 절대적 진리의 성격을 잃게 되는 경향이 있다. 원칙, 규칙, 방법은 과거의 경험에서 얻은 정보를 종합하여 미래에 적용하기 위해 존재하며, 그 적절성 여부는 오로지 과거의 판단에 맡겨져 있다. 그러나 현실의 전투 상황에서 발생한 다양한 정보의 집합체는 한편으로 확고한 평가 기준과 신뢰성이 없고, 지휘체계 내에서 뚜렷한 법칙도 없다. 그리고 단편적 의견의 소용돌이는 전쟁 상황에 결코 도움을 주지 못한다. 그래서 전쟁의 전략, 전술과 작전에 관한 원칙, 규칙, 체계를 정립하려는 노력이 생겨났다. 작전 진행 상황은 거의 모든 면에서 학문적 체계의 울타리 안에 놓일 수 없다. 편협한 관찰에서 얻은 빈약한 교훈이 적용되지 않는 것은, 모두 학문의 울타리 밖에 놓이게 되었고, 규칙을 초월한 천재의 영역이 되었다. 사람은 끊임없이 변하고, 이런 사람들이 모여 만드는 관계 역시 가변적이기 때문이다. 독립적이고 불변적인 사물의 관계는 과학적으로 분석해 예측할 수 있지만, 인간사는 그렇게 쉽게 계산할 수 없다. 인간사는 상호 의존적이고 가변적인 사람들의 일이기 때문이다. 학문적 체계는 종합·복합적이고, 다양한 분야에 적용이 가능한 추상적인 성격을 갖는다. 따라서 이론과 현실 사이에는 해소할 수 없는 모순이 존재한다.

전략 이론을 전장 상황에서 고집하면 전략 자체가 실패할 수 있다. 현실을 무시하는 이론은 자신을 웃음거리로 만든다. "전쟁 이론가들은 대부분 현실은 모르고 지도와 계산기로만 전략을 짜는 계산기 전략 이론가들이다. 실제 전쟁은 우연한 현상이고 그 상황 전개가 불확실성인데도, 계산기 전략 이론가들은 확실하고 실증적인 것만을 다루려고 하고, 불확실하고 우연적인 것은 배제한다. 전략 이론가들은 전쟁 수행에서도 예측하고 계산할 수 있는 것만을 고집하지만, 계산할 수 있는 것은 물질이지 전투에 참여하는 군사와 지휘관의 행동은 계산할 수 없다. 이제까지 전쟁술이나 전쟁학은 항상 물질적인 병기나 군수 조달 관련 지식으로 전개되고 이해되었다. 무기의 생산과 사용, 요새와 진지의 건설, 군대의 조직과 기동과 관련된 지식이 전략 이론인 것처럼 여겨졌다. 그러나 이러한 사실은 오늘날 화폐와 금융에 대한 계량 경제학자의 계산이 경제 운영의 전부인 것처럼 생각되는 것과 같다. 현실은 항상 계산을 배반하고 인간의 심리나 사회 조류는 끊임없이 변하며, 인간 심리가 교류하는 역동적인 경제활동 현실은 계산할 수 없을 정도로 복잡하다.

전장에서도 대부분은 수적 우세는 전쟁을 승리로 이끌 수 있는 물질적 조건이지만, 현실에서는 수적으로 우세함에도 패배한 수많은 경우가 역사적으로 존재한다. 전장의 승리 요건으로 수적 우세를 유일한 법칙으로 간주한다면, 양을 압도할 수 있는 다양한 질의 전략을 구사할 기회를 놓치게 된다."[26] 전투 상황에서 수적 우세는 물질적 요인이며, 승리의 결과에 영향을 주는 요소 중 이것을 골라낸 까닭은 시간과 공간의 조합을 통해 수의 우세에 수학의 법칙성을 부여할 수 있었기 때문이다. 수적 우세를 유일한 법칙으로 간주하고 일정한 시간에 일정한 장소에서 우위를 확보한다는 공식에 전쟁술의 모든 비결이 들어 있다고 보는 것은 현실 세계의 힘에 맞설 수 없는 편협한 생각이다. 전투에서 군사기지는 분명 군대, 병참, 통신의 거점을 형성한다. 급변하는 전황에서 기지는 비교적 고정적이다. 쉽게 옮기지 못한다. 전쟁에서는 모든 것이 변화한다. 이런 전쟁에서 군비나 병참 이론은 한계가 있을 수밖에 없다. 전장에서는 승리를 확보하기 위해 아군과 적군에 대한 다양한 군사 관련 정보를 모으고 일관성 있는 상관관계를 만들어낸다. 전략과 전술 그리고 작전 운용 현실에서, 전투 참여 부대와 지휘관에 관한 인간 관련 이론들은 이렇게 경험적 관찰과 분석에서 시작하지만, 이론이 체계화될수록 우리가 사용하는 개념들은 현실로부터 더 멀어질 수 있는 현실을 고려해야 한다. 특히 전투 현장에서는 이론과 현실 사이에 해소할 수 없는 모순이 존재한다. 퀴즈의 세계와 미스터리의 세계를 정보 분석 및 평가의 단계에서 제대로 구분해야 한다. 전장 상황에서 피아간에 승패의 예측이 불확실할수록 인간은 본능적으로 승리 가능성을 더욱더 확실하게 알고 싶어 한다. 전략 이론은 이런 점에서 모순적이다. 실전에서 직접 사용할 수 있는 전략은 그 자체 상황에 따라 끊임없이 변화해야 하므로 이론화될 수 없지만, 그럼에도 모든 변수를 고려할 수 있는 전략 이론을 수립해야 하기 때문이다.

전략가는 상대와 나의 관계 속에서 변화하는 서로의 강·약점을 철저히 분석하여 가장 효과적인 억제전략을 발전시켜야 한다. 물론 가장 이상적인 억제전략은 시·공간적 상황 속에서 상대의 의도와 능력을 고려하여, 거부와 보복적 억제의 효과를 적절하게 조합한 전략일 것이다. 물론 이를 위해서는 필요할 때 거부와 보복 가운데 하나 또는 둘 다 시행할 수 있는 군사력의 구비가 전제되어야 한다. 방위 전략은 군사 전략의 핵심이다. 방위 전략은 기본적으로 공격 전략과 방어 전략으로 구분할 수 있다. 군사 전략의 목표 설정에 있어 절대 잊어서는 안 되는 점은 전쟁에서 전투 행위의 주체인 바로 나와 상대의 관계이다. 전쟁은 살아있는 두 힘 사이의 충돌이다. 즉, 우리의 상대는 생각하고 살아있는 존재라는 점이다. 이와 관련하여 전략의 역설적 논리를 설명하고 있다. 이는 어떤 전략이 성공하면 적도 그 전략을 알게 되었기 때문에, 또다시 사용하기는 어렵다는 논리다. 상대는 우리와 똑같이 전략을 구상하고 변화시킬 수 있는 진화적 존재이기 때문이다. 현시점 군사 전략의 재조명이 요구되는 까닭은 나와 상대의 관계성에 대한 인식이 변하고 있기 때문이다. 세상은 항상 변화한다. 패러다임 변화에는 고정된 형세가 없다. 그러므로 그 변화에 맞춰 융통성 있게 대응하는 사람이야말로 전략의 신이라고 할 만하다. 물에 고정된 형태가 없듯, 전쟁에도 고정된 형세가 없다. 적의 상황 변화에 따라 유연하게 대응하여 승리를 취하는 자야말로 전쟁의 신이라고 할 수 있다. 자신의 원칙을 밀어붙이는 강한 자가 살아남는 것이 아니라, 유연한 전략으로 살아남는 자가 강한 자인 법이다.

5. 3. 5 참 진리의 확인 절차

"이성의 판단력으로 진실을 꿰뚫어 보기 위해서 섬세하고 예리한 지성이 가장 먼저 요구되는 곳이 바로 전쟁이다. 예상치 못한 일과의 끊임없는 투쟁에서 승리하려면 두 가지 자질을 반드시 가지고 있어야 한다. 첫째로, 칠흑 같은 어두움 속에서 인간의 정신을 진리로 이끄는 인간 내면의 불빛의 흔적들인 이성이다. 이는 통찰력이다. 다음으로 이성을 따르는 용기이며, 이는 결단력이다. 신속하고 정확한 결단은 먼저 시간과 공간에 대한 적절한 판단에서 나온다. 통찰력이란 진실을 재빨리 파악하는 능력이며, 그 진실은 평범한 정신의 눈에는 보이지 않거나 오래 관찰하고 생각한 후에야 비로소 보인다. 결단력은 개별적일 때 용기의 행동이고, 그것이 성격적 특징이 되면 정신의 습관이다. 주관적이든 객관적이든, 옳든 그르든 상관없이 어떤 사람이 충분한 동기가 있을 때는 그의 결단력에 관해 말할 필요가 없다. 최고 지휘관은 정치가가 되지만, 한순간도 자신이 최고 지휘관임을 잊어서는 안 된다. 한편으로 그는 국가정세를 한눈에 파악해야 하고, 다른 한편으로 자기 수중에 있는 수단으로 무엇을 이룰 수 있을지를 정확히 인식하고 있어야 한다. 지휘관이 진리를 예감하는 정신의 눈으로 이 모든 것을 단번에 파악하지 못하면 관찰과 생각들이 뒤엉켜 제대로 판단을 내릴 수 없을 것이다. 뛰어난 정신력에 요구되는 것은 경이로운 정신의 눈으로 향상된 통합력과 판단력이다."[27] 그러므로 한 분야에서 탁월한 업적을 창출하는 천재는 특정 활동을 위한 전문 지식인 심층 진리를 소유하고, 고도의 정신력을 겸비한 지혜를 소유한 전문가이다.

전쟁의 전략 전술에서 진리는 일반적으로 알려진 믿음이나, 종교, 신화 등의 진리와는 다른 개념이다. 순간의 결정으로 자신의 생사와 국가의 안위가 결정되는 사실적 진실이다. 이러한 진리는 과학적 방법을 통하여 얻으며, 경험적이며 귀납적인 것으로, 여기에는 반증 가능성이 언제나 존재한다. 즉, 과학의 발전에 따라 과학 지식은 그 의미와 내용이 변할 가능성이 항상 존재한다. 믿음은 관찰된 사실을 왜곡할 수 있다. 인간의 심리에는 확증편향이 있으므로, 자신이 믿는 바에 따라 발견법을 적용하고, 다른 관찰자가 그것의 오류를 지적해도 기존의 믿음을 고수하려는 경향이 있다. 연구자들은 종종 처음 관찰되는 것은 불명확한 어떤 것으로 기록하지만 두 번, 세 번 관찰된 것은 확고한 사실로 기록하게 된다. 특히 성격 특성 요소에서 말하는 경험에 대한 개방성이 부족하거나, 일시적인 관찰을 하고 결론을 내리거나, 자신을 너무 과신하거나, 새롭게 인식되는 것을 거부하는 것과 같은 심리에 의해 잘못된 관찰이 이루어질 수 있다

최고 지휘관의 높은 정신과 감성의 활동이 행동의 성공으로 나타나지 않고, 단지 성실과 신념의 형태로만 드러난다면, 역사에 남기 힘들 것이다. 우리가 전쟁에서 우리들의 형제와 아이들의 안녕, 조국의 명예와 안전을 맡길 수 있는 사람은 치밀하고 포괄적이며 냉정한 사람이어야 한다. 입체적 사고를 통하여 전장 환경과 피아 전투태세에 대한 객관적이고 계량적인 평가를 도출하며 부하를 통솔하여 전

투에서 승리하려면 통합과 조정의 지혜를 가져야 한다. 동서양의 병법에서 전쟁의 큰 기본 중의 하나는 속임수다. 목적은 자신의 의지를 관철하는 것이지만, 이를 실현하기 위해 적을 속이는 것은 전략이다. 전장은 우연이 지배하는 불확실성의 세계다. 불확실성은 자연적일 수도 있고, 인위적일 수도 있다. 만일 당신이 현재 믿는 것이 정말 진리라고 한다면, 그 어떤 새로움에도 겁낼 이유가 무엇이겠는가. 진리는 아무리 비판하고 깨트리고 부숴도 여전히 변함없는 진리이다. 그렇다면 우리는 새로움에 대해 두려워할 이유가 전혀 없다. 따라서 내가 믿는 바를 곧바로 진리라고 생각하기보다 그 어떤 진리가 있다고 한다면 이를 아무리 비판하고 공격해도 그것은 여전히 깨어지지 않는 진리일 것임을 가장 중요하게 생각해야 한다.

『중용(中庸)』에서 학문 사변행(學問思辯行)은 널리 배우고(博學), 치밀하게 질문하며(審問), 신중하게 생각하고(愼思), 명확하게 분별하며(明辯), 독실하게 행동하는 것(篤行)을 뜻한다. 이는 원래 성인(聖人)이 되는 법이었지만 학문 연구법이기도 하고, 지성인의 양심 계발법으로 적용되는 학문적 인식 절차이기도 하다. 이 방법은 참다운 지혜, 즉, 개념과 체험이 잘 결합한 진실한 지혜를 얻는 방법으로도 활용된다. 동서양의 학문과 관련된 대부분의 공부가 이 공부법의 원칙에서 크게 벗어나지 않으며, 그 보편적 성격으로 인해 다른 공부법들과 충분히 화합할 수 있다. 또한, 이러한 학문 사변행을 현대적인 의미의 학술 탐구에 적용하여, 그 과정을 정보의 수집, 정보의 정확성 검토, 정보의 체계적 정리, 결론의 도출, 실전에 적용으로 제시하기도 한다. 이러한 단계 중에서도 널리 배우고 정보를 광범위하게 수집하는 최초 단계가 가장 중요하다. 그 후 자명성, 정확성, 타당성이 확보되어야 한다. 이 단계에서는 정확한 정보를 수집하고 검토하는 초기 단계와는 달리 논리적이고 합리적인 사고의 전개가 중요하고, 명확하지 않은 것에는 판단 보류하기, 몰입에 쉽게 나누기, 자명한 것부터 개념을 정립하기, 자명한 개념들을 바탕으로 다시 조합하기라는 사고규칙의 활용을 제시한다. 처음에는 막연하여 판단하기 어렵던 문제도 이러한 단계적 사고규칙을 활용하여 연구하다 보면 자명하게 이해되는 문제로 변화한다. 만약 실전에서 적용할 때 부족한 부분이나 오류가 발견된다면, 문제가 있었던 과정으로 되돌아가, 다시 검토하고 연구해야 한다. 진리 연구법의 본질은 개념, 체험, 지혜의 세 박자 사고이므로, 우리가 뭔가 정확히 안다는 것은 이렇게 개념과 체험이 결합하는 것을 의미한다. 양(陽), 음(陰), 합(合)의 변증법도 세 박자 사고 방법과 절차이며 창조적 사고는 바로 몰입과 세 박자 사고 방법과 절차 이행에서 나온다. 이성적 추론을 통해 잘 분석하고, 감성적, 영성적으로도 깊이 이해 · 공감했으며, 메타인지적 설명도 나름대로 충분히 가능한 지식이라면, 참다운 지혜까지는 아니더라도, 적어도 더 나은 지식을 얻기 전까지는 충분히 신뢰할 만한 지식일 수 있다.

학문의 성립에서 나타나는 역동성은 다양한 지성적 원리가 복합적으로 작용한 데서 창출된 것이지만, 그 가장 밑바탕이 되는 힘은 광범위한 사상의 섭렵에서 비롯된 것으로 추정하는데 이는 학문 사변행의 학(學)을 특히 강조한 것이다. 학문의 특징이 단순히 지식의 회통을 통한 대립의 해소에 있는 것이 아니라 철저한 분석과 분류, 그리고 요약과 종합의 양면을 겸비한 가운데서 학문의 힘이 나오는 것이다. 특히 요약과 종합의 측면을 더욱 중시한 데에 그 탁월성이 있으며, 대단히 치밀하고 조직적인 과정으로 이루어진다. 학문과 수행과 실생활에서 이용하는 실천은 다음과 같은 아홉 단계로 구분되며, 이들은 광범위한 이론의 섭렵, 치밀한 분석, 엄밀한 비판, 간명한 요약, 명료한 분류, 자기 관점에서의 체계화, 전체적인 회통, 걸림 없는 무애, 그리고 삶 속으로의 실천이다. 이를 정리하면 섭렵-분석-비판-요약-분류-체계화-회통-무애-실천이다.

합리성의 본질은 인간이 곧바로 이해하고, 취할 수 있는 것이 아니다. 인류의 역사를 보면 오히려 합리성이 후퇴되는 지성의 역사가 우세한 것을 관찰할 수 있다. 인간은 지성의 역사에서, 단시간 동안 단지 아주 간헐적으로 합리성을 취하고 있을 뿐이다. 따라서 인간이 이성적 존재라는 말은 틀린 표현이다. 인간은 솔직히 아주 간헐적으로만 이성적일 뿐이며, 단지 이성적으로 행해야 할 책임이 있을 따름이다. 만일 그렇다면 결국 우리는 진리를 발견할 수도 없는, 지적인 상대주의 세계관에 빠질 수 있다. 모든 것이 각각의 해석의 산물일 뿐인데 우리가 어떻게 진리를 취할 수 있는가의 문제이다. 역설적으로 자신이 지금 믿는 바를 끊임없이 검증하며, 실험해 보아야 한다. 그럼으로써 깨어지지 않고 더욱 단단해지는 것을 취하면 된다. 이것은 어떤 면에서 철학자들이 쓰는 회의주의적 방법이다. 요컨대 변화하고 유동하는 세계에서 진리는 결국 설명력의 확보 여부에서 판정될 수밖에 없다는 경향이다. 그리고 그것이 진정한 옳고 타당한 합리적 명제라면, 그것은 분명하게 이 땅에 열매로도 이어지는 유익함을 준다. 물론 단기간일 경우 분파를 초래할 수도 있겠지만 궁극적으로 길게 보아서 장시간 심사숙고하는 절차를 가져야 한다. 우리가 흔히 인류의 고전이라고 부르는 명저들 가운데 바로 이러한 성질이 장구한 세월을 거치면서 예증되고 축적되어 있다.

5. 3. 6 진리의 절차탁마 과정

인류 역사상 위대한 과학적 업적 가운데 대략 절반 정도가 해당 연구자의 우연한 발견으로 개념이 창조되었고 그다음으로는 연구자의 혜안이 구체적인 결과로 이어졌다고 한다. 이것은 과학자들이 최선을 다하고 기도를 하는 역설적인 행위의 이유를 알게 한다. 행운은 준비된 자에게 찾아온다는 속담이 있지만, 심리학자들은 준비된 자에게 찾아온다는 행운이 과학 지식에 어떠한 의미를 지니는지 연구하고 있다. 심리학 연구 결과에 따르면, 과학자들은 다양한 방법을 동원하여 실험을 하기 때문에 우연히 어떤 새로운 사실을 발견할 수 있는 경우의 수가 증가한다. 경제학자 개개의 연구는 인간적 오류나 실수 등 위험 요소가 개입할 여지가 많지만, 과학적 방법은 반복적인 검증을 통해 이러한 위험을 제거하기 때문에 전체 시스템의 취약성을 보완하는 과정이 있으며, 이 생각은 취약점 보완(Anti-fragility)이라는 개념으로 정리되었다. 심리학자는 연구자가 실험의 오류를 발견하는 것이 종종 새로운 발견의 과정으로 이어질 수 있다고 말한다. 이러한 예기치 못한 결과 때문에 연구자는 그들의 연구 방법에서 발생한 오류에 대해 다시 생각하게 된다. 특히, 통제된 실험에서 나타난 오류가 허용 오차를 넘어 뚜렷하거나, 기존 가설을 다시 검토하기에 충분할 만큼 주목할 만한 것이라면, 연구자는 실험 중의 이러한 오류를 단순한 오류로만 치부하지 않고 새로운 전문 분야를 개척할 단서로 받아들이게 된다. 컴퓨터를 이용한 기상 현상 시뮬레이션의 결과가 초기의 사소한 조건 변화에 따라 민감하게 변화하는 로렌즈(Edward Norton Lorenz) 끌개를 발견하였고, 이를 통해 나비효과를 비롯한 혼돈이론을 정립하였다.

"완전한 학문적 합리성은 인간의 속성이 아닌 신이나 절대자의 영역에 포함되는 초 현실적 속성이다. 절대자나 신은 우리에게 오류(Error)와 비극(Tragedy)을 통해서 자신의 합리성을 계시해 준다. 그러므로 우리가 현실에서 체험하는 오류와 비극은 진보를 위해 치르는 대가이자 우리를 성장하게끔 가르쳐주는 스승이기도 하다. 인간은 오류와 비극을 통해서만 자신의 잘못을 성찰할 가능성을 발견하게 된다. 인간이 스스로 자신의 지성을 성찰할 수 있다고 보는 것은 인간을 매우 관념적이며, 낙관적으로 해석하는 단견이 될 수 있다. 지금 여기서 느끼고 체험하며, 각성하는 다양한 오류를 통해서 우리는 우리의 과오와 편견을 극복할 수 있는 확고한 초석에 대한 새로운 전망을 마련할 수 있다. 이 오류가 문명사적으로 발현된 것이 바로 비극이며, 한 가지 역사적 사실로서 파시즘의 오류는 역사에 전쟁과 학살이라는 비극으로서 예증된다."[28] 조그마한 지식에 만족하거나 집착하지 말고 큰 서원을 세우고 큰 지혜를 얻을 때까지 정진하고 인내하는 정성으로 노력해야 마침내 자신이 큰 인격과 서원을 이룰 수 있다. 만일 작은 지식에 만족하여 나태하게 되면 오히려 사량계교의 중근기병에 떨어지거나 퇴보할 수 있다. 그러므로 인생은 나면서부터 죽을 때까지 언제나 배움의 끈을 놓지 말라는 것이다. 특히 현대사회와 세상은 날로 변화하고, 새로워지고 있어서 이미 알고 있는 지식은 한계가 있고, 한때의 상당한 전문 지식을 가진 사람이라도 그 배움을 놓아버리면 아는 것도 잊히고 새로운 시대에 적응하기 어렵게 되므로 귀일심원 요익중생(歸一心源 饒益衆生 : 한마음의 근원으로 돌아가 널리 중생을 이익되게 함)의 구도자적 자세를 견지하면서, 평생토록 끊임없이 배움을 놓지 말아야 새로운 세상을 열어 갈 수 있는 무상의 진리를 알 수 있다.

『대학(大學)』에서 여절여차자(如切如磋者)는 도학야(道學也)요, 여탁여마자(如琢如磨者)는 자수야(自修也)라고 하였다. 즉, 절차(切磋)라 함은 배움에 열중하는 것(道學)을 말함이고, 탁마(琢磨)는 자기 자신을 수양한다(自修)는 뜻이다. 절차탁마는 많은 사람의 입에 오르내리는 친숙한 고전의 내용이다. 옥(玉)을 가공하는 과정은 원석의 옥을 절단하고(切) 원하는 모양으로 썰어내는(磋) 과정과 절단하고 썰어낸 옥을 쪼아내고(琢) 갈고 닦는(磨) 과정을 거친다고 한다. 이로부터 유래된 고사성어 절차탁마(切磋琢磨)는 시경의 구절이 논어(論語)와 대학(大學)에 재인용되면서 광범위하게 회자된다. 사람들은 흔히 절차탁마를 수양에 수양을 쌓아야 한다는 의미로만 생각하면서, 절차보다는 탁마에 중심을 두고 이 고사성어를 많이 인용한다. 그러나 이런 생각은 가장 값비싼 옥은 장인이 어떻게 원석의 옥을 자르고 썰어내느냐에 의해서 그 가치가 결정되는 것임을 간과하는 것이다. 아무리 피땀을 들여 갈고 닦는다 하더라도 처음 원석을 자르고 썰어내는 장인의 눈에 의해 그 값어치가 결정된다는 사실이 주는 함의가 참으로

깊다.

『논어(論語)』「학이편(學而篇)」을 보면 공자와 제자 자공의 대화가 실려 있다. 자공은 자기의 부족함을 인정하고 수양에 정진하겠다는 뜻을 스승에게 다짐했다. 부자이면서도 단순히 교만하지 않은 데 만족하지 않고, 부와 가난이라는 상황에 얽매이지 않는 더 높은 차원의 삶을 살겠다고 말했다. 자공은 공자에게 큰 칭찬을 받는다.『대학』의 풀이를 보면 공자가 왜 자공을 칭찬했는지 그 이유를 잘 알 수 있다. 오랜 시간 사색, 노력과 정성을 기울여야 귀한 옥이 탄생하듯이 수양을 쌓고 학문을 닦는 데에도 오랜 정성과 노력이 필요하다. 학문과 수양을 넘어 삶의 모든 측면에서 사물의 본질을 알고 관련 분야 지식에 관하여 깊이 공부하는 것이 중요하다는 것이다.

마음의 뜻함과 정진력과 수련 기간은 공부와 사업의 성공에 가장 기본적인 성공 요소이다. 진리를 알고 도를 완성하는 것은 모든 인생의 궁극적 목표이기 때문에 사람으로서 진리와 도를 향하여 진화해가는 과정으로서 탐구자적 삶의 의미가 있다. 허송하는 마음과 정력과 시간을 학문 연마와 성리를 연마하는 것으로 돌려 진리와 도를 완성하는 것은 의미 있는 인생의 참다운 보람이다. 만일에 물질생활에 여유가 생겼다고 해서 향락주의나 사치풍조나 소비생활에 마음을 빼앗기면 강급하거나 악도에 떨어지게 된다. 경제적·시간적 여유가 있으면 진리 탐구에 힘쓰고 수행 정진해야만 더욱 성숙 발전할 수 있다. 위나라를 번창시킨 무공은 아흔이 넘는 나이에도 자신을 수양하고 경계하기를 게을리하지 않았다. 절차탁마는 위 무공의 수양 자세를 말해주는 구절이다. 마치 옥을 다듬는 것처럼 정성을 다해 수양했기에 위 무공은 그 모습이 장중하고 용맹스럽고 빛나고 위엄이 있으며, 백성들로부터 영원히 잊을 수 없는 존재가 될 수 있었다고 시는 말하고 있다. 진정한 군자, 훌륭한 지도자의 모습이다.

5. 4 확립된 삶의 철학 완성

5. 4. 1 개요

사람은 태어나서 유년기를 거치면서 가정환경의 보호를 받으며 성장하고, 청년기를 지나면서 자아와 세계에 대한 인식이 형성되고 우주에 대한 이해가 깊어지면서 자신의 존재에 대해 성찰을 하고, 이해를 발전 성장시켜 나간다. 자신의 존재에 대한 의식에 바탕을 두고 주위의 인적·인문학적 환경에서 세상의 삶과 자신의 생존에 대한 철학을 확립하고, 지금까지 축적된 지식과 경험과 사색을 통하여 미래를 예견, 구성하고 이를 위한 최선의 행동 양식을 발전 추구해 나간다. 인간은 자신의 삶을 결정할 때 본능보다는 개인의 결단, 사회적 가치, 종교적 세계관에 의해 영향을 받는다. 그래서 우리의 행동과 삶의 방향을 결정하는 데에는 많은 복잡한 요소가 작용하기 마련이다. 우리가 개인적으로 가지고 있는 사회의 지배적인 가치관, 종교적 신념, 우리가 속해 있는 문화의 특징 등이 서로 얽혀서 우리의 선택을 결정하는 것이다. 이처럼 우리가 생각하고 말하고 행동하는 모든 것의 근저에는 소위 인간의 삶에 대한 자기의 철학적 관념이라고 부르는 것이 자리하고 있으며, 이러한 사고의 바탕은 우리의 삶에 의미를 부여하는 가치관과 관련되어 있다. 사회와 우주에서의 자기 존재에 대한 철학적 사고에서 세계관이 무엇을 인식하는 것과 관련되어 있다면 가치관은 그 무엇에서 의미를 발견하고 가치를 느끼는 경험과 관련되어 있다. 이런 점에서 세계관과 가치관은 인간의 삶과 관련된 중요한 요소이며 이 둘을 함께 다루는 것은 당연한 귀결이라 본다.

세계관을 이해하는 것은 우리가 말하고, 생각하고, 행하는 것의 근저에 놓여 있는 뿌리를 발견하는 것이다. 우리는 우리의 의식의 근저에 형성되어 온 자신에 대한 기본적인 가치들을 이해한 후에야 비로소 그것을 의식적으로 변화시킬 수 있기 때문이다. 세계관에 대한 우리의 선결 과제는 인간은 어떤 형태로든지 간에 불가피하게 세계관을 견지할 수밖에 없음을 인정하는 것이다. 그뿐만 아니라 안경의 종류에 따라 보이는 대상의 모습과 색깔이 달라지듯이 우리가 가지고 있는 세계관에 따라 같은 대상이라 할지라도 다른 사람들과 다르게 인식할 수 있음을 인정해야 한다. 세계관이란 이 세계의 근본적 구성에 대해, 우리가 의식하든 의식하지 못하든, 견지하고 있는 일련의 전제들이다. 즉, 세계관이라는 것은 한 사람의 총체적인 인생관을 표현하는 실재에 관한 그의 전제들과 확신들의 총체인 것이다. 그래서 모든 사람은 자신의 전제들에 묶여 있다. 단지 그러한 전제들과 확신들을 의식하지 못한 채 인생을 살아갈 뿐이다. 그러나 대부분 사람은 일반적으로 자신들의 세계관이 어떻게 자기 삶의 영역에 영향을 미치고 있는지 인식하지 못한 채로 살아간다. 우주에 대한 이해를 생사관 혹은 자신의 존재에 대한 성찰이라고 하며, 사람은 자기 삶의 의의와 가치에 대한 철학적 토대를 마련하는데 이를 사회학에서 세상에 대한 가치관이라고 정의한다. 동서고금의 역사와 개인의 경력을 통찰해 보더라도 자신의 이성에 의한 판단의 결과로서 생사관과 가치관이 형성되는 것은 개인의 삶의 방향이나 지향점이 결정되는 귀중한 일이다.

그리스인들은 인간 발달 단계 가운데 유치가 영구치로 바뀌는 7~8세, 성적 성숙으로 출산이 가능한 15-16세, 결혼과 취직 결정기인 24-25세를 인생의 가장 중요한 세 번의 전기로 보았다. 동양 철학에서는 인생에 대한 의문의 발생과 학문에 뜻을 펴기 시작하는 열다섯 살, 성숙한 인간으로서 정신적 기초가 확립되는 서른 살, 사회생활에서 도덕적인 판단에 망설이지 않게 되고 인격이 완성되는 마흔 살, 하늘로부터 부여받은 자신에 대한 개인적인 생의 사명을 깨닫게 되는 쉰 살, 마음속으로 욕심이 옅어져서 어떤 말도 순순히 받아들일 수 있게 되는 예순 살, 그리고 어떤 세상의 문제에서도 자기 뜻대로 행동해도 도덕적인 법칙에 벗어나지 않게 되는 때를 일흔 살로 구분하였다. 그러므로 15세쯤 되면 인생 설계와 삶의 목표(Vision), 생애주기 교육의 이해 등을 갖추어야 한다는 것이다. 이처럼 15세를 전후해서 인생의 목표 설정은 개인을 자각하게 되는 자아 발견이고, 40세의 불혹이라는 현상은 자아 확립이다. 동양의 지성들이 인생의 각 단계를 10년씩 간격을 두고 점차 도덕적 양심에 따라 인격의 발달을 논하고 있음은 서양 철학에서 정의하는 인간의 지성 발달 과정에서 전개되는 인성의 이성화 과정과 일치한다. 50세의 지천명, 60세의 이순 등 관념적 인간 이성의 최고 경지는 서양 철학의 정언명령, 절대정신과도 연관되는 면이 있다. 한편, 70세에 있어서 종심소욕불유구(從心所欲不踰矩 : 마음이 원하는 바를 따라도 법도에 어긋남이 없다.)의 입장은 곧 주체의 객관화이며 자연화이므로 실천이성으로서의 자기완성이요, 영성의 완성이라고도 해석된다.

자기 질서가 곧 우주 질서인 것이다. 이처럼 인간은 감성, 오성, 이성의 단계를 시작으로 주체적 정신, 객관적 정신, 절대정신 등의 정신 발달 단계를 거치는데 청소년기는 자아 정체감(Ego-identity)을 확립해야 하는 중요한 시기이다. 자아 정체감이란 자기 존재의 의미와 가치에 대한 인식으로서, 이를 통해 타인과 비교되는 독특성을 이해하고 자기의 사명, 책임, 소망을 현실적으로 자각해 삶의 방향에 대한 자기 결정력을 갖추는 것이다. 물론 시간의 전개에 따라 일률적으로 단계를 규정하는 것은 시간 자체의 물리적 개념에 대한 정의가 명확하게 규정되지 않은 시점에서 무리가 있다. 이러한 논의의 근저에는 시간에 대한 두 가지 개념이 명확하게 존재하기 때문이다. 시간에는 객관적으로 진행되는 세상에서의 물리적 시간인 크로노스(Chronos)와 개인의 존재 의미와 정신적인 의미의 형성에 관계하는 역사적 시간인 카이로스(Kairos)로 확연히 구별되는 개념이 존재한다. 하루를 살아도 천년의 존재론적 가치를 부여하는 개인의 영적 가치가 있는 카이로스의 실체를 만들어야 한다. 카이로스의 시점을 우리가 일상에서 만들어 가기 위해 중요한 명제가 있다. 가장 중요한 때는 바로 지금이며, 가장 중요한 사람은 지금 내 곁의 사람이며, 가장 중요한 일은 지금 내가 최선을 다하고 있는 일이라는 것이다.

5. 4. 2 삶에 대한 철학적 기초

삶의 의미에 관한 질문은 다양한 방법으로 표현할 수 있으며, 대표적으로 다음과 같은 질문이 있다. '삶의 의미는 무엇인가?', '삶이 무엇을 의미하는가?', '우리는 누구인가?', '왜, 우리가 여기에 있는가?', '무엇 때문에 우리가 여기에 있는가?', '삶의 기원은 무엇인가?', '삶의 본질은 무엇인가?', '현실의 본질은 무엇인가?', '삶의 목적은 무엇인가?', '개인의 삶의 목적은 무엇인가?', '삶의 중요성은 무엇인가?' 삶에 의미 있고 가치 있는 것은 무엇인가?', '삶의 가치는 무엇인가?', '사는 이유는 무엇인가?', '무엇 때문에 우리는 사는가?', '무엇을 위해 사는가?' 이와 같은 인간 존재의 의미와 가치에 대한 심층적인 의문을 통하여 인간은 더 깊이 있는 미래의 삶을 개척해 나갈 수 있는 것이다. 인간이라는 존재의 의의를 논할 때는 단순히 육체적인 원칙이나 심리적인 원칙만 고려하는 것이 아니라 가치의 문제도 고려하여야 한다. 인간은 기본적으로 생물학적인 측면, 정신적 측면 및 사회적 측면을 지니고 있다.

이러한 인간의 생활 환경에 대한 측면을 종합하는 데에서 가치의 문제가 등장한다. 가치에 대해 고찰할 때에는 인간에게 유익한 활동 전반, 즉, 인간의 삶과 그 과정 전반까지도 고려되어야 한다. 여기에는 인간의 정신적 혹은 정서적 활동과 관련된 자기반성, 자아 성찰,

자기 수양 등이 포함되고 더 나아가 이들을 모두 포괄하는 삶 전반의 자아실현까지도 포함된다. '인간은 삶을 어떻게 살아야 하는가?'이는 인간이 일상생활에서 직면했던 중요한 문제의식 중의 하나이다. 자연과 인간의 관계에서 경제적인 측면뿐만 아니라 인구, 기술, 문화, 사회적 구조 등의 측면도 고려해야 한다. 우선, 인간은 가치, 신념 등을 지닌 문화적 존재로서 삶의 양식이 사회적 구조나 조직뿐만 아니라 자연의 지속가능성에도 중요한 영향을 미친다. 생태적 삶은 성숙한 인간성을 바탕으로 한다. 성숙한 인간성은 생태적 환경 속에서 인간이 살아가야 할 방향성이나 지향점을 이해할 줄 아는 긍정적인 덕성이나 소양을 가리킨다. 이러한 인간은 처음부터 완전하고도 완벽한 혹은 온전한 인간성을 갖는 것이 아니다. 그는 자신의 삶을 살아가면서 점차 주체적으로 깨닫고 이해하고 터득하는 삶의 과정에서 자연스레 성숙한 인간성을 갖추어간다.

5.4.3 철학의 의미

철학이라는 말은 고대 그리스어의 필로소피아(Philosophia), 즉, 지혜에 대한 사랑에서 유래하였는데, 여기서 지혜는 일상생활의 실용 지식이 아닌 인간 자신과 그것을 둘러싼 세계를 관조하는 지식을 뜻한다. 철학은 존재, 지식, 가치, 이성, 인식 그리고 언어 등의 일반적이며 기본적인 대상의 실체를 연구하는 학문이다. 철학적 방법이란 질문, 비판적 토론, 이성적 주장, 그리고 체계적 진술을 포함한다. 고대 그리스에서는 학문 그 자체를 뜻하였고 전통적으로는 세계와 인간과 사물과 현상의 가치와 궁극적인 뜻을 향한 본질적이고 총체적인 천착을 뜻했다. 이에 더하여 현대 철학은 철학에 기초한 사고인 전제나 문제의 명확화, 개념의 엄밀화, 명제 간 관계의 명료화를 이용해 제 주제를 논하는 언어철학에 상당한 비중을 둔다. 동양의 경우 서구화 이후 철학은 대체로 고대 희랍 철학에서 시작하는 서양 철학 일반을 지칭하기도 하나, 철학 자체는 동서로 분리되지 않는다. 철학은 특정한 학문 일종이라기보다는 학문 일반에서 요구되는 기본자세면서 실천하는 방법이라고 해야 한다. 이런 일반 뜻으로서의 철학은 어느 문화권에나 오래전부터 존재했다. 심지어 문자가 없는 사회에서도 세계를 향한 깊은 지혜는 발견된다. 앎, 즉, 배움과 깨달음을 두려워하지 않고 사랑하는 것은 모든 학문의 출발점이라서 지식과 지혜를 사랑하는 삶의 태도로 철학을 정의한다. 철학과 다른 학문을 구분하는 방법의 하나는 철학이 제기하는 문제가 다른 학문의 그것과 구분되는 점을 살펴보는 것이다.

18세기까지만 하더라도 수학과 물리학은 철학과 독립된 학문이 아니라 자연철학으로 인식되었다. 철학의 고유한 문제들은 18세기 철학자들이 추구하는 네 가지 물음으로 요약될 수 있다. 그것은 '나는 무엇을 아는가?', '나는 무엇을 해야 하는가?', '나는 무엇을 바라는가?', '인간이란 무엇인가?' 등이다. 특히 나는 무엇을 아는가는 인식론과 관련된 주요 문제로서, '외부의 사물(物)은 어떻게 인식되는가?', '외부 사물은 실재하는가?', '인간의 지각 능력에 독립해서 존재하는 실재란 과연 있는가?' 있다면 '인간의 인식은 어떻게 거기 밖(Out there)에 있는 실재에 대응할 수 있는가?', '인식은 어떻게 형성되는가?', '하나의 인식이 참이 될 수 있는 기준에는 어떤 것이 있는가?' 그리고 '참 진리인 인식에서 어떻게 지식을 획득할 수 있는가?' 등의 문제를 탐구한다. 고대 그리스 철학자들에 의해 출발하여 현대에 이르기까지 서양의 여러 나라에서 발전된 철학적 전통들을 서양 철학이라 한다면, 동양 철학은 중국에서 비롯된 철학사상에 바탕을 둔 한국, 일본 등지의 철학을 일컬으며, 한 걸음 더 나아가서는 인도의 고대철학을 동양 철학의 범주에 넣기도 한다. 철학적 형이상학은 존재의 근본을 연구하는 학문이다. 그리고 세계의 궁극적 근거를 연구하는 학문이며, 다른 정의로는, 형이상학은 사회의 근본 체계, 사회 현상, 모든 지식 또는 인류 대다수에게 그보다 나은 지식일지라도, 그것들의 근원은 변증된 체계가 아니라, 하나의 독립된 개별적 영역이라고 주장하는 철학 이념이기도 하다. 한편 형이상학에서 제기되는 문제는 인간 대부분의 인식 방법으로 해결할 수 없는 것이다. '신은 존재하는가?', '우주의 시작과 끝은 존재하는가?', '시간과 공간은 연속하는가?' 하는 주제를 다룬다.

형이상학에 대한 동서양의 견해는 차이가 있다. 대표적인 차이로는 서양의 경우 인간은 형이상학적 진리들을 직접적인 경험으로 알 수 없다는 견해가 많지만, 동양의 경우 형이상학적 진리들을 직접적인 경험으로 알 수 있다는 견해가 많다. 서양 철학에서 형이상학이라는 말은 여러 뜻으로 쓰이고 있다. 철학을 표상력에 의한 형이상학 이론과 의욕력에 의한 실천철학으로 나누기도 하였다. 한때는 기존의 형이상학적 논의는 독단적이라 해서 배척되고, 경험할 수 없는 것을 논하는 기존의 형이상학과는 다른 인식론에 기반을 둔 학문으로서의 형이상학을 정립하려는 시도도 있었다. 그 후에는 형이상학이 회복되어 사유(思惟)의 형식이 동시에 실재의 형식이라고 하는 형이상학적 논리가 주장되었다. 형이상학에서 존재의 개념은 객체적인 것이 아니라 주체적인 자각 존재의 의미이다. 변증법에서는 형이상학이 자기에게 대립하는 것을 고정해 생각한다고 주장한다. 서양에는 인간은 형이상학적 진리들을 직접적인 경험으로 알 수 없다는 선입견이 있다. 따라서 형이상학적 진리들은 사색·추론, 또는 근거 없는 신념 또는 신앙에 지나지 않는다고 보는 경향이 있다. 또한, 서양에서는 모든 사상 체계는 서로 간에 대립 또는 모순되어, 하나가 진실이라면 다른 하나는 거짓이어야 한다고 생각하는 경향이 있다. 반면, 동양에서는 인간은 직접적인 경험 때문에 형이상학적 진리들을 알 수 있다는 관점을 갖는다. 또한, 형이상학적 진리들을 알기 위해 사색·추론·신념 또는 신앙에 의존해야 하는 것은 아니라고 본다. 그리고 하나의 형이상학적 진리에 대해 여러 가지의 해석이 있을 수 있는데, 이들 여러 가지 해석은 대립하거나 모순되는 것이 아니라 상호 보완적이라고 본다. 각각의 해석은 다양한 종교적·사상적·철학적 배경 또는 경향성을 가진 여러 다른 사람 중 특정 부류의 사람들을 직접적인 경험으로 인도한다.

"논리적 차원의 형이상학적 체계는 역동적이며 시간적인 현상 세계를 이해할 수 없다. 논리적 사고는 공간 속에서 모든 것을 설명하는 작업으로 선험적, 추상적 사고의 지적 상상물이 될 수도 있다. 그러나 생명 현상을 이해하기 위해서는 비생명체의 인식 방식인 공간적 사고에서 생명체의 인식 방법인 시간적 사고로 전환해야 한다. 인간은 현실의 삶을 살아가지만 동시에 그 삶을 초월하는 의지를 갖는 존재이다. 인간은 인생으로부터 자신을 분리해 자신의 존재론적 조건과 발생 근거를 사유하려는 능력을 갖춘다. 이때 우리의 주관과 대상이 직접 하나가 되는 방법이 직관이다. 우리는 직관하는 주체이다. 직관은 선천적이며 진리의 직접 파악 능력을 가졌다. 지금까지 살펴본 직관 개념은 의식과 대상과의 직접적 접촉을 함의하고 있다. 즉, 어떤 매개물도 존재하지 않는 직접 만남을 의미한다. 직관을 통해서 우리가 알고자 하는 진리는 간접적인 추론을 통하지 않고 직접 파악할 수 있다. 직관은 대상 안으로 들어가 대상과 완전히 일치하는 절대적 인식이다. 왜냐하면, 모든 지속하는 대상은 이미 우리 안에 들어와 있기 때문이다. 이러한 절대적 인식은 초월적 원리에 대한 공감을 통해 이루어지는 것이다. 이처럼 어떤 매개물도 필요 없는 자신에 대한 자신의 인식으로써 직관이 발생한다. 그러나 생명체가 도덕적 존재라는 사실이 망각되기도 한다. 우리가 생명체를 기계나 물질보다 훌륭하다고 생각하는 이유는 그것이 도덕적 존재이기 때문이다. 따라서 이를 보충할 수 있는 직관은 양지를 통하여 진리를 선험적으로 인식할 수 있는 능력이다. 급속한 과학 발달로 인간을 뛰어넘는 인공지능 시대를 맞게 된 우리는 인간만의 고유한 선천적 능력에 관한 관심이 필요하다. 우주 만물이 모두 물질로 설명되는 현대사회에서 물질과 정신을 하나로 인식하고자 했던 형이상학과 동양 철학의 진수인 마음, 심학은 이 시대에 유의미한 역할을 할 수 있다."[29] 진리에 대하여 철학은 순수하게 논리적인 사고를 추구하는 것이 아니라, 인간에게 하나의 인식 양식이다. 체계적인 인식을 구성하기 위해서는 논리가 필요하지만, 철학적 진리는 논리에 선행한다. 즉, 과학의 발전에 따라 과학 지식은 그 의미와 내용이 변할 수 있다. 가치문제를 논의하면, 일반적으로 지식은 단순한 참인 믿음보다 더 가치 있다고 여겨진다. 가치문제는 21세기에 들어와 윤리학의 가치 개념과 연결되었다. 모든 문제는 참된 것인 믿음의 획득 문제가 된다는 것이다. 그리하여 지식 습득과 신뢰의 정신 상태 사이에서 발생하는 지식의 가치에 대해 논한다. 윤리학(Ethics)은 도덕의 원리, 기원, 발달, 본질과 같은 인간의 올바른 행동과 선한 삶을 사회 전반에 걸쳐 근원적이고 총괄적으로 규명하는 철학의 주요 분야이다. 인간의 생활에 있어 바람직한 상태란 무엇이며, 선악의 기준은 무엇이고, 행위의 법칙은 어떻게 정립되는가와, 노력할 만한 것은 무엇이며, 생활의 의미라는 것은 무엇인가 등을 밝히는 동시에, 도덕의 기원, 도덕의 법칙을 세우는 법칙과 그 역사적 성격 등을 연구하는 학문이다. 다른 관점에서 도덕 자체는 학문이 아니지만, 그것을 방법론적으로 연구하는 것이 윤리학이다. 그 연구 영역은 도덕 현상과 도덕 본질로 크게 나뉜다.

철학에서는 지식을 선언적 지식과 절차적 지식 그리고 숙지된 지식 등 세 가지로 구분한다. 선언적 지식과 절차적 지식은 자전거를 타면서 균형을 잡는 것에 비유된다. 즉, 자전거 동역학에 대한 이론적 지식을 알고 있다고 해도 훈련을 거쳐 균형을 잡는 법을 터득하지 못한다면 안정적으로 자전거를 탈 수는 없다는 것이다. 신념은 개개인이 진실이라고 믿는 것이다. 신념의 형성에는 종교적 신앙, 타인의 견해에 대한 신뢰, 권위에 대한 인정 등이 작용한다. 철학의 전통적 관점에서 보면 인식론 역시 우리가 무엇을 믿는가? 하는 문제와 관련되어 있다. 이 때문에 어떤 것이 진리로 받아들여지는가에는 인식의 관점이 작용한다. 인식의 관점인 패러다임의 변화와 관련되어 있다고 설명하기도 한다. 많은 서양의 철학자와 학파들이 그들 자신만의 철학적 개념을 확립하고 그 이론을 전개하였다. 삶의 의미는 삶, 또는 전반적인 실존의 목적과 의의(意義)를 다루는 철학적 의제를 구성한다. 과학은 이 세계에 대한 경험적 관찰을 통해 여러 가지 사실을 밝혀냄으로써, 앞의 문제들에 대한 설명에 간접적으로 기여한다.

5. 4. 4 인생관의 확립

"사람은 저절로 생겨난 단세포가 세포분열을 거듭하며 조직을 이루고 점차 성장하여 현재와 같은 몸을 가지게 되었다. 그리고 그 몸은 여전히 자연의 한 사물이다. 배가 고프면 밥을 먹고 피곤하면 쉰다. 밤이 되면 자고 아침이 되면 일어난다. 쉼 없이 심장이 뛰고 숨을 쉰다. 계속 늙어가다 병들어 죽는다. 이 모든 것이 사람 스스로 하는 게 아니라 저절로 그렇게 된다. 사람뿐 아니라 동물도 식물도 그렇다. 저절로 그렇게 된다는 의미에서 모든 것은 구별되지 않는 자연물일 뿐이다. 자연물이라는 점에서 보면 흐르는 물이나 부는 바람은 차이가 없다. 모든 것은 자연물일 뿐 구별되는 것은 하나도 없다. 모두가 자연 현상일 뿐이다. 자연 현상이라는 점에서 보면 아무런 차이가 없다. 그런데 사람들 대부분이 혼돈의 모습을 유지하지 못하고 자연에서 이탈하고 만다."[30] '인간은 삶을 어떻게 살아야 하는가?' 이는 항상 우리 인간이 일상생활에서 직면했던 중요한 문제의식 중의 하나이다. 이 문제의식은 기본적으로 행복한 삶은 무엇인가 하는 문제와 직결된다. 인간은 일상생활의 끊임없는 흐름 속에서 주어진 상황에 따라 무수한 내면적 세계의 변화를 겪게 마련이다. 이 세계에는 인간이 더욱 인간답게 살거나 고귀한 인격체로 여기게 되는 심리적 상태나 과정이 있다. 그것은 행복, 희망, 믿음, 사랑 등의 정서이다. 인간에게 이러한 정서가 없다면 인간의 삶은 어떻게 될 것인가? 인간은 아마 식욕, 성욕 등과 같은 동물적인 충동이나 기계적인 욕망에 맡겨진 삶을 살아갈 것이다.

이 정서들 중에 가장 대표적인 것이 행복이다. 인간의 욕망에는 본능적 측면, 사회적 측면 및 문화적 측면이 있다. 이 세 가지 욕망을 모두 충족시켜야 진정한 행복이 완성된다. 행복의 개념에는 좁은 의미의 행복으로 연결되는 개인의 본성과 생로병사와 관련된 즐거움이나 이득뿐만 아니라 넓은 의미의 행복으로 연계되는 사회의 정의나 금도, 안녕이나 복지 등의 윤리적인 측면까지도 포함된다. 전자는 개인의 본성과 밀접한 관련이 있는 반면에 후자는 공동체의 목표와 가치가 일치되는 궁극적인 경지와 관련이 있다. 인간에게 모종의 유기적 계통을 만들고 작용하는 생명의 활동은 존재의 요소들, 즉, 물질, 에너지, 정보 및 이들의 복잡다단한 관계로 이루어진다. 구체적으로 말해, 만물의 생성은 생기와 정기 및 그 양자의 관계로써 설명될 수 있다. 성숙한 인간성은 생태적 환경 속에서 인간이 살아가야 할 방향성이나 지향점을 파악할 줄 아는 긍정적인 덕성이나 소양을 가리킨다. 이러한 인간은 처음부터 완전하고도 완벽한 혹은 온전한 인간성을 갖는 것이 아니다. 삶의 과정에서 배우고 경험하며, 점차 주체적으로 깨닫고 이해하고 터득하면서 자연스레 성숙한 인간성을 갖추어 간다. 욕망은 적절한 정도에서 삶에 자극적인 요소로 작용한다. 인간은 단순한 기계적 혹은 수단적인 욕망을 충족시키는 생명 활동에서 더 나아가 생명 공동체 의식 아래에서 비로소 근본적인 생명력의 자아실현에 대한 충동을 만족시킬 수 있다. 이러한 생태적 삶이 치유적 과정의 전제가 되며 행복의 정서를 충족시키는 단초가 되는 것이다. 단순한 욕망의 충족은 심리적 혹은 물리적 메커니즘을 통해 완전히 극복되기 어렵다. 여기에는 합리적 인식, 올바른 판단, 합당한 가치 등과 같은 문제가 개입되어야 한다. 인간의 행위에는 무형적인 무의식과 유형적인 행동 양식이 있다. 전자는 인간의 행위가 자유의 의지에 따라 발생한다는 입장이라면, 후자는 인간의 행위에는 모종의 원인이 있다는 전제하에 그에 대한 해결을 법칙적으로 접근하려는 입장이다. 후자는 외부의 자극에 따른 인간 내부의 반응에 주목하고 그 속에서 인간의 욕망에 초점을 맞추고 이를 모종의 법칙의 잣대로 가늠하려는 것이다. 이는 인간의 윤리적 행위와 선택조차도 심리적 법칙의 메커니즘으로 접근함으로써 자유의 의지와 같은 인간적인 본질을 충분히 고려하지 않는 것이다.

생명 정신에서 보면 사물 사이의 대립, 긴장, 충돌은 더 높은 단계에서 조화를 이루는 방식이다. 다양하고 끊임없이 변화하는 현실 관계에서는 도전과 이에 대응하는 응전이라는 대립과 통일이 다양한 단계들에서 드러난다. 사물들 사이의 다원적인 작용은 더 높은 단계에서 통합 조정의 과정을 거치고 그 속에서 치유의 방식이 도출될 수 있는 것이다. 특히 전체와 개체 사이의 관계는 전체가 개체를 결합하는 근본적인 조건이지만, 개체가 결합해야 더욱 높은 전체를 이룰 수 있으므로 양자는 서로 필수적인 관계를 형성한다. 전체와 개체는 모든 사물의 구체적인 발전의 과정에서 발생하는 일종의 관계이다. 전체는 반드시 다원적인 개체화를 이끌어야 하며 다원적인 개체는 반드시 충돌과 통합, 조정, 화해를 통해 충돌이 조화로 승화되고 조화가 새로운 전체를 형성하는 것이다. 새로운 전체가 새로운 가치나 새로운 문화를 창조하면 보다 승화되고 발전되고 다원화된 현상들이 나타난다. 이러한 의미에서 자연 생태계가 적극적으로 작동하는 사회적 구조를 필요로 하는 것이다.

"유기체적 세계관과 달리 결정론적 혹은 기계론적 세계관에서는 균형이나 항상성과 같은 개념에 기초하여 고정 혹은 불변의 시스템 유지에 초점을 맞춘다. 그러나 그것은 물질과 에너지의 지속적인 유입과 유출에 따라 일어나는 변화, 진화, 창발성 등을 설명할 수 없다. 반면에 전체론적 세계관에서는 시스템의 구조, 특히 질서의 상태에서도 균형의 상태보다는 변화의 가능성에 중점을 두고 시스템의 유지, 변화, 더 나아가 해체나 대체의 모든 가능성을 고찰한다. 이러한 세계관에서는 실체성(Entity)의 개념보다는 실재성(Reality)의 개념이 중요한 의미를 지닌다. 실체 개념은 구성요소들이 상호작용하는 일정한 틀의 대상을 상정하는 것인 반면에, 실재 개념은 구성 요소들에 존재하는 과정의 근본원리를 상정하는 것이다. 전자가 인식론적 측면이라면 후자는 존재론적 측면이다. 시스템의 사고방식에서는 후자가 본질적인 내용과 그 의의를 지닌다. 실재 개념을 이해하는 데에 변화와 균형의 관계를 이해하는 것이 중요하다. 어떠한 시스템이든지 간에 구성요소들이 상호작용하는 과정, 즉, 변화하는 과정을 거친다. 이 과정에서는 구성요소들이 서로 특정의 균형의 상태에 이르렀다가 어느 순간에 다시 변화의 작용을 일으킨다. 전체적인 통합의 수준에서 보자면, 변화를 일정한 정도로 포용하는 균형이 이루어지는 반면에, 균형을 일정한 정도로 수용하는 변화가 발생한다. 여기에서 변화와 균형의 상관성은 모종의 함수적 관계로 설정될 수 있다. 즉, 안정의 지속성과 지속의 안정성을 내용으로 한다. 이러한 함수적 관계가 개방적 시스템의 특징, 즉, 비평 형성, 자기 조직성 등의 복잡계의 성격을 지닌다. 여기에서 자연계를 중심으로 하는 생태적 환경 속에서 지속 가능한 실재(sustainable reality)를 모색해 볼 수 있다. 생명력이 충만한 자연의 관계망은 자연계의 현상 전체에 모든 생명체가 공유할 수 있는 일정한 틀로 인식된다. 이러한 틀이 바로 생명 공동체의 터전이다. 생명 공동체는 천체 혹은 자연계의 운행 질서에 맞는 모든 생명체와 그 생명의 활동에 대한 인간의 공동체의식을 가리킨다. 생명 공동체의 터전은 생명의 존중과 그 구현의 맥락에서 개인과 사회에서 이념의 추구와 가치의 지향성이 일치되는 관념적 세계이다. 그것은 생명의 존재와 지속을 실현하기 위한 창조적이고, 지혜로운 생존 방식이 된다."[31]

인도(人道)의 실현은 인간 삶의 본질적 가치가 무엇인지, 더 나아가 그 가치를 어떻게 실현할 것인가 하는 문제로 귀착된다. 인간 삶의 가치와 그 실현은 구분되거나 별개의 것이 아니라 연속적으로 동일선상에 있는 것이다. 인간의 삶이 내면과 외면이 조화를 이루는 전 인간적인 삶으로 향상되어야 하며 이를 사회적 역량으로 결집해 장기적으로 사회 전체가 유기적으로 화합하는 공동체적 과정에서 운영되어야 한다. 이를 전통적 맥락에서 말하자면 이른바 자기 수양을 통한 사회의 교화에 대한 의지의 발현이자 사회 발전 단계에서 최상선의 실현인 것이다. 여기에서 물질적 혹은 경제적 발전과 정신적·문화적인 발전을 통해 개인적인 삶의 성취뿐만 아니라 더 나아가 사회적인 화합의 성숙한 단계로 나아가는 것이다. 이러한 인간관에는 자연과 인간 혹은 인간과 자연의 관계가 설정되어 그 속에서 인간 사회의 원칙, 즉, 필연성의 준칙과 당위성의 준칙이 확립될 수 있다. 필연성의 준칙이 인간으로서의 실재와 관련된다면 당위성의 준칙은 실재로서의 인간과 관련된다. 전자는 자연생태계 속에서 인간이 어떠한 모습으로 존재하는가 하는 실존의 문제에 달려 있는 반면에, 후자는 인간이 나름의 삶을 어떻게 영위해야 하는가 하는 과정의 문제에 달려 있다. 전자를 바탕으로 하여 후자가 성립될 수 있다.

인격체로서의 인간만이 삶의 가치를 바로 자각하고, 올바로 평가할 수 있다. 행복의 작디작은 알맹이들이 일상생활에 흩어져 있다는 상식에서 인간은 삶의 과정에서 행복을 찾아야 한다. 인간의 삶이 자율적이고도 주체적인 지속가능한 삶이 되려면 단순히 외부로부터 강요된 생존경쟁을 위한 삶이어서는 안 된다. 인간의 삶은 다원화되는 과정에서 합리적인 성격을 지니게 마련이다. 생존경쟁을 위한 삶은 외부의 여건에 따라 좌우되고 강요되는 타율적이고 일차원적일 수밖에 없다. 나아가 합리적이고 윤리적인 세계관이 어떤 것인지 분별하고 그러한 세계관으로 자신을 잘 무장해야 할 책임이 있음을 인식해야 한다. 세계관이 자신의 삶에 광범위한 영향을 끼친다고 할 때 그것을 검토하는 일은 결코 쉬운 문제가 아닐 것이다. 자신이 속한 사회의 문화를 분석해야 하며, 이러한 상황 분석에 관한 결과로서 윤리적인 세계관과 일치하는지 끊임없이 추구해야 한다. 성경의 선지자들 가운데 한 사람인 야고보는 인간의 자기 초월의 능력을 거울을 보는 것에 비교하면서 우리가 우리 자신을 어떻게 보느냐에 따라 자신을 평가하고 변화시킬 수 있는 능력이 결정된다고 설명하고 있다. 세계관이란 지렛대의 고정점과 같은 것이다. 고정점을 잘 조정하여 지렛대를 쓰면, 작은 힘으로도 엄청나게 무거운 물체를 쉽게 들 수 있다. 세계관은 마치 이 지렛대를 갖다 댈 수 있는 고정점과 같아서 어떤 철학적 해석을 내릴 수 있는 기준의 틀이 되는 것이다. 그러므로 어떠한 철학적 사색도 고정점과 같은 세계관을 전제하지 않고는 시작할 수가 없는 것이다.

대한민국의 열혈 청년으로서 호국 간성의 길을 선택한 사관생도는 정규 장교를 위한 임관 교육을 받고, 장교 임관 후 지휘관 복무 과정을 지나며, 국가의 국방 안보 전략을 수립하는 고급 지휘관 임무를 수행한 후 명예로운 전역을 하게 된다. 그 후에는 국가 안보의 핵심 역량을 보유한 민주 시민으로서 국가 안전망에 봉사하는 임무를 부여받게 된다. 그러므로 사관생도는 생애 주기를 통하여 항상 만나게 되는 주변 환경에 대한 최선의 해결 방안을 강구하여야 하는 고난의 과정에 직면하게 된다. "문화라는 말은 라틴어의 Cultura, 독일어의 Kultur, 영어의 Culture 등에 연유한 번역으로서 경작을 뜻하는 말이기도 하다. 이 단어는 때에 따라서는 교양이라는 말로 사용되기도 하며 문화라는 말과 양면(兩面)으로 사용하고 있다. 그러나 특히 독일어에서는 문화라 할 때는 Kultur를 사용하고 교양(敎養)이라 할 때는 형성(形成)을 뜻하는 Bildung이라는 말을 사용한다. 교양이라는 말의 본질적 의미는 인간 형성이나 인격 도야의 의미가 강하고 문화라는 말의 근본 뜻은 인간의 생활 감정이나 정서 혹은 가치를 배경으로 한 삶의 양식, 즉, 삶의 근본 범주를 의미한다. 그러기에 딜타이(Dilthey)는 그의 세계관(世界觀)의 여러 형태(形態)(Typender weltanschaung)에서 문화(文化)를 생활 감정(生活感情)에 의한 삶의 다양화(多樣化)의 근본 범주(根本範疇)라고 하였다.

한국 청년문화의 존재 가치도 이 이성의 원리와의 조화 여부에 따라 정사가 판정될 것이다. 우리는 이성을 회복하여 정신을 차릴 때만 이성의 진실성과 그 한계성을 자각하게 될 것이다. 최고선을 향하여 노력하는 인간은 자기의 도덕적 자유를 자각하는 동시에 자기가 가진 자연적 소질을 전개한다. 아름다운 자연에 감싸인 인간이 자연이나 누군가에게 감사하고 싶은 요구를 내적으로 느끼면서 동시에 타자에게 감사하고 있는 자발적인 자기 자신의 도덕성에 또 한 번 감사하는 인간 본연의 자연적 소질은 도덕의 세계에서 목적의 세계로 지향되고 있으나, 역시 그 근거는 의연히 도덕 법칙에 있다."[32]

삶에 대한 철학적 개념은 성품 혹은 품성, 기질, 개성, 성격, 사람됨, 전인성, 인격, 도덕성 등 매우 다양한 의미로 사용됐지만, 인생에 대한 삶의 철학적 의미를 어떻게 파악하더라도 여기에는 우리 인간이 지향하고 성취해야 하는 인간다운 면모, 성질, 자질, 성품이라는 의미가 부분적 또는 전체적으로 내포되어 있다. 우리 인간이 지향하고 성취해야 하는 이러한 인간다운 성품의 측면에서 그 특성을 규정

할 경우, 이러한 요소에는 대체로 자신과 인류의 보편적 가치와 덕목
이 포함되지만, 공동체의 전통과 상황적 특수성에 기초한 덕목이 강
조될 수 있다.

5.5 임무 수행 능력 및 지휘 역량 배양

사관생도의 본분은 장차 국가의 간성으로서 합법적인 국가 무력 체계를 통제하고 지휘할 수 있는 충분한 수준의 지·덕·체를 배양하는 데 있다. 군의 정규 장교로서 복무하는 군인의 목표는 상하간 지휘 통제 계통의 준수와 부여된 국방 안보 임무를 성공적으로 수행함으로써 국토의 방위와 국민을 보호하는 데 기여하는 것이다. 이러한 임무 수행의 세부 요소로서 전형적인 무인으로서의 충분한 자질과 품위 보유, 조직과 부대 요원에 대한 통제 및 지휘 능력 보유 등이 있다. 무인의 자질과 품위는 개인의 특성과 교육 훈련을 통하여 계발되고 배양될 수 있으며, 지휘 및 통제 역량은 교육과 실무 경험을 통해 함양될 수 있다. 군인으로서 임무 수행의 핵심은 국방 안보의 확보를 통해 내우외환으로부터 국가를 방위하는 것으로 전장에서의 승리이다. 전장에서 승리를 쟁취하기 위해서는 세 가지의 필수 역량이 요구된다. 전쟁의 주체로서 개인의 역량, 전장 환경 조건 정보, 집단과의 투쟁 과정에서 필수적으로 조성되는 피아간의 공동체에 대한 상호 관계 역량이다. 개인 역량은 전장 상황을 조정·통제하여 승리를 쟁취하는 능력이다. 개인 역량은 다양한 정보를 수집 및 분석·평가하고, 전략을 수립 및 실행하려는 전술 작전 운용 능력 등을 포괄하는 개인의 창조적·지적 수용성의 확보, 그리고 확립된 전략 전술을 바탕으로 부대원과 환경을 조화시켜서 전술적인 운영을 가능하게 하는 리더십 역량 및 전투 상황에서 피아간의 상황 전개를 평가·분석한 후 승리로 이끄는 전쟁 상황 통제 리더십으로 구성되는 공동체 운용 능력으로 나누어진다. 개인의 창조적·지적 수용성의 확보는 군사 전문성으로, 공동체 운용 능력은 군사 지휘 능력으로 정의된다.

사관학교에서의 소양 교육은 전문적 사회화(Professional socialization) 과정으로, 직무 문화 및 역할을 습득하게 하는 등 전문적 정체성을 제공할 뿐만 아니라 전문적 행동규범에 따라 행동할 수 있게 하며, 그런 행동들이 다시 전문직 문화를 발전시키는 순환적 역할을 담당한다. 전문적 사회화는 전문직의 속성을 내면화시킴으로 전문적 성장과 발전을 도모하는 과정이다. 성공적인 전문적 사회화는 전문직의 문화를 습득시키고 역할을 익히게 함으로 전문적 정체의식을 제공하여 전문적 행동규범에 따라 행동할 수 있게 만든다. 전문성은 전문인의 자격 요건과 인적자원 개발 측면에 관한 이론적 전문성, 전문인의 올바른 태도와 행동을 규정하는 실천적 전문성으로 구분할 수 있다. 실천적 전문성은 어떤 직업적 태도를 가져야 하는지 도와주는 것으로 전문적 정체성(Professional identity)과 관련되어 있다. 인적자원 개발 측면의 전문성은 인적자원을 훈련하는 데 있어서, 학습자를 분석하는 것보다 과제의 세부적인 내용을 분석하여 체계적인 전문성을 제공하는 것이 더욱 효과적이라는 가네(Gagne)의 학습원리 이론과 같은 기능적 합리주의를 전제로 한다. 조직이 필요로 하는 전문성을 구체화하고 효율적인 학습 방법을 제공하기 위한 인적자원 관점에서의 전문성은 특정한 영역에서 개인이 수행할 수 있거나 수행할 것으로 기대되는 최적의 수준에 도달하는 것을 말한다. 전문성을 구성하는 가장 기본적인 요소로는 지식, 경험, 문제 해결 능력이 우선 제시되고 있다. 이 외에도 예리한 지각 능력, 자동화된 행동, 장기 기억과 단기 기억, 자기 관리 능력, 사회적 인지 습득과 성장, 유연성 등이 있다. 전문성을 과정으로 해석하는 접근방식에서는 직업에서 요구되는 가치와 개인적 삶의 가치가 통합되는 과정이 전문성 개발의 핵심 동인(動因)이며, 이는 목표를 설정하고 달성하는 목표 추구 행위 때문에 전문성이 최고 수준에 이르게 되고, 긍정적인 태도와 습관이 지속해서 재형성되게 한다. 따라서 개인의 가치와 목표 그리고 습관 등도 전문성의 구성 요소로 제시되고 있다.

5. 5. 1 임무의 정의, 군사 전문성

군인은 인류의 기원과 함께 시작된 전쟁 수행을 위한 조직에 특화된 인력이다. 동양의 병법에서 전쟁을 수행하는 군은 국가의 중요한 존재로서 존망을 결정하는 지반이라고 할 만큼 그 존재와 역할은 매우 강력하다. 그래서 군인이라는 직업이 역사적으로 존재한 이래로 동서양을 막론하고 그 정체성과 특성을 정의하는 논의는 계속되고 있다. 대표적으로 동양의『손자병법』,『논어』와『맹자』,『묵자』,『무경칠서』등과 서양의『군주론』,『전쟁론』등은 군인이 어떠한 능력, 특성과 품성을 지녀야 하는지 명분적 · 실체적 측면에서 세부적인 요목들을 제시하고 있다. 초기 원시 사회에서는 군을 지휘하는 장교가 전문 직업이 아닌 일정한 신분 계층으로서 귀족들에게 부여된 도덕적 의무(Noblesse oblige)였다. 그러나 근대 이후 국가의 안전 위협에 적극적으로 대비하려는 기능적 요구, 그리고 군과 민간의 정치 권력 분리 차원에서 군사 전문 직업주의가 확립되면서 장교는 전문 직업화되었다.

정치 철학자는 전문직의 특성을 규정짓는 요소로서 전문 기술(Expertise), 단체성(Corporateness), 책임성(Responsibility)을 제시하면서 군인을 전문직(Professional)이라고 규정하였다. 군사 전문직 차원에서 장교를 논할 때 민간 전문직과 가장 큰 차이는 바로 무력의 관리(Management of violence)이며, 이에 따른 장교의 고유 임무는 무력을 지휘, 운용 및 통제하는 것이다. 전쟁을 수행하거나 억제하기도 하는 장교는 무력을 행사하는 군 조직을 지휘 및 운용, 통제할 수 있는 전문화된 역량을 갖추어야 한다. 무력의 관리는 단순히 무력 그 자체의 기술에 대한 지식뿐만 아니라 그 역사적 배경까지 이해할 것을 요구한다. 무력은 그 자체에 가치를 부여할 수 없는 것이지만, 무력을 다루는 사람에 따라서 그 행사의 결과가 매우 달라지기 때문에, 군인에게는 자기희생과 국가에 대한 충성심과 헌신적 기여가 필수적으로 요구되는 것이다. 이러한 무력의 통제, 운용과 관리 이외에도 장교의 임무는 매우 다양하다. 현대사회의 전쟁은 상대방을 굴복시킴으로 자신의 의지를 실현하고자 하는 폭력 행위였던 이전의 무제한 전쟁 개념에서 사회적 가치를 보존하고 확장하는 수단으로써 제한 전쟁 개념으로 옮겨가고 있다. 전쟁과 평화에 관한 기존 군의 전통적 기능은 전쟁 억제를 통한 평화 유지적인 특징으로 바뀌었고 국가 발전을 위한 정치, 경제, 사회적 자원의 활용을 조절하는 역할까지도 담당하게 되었다. 이에 따라 군 전문성은 무력의 관리라는 기존의 제한적 차원에서 더욱 확대된 개념으로 발전하였다. 근대의 군은 무력의 관리와 적용 및 운용으로 묘사되는 전사의 이미지(Fighter image)였으나, 근래에 와서는 안보 분야를 담당하는 보호자의 이미지(Protector image)가 부각되고 있다. 특히 현대 기술 집약적 최첨단 무기 체계와 그에 따른 전장의 변화는 장교에게 고도의 전문 지식을 요구하고 있다. 또한, 사회 발전과 과학기술의 비약적인 발전으로 인하여 장교는 전투 지휘자 외에 관리자, 전문가, 정치가, 학자다운 군인으로서의 다양한 역할을 요구받고 있기에 그에 따른 특수 분야에 대한 기능적 역량을 준비해야 한다.

군 조직에서 요구되는 특성인 단체성은 구성원 간의 유기적 통일체 의식, 그리고 자신의 소속 집단이 다른 집단과 다르다는 의식을 공통으로 가지고 있는 것이다. 군의 단체성은 여타 직업보다 두드러지게 높다. 마지막으로 책임성은 전문인이 사회에서 갖는 영향력과 지위로 인해 특별한 임무나 의무를 맡게 된다는 것이다. 어떤 집단이건 고도의 성취를 이루기 위해서는 반드시 윤리의식이 전제되어야 한다는 사회적 공감대가 이러한 전문인들의 책임성을 더욱 부여한다. 장교들이 갖게 되는 무력에 대한 전문 지식과 기술의 고유성은 그에 수반되는 강력한 책임감을 요구한다. 이러한 책임성의 논의는 군대 윤리(Professional military ethics)의 개념 정립으로 확장되고, 직업군인의 윤리로서 충성과 복종, 문민 통제가 제시되었다. "한국 현대 군인의 사명은 군인 복무규율에 명시되어 있는데, 그에 따르면 대한민국의 자유와 독립을 보전하고 국토를 방위하며 국민의 생명과 재산을 보호하고 나아가 국제평화의 유지에 이바지하는 것이다. 이에 따라 군인은 국가에 대한 충성, 성실, 국민에 대한 친절, 정직, 품위유지와 명예존중, 비밀엄수, 전쟁법 준수, 청렴 및 검소, 환경보전의 의무를 갖는다. 반면에, 직무유기 및 근무지 이탈, 집단행위, 직권남용, 사적 제재, 영리 행위 및 겸직이 금지되고 대외활동 및 정치적 행위에 대해 제한을 받는다. 구체적으로 장교의 책무는, 부대 관리 훈령에 따르면, 부대를 지휘 관리 및 훈련하며, 부대의 성패에 책임을 지는 것이다. 부대의 엄정한 군기와 왕성한 사기, 단결력이 장교에게 달려 있으므로 장교는 지휘권을 엄정하게 행사하고 부하를 지도·감독하며, 부하의 복지 향상과 자원의 효율적 관리에 힘써야 한다. 이를 위해 장교는 책임의 중대함을 자각하여 직무 수행에 필요한 전문 지식과 기술을 습득하고 건전한 인격 도야와 심신 수련에 힘쓰며 처사를 공명정대하게 하고, 법규를 준수하며 솔선수범함으로써 부하로부터 존경과 신뢰를 받아야 한다. 이를 바탕으로 역경에 처하여서도 올바른 판단과 조치를 할 수 있는 통찰력과 권위를 갖추어야 한다. 현대사회에서 군인으로서 갖춰야 할 군사 전문 지식의 수준은 매우 다양하고 폭넓어졌으며, 사회에서 요구하는 직업윤리의식은 더욱 높아졌다. 국군은 국가의 안전을 보장하고 국토를 방위하기 위해 존재하며, 군인은 국군의 의무를 완수하기 위해 애국정신을 토대로 한 명예, 충성,

용기, 필승 등 죽음도 불사하는 정신으로 무장되어 있어야 한다. 그리고 장교는 허가받은 무력을 관리하는 직무를 부여받은 자로서 무력이 적용되는 조직의 지휘, 운영 그리고 통제라는 막중한 임무를 담당하기 위해 업무에 대한 전문성뿐만 아니라 올바른 의식 및 태도까지 갖추어야 한다."[33]

"전투 작전이 갖는 역동성과 예측 불가능한 복잡성은 분권화된 지휘와 결심 수립의 자유를 요구한다. 결심 수립의 자유가 있는 상태에서는 상황 변화에 따라 시간적인 지체 없이 즉각 조치를 취할 수 있고, 식별된 호기를 놓치지 않으며, 작전부대들이 반드시 수행하여야 하는 조치들을 미리 계획하고 실행할 수 있다. 상관의 지시와 통제에만 의존하여 임무를 수행하려는 자세로는 변화하는 전장 상황에 효과적으로 대응하거나 호기를 이용할 수 없으며, 전투의 승리를 보장할 수 없다. 전투 현장의 상황을 가장 잘 알고, 그 상황에 적합하고 융통성 있는 해결책을 지닌 현장 지휘관의 적극적이고 창의적인 역할이 더욱 중요하다. 또한, 사회와 과학기술의 발전에 따라 양적인 대군주의에서 질적인 정예주의 추구 경향은 전 구성원의 직무에 대한 전문성 습득과 이들에 대한 자율형, 참여형 지휘 여건 보장의 중요성을 점점 증가시키고 있다. 이러한 요구를 충족하기 위해 문명사적 변화에 지식, 정보에 기반하여 생각하고 판단하는 군인(Thinking & smart soldier)인 동시에 스스로 리더라는 인식을 해야 하므로 능동적으로 창의적인 지식 정보형 군인과 리더로 계발되어야 한다."[34]

5.5.2 임무 수행 능력 구비

전장 지휘관으로서 장교는 예하 부대원에게 특정한 임무 부여 시 달성할 수 있는 구체적인 임무를 지시해야 하고, 명확한 의도와 목표를 제시하되 지휘명령 하달 후, 임무 수행 방법과 절차를 위임해야 한다. 그리고, 임무 수행에 필요한 인적 물적 자원 및 수단을 제공하고 제한 사항을 명시해야 한다. 임무 부여 절차는 평시에는 구두 지시의 형태로 하달하나 전투 시에는 임무형 명령으로 명확하고 간결하게 하달해야 한다. 군사 작전 운용에서 임무라는 개념은 오래전부터 써왔으나 군 교범 상에서 사용되기 시작한 것은 제1차 세계대전 이후의 일이다. 임무는 명령의 핵심 분야로 상급 지휘관의 의도를 구현하기 위해 단위 부대가 수행해야 할 작전 운용상 과업을 의미한다. 임무라는 개념은 언어 사용상 명령 하달의 한 방법으로 계획의 목적을 특히 명확하게 부각하며, 목적 달성을 위한 수행 방법은 임무 수령자에게 위임되어야 한다는 의미가 포함되어 있다.

통상적인 작전 임무 수행에서 행동 원칙은 모든 계급의 군인은 자기에게 주어진 임무 범위 내에서 단호하고 자주적이며 스스로 책임을 지는 행동을 해야 한다는 것이다. 그러나 지휘관이나 상급자의 행동규범에는 임무 하달의 권한과 책임이 있으므로, 지휘자는 명확한 임무를 부여해야 한다. 즉, 지휘자는 달성해야 할 목표와 이를 수행하는 데 필요한 권한을 하급자에게 위임해야 하며, 또한 자신의 의도와 상황에 대한 정보를 제공하고 임무 수행에 필요한 인적, 물적 수단을 제공하여 여건을 보장해야 한다. 아울러 전술 토의, 간담회, 지도 방문을 통한 주기적인 접촉을 유지하여 전술적 식견과 부대 운영 개념에 대한 공통된 견해를 유지하고 적절한 지도 감독을 하여 과도한 간섭을 배제함으로써 예하 지휘관과 부대 행동의 자유 영역, 즉, 재량권을 보장하고 자주성을 촉진해야 한다. 작전 임무 내용에서 배제될 수 없는 원칙으로, 지휘관은 하급자들을 신뢰하고 이해하려고 노력해야 한다. 자신의 척도로 일선의 하급 제대 지휘관들을 평가하고 간섭하고 요구하지 말아야 하며, 하급자의 실수를 두려워하지 말고 관용으로 수용할 수 있어야 한다. 하급자는 임무 수령과 임무 수행 시 상급자의 의도가 무엇인지 파악하며, 그것을 항시 염두에 두고 자신에게 보장된 행동의 자유를 활용해야 한다. 즉, 부여된 임무와 상황 속에서 스스로 생각하고 판단하여 자신에게 부여된 수단의 이용과 임무 수행 순서를 자주적으로 결정하여 이를 행동으로 실천하려는 노력이 필요하다. 따라서 위임된 권한 범위 내에서 책임감을 갖고 소신껏 행동하기 위해선 계급과 직책에 맞는 정통한 능력을 갖추고 있어야 하고 기본교리 및 규정과 방침들을 확실히 숙지하고 있어야 한다.

동서양의 모범적인 무인상을 고려하여 현대의 무인 장교의 자질과 특성을 정의하면, 핵심 요소로 개인의 품성, 지적인 잠재력, 강인한 인간의 완성과 헌신하는 태도를 도출해낼 수 있다.

직무 수행 능력

"직무 수행 능력이란 계급과 직책 수행에 필요한 전문 지식을 전투 준비, 교육 훈련, 부대 관리에 실질적으로 적용할 수 있는 능력이다. 직무 수행 능력을 갖췄을 때는 효율적, 합리적인 부대 지휘가 가능해져 부대의 업무 성과가 높아지고 긴급한 전투 상황에서도 올바르게 판단해 적시적인 전투 지휘와 상황 조치를 할 수 있게 된다. 이를 갖추지 못했을 때는 전투 준비, 교육 훈련, 부대 관리에 허점이 발생해 부대의 사기와 전투력이 저하되며 올바른 전투 지휘나 상황 조치에 문제를 초래할 수 있다. 리더들이 성과에만 집착해 부하들을 수단화하거나, 예전에 성공했던 학습과 경험만을 지나치게 맹신해 주변의 조언이나 의견은 무시하고 배척하는 것은 지양해야 한다. 자신과 부하의 직무 수행 능력을 최고로 성장시킬 수 있는 첩경은 현재의 직책과 역할을 긍정적으로 열심히 수행하는 데 있다는 것을 자각해야 한다. 또한, 상황과 임무에 따라 자신의 권한과 영향력을 적절히 행사할 수 있는 실행력과 업무의 특성을 고려해 적임자에게 권한과 임무를 부여하고 전투 준비, 교육 훈련, 부대 관리 능력을 제고함으로써 직무 수행 능력을 함양할 수 있다."[35)]

지휘 역량과 자력 배양

"일반적으로 전술을 전투에서의 병력 운용술이라고 이해하고 있으며, 오늘까지도 이와 같은 개념은 통용되고 있다. 따라서, 전투 시 부대 지휘 및 부대 간 협동 작전에 대한 이론과 이의 적용이라고 군 교범에서 정의하고 있다. 군에서는 이를 보다 쉽게 설명하기 위해, 임무를 통한 지휘(Führen mit auftrag)라는 말로 풀어 사용하고 있다. 즉, 우리가 단순히 임무형 전술이라 말할 때는 전술 분야에 국한된 협의의 의미로 해석하기 쉬우나, 임무에 의한 지휘 혹은 임무를 통한 지휘라는 개념은 특정한 전술의 수행 방식이 아니라, 임무에 의한 지휘

방식으로서 모든 군 임무 수행에 확대 사용할 수 있는 광의의 개념이다. 명령자는 하위 부대 지휘관의 행동을 가능한 제한하지 말고 그 자주성을 유지해 창의적인 임무 수행이 이루어지도록 노력해야 하며, 부하의 재량권은 목표 달성을 위해 공동보조가 필요한 범위 내에서만 제한하라는 것이다. 부대 지휘란 개개인의 성격과 능력 및 정신력에 바탕을 둔 자유로운 창조 행위로써 하나의 예술(Art)로서 정의하고 있다.

그러므로, 전략·전술 교리는 완벽하게 기술할 수 없으며, 전쟁에는 아무런 공식이 없다는 일반적인 원칙이 정설이다. 이러한 정의 개념에 기인하여, 군의 전통적 지휘 철학의 기조가 성립된다. 군 장교들은 상·하급자 간 전략·전술적인 지식의 공감대를 넓히고 모의 전투 훈련과 전술 토의를 거쳐서 상호 간 통일된 논리적인 전술적 사고 훈련을 하여야 한다. 피아간의 세력 변화에 따라 시간상으로 전황이 변화되는, 명확한 합리적 공식이 없는 전쟁에서, 전투 부대원들은 전투 제대 내부에서 종적·횡적으로 공통된 사고를 갖고 공통된 목표를 향해 창의적인 지휘를 수행하여야 한다. 상급자는 부하가 임무 수령 후에 어떻게 행동할지 예측할 수 있어야 신뢰할 수 있고, 반대로 부하는 적어도 차 차상급 부대의 입장에서 함께 생각할 수 있어야만 자신에게 부여된 임무를 상관의 의도에 따라 수행할 수 있다. 이를 통하여 급작스러운 변화에 유연하게 대처하고 승리라는 최종 목표에 근접할 수 있기 때문이다."[36] 장교의 임무 수행 능력은 개인의 군사 전문성 확립이다. 군사 전문성이란 군 리더로서 갖춰야 할 전문 지식과 이를 창의적으로 활용할 수 있는 능력을 말한다. 리더는 당면한 문제에 대해 깊게 생각하고 창의적으로 최적의 해결 방안을 도출·결심해 타인을 이끌 수 있어야 한다.

창의력을 겸비한 지적 수용력

지적 수용력이란 새로운 지식을 받아들이려는 개방적 태도와 관점으로서, 적극적인 지식 탐구 노력과 새로운 지식을 창의적으로 활용할 수 있는 능력이다. 지적 수용력이 계발되면 창의적인 문제 해결 능력과 개방적이고 유연한 사고를 하게 되며 급변하는 환경 변화에 적응이 수월하게 된다. 반면 지적 수용력이 부족한 사람은 관행과 현실에 안주하게 돼 자기 성장이 정체되고 빠른 환경 변화에 적응이 제한된다. 또 아집과 독선에 사로잡혀 잘못된 판단으로 부대를 위기에 빠트릴 수 있다. 자신의 직무 분야나 군사 분야의 지식 습득 노력을 소홀히 하고, 그동안의 군 생활 경험에만 의존하는 태도는 옳지 않다. 또한, 배우려는 마음은 있으나 자신의 상황이나 환경을 고려하지 않고 무분별한 수용과 적용을 통하여 업무에 적용하는 행태도 매우 잘못된 사례라 할 수 있다. 지적 수용력을 개발하기 위해서는 자신의 관점과 지식만이 옳다는 고집을 버리고, 주변 사람의 의견을 존중·경청함으로써 집단지성을 적극적으로 활용하겠다는 마음을 가져야 한다. 또한, 부하들이 다양한 분야의 지식을 탐구해 자기 계발과 조직 발전에 적극 활용하도록 여건을 조성해야 한다. 지적 수용력을 행동으로 실천하기 위해서는 교범이나 군사 관련 서적을 틈틈이 탐독하면서 인문학적 소양을 확장하기 위해 노력하고 이를 업무에 활용해야 한다. 아울러 인접 부대에서 잘하고 있는 사항을 자신의 상황에 맞도록 받아들여 적용한다. 특히 4차 산업혁명과 IT 관련 지식을 군에 적용할 수 있는 분야를 찾아 연구하여야 한다.

군사 식견

군사 식견이란 계급에 따른 직책 수행에 필요한 군사이론과 교리, 법규, 직무 지식, 지휘 통제 능력과 다양한 전투 기술 등에 대한 지적 능력이다. 리더가 풍부한 군사 식견을 가지고 있을 때는 임무 수행에 자신감이 넘치고, 부하들이 믿고 의지하게 되며 합리적·효율적인 부대 지휘로 부대 전투력과 사기가 높아지게 된다. 이 부분이 부족할 때는 부하 또는 주변 의견에 휩쓸려 임무를 주도적으로 수행하지 못하고 효율적인 자원관리 및 업무 조정이 불가능하게 된다. 군사적 전문성을 갖추기 위해서는 자신이 전문성 함양을 위해 지속해서 노력하고 있는지 성찰하고 다양한 학문적 지식 기반을 통해 기초를 쌓으며, 교범이나 군사교리 등의 이론적인 내용을 '어떻게 실제에 적용하고 활용할 수 있을까?'를 늘 살피고 고민하는 마음 자세를 가져야 한다. 또한, 자신만의 전술 개념을 만들어 각종 부대 활동 후 교훈과 군사 지식, 관련 교리 문헌 연구 자료를 기록하고 간부 교육을 통해 상·하 전술관을 공유해야 한다. 또 정보기술을 공부해 운용할 분야를 찾아 활용하기를 적극 추천한다.

정체성

전문적 정체성(Profesional identity)은 전문직 구성원이 자신의 전문성에 대해 내리는 주관적 평가로 구성원이 갖고 있는 전문 직업인으로서의 정체성을 말한다. 이러한 전문적 정체성은 사회적 환경 안에서 개인의 경력 과정 동안 전문직 역할을 의식하고 그 역할에 적응하는 과정을 통해서 형성된다. 또한, 정체성이란 발달 과정 중 개인이 동일시하는 관념들로 이루어진 자기(Self)로서 누군가의 강요보다는 개인의 능동적 실천 때문에 구성된다. 또한, 조직의 전문적 정체성은 조직 외부에 존재했던 개인의 정체성에 조직의 중심 가치를 내면화하는 과정으로서, 조직의 일원으로서 조직의 가치를 자신의 정체로 인정해 가는 것이라 할 수 있다. "정체성(Identity)이란 나는 누구인가에 대한 총체적인 탐색의 결과로서 사회적인 요소를 포함한 전문성을 습득하여 자기(Self, ego)가 확장된 개념이다. 이것은 인격의 발달 과정 중에 개인이 나는 조직의 일원이라는 동일시(Identification) 개념으로 이루어지는 자아에 대한 각성의 완성이다. 각 개인의 정체성은 가족, 종교, 신념, 지역 공동체, 소속 등 다양한 지식과 개인의 경험적 혼합물로 구성된다. 조직 정체성은 사회에 존재하는 다양한 공동체들 안에서 각자가 전문적이고 실제적인 경험과 개념의 실체들을 서로 주고받는 가운데 형성되는 자아 성숙의 기반이 되는 것이다. 그러므로, 각자의 정체성은 개인의 살아있는 경험이 반영되는 사회적 · 문화적 · 역사적 실재(實在)라고 할 수 있다.

종합적으로 정체성이란 개인이 자신을 어떻게 이해하며 경험을 어떻게 해석하는지에 관한 것으로서, 현재의 내가 처한 상황 속에서 자신을 어떻게 드러내고 다른 사람에게 어떻게 보이기를 원하는지에 따라 지속해서 형성 및 재형성되는 역동적 구조에 기반한다. 이에 따라 다른 사회, 다른 역사적 시대에 따라 개인은 정체성에서 중시하는 것들이 달라질 수밖에 없고 일반적으로 성별, 성격 등으로 특징지어지는 자연적 정체성(Nature-identity), 개인의 소속에 따라 역할, 의무 등으로 특징지어지는 조직적 정체성(Institution-identity), 교육 때문에 형성된 개인의 합리적 사고에 따른 담론적 정체성(Discourse-identity), 그리고 개인이 실제 살아가는 현장에서 생긴 공동체를 통해 생긴 친화적 정체성(Affinity-identity)의 관점으로 구별될 수 있다. 인지 발달 과정에서 심리학적 정체성은 여섯 단계의 개인 정체성 형성 과정을 거친다. 세부적으로, 청소년 시절의 정체성 형성 단계, 직업을 수행하기 시작하는 시점으로서 아직 직업에서 요구하는 규정들을 따를 마음의 준비가 되어 있지 않은 단계, 직업 정체성이 형성되기 시작하는 단계, 스스로 직업의 가치에 대해 정의를 내리고 개인 신념과 직업 가치 간의 갈등 조정이 가능하며 전문성 발달을 위해 도전하고 확고한 신념이 생기는 단계를 지나, 군인과 같은 특수하고 전문적 직업군에서 확인되는 정체성 단계로서 일반인들은 도달하기 어려운 극도의 이타주의를 행동으로 실행할 수 있는 단계 등으로 구분된다. 이러한 정체성에 관련한 이론은 상당히 포괄적이기에 최근 사회과학 연구에서는 관계적 정체성(Relational identity), 역할 정체성(Role identity) 등의 개념으로서 연구가 진행되고 있고, 특히 광범위하게 활용되는 개념으로서 사회적 정체성이 있다. 사회적 정체성 이론(Social identity theory)은 특정 집단에 속해 있다는 자각에 기반하여 집단의 특성으로 자신을 이해하는 것이다. 누구나 삶의 방향에 대해 고민을 한다. 개인적 자아와 직업적 자아에 관한 고민이 있지만, 이 두 가지 자아에 대한 고민을 하나로 인식할 수 있게 되는 것이 전문인으로서의 진입 단계라고 할 수 있다. 군인, 장교로서의 전문적 정체성(Professional identity)은 개인이 자신을 전문직 역할로 정의하는 것과 관련된 속성, 신념, 가치, 동기와 경험 등의 비교적 안정적이고 지속적인 집합을 의미한다. 장교로서 생사관과 군인의 품성을 최고도로 배양하는 전문 정체성을 배경으로 군사적 안목과 비전이 생성된다."[37]

상황 인식과 판단력

"상황 판단력이란 문제의 핵심을 파악하고 적시에 최적의 대안을 제시하는 능력이다. 상황 판단력을 향상하면 기민하게 상황을 평가하고, 신뢰성 있는 예측과 이성적인 결론 도출이 가능해지며 시행착오가 준다. 상황 판단력이 부족하면 우발 상황에서 침착성과 냉정함을 잃고 상급자의 지시에만 의존하게 되며, 잘못된 판단으로 시간, 자원, 노력을 낭비할 가능성이 크다. 우물쭈물하다가 판단 시기를 놓쳐버리거나, 부정적 또는 긍정적인 정보 한 가지에만 몰입해 부분을 전체로 착각하는 과오를 범해서는 안 된다. 상황 판단력을 개발하기 위해서는 임무 수행 시 워게임(War-game)을 생활화하고, 임무나 과업을 단순화하는 습관이 필요하다. 또한, 통찰력과 관찰력을 키우고, 과학적·체계적인 분석 도구를 활용해 상황을 평가하고 조치하는 능력을 길러야 한다. 아울러 과업 추진 전 부하들의 다양한 의견을 수렴한 후 이를 바탕으로 유연하고 냉철하게 판단해 객관적인 시각에서 인력을 적재적소에 배치해야 한다."[38]

기민한 작전 수행

부대의 전투와 교육 훈련에서 기민한 작전 수행이란, 지휘관이 변화하는 상황을 평가해 적시에 결심하고, 적보다 먼저 대응함으로써 주도권을 유지하면서 전투 임무를 완수해 가는 과정이다. 이는 불확실한 전장 상황에서 부대원들의 운명을 결정할 수 있다. 기민한 작전 수행을 위한 전제 조건은 신속하고 정확한 상황 판단, 적시에 적절한 결심을 위한 용기와 결단력이다. 지휘관들은 흔히 표준화된 작전 수행 과정을 모두 적용해야 한다는 생각에 고착되어, 적시성을 상실하는 실수를 범할 수 있다. 또한, 현재의 변화하는 상황을 간과하고 최초 판단만을 고집해 끝까지 밀어붙이기식으로 조치하거나, 제대의 노력과 전투력을 통합한다는 이유로 과도하게 예하 부대를 간섭·통제하는 경우가 있다. 기민한 작전 수행을 위해서는 우선 실현 가능한 계획을 수립해야 한다. 또 작전 실시간 적시성과 효율성을 보장해줄 수 있는 작전 수행 체계를 면밀하게 준비한 후 교육 훈련을 통하여 실전 능력을 배양해야 한다. 상황을 정확하게 판단하고 결심할 수 있는 체계를 갖춰 적시에 판단하고 결심하는 능력은 물론, 평소 다양한 정보 수집 체계를 유지하고, 촉박한 대응 시간에 맞춰 과감하게 결심하는 것을 행동으로 숙달해야 한다. 특히 부대의 두뇌 역할을 하는 전투 참모단이 능력을 갖출 수 있도록 훈련하고, 행정적인 보고나 상황 평가 체계를 실전적으로 개선해야 한다.

자기 계발

자기 계발이란 현재 및 장차 역할 수행에 필요한 능력을 스스로 개발하고 향상하는 활동이다. 지휘관은 임무 완수의 주체로서, 자신의 현재 및 차후 계급과 직책에 따른 역할과 책임을 다하기 위해 자신의 능력을 지속해서 함양해야 한다. 자기 계발에 성공했을 때 직무에서 요구하는 전문성을 갖춰 임무 수행에 자신감이 생기고, 긍정적·적극적으로 군 복무에 임하게 된다. 다양한 형태의 자기 계발 학습을 통하여, 교육기관에서 익힌 기본 군사 지식을 넘어서는 고도의 전문성과 기술을 습득할 수 있게 된다. 미래에 이루고자 하는 비전과 목표는 거창한데, 정작 이를 달성하기 위한 정보와 실행력은 미미한 경우가 대부분이다. 흔히 처음에는 열정을 가지고 자기 계발 계획을 세우지만, 중도에 흥미가 저하되거나, 직무 수행에 필요한 능력 개발은 등한시하면서 개인의 사적인 영달을 위한 자격증 획득에만 노력을 집중하는 때도 있다. 본받고 싶은 위인 모델을 정해 부족한 점을 보완하고, 동서양의 전쟁사와 전략 전술서와 다양한 병법서를 독서하고 이를 확철대오(廓徹大悟) 하여 현대전과 미래전에 발전적으로 적용할 수 있는 탁월한 안목을 갖추도록 항상 노력하고 수련하여야 한다.

5. 5. 3 부대 지휘 리더십과 지휘 역량의 습득

5. 5. 3. 1 리더십과 지휘력의 계발

"장교는 헌법과 법률에 근거하여 부대의 지휘권(Command authority)을 갖고 국군조직법, 부대 관리훈령에 따른 지휘 책임(Command responsibility)을 지는 직업 전문인이다.'장교의 지휘권은 지휘관이 부여된 임무를 수행하기 위하여 계급 또는 직책을 통하여 예하 부대에 합법적으로 행하는 일체의 권한 행사'라고 정의된다. 또한, 군인 복무규율에서는 상관과 부하의 지휘 체계에 대해서 법적인 요건과 절차를 명확히 제시하면서 지휘관이 지휘권을 행사할 때 그에 따른 책임도 부여됨을 명시하고 있다. 이렇듯 장교들에게는 많은 권한과 동시에 책임감도 부여되므로 높은 리더십을 갖추어야 한다고 할 수 있다.

부대를 지휘 및 관리하는 책임을 맡은 장교의 전문성을 다른 표현으로 리더십이라 할 수 있으며, 이러한 군 지휘관의 리더십은 부대의 성과나 전투력을 결정하는 중요 요인이라고 할 수 있다. 이와 관련하여 우수한 군인을 배양하는 데 군 리더십 분야의 연구가 크게 기여하고 있다고 할 수 있는데, 특히 임무를 완수하고, 조직을 발전시키기 위해 목표와 방향을 제시하고, 동기를 부여함으로써 구성원들에게 영향력을 행사하는 과정이라고 정의한 미 육군의 연구가 대표적이라 할 수 있다. 일반적 리더십과 군 리더십의 본질적 차이를 찾기는 어렵지만, 많은 사람이 목숨을 건 전투 상황에서 발휘되는 리더십이기 때문에 군 리더십을 권위적이고 때로는 강압적인 리더십이라고 생각하기도 한다. 그런데도 인간은 누구나 자신을 사랑하고 행복하게 만들어주는 사람을 좋아하고 따르기 때문에 군과 민간의 리더십의 본질은 다르지 않음은 자명하다고 할 수 있다. 다만 리더십 유형의 차이가 아닌 정도의 차이를 보이는 것은 군 리더십이 단순히 부대 운영에 그치지 않고, 목숨이 위태로운 상황에서조차 부하들이 기꺼이 명령에 따르게 하고 작전 과정에서 창의적인 전략과 전술을 발휘시켜야 하기 때문이다."[39] 현대에 이르러, 군사 전략 전술은 지식 정보화 시대에 대비하기 위해 인간 중심 리더십에 기반을 두는 전술 지휘 문화로 변화되어 정착되어 가고 있다. 전통적인 전장 상황을 재조명함으로써 위협, 환경 상황, 정보 획득, 전략 전술을 분석 및 운용하는 지휘 통제 작전 리더십에 대한 새로운 개념을 정립시켜 나가고 있다. 전쟁은 국가 조직이 자신의 의지를 실현하고자 적에게 굴복을 강요하는 무력의 행사이며, 전략은 전쟁의 목적을 이루기 위한 정치, 사회, 군사적인 측면을 종합한 정책이며, "전투력이란 전략을 수행하는 군사력 자체의 추진력이므로 모든 전쟁의 가장 기본적인 요소라고 말할 수 있다. 그러므로, 전투력이 투입되는 곳에는 그 바탕에 반드시 전략과 전술 개념이 있어야 한다. 전투력은 크게 생산과 유지, 그리고 사용의 과정을 거치는데 생산과 유지는 수단, 사용이 목적이라고 말할 수 있다. 전투력이 실제로 행사되는 전투 상황의 전개에는 적극적인 목적과 소극적인 목적의 두 가지 측면이 있다. 무력 결전을 하고 적의 전투력을 파괴하며 적을 쓰러뜨리는 것은 적극적인 목적이고, 결전을 지연시키고 아군의 전투력을 유지하려 하는 것은 소극적인 목적이다.

전쟁에서의 마찰이란, 전쟁을 수행하는 데 방해가 되는 요소를 말한다. 이러한 마찰은 우연과 만나는 곳 어디에나 존재하며, 전혀 예측하지 못하는 현상을 만들어내기도 한다. 일반적으로 위험, 육체적 고통, 정보 등을 마찰의 개념에 포괄할 수 있다. 전쟁의 천재는 위의 전쟁을 어렵게 하는 요소인 마찰을 효과적으로 극복하고 타인을 극복하게 하는 지휘자이다. 지휘관은 리더십의 행사를 통하여 전투 행동을 일으키는 강한 동기를 불어넣고, 단호함과 완강함을 가지고 전쟁에 임하여 어느 정도의 지속력을 유지할지를 결정한다. 이 결정 과정에서, 이성이 감성을 적극적으로 통제하며, 고집을 피하되, 자신의 신념을 단순한 의심으로 바꾸지 않아 지속력을 갖추고, 지형에 대한 이해를 바탕으로 전쟁을 수행하며, 정치에 대한 감각이 있어야 한다. 공격의 성과는 전투에 임하는 부대의 정신력과 확보된 전투 장비 및 지원에 대한 우세한 물리력의 결과이다. 공격의 정점은 평화 조약을 맺는 목적을 달성했을 때를 말한다. 이 시점 이상이 되면 방어자가 반격하여 방어가 공격보다 우세해지는 역전 현상이 나타난다. 이러한 전환점이 나타나는 이유는 인간이 목표를 세우고 움직일 때 마음을 먹으면 전진을 멈추게 하는 타당한 이유에도 불구하고 그것이 마음대로 되지 않기 때문이다. 그렇기에 계속 전진하면서 공격자가 가지고 있던 우세함을 잃고 결국 승리의 정점을 넘게 된다. 그렇게 되면 방어자가 공격자가 가지게 되는 불리함을 이용하여 공격을 시작하는데 이렇게 공방이 전환된다. 전장에서 전투 행위의 중심은 전쟁의 목표를 가장 효율적으로 달성하기 위해서 적의 전투력이나 전쟁 의지의 근본으로 여겨지는 곳이다. 전투 행동의 중심은 전쟁에서 우선순위로 삼아야 할 중요한 공격 목표이다. 굳이 적 전체를 무너뜨리지 않더라도 적의 핵심적인 중심만 점령하여 적을 무력화시킬 수 있다. 따라서 적의 중심을 잘 설정하여 핵심을 꿰뚫어 보는 것이 전투의 승리에 중요하다."[40]

　　지휘 능력 분야에서는 전·평시 모든 부대 활동에서 부여된 임무를 효율적으로 완수하기 위한 지휘 개념으로서 우리나라 육군에서는 '임무형 지휘' 개념을 1999년 5월 경부터 채택하여 이를 전 군에 적용·정착시키려는 노력을 해오고 있다. '임무형 지휘'는 지휘관이 자신의 의도와 부하의 임무를 명확히 제시하고, 임무 수행에 필요한 자원과 수단을 제공하되 임무 수행 방법을 최대한 위임하며, 부하는 지휘관의 의도와 부여된 임무를 기초로 자율적, 창의적으로 임무를 수행하는 사고 및 행동체계라고 정의하고 있다. 여기서 임무형 지휘는 교리가 아니라, 사상과 철학에 가까운 지휘 개념으로 어떻게 지휘할 것인가에 대한 공통된 견해나 관념 또는 태도를 의미하는 것으로 견해나 관념이라고 하는 정신적 요소와 태도라고 하는 행동적 요소가 동시에 포함되어 있으므로 이는 행동체계인 교리의 영역과 사고체계인 사상의 영역을 포함하고 있는 개념의 영역으로 규정하였다. 부대 지휘 역량 계발이란 리더 자신과 타인, 조직의 능력을 향상하는 활동이다. 리더의 역량은 계발될 수 있다. 만일 계발될 수 없다면 학교 교육, 부대 훈련, 자기 계발 노력은 무의미해진다. 역량을 계발하기 위해서는 대상인 자신은 물론, 부하, 조직의 특징을 정확히 진단하고, 그 결과에 따라 적절한 동기를 부여하면서 열정과 애정을 갖고 꾸준히 지도하면 된다. 지휘 역량 계발의 범주를 구성하는 핵심 요소는 자기 계발, 부하 계발, 긍정의 전사공동체 육성을 지향하는 부대 조직계발이다.

리더십의 함의

리더십은 부대의 비전을 추구하거나 전투에서 승리를 쟁취하는 부대의 임무를 완수하는 지휘관의 지휘 역량의 실현이다. 부대의 임무 완수란 군의 최고 가치인 적과 싸워 이기는 것을 가능하게 만드는 지휘관의 제반 활동 양식이다. 리더는 유사시 전투에서 승리할 수 있는 조직을 육성하기 위해, 평시 부여되는 어떠한 임무도 완수할 수 있는 역량을 갖추는 것이 매우 중요하다. 따라서 리더로서 조직 각 구성원을 하나의 목표 아래 결집해 진행 과정을 주도적으로 장악하고, 평가와 지도를 통해 구성원들에게 건전한 피드백을 제공할 수 있는 역량을 갖추어야 한다. 부대의 임무 완수 성공을 위한 범주를 구성하는 핵심 요소는 목표 설정, 방향 제시, 기민한 체계적이며 효율적인 작전 수행과 이를 평가하고 지도하는 단계가 포함된다.

가치관과 군인 정신

장교 개인의 가치관과 군인 정신의 완성도는 무형의 군 전투력의 핵심이자, 군인으로서 당연히 지녀야 할 무사도의 결정체로 군의 모든 구성원을 하나로 결집해 주는 공동의 신념 체계다. 개인의 가치관과 군인 정신을 함양하면 우리가 무엇을 위해 군 복무를 하고, 어떤 군인이 돼야 하며, 어떻게 행동하여야 하는가를 결정할 수 있으며, 참 군인이자 건전한 민주 시민으로서 올바른 사고와 행동을 위한 행동 양식을 정립할 수 있다. 만약 군인으로서 충성할 대상이 올바르지 못하거나, 헌법적 가치에 반하는 행동을 하고, 옳고 그름을 분별하여 행동하는 도덕적 용기가 결여돼 있다면, 그 결과는 국가를 위태롭게 하고 군에 대한 신뢰를 상실하게 될 것이다. 군 간부는 충성의 진정한 의미를 늘 되새겨 자신이 바라는 올바른 팔로워십을 행동으로 실천할 때 부하들도 자신을 따른다는 것을 명심해야 한다. 어떤 일을 행동으로 옮기기 전에는 옳고 그름을 자신에게 세 번 이상 되묻는 습관을 통해 도덕적 용기를, 강인한 체력 단련을 통해 육체적 용기를 배양해야 한다. 또한, 적극적이고 능동적으로 임무를 수행하고, 성패에 대한 책임을 지는 자세를 견지하며 전문성을 갖추기 위해 노력해야 한다.

전투의 공적은 자신이 차지하고 책임은 부하에게 전가한다든지, 자기보다 높은 직위나 힘 있는 사람은 대우하고, 계급이 낮거나 약한 사람은 무시하는 리더가 많아지면 군 조직은 피폐해진다. 특히, 역사의식이 부족하고, 말로만 싸워서 이겨야 한다고 강조하면서, 전투 준비는 소홀히 해, 행정적으로 정리하거나, 치밀한 준비 없이 투지나 정신력만 강조해 같은 실수를 되풀이하지 않아야 한다. 하급자를 전우로 인식하고, 칭찬과 격려, 의견을 경청하는 자세로 소통해야 한다. 현재 자신의 직책 완수를 위해 헌신하고, 항재전장(恒在戰場) 의식으로 현장에서 답을 찾으며, 부대원들과 동고동락하는 솔선수범의 자세를 견지함으로써 군 가치관과 군인 정신을 함양할 수 있다.

신뢰 구축

지휘관 스스로 올바른 모습 보이며 부하들과 항상 소통하며 상하 간에 마음의 벽을 허물어야 한다. 신뢰 구축이란 상급자, 동료, 부하들의 마음과 믿음을 얼어 하나로 뭉치게 하는 것이다. 신뢰가 구축되면 리더십 발휘의 궁극적인 목적인 임무 완수가 가능하지만, 신뢰가 부족하면 영향력이 제대로 미칠 수 없고 팀워크가 발휘되지 못해 임무 수행이 불가능해진다. 신뢰의 의미를 인간적인 가치만 중시하는 것으로 잘못 인식해 업무를 소홀히 하거나, 인간적 가치를 경시하고 업무적인 믿음만 얻으려는 접근 방법은 모두 바람직하지 못한 태도다. 또한, 리더가 부하들과의 약속을 가볍게 생각해 쉽게 어긴다든지, 말과 행동이 일치하지 않고, 공적인 업무에 학연, 지연, 출신, 종교 등을 연결해 파벌을 형성하거나 차별하는 것은 신뢰를 저해하는 매우 잘못된 행동이다. 무엇보다도 리더 스스로가 올바르고, 유능하며, 헌신하는 모습을 보여 신뢰를 구축해야 한다. 그렇지 않으면 아무리 많은 대화도 의미가 없다는 사실을 인식하고 부대원들에게서 인간적인 호감을 얻기 위해 노력해야 한다. 부하들과의 약속 지키기, 부대 운영 시 절차와 분배의 공정성 유지하기, 체면이나 권위의식 내려놓기 등 사소한 일부터 솔선수범함으로써 부하들과 마음의 벽을 허물어야 한다.

목표 설정, 방향 제시

부대원들과 소통하고, 공감을 통해 나아가야 할 방향 제시하고, 무리한 목표 설정과 책임만 강조하는 태도는 피해야 한다. 목표 설정, 방향 제시란 조직이 추구하는 목표를 분명하게 설정하고, 이를 위해 구성원들이 나아가야 할 방향을 명확하게 제시하는 것이다. 이를 올바르게 했을 때는 조직원 모두가 임무를 정확하게 이해하고, 역할 분담이 명확해 부대 역량을 최대로 발휘할 수 있으나, 반면 잘못됐을 때는 부하들의 노력이 분산돼 시간과 자원만 낭비되고 가시적인 성과가 없어 임무를 완수할 수 없다. 부대와 부하들의 여건과 능력을 고려하지 않고 무리한 목표를 설정하거나 부대원의 공감대 없이 업무를 추진하면 안 된다. 또한, 임무 수행에 필요한 자원, 수단, 작전환경은 지원하지 않으면서 책임만 부여하는 태도 등은 지휘관이 주의해야 할 잘못된 사례이다.

　구성원들의 주도적이고 창의적인 참여를 이끌기 위해서는 미래를 준비하는 철학과 가치를 확고히 가지고 부하들과 조직의 비전을 공유해야 한다. 또한, 상하좌우로 연계된 합목적적(合目的的) 목표를 설정하고, 설정한 목표의 우선순위를 정해 노력을 집중시켜야 한다. 더불어 최종 목표를 기준으로 일일, 주간, 월간 단위로 중간목표들을 수립해 주기적으로 평가해야 하며, 임무 수행을 위한 자원, 수단, 여건을 제공하고 개인의 역할과 책임을 명확히 부여함으로써 행동으로 옮길 수 있도록 유도해야 한다.

전사공동체 조직개발

　부대원들의 근무환경이 중요하지만, 장병의 개인적·사적인 분야 간섭은 엄격하게 금해야 한다. 부대원 간에 개인적인 인격체로 존중하는 환경이 조성되면, 긍정의 전사공동체 육성이라는 밝고 긍정적인 조직 문화가 정착되고, 이를 바탕으로, 전투에서 싸워 승리하며, 멸사봉공, 전우애 등 공동체 가치로 화합, 단결되는 부대가 만들어진다. 구성원 모두가 군인임과 동시에 무적의 전사(戰士)로서 공동체 가치로 하나 되는 부대로 육성되는 것이다. 군기, 사기, 전우애를 바탕으로 밝고 화합·단결된 군대를 구현하는 것은, 적과 싸워 승리하는 군대를 위한 기본 전제다. 사소한 행동들이 군 조직 전체에 영향을 미친다는 점을 인식하고, 항상 협조적이며, 긍정적인 마음으로 근무에 임하여야 한다. 개인이나 조직에서 긍정적인 말을 많이 할수록 성공에 더 가까워진다는 리더십의 황금률이 있다.

5.5.3.2 지휘 역량의 제 요소

장교는 무인으로서, 무사의 위엄을 갖추어야 하는 우선적인 덕목이 필요하며, 전략 전술 전문가의 능력과 아울러서, 높은 도덕적 가치와 신념을 갖춰야 한다. 지휘자 상이란 부대원들이 리더를 보고 믿음직하게 여겨, 리더로서 인정할 수 있게 만드는 내·외적 모습을 말한다. 리더는 보이지 않는 내면의 모습도 중요하지만, 내면적 가치가 밖으로 표출돼 구성원들에게 보이는 모습 역시 중요하다. 구성원들이 리더가 믿음직하고 멋있다고 인식하면 호감과 신뢰가 높아진다. 지휘관으로서 부하 장병의 존경과 신뢰를 받을 수 있는 리더십의 범주를 구성하는 핵심 요소는 품성과 영향력 발휘다. 영향력 발휘란 목표 달성을 위해 구성원들의 자발적인 참여를 이끌어내는 능력을 말한다. 여기서 영향력이란 명백한 물리력이나 직접적인 명령의 행사 없이도 효과적으로 작용하는 힘이다. 영향력은 리더십의 가장 중요한 원천이다. 영향력은 직책 영향력과 개인 영향력으로 구분된다. 동일한 직책에 임명된 리더라도 각각 영향력의 크기가 다름을 볼 때, 구성원의 진정한 헌신과 마음에서 우러나오는 복종은 인격, 인간미, 매력 등 리더 개인의 요소에 기인하는 바가 크다고 할 수 있다. 영향력 발휘 범주를 구성하는 핵심 요소는 솔선수범, 동기부여, 소통, 신뢰 구축 등이다.

개인적인 역량으로서 인간의 지식과 지혜는 세계와 사회의 운명이 걸린, 지금 여기서 단 한 번 발생하는 전투에서 승리를 장담하기에는 너무나 부족하다. 그러므로 지혜 있는 군인은 평소에 전략·전술을 공부하고, 역사에 기록된 동·서양의 전쟁사와 전투 리더십에 대한 무한한 연구와 교육 훈련을 계속한다. 지금까지 알려진 군사 전략서로는 『육도』, 『삼략』, 『손자병법』, 『손빈병법』, 『오자병법』, 『무오병법』, 『육진병법』, 『제갈량심서』, 『이위공문대』, 『기문둔갑』, 『장신술』, 『연파조수가』, 『황석공소서』, 『신진법』, 『위료자』, 『사마법』, 『삼십육계』, 『김해병법』, 『동국병감』, 『징비록』, 『오륜서』, 『민보의』, 『증손전수방략』, 『오위진법』, 『병학지남』, 『연기신편』, 『병장도설』과 『전쟁론』, 『전쟁의 예술』, 『전쟁의 기술』, 『군주론』 등이 전해지고 있다. 특히, 송나라 때 병법을 평가하여 무과 시험 교재들로 무경칠서란 종합본으로 제정하였다. 무경칠서(武經七書)는 『손자(孫子)병법』, 『오자(吳子)병법』, 『육도(六韜)』, 『삼략(三略)』, 『사마법(司馬法)』, 『위료자(尉繚子)』, 『이위공문대(李衛公問對)』의 일곱 권을 말하고 흔히 알려진 『삼십육계』는 들어가지 않는다.

솔선수범

솔선수범이란 부하들에게 모범적인 행동을 보여줌으로써 부하들의 자발적 참여를 끌어내는 행동이다. 리더가 솔선수범하면 구성원들의 믿음과 능동적인 참여를 끌어낼 수 있으나, 언행이 일치하지 않으면 부하들의 신뢰를 잃는다. 솔선수범은 부하들에게 영향력을 발휘하는 가장 강력한 수단이다. 리더들이 하기 쉽고 표가 나는 일에만 솔선수범하고 그렇지 않은 일에는 소홀하거나 부하들의 동기 유발이나 동참은 등한시한 채 본인만 열심히 하는 것은 잘못된 솔선수범의 예라고 할 수 있다. 특히 고급 간부가 될수록 권위주의, 게으름, 업무 우선순위의 잘못된 판단 등에 젖어 솔선수범을 멀리하게 된다.

'내 위치가 이렇게 높은데 하급자의 하찮은 일을 지금도 해야 하는 가?'라는 생각은 부하들의 신뢰를 잃어버려 리더십의 위기를 자초하는 실마리가 될 수 있다.

　모든 사람은 세상을 바꾸려고만 한다. 그러나 자기 자신을 바꾸려고 생각하는 사람은 적다는 말처럼 리더는 솔선수범으로 자신이 먼저 변해야 타인을 변화시킬 수 있음을 인식하고, 솔선수범을 제대로 실천하고 있는지 되돌아봐야 한다. 또한 '현장에 문제와 답이 있다.'는 생각으로 현장 실상을 알고 이끌어야 한다는 것을 항상 명심해야 한다. 아울러 임무 부여 시 부대원들이 적극 참여할 수 있도록 유도하고, 중요하고 위험한 과업을 식별해 결정적이고 핵심적인 현장에 위치해 동고동락해야 한다.

동기 부여

　'동기 부여'란 구성원들에게 자극을 줘 자발적으로 목표를 달성하게 하는 것을 말한다. 동기 부여가 된 구성원은 자발적으로 업무에 임해 업무 성과가 증대되고, 그 결과 조직의 사기가 높아진다. 반면 동기가 부여되지 않았을 때는 복무에 대한 의미와 의욕이 떨어지고, 서로 다그치고 탓하는 행동이 반복돼 구성원들이 불평불만을 늘어놓게 되며, 업무 성과가 낮아져 조직 전체의 사기가 저하된다. 계급과 직책에 의존해 지시하는 것은 가장 손쉬운 방법이지만 부하를 자발적으로 동참시켜 지속해서 성과를 극대화하기 어려운 하급 방책이다. 부하들에게 포상이나 평정, 성과급 등 외적 보상 중심으로만 동기 부여를 하는 것도 바람직하지 않다. 가장 먼저 그 일에 대한 가치를 명확하게 설명하고 생각을 공유함으로써 참여하는 구성원들이 일에 대한 중요성을 인식하고 업무의 가치도 느낄 수 있게 해야 한다. 또한, 자율성, 관계성, 유능성 등 세 가지 인간의 보편적 심리 욕구를 적절히 활용해 부하들에게 주인의식과 책임감을 심어주고 무한한 잠재력을 끌어내야 한다.

공정성

공정성이란 '한쪽에 치우침이 없이 공평하고 올바르게 직무를 수행하는 마음과 자세'이며, 구성원들에게 동등한 기회를 보장하고 객관적이고 명확한 기준에 따라 일관성 있게 업무를 처리하는 것이다. 공정성이 결여된 조직은 위화감이 생겨 화합 · 단결하지 못한다. 공정성을 해치는 잘못된 사례로는 학연, 지연, 출신, 종교 등을 업무와 연결지어 공과 사를 구별하지 못하는 행위, 직무상 권한을 자신의 이익이나 사사로운 감정과 결부시켜 표출하는 직권남용을 들 수 있다. 공정한 리더가 되기 위해서는 개인적인 근무 인연이나 출신, 학연, 지연 등으로 부하들을 평가하는 사적인 감정과 선입견을 배제해야 하며, 업무를 처리할 때는 경험이나 관행보다는 명확한 규정과 방침을 기준으로 해야 한다. 공정성의 시비는 군심 결집과 직결되며 군의 현재와 미래 발전에도 심대한 영향을 미치는 바, 누구도 출신, 지연, 학연, 종교, 성별, 병과 등으로 인해 차별받아서는 안 되며 진급 심사, 보직 심의, 교육 선발 심의 시에는 반드시 자질과 역량을 근거로 미래의 군을 이끌어갈 인재를 선발하는 전통이 확립돼야 한다. 또한, 정책, 제도적으로 공정성이 확립되도록 뒷받침해야 하며, 명확한 절차와 기준을 바탕으로 기준대로 심의하고 결과를 존중해야 한다.

소통 능력과 실행

소통이란 자신의 생각·의사·감정을 상대방에게 전달하고 교류하는 것으로 영향력 발휘의 핵심이다. 올바른 소통은 상호 간 긍정적인 관계를 유지하게 하고, 조직의 공동 목표를 달성시키는 원동력이 된다. 반면 소통이 제대로 이루어지지 않으면 오해가 발생하며 신뢰가 깨지고 단결을 저해한다. 부하가 의견을 개진할 때 들으려고 하지 않고, 훈계나 설교조로 대화하거나 업무 추진 시 명확한 지침 없이 결과가 마음에 들지 않는다고 반복시키는 것은 상대방이 열등감이나 무력감을 느끼게 질책하는 행위로 불통(不通) 간부의 전형적인 모습이다. 올바른 소통을 하기 위해서는 먼저 나는 부하들과 소통을 잘하고 있다는 생각을 버리고, 부하들과 '마음이 공감'될 수 있게 의견을 경청하며 가슴이 따뜻한 대화를 자주 해야 한다. 또한, 눈치 보지 않는 문화를 만들어 회의나 주요 의사결정 시에 소통할 수 있는 분위기를 조성하고, 부하들이 다양한 의견을 적극적으로 표현할 수 있는 회의 문화를 만들어야 한다. 칭찬을 활성화해 부하들에게 자신의 존재와 하는 일이 가치가 있다는 것을 확신시켜줌으로써 소통을 활성화하는 것도 중요하다.

윤리의식

윤리의식이란 사람으로서 마땅히 행하거나 지켜야 할 도리로, 보편타당한 도덕적 가치판단에 따라 바르게 행동하려는 곧은 마음과 올바른 가치를 실천하는 기준이며 출발점이다. 군 간부가 윤리의식이 모자랐을 때 동료나 부하들로부터 존경과 신뢰를 잃게 되며, 비윤리적 행동은 그가 속한 조직 분위기 전체를 변질시킨다. 윤리의식이 부족하면 개인의 사리사욕을 위해 군 관련 직무상 비밀을 지인에게 누설한다거나, 측정이나 평가 시 편법으로 높은 성과를 얻으려 하고, 문책을 회피하기 위해 자신의 잘못을 허위ㆍ왜곡ㆍ축소하고 싶은 유혹 등에서 벗어날 수 없게 된다.

윤리의식은 자유의지에 의해 연습된 결과임을 명심하고, 꾸준한 자기 성찰을 통해 문제의 옳고 그름, 좋고 나쁨을 명확히 이해해야 한다. 윤리의식을 행동으로 실천하는 방법으로는 직무를 수행할 때 수시로 관련 법규와 규정을 찾아보고 준법정신에 근거하여 추진해야 한다. 또한, 반부패 교육을 강화하고 엄정한 신상필벌을 통해 청렴한 조직문화를 정착시켜야 하며, 도덕성을 오해받을 수 있는 상황은 처음부터 만들지 않도록 신경을 써야 한다. 특히, 고급 간부는 사회적 책임을 완수하는 데 앞장서야 한다. 군의 존재 이유와 목적이 사회의 물리적 기반은 물론 그 이념과 가치를 보호하기 위함이므로, 사회가 보호하고자 하는 윤리적 가치를 지키기 위해 앞장서야 한다.

부하의 전문성 개발

부하 개발을 위해서는 우선 획일적인 방법이 아닌 부하 개인의 잠재력을 이끌 맞춤 지도가 필요하다. 강압적 통제는 역효과를 발생시키기 쉽다. 부하 개발이란 부하가 현재 및 차후 직책에서 임무를 수행하는 데 필요한 능력을 효과적으로 최적의 상태로 개발시키는 것이다. 이를 위해 부하의 현 수준을 정확히 파악해 맞춤 지도 방식으로 지도하고 보상과 승진 여건 보장과 동기 부여를 통해 지속해서 성장시켜야 한다. 부하의 재능과 잠재력을 끌어내 성장하도록 도와주고, 임무 수행 능력을 향상하는 것은 리더의 중요한 책무 중 하나다. 가르치고 배우면서 더불어 성장한다(教學相長)는 말처럼 부하 개발을 통해 자신도 성장하게 될 뿐 아니라, 관심과 정성 어린 지도는 부하를 조기에 적응시켜 전투력을 향상하는 원동력이 된다. 주의해야 할 점은 부하들의 눈높이와 개인차를 고려하지 않고 획일적인 방법으로 접근하거나 공감대 형성 없이 성과 위주의 보여주기식 개발만 강조하여 강압적으로 통제하면 안 된다는 점이다. 특히 부하의 직책과 직무에 관련된 능력 개발보다는 직무와 관계없는 능력 개발 지원이 우선시되어서는 안 된다. 롬멜 장군의 말처럼 '전투 현장에서 부하들에게 해줄 수 있는 최고의 복지는 전장에서 그들이 살아남을 수 있도록 철저히 훈련하고 능력을 개발하는 것'임을 명심하고 내가 먼저 솔선수범함으로써 부하들이 나를 보고 자기 계발 동기를 자극받을 수 있도록 해야 한다. 또한, 임무 부여 시에는 명확한 의도와 과업을 제시하고 부하가 자율성을 바탕으로 스스로 문제를 해결할 수 있도록 충분한 시간과 권한을 위임하는 임무형 지휘를 실천해야 한다.

평가와 지도

즉흥적이 아닌 이론에 근거한 적절한 지도가 필요하며, 평가 때에는 부하들이 위축되지 않게 분위기를 조성해야 한다. '평가와 지도'란 임무 완수와 조직 발전을 위해 합목적적으로 가르쳐 이끄는 과정이다. 리더의 중요한 역할 중 하나는 평가와 지도를 통해 예하 부대가 임무를 완수할 수 있는 능력과 태세를 갖추게 하는 것이다. 적절한 평가와 지도는 부하들에게 상급자의 의도를 이해하게 함으로써 상하 공동의 전술관을 형성시키는 반면, 적절치 못한 평가와 지도는 부대를 잘못된 방향으로 인도하거나 의도치 않은 문제를 유발할 수 있다.

사전 평가 지침서, 규정 등에 근거해 '어떤 국면에서 무엇을 어떻게 지도할 것인가?'를 구상하지 않고, 현장에서 자신의 경험과 상식에 의존해 즉흥적으로 평가·지도해서는 안 된다. 또한, 전체 국면이 아닌 일부 국면에 치우쳐 평가하고 지도하거나, 부하들에게 보완할 내용을 구체적으로 제시하지 않고 잘못된 부분만 질책하는 태도는 반드시 자제돼야 한다. 평가와 지도 능력을 계발하기 위해서는 먼저 부하들에게도 '무한한 잠재 능력이 내재해 있다.'는 믿음을 가져야 한다. 상급자가 나에게 어떻게 평가하고 지도했을 때 가장 효과가 있었는지 역지사지(易地思之)해 보면서, 평가와 지도 과정에서 부하들이 위축되지 않도록 분위기를 조성하는 것이 매우 중요하다. 명확한 근거와 기준을 적용함으로써 부하들이 평가와 지도에 수긍할 수 있어야 한다. 이를 위해서 구성원들의 능력과 특성에 맞추어 코칭이나 멘토링 등의 방식을 적절하게 접목할 필요가 있다. 또한, 임무 수행 과정에 관한 결과 분석 및 평가에서 그치는 것이 아니라 문제점이나 부족한 부분에 대한 보완 및 발전 방향을 제시하고 아울러 적절한 '피드백 이론'을 숙지해 부하 지도에 활용하면서 성과측정을 통해 신상필벌을 명확히 하는 것도 좋은 방법이 될 수 있다.

5.6 국가적 비전의 확립과 체득

5.6.1 개요

사관생도는 졸업 후 장교로 임관되어 대한민국의 국방 안보를 담당하며, 부대를 지휘하며, 전투 작전을 수행하고, 무력의 통제 및 행사에 관한 교육 훈련에 복무한다. 복무 형태는 전시 상황과 평시 업무로 크게 나뉜다. 전시 상황에서는 국가의 국방 안보 정책과 전략·전술에 기반한 작전 임무 수행을 담당하며, 평시에는 전투에 대비한 부대의 교육 훈련에 매진하는 한편 유관 행정 조직과 협조하여 시민의 재산과 위험으로부터 보호하고 국가와 사회의 질서를 유지한다. 아울러, 국가의 주요 정책에 참여하여 국가 발전 사업에 기여하며, 국방 안보를 담당하는 주체로서 우방국과의 관계 개선이나 파견 임무를 수행하고 외교적·지정학적 분쟁에 건설적인 임무를 담당한다. 장교는 개인으로서 국가에 복무하지만, 국방 안보 임무는 대한민국의 국가 비전과 정체성에 그 기원을 두고 있으므로, 복무 과정에서 국가적 정체성과 비전 확인이 필수적이다. 즉, 국가의 간성인 장교는 국가적 비전을 기반에 둔 복무 자세 견지가 개인의 성과와 국가 발전의 초석이 되는 것이다.

5.6.2 국방 안보의 실상

국가 발전의 바탕은 국토의 보전과 국민의 안정과 행복이다. 그러므로 국방 안보는 국가의 초석으로서 그 역량에 따라 국가의 융성이 좌우된다. 국가 안보는 국가 체제에 대한 위협으로부터 국가의 이익을 지키는 것이다. 한 국가의 안보 확보 방법에는 크게 두 가지가 있다. 자국의 능력을 향상하는 내적 균형(Internal balancing)과 다른 국가와의 협력 관계를 통해 안보를 확보하는 외적 균형(External balancing)이 그것이다. 국가 안보의 목표는 국가 이익을 실현하게 하는 사회적 안정의 실현이다. 국가 이익은 한 국가의 최고 정책 결정 과정을 통하여 표현되는 국민의 정치적·경제적·문화적 요구와 갈망이 국제 사회가 보편적으로 추구하는 공동의 가치와 조화를 이루는 것이 가장 바람직하다. 자국 또는 자기에 대한 사랑과 자국 또는 자기를 초월한 사랑의 균형이 건전한 국가 이익이라 할 수 있다. 따라서 국가는 다른 국가와 함께 공동선을 추구하는 틀 속에서 자국 이익을 추구하고 정립해야 할 것이다. 이는 곧 자국의 이익과 이웃 및 지역의 이익, 그리고 국제 이익과의 조화를 추구하고, 상충하는 이익에 대해서는 평화적인 경쟁과 타협을 통한 해결을 모색해야 한다는 것이다.

　최근의 국제 사회는 점차 다양화되고 안보 위협의 양상도 다변화되면서 어떠한 국가도 자신의 능력만으로 안전을 보장하기는 어렵게 되었다. 군사적으로 최강대국 지위에 있는 국가라 하더라도 다른 국가와의 협력 없이는 자국의 안보를 보장하기 어려운 현실이다. 따라서 모든 국가는 자국의 국방 안보 능력을 향상함과 동시에, 국가 간의 동맹이나 집단 안보 체제 등 다양한 안보 정책을 마련함으로써 내적 균형과 외적 균형을 동시에 추진한다. 또한, 국가 안보에서 경제 문제의 비중이 점차 높아지는 현상을 고려하여 안보-경제 복합체계 또는 군사와 경제 간의 상호 영향 관계를 중시하는 미래 지향적 국가 안보 전략이 요구된다. 국가 안보에 대한 시각 및 패러다임과 함께 국가 이익을 확보하는 방법과 수단의 변화가 필요하다. 현실적으로 정치, 경제, 군사, 사회, 문화 및 환경 등 다양한 안보 요소 간의 비중과 우선순위의 차등이 존재함에도 실제 안보 전략에는 잘 반영되지 않고 있다. 한국의 안보 환경을 고려할 때 거의 항구적으로 군사 안보에 더욱 높은 우선순위가 부여되어야 한다. 국가 이익은 국가마다 다양한 성분 요소들로 구성된다. 일반적으로 자기 보존/국가 존립, 국가의 번영과 발전, 국민의 보호와 국위의 선양 등이 포함되며, 그 중요성에 따라 생존 이익, 사활적 이익, 기타 주요 이익 등으로 분류되기도 한다. 이러한 관점에서 한국의 국가 안보 목표는 현재와 미래에 예상되는 다양한 유형의 국력 및 국가 목표, 그리고 한반도, 아시아 및 세계정세 등 안보 환경을 고려하여 설정된다.

5. 6. 3 국방 안보의 대전략

한국의 국방 안보 역량은 군사력, 경제력, 국내 정치적 리더십과 정치 체제적 가치, 이념 및 제도, 안보 정책 결정 능력, 대외 관계의 질적 및 양적 범위와 수준, 국제 사회에서의 국가 이미지 등으로 평가할 수 있다. 특히 안보 역량 분석에서 중요한 것은 역량 자체의 절대성보다는 적국, 동맹, 우방 등 다양한 관계 국가와의 상대성이다. 국가 간의 관계는 기본적으로 이해관계로 맺어져 있는데, 상대적인 이득을 얻고 절대적인 소모를 피하고자 투쟁하며, 국가 간의 권력 관계도 상대적이어서 수시로 변한다. 국가 간의 상대적 이해 문제를 전쟁으로 해결하지 않는다고 하더라도 군비 경쟁 및 그로 인한 지나친 소모전 때문에 쇠락해지는 상황적 딜레마에 처하게 된다. 한편 국가 간에는 군사적 · 정치적 · 사회적인 관계가 존재하는데, 군사적인 수단을 통한 우세를 추구하는 것은 비이상적이며, 사회적인 관계를 통한 우세 또는 사회적인 수단을 통한 승리가 이상적이다. 전쟁은 국가의 존망을 좌우하기 때문에 경솔하게 시작하거나 실행해서는 안 되며, 상호 능력을 객관성 있게 평한 후, 승리할 수 있다는 확신이 설 때, 전쟁을 결심해야 한다. 즉, 전쟁에 임하여 살아남기 위해서는 반드시 이겨야 하며, 싸움에서 이기려면 이길 만한 힘이 있어야 한다. 구체적 현실 상황을 세밀하게 분석 평가하며, 시대적 상황을 직시하면서도 승리를 위한 다양한 지식과 정보를 자유롭게 활용할 수 있는 집단만이 전쟁과 갈등, 분쟁 상황에서 이길 수 있다. 국가의 사활을 걸고 투쟁하는 전장에서, 스스로 판단하고 자율적으로 행동하는 사람에게만 구체적 현실을 예리하게 관찰할 힘과 행동하면서도 동시에 정확하게 판단할 수 있는 통찰력이 생긴다.

현대사회에서 민주주의의 원리에 의해 여론이 과도하게 분극화하면서 지나친 경쟁, 이기적 성향 등의 문제점이 나타나고 있다. 이러한 사회에서 서로 다른 성향이 있는 사람들이 함께 살아가기 위해서는 지켜야 할 덕목들이 많다. 사회가 다원화되고 이해득실이 난무해질수록 사회적 삶은 함께 살아가는 것이라는 사실에 대한 자각이 요구된다. 특히 공적 조직은 무궁하게 변화하는 조직과 사회를 선도하는 목표를 설정하고, 이를 소통시켜 국가적 공통 비전을 제시해야 한다. 국민적 행동을 통해 실현하고자 하는 본질적 이익, 모든 국가 정책에서 최우선으로 고려되어야 할 가치, 한 주권 국가의 생존과 번영을 성취하기 위한 국민적 열망은 이론적 체계화를 거쳐 헌법, 법률 및 선언 등을 통하여 국가의 비전으로 표방된다. 또한, 주권 국가 존립에 있어 양보할 수 없는 목적인 국가의 안전 보장, 그리고 번영 및 가치로 표현되는 국가 이익을 종합하여 국가 목표가 설정된다. 정립된 국가 목표를 달성하기 위해 제반 노력을 집중하여 적용할 지향점으로 하위의 국가 시책이 설정된다. 이를 달성하기 위해 국가 정책과 국가 전략이 구성되며, 이 정책과 전략을 수행하는 데 필요한 국가 자원을 가장 효율적으로 배분하는 일련의 과정이 국가 안보 정책이다. 국가 전략을 구현하기 위한 행동 방책 또는 지침에 따라 전·평시를 막론하고 군사력, 정치, 경제, 문화 등 국력의 제 수단을 개발하고 운용 및 조정한다.

국가 목표를 추구하면서, 국가 안보를 달성하기 위해 가용 자원과 수단을 동원하는 종합적이고 체계적인 구상, 광범위한 행동 방책 및 지침을 제시하는 국방 비전이 설정된다. 이 국방 비전에 따라 국방 목표를 설정하고, 이를 달성하기 위한 최선의 정책과 전략을 선택하여 이 정책과 전략을 수행하는 데 필요한 국방 자원을 가장 효율적으로 배분하는 일련의 과정으로 국방 군사 운용 전략이 정해진다. 국가의 평화와 안전 그리고 독립을 위협하는 요소를 제반 군사적 활동을 통하여 예방하고 제거함으로써 국방 안보 활동의 기본 방향을 제시하는 것이 국가 안보 정책의 근간이다. 이러한 정책과 전략을 수행하는 데 필요한 군사력 소요를 판단해서 전략 능력을 분석한 다음 작전 계획을 수립하여야 한다. 수립된 작전 계획에 따라 전술적 수단들을 결합하여 가용한 전투력을 통합하고 아군 및 적과 관련하여 부대의 모든 잠재력을 발휘하도록 전투태세를 완비하는 것이 예하 부대 지휘관의 복무 자세이다.

5. 6. 4 국가 안보 비전의 성립

군의 기본적인 목표는 직접적인 군사적 위협에 대응하여, 전쟁에서 승리하기 위한 전략과 전술 작전을 성안함으로써 유사시 전장에서 적용하는 것이다. 그러나 위협이 전장에서만 발생하는 것은 아니다. 과학기술 발전과 국제 교류의 확장으로 좁아지고 있는 오늘날의 세계에서 우리의 국익은 실로 전 지구적 차원의 성격을 내포하고 있다. 그 결과 우리와 인접해 있지 않은 지역에서의 행위가 대한민국 국민의 안녕, 무역 및 국가 상황에 직접 영향을 줄 수 있다. 국제 테러 집단들에 의한 공격 또는 초국가 범죄 집단의 행위가 대한민국에 대한 공격으로 간주할 수도 있을 것이다. 따라서 전술 전략 계획을 개발하고 작전을 수행하는 과정에서 지휘관과 이들의 참모에게 도움이 되는 신속하고 적절한 정보가 전달되도록 하여야 한다. 네트워크 중심 전쟁에서 정보 관리를 위한 교리, 훈련 및 과학기술의 결합이 미래 전투 수행 개념에서 중요한 부분이 될 것이다. 그리고 정보 우위 및 지원 능력에는 다국적 또는 연합 지휘, 정보체계와 상호 협조 능력이 포함될 수 있다. 국제적 상호 방위 협력 관계 구축과 국가 간 민간 정보 공유 체계의 협조 관계를 통하여 적시에 적절한 정보를 획득할 수 있다면 국가 위협 세력에 대한 사전 정보 획득이라는 정보전의 이점을 누릴 수 있다.

일반적인 미래전의 양상은 전장 환경 및 전투 요소들이 네트워크 중심의 작전 통제하에 놓임으로써 실시간 전장 가시화와 정보 공유가 가능한 상태로 작전이 수행될 수 있을 것이다. 그러므로, 미래전에서는 정보 수집과 결정, 그리고 타격까지 실시간으로 이루어질 수 있다. 또한, 네트워크 중심 작전 상황에서는 각 군 간의 합동성 및 상호 운용성을 극대화하는 합동 작전을 통해 작전 목표를 달성하는 전투 수행 개념이 적용된다. 미래 과학기술의 발전은 전장 영역 확대, 파괴력 및 기동성 증대를 가져올 수 있다. 그 결과 전장 영역이 지상, 해상, 공중에서 우주 및 사이버 영역으로까지 확대되어 전·후방에서 동시에 전투가 벌어지는 비선형 전투, 다차원적 동시, 통합 전투가 전개된다. 또한, 각종 무기 체계는 복합 정밀 타격 체계로 강화되어 해·공군 전력에 의한 전략적 종심 타격이 최우선시되고, 기계화

부대의 기동성 증대로 기동 군단이 지상 작전의 핵심적 임무를 수행하게 된다. 전쟁 수행 개념이 첨단 무기 전쟁과 병행하여 제4세대 전쟁 개념으로 발전하여, 첨단 무기와 정규전 전력에 재래식 무기·비대칭 전력이 혼재되어 운용된다. 군사적 영역과 비군사적 영역의 구분이 불분명해지며, 테러전, 사이버전, 전자전 및 미디어전 등 다양한 유형의 작전이 혼재하고 군사 작전, 민·관·군 통합 작전, 다국적군 연합 작전 등 국가 총력전 양상이 나타난다. 또한, 국제 사회의 인권 존중에 대한 인식 증대로 전쟁 개념이 인적 피해 발생을 최소화하는 것으로 발전하여 효과 중심의 비살상전, 민간인·일반 시설 타격을 최소화하는 정밀 타격전, 무인화 및 로봇화에 의한 핵심 표적 타격 위주의 전쟁, 신속 기동전으로 속전속결, 단기간 내 전쟁 종결을 추구하게 된다. 따라서 선제적, 적극적, 공세적 작전과 공격 시 신속한 기동 및 지역 확보를 통한 결정적 작전 수행 개념이 요구된다.

군의 모든 장교가 전문가이지만 그 정도는 직책에 따라 차이가 있다. 일반적으로 직책이 높아질수록 보다 많은 전문성이 요구된다. 군에서 가장 높은 수준의 전문성은 제반 병과를 통합해 작전을 수행하는 문제, 특히 육군·공군·해군이란 이질적인 집단을 통합해 목표를 달성하는 합동 작전 계획의 문제이다. 분쟁에 대응하는 군사 작전의 유형은 분쟁의 유형만큼이나 많지만, 통상 모든 군사 작전은 전술·작전 및 전략 수준으로 구분된다. 일반적으로 전술 수준의 지휘관은 육군·공군·해군 중에서 1개 군의 무기나 병과를 통합해 임무를 수행하는 문제를, 작전 수준의 지휘관은 육군·공군·해군 3개 군을 통합해 임무를 수행하는 문제를, 국가적 대전략과 군사 전략으로 구분되는 전략 수준의 지휘관은 군사, 정치, 경제, 외교, 정보 (Information) 등 국력의 제반 수단을 통합해 위기에 대응하는 문제를 결정하는 지휘관이다. 미래의 국가 안보 전략의 수립과 시행에 대하여, 군사 분쟁의 유형을 고려해야 한다. 미래의 국익에 위협이 되는 요소에 적대 국가뿐만 아니라 테러분자 및 범죄자들과 같은 비국가 주체들이 포함되면서 지속해서 확대될 것이다. 모든 위기에 대하여 외교, 경제 및 정보를 포함한 국가적 차원의 대응 방안 목적으로 군사 작전이 수행될 것으로 예상하고 전투 수행을 준비해야 한다. 비정규전 형태의 위협, 초국가적 성격의 위협에서 시작해서 국가들의 조직화한 전력들에 의한 전통적인 위협에 이르는 다양한 범주에 대비해 작전을 준비할 필요가 있다. 평화 유지 전력 또는 평화 강제 전력으로 행동하게 될 경우도 있을 것이다. 다른 국가 또는 동맹국을 방어할 목적에서 전투를 수행할 수도 있다. 모든 경우에서 외부 위협에 대항해 국가의 안전과 국익을 보호해주는 조직화한 무장 전력으로 정부가 사용할 수 있는 유일한 요소는 군대이다.

군의 전략과 작전 전술은 전장에서 적정 순간에 적정 장소에서 적정 효과를 얻을 수 있도록 대비 태세를 갖추어야 한다. 군사 전략과 전술의 효과는 국가의 기본 정책과 국가적 이익을 아우르는 일체의 국가적 행위들에 맞추어 일관성이 있어야 한다. 상황에 적합한 효과를 얻기 위해서는 부정적인 형태의 상황 발전에 대응하고 주도권을 재차 장악해 유지할 수 있어야 한다. 국가적 분쟁은 정치적 대의 및 목표의 관점에서의 충돌로 생각할 수 있다. 또한, 다양한 유형의 행위자들이 다양한 방식으로 전투를 수행할 것으로 예견해야 한다. 이 같은 관점으로 볼 때 군사 작전의 범주는 평시, 전쟁 이외의 군사 활동, 그리고 전시라는 포괄적인 항목으로 묶어서 생각할 수 있다. 이들 작전은 직면한 위협의 수준과 유형에 따라 분류된다. 그러나 이들 작전이 독자적으로 수행될 필요는 없을 것이다. 다양한 유형의 전투 수행 능력, 평화 유지 작전, 그리고 인도주의 차원의 작전을 적절히 혼합한 형태로 작전을 수행할 필요가 있다. 미래전 수행 개념은 새로운 장비가 주류를 이루는 형태가 아닌, 사람과 사람 또는 집단의 노력, 그리고 다수의 신개념을 적용하기 위해 이들 조직을 어떻게 변화시킬 것인가에 관한 것이다. 또한, 이는 승리를 쟁취할 수 있도록 첨단 과학기술을 이용하고, 위협 세력에 대한 입체적이고 정확한 첨단 정보를 사용하는 방식에 관한 것이다. 최상의 국가 안보 비전은 국방 정책 기획으로, 여기에는 전시 상황을 고려한 국가적 전쟁 지도 지침과 국방전시 정책 지침이 있다. 이를 바탕으로 국가 안보 전략 지침이 작성되고, 국방 기본 정책서와 국방 정보 판단서가 만들어지고 국방 기본 계획이 작성된다. 국방 기본계획서를 바탕으로 합동 기획 문서가 작성되는데, 요목으로서는 전략 환경 평가, 군사 전략 목표 선정 및 전략 개념 구상, 군사력 건설 소요 판단 등이 있다. 이러한 과정을 거쳐서 합동 군사 전략서가 계획되고 최종적으로 합동 군사 전략 능력 기획서를 작성하여 국방 안보 실제 행정을 시행한다.

5.7 강인한 인간, 무사, 군인의 완성

5.7.1 개요

사관생도는 소정의 사관학교 교육과정을 이수하고 장교로 임관하여, 국가의 안보 임무 수행에 복무한다. 국가 안보 임무의 수행은 국가 무력의 통제와 관리 및 행사, 그리고 유관 인적자원에 대한 양성과 관리가 필연적으로 수반된다는 면에서 특별한 중요성을 갖는다. 임무의 특수성에 기반하여, 임무를 담당하는 개인에게는 사회 활동이 제한되며, 전문적인 지식과 친화성, 그리고 정신적·육체적 강인함이 필수적으로 요구된다. 군인 정신은 전쟁의 승패를 좌우하는 필수적인 요소이며, 군인은 전시에는 전쟁해야 하고, 평시에는 전쟁에 대비한 준비를 해야 한다는 의미이다. 결국, 군인의 직무는 궁극적으로 전쟁과 직·간접적으로 연결되어 있으며, 전쟁은 죽느냐, 사느냐, 이기느냐, 지느냐를 놓고 적대 관계에 있는 쌍방이 전력을 다해서 싸우는 것이다. 더구나 전쟁이 벌어지는 장소인, 전장은 보통의 인간이 견뎌내기 어려운 다양한 악조건들로 가득 차 있으며, 이러한 환경은 결국 인간 능력의 한계를 시험하는 극한 상황이라 할 수 있다. 전장의 제반 악조건, 즉, 자연조건의 제약 및 불확실성과 고통, 생명의 위협과 각종 지리적 · 환경적 마찰 등이 있는 바, 이러한 제반 악조건을 극복하고 최후의 승리를 쟁취해야 한다. 전쟁이란 상호 의지의 싸움이고, 승리는 적의 전투 의지를 굴복시키는 것이다. 따라서 군인에게는 이런 극한 상황을 극복할 수 있는 특별한 신체적 · 정신적 자세가 요구된다.

5.7.2 전장 환경의 실제

아득한 인류 역사 과정에서 인간은 자신과 가족, 나아가 사회와 국가의 안전과 번영을 위하여 끊임없는 내적 · 외적 투쟁을 수행했다. 인류 개체의 기본적 생존을 위한 식량 획득의 문제는 농업과 산업의 획기적인 발전으로 해결되었다. 그러나 과학기술 발전에 부수되는 산업사회의 출현으로, 자원 획득을 위한 지리적 투쟁이 극대화되어 국가 간 분쟁이 필연적으로 발생하게 되었다. 그리고 첨단 과학기술 무기의 발달과 함께 전쟁의 승패는 순식간에 한 국가의 존망과 국민의 안전 보장을 좌우하는 직접적인 결과를 초래할 수 있게 되었다.

전투 행위의 어려움은 군사 조직과 운영 체계가 가진 특수성 때문이다. 군사 조직은 전장에서 명령에 대한 절대복종과 전략 전술 교범에 따라 전투를 수행하기 위한 작전과 전술 운용 체계를 보유하고 있다. 청년 병사들은 육체적으로 강건하기는 하지만 전투를 수행하기 위하여서는 병사 개인에 대한 훈련과 적절한 무장이 필요하다. 우수한 군인과 준비 태세는 교육과 훈련을 통하여 만들어지며, 명령이 주어지면, 주어진 명령에 일사불란하게 움직여 임무를 수행할 수 있는 능력이 있어야 한다. 전략과 전술을 바탕으로 한 전투 작전 운용 훈련 없이 실제 전투에 투입되면, 그 부대는 전투 수행 중 필연적으로 어려움에 직면하게 될 것이다. 평소 실전에 대비하여 지휘관과 부대원이 일심으로 훈련함으로써 전투 수행 능력뿐만 아니라 어떤 상황에서도 상부의 지휘에 복종하는 정신력까지 갖춘 군대가 작전을 효과적으로 수행할 수 있다. 전투 현장에서는 자연조건과 인적 요인들이 다양하고 복잡하게 상호작용하여 원활한 전투 행동을 제약하고, 때로는 극단적인 행동을 강요하기도 한다. 피아 상호 간에 자신의 의도를 숨기고 기만하기 때문에 판단의 근거가 되는 요소들 대부분이 베일 속에 가려져 있기도 하다. 필연적으로 만나는 적군에게 생명의 위협을 느끼며, 각종 마찰 전장에서는 적을 죽이지 않으면 자신과 전우들이 살아남지 못한다. 또한, 전장 환경의 특징으로, 각종 마찰과 갈등이 존재한다. 전장은 생명의 위협과 마찰과 갈등이 연속되는 현장이다. 확실한 정보를 얻을 수 있다면 유리한 국면을 조성할 수 있으나, 불확실하고 생소한 환경에서는 전황에 관련된 조그만 첩보도 획득이 어렵다. 전쟁에서 천연적인 지형이나 기후 조건은 대단히 중요하다. 전투에 대응하는 부대는 전투 효과를 극대화하기 위하여, 원하는 지형이나 기후에서 싸우려고 하지만, 때로는 원치 않는 지형이나 기후에서 싸워야 한다. 이러한 자연조건은 전쟁의 승패에 거의 절대적인 영향을 미치기도 한다. 지형과 기후의 악조건은 군인들에게 육체적인 피로와 고통, 그리고 죽음까지 줄 수 있고 무기와 장비의 기능을 마비 또는 저하시켜 군인의 전투 의지를 약화하고 질서를 파괴함으로써 효과적으로 전투에 임할 수 없게 만들기도 한다. 한편 전장은 수면 부족, 행군, 교전 등 긴장된 활동의 연속과 혹한과 혹서, 식량과 식수의 결핍 등으로 심각한 육체적인 고통과 정신적인 고통을 겪게 한다. 이러한 상태가 지속하면 체력이 소진되고 불안과 공포가 증가하여 전투 능력과 의지가 감소한다. 이때 전쟁의 승패는 누가 극한 상황을 강한 의지로 더 잘 극복하느냐에 따라 결정된다.

일반적으로 전투력은 유형적 요소와 무형적 요소로 크게 나뉜다. 병력, 장비, 물자 등은 유형적 요소이고, 전투 기술에 속하는 여러 가지 전략 전술과 필승의 신념으로 나타나는 전투 의지는 무형적 요소에 해당한다. 여기에서 가장 중요한 것은 부대원의 사기가 결집하여 나타나는 총합된 전투 의지다. 이 전투 의지는 여타 분야 유·무형 전력 체계에서 최상의 요소이며, 전통적으로 전장에서 죽음을 각오한 의지는 아무도 당할 수 없는 확고한 승리의 조건이 되어 왔다. 전략 전술가들은 전투 의지에 의한 승리 조건을 물질 전력의 두 배 이상으로 보았으며, 전투 의지를 날카로운 칼에, 물질 전력을 나무로 만든 칼집에 비유함으로써 전투 의지의 중요성을 강조했다. 죽고자 하면 살고, 살고자 하면 죽는다는 필사즉생(必死卽生) 생필즉사(生必卽死)라는 말로 병사들을 독려하여 끝내 승리를 끌어낸 이순신 장군의 사례는 전투 의지의 중요성을 극명하게 제시하고 있다. 실전에 임하여 물질 전력 면에서 월등히 우세한 적을 격멸함으로써 전투 의지가 얼마나 중요한가를 보여주었다. 장구한 전쟁사를 고찰해 보면, 무기 체계를 발전시키는 과학기술의 발달에도 불구하고, 전쟁에서 결정적인 승패는 인간에 의하여 결정되는 진리를 발견할 수 있다. 즉, 인간, 병사는 전쟁에 있어서 본질적 요소로 존속하며, 전장은 인간 의지력의 대결장이다. 따라서 불굴의 의지, 생사를 초월한 용기, 책임감, 충성심 등 군인의 정신 자세는 곧 전쟁의 승패를 판가름하는 핵심적인 요소가 되는 것이다.

5. 7. 3 전투 준비 태세

군인에 대한 역사적인 평가는 무인으로서 가치를 보유하는 높은 명예심과 전략, 전술 운용에 대한 지혜의 보유 여부로써 판단할 수 있다. 즉, 훌륭한 군인은 재물이나 명성이나 안락함 등 세속적인 가치들보다 명예를 더 소중하게 여긴다는 의미로 해석될 수 있다. 그래서 명예와 세속적 가치 가운데 하나를 선택해야 하면 군인은 단연코 무사로서 세속적 가치를 버리고 명예를 추구해야 한다. 세속적 가치를 우선하여 추구할 때, 군인으로서 명예롭지 못하게 되며 군인으로서의 생명인 정당성과 대의명분에 기반한 무인의 신뢰성을 잃는다. 또한, 군인이 명예를 존중한다는 것은 군인이 군 복무에 긍지를 가져야 한다는 의미로도 해석될 수 있다. 의무 복무 군인은 신성한 국방의 의무를 수행하고 있다는 긍지를 지녀야 하며, 장기 복무 직업군인들은 군 직업에 대한 보람과 자기 직무에 대한 애착심과 자부심을 지녀야 한다는 것이다.

지휘관은 전쟁에서 승리를 쟁취하기 위하여 전장의 제반 위협 요소에 대비하고 병사들의 사기를 배양하며, 전략과 용기로서 적군을 효과적으로 제압하여야 한다. 장교는 언제나 전장에서 전투적 행동을 일으키는 강한 동기를 불어넣고, 단호함과 완강함을 가지고 전쟁에 임하는 전사이다. 훌륭한 전투 지휘관은 아군의 전투 지속력을 어느 정도 유지할지 결정하고, 감성적 충동을 억제하며, 자신의 고집이 아닌 객관적 바탕에 의한 신념으로 추진하며, 전장 상황에 대한 이해와 정치에 대한 감각이 있어야 한다. 시대 상황을 직시하며, 환경 요소를 고려하며, 구체적 현실을 냉정하게 판단하여 승리를 위한 다양한 지식과 정보를 자율적으로 활용할 수 있어야 한다. 군 장교에게 요구되는 자질은 정신적·도덕적 용기이지, 요령 있는 처세를 의미하는 융통성이 아니다. 융통성은 방책의 다양성으로 군인의 능력을 의미할 뿐 자질을 의미하지는 않는다. 융통성이란 모든 상황을 다 생각해서 이 상황이면 이 방책을, 저 상황이면 저 방책을 적용하여 각각의 상황에 곧바로 최선의 방책을 적용할 수 있는 다양성을 의미하는 것이다. 전쟁에서의 패배는 국가의 존립을 위협하고, 오직 승리만이 국가가 파산하여 국민이 무기를 박탈당한 실업자로 전락하는 극한 상황을 막을 수 있다.

　　우리는 전투 의지에 중점을 둔 전투력 극대화가 절실함을 인식해야만 한다. 우호적 환경적 요인이 단절되고 끊긴 곳에서 다시 희망적인 새 삶을 만난다는 말이 있다. 높은 절벽에 매달린 바위에서, 비 한 방울 목축일 수 없는 사막에서 아름다운 꽃이 피는 것과 같은 절처봉생(絶處逢生)의 삶은 역사에서도 볼 수 있다. 전투력 극대화를 위해서는 건강, 극기력, 만족한 환경, 바람직한 성격 등의 기본 조건이 갖추어져야 한다. 장병들이 건강하고 자신감과 미래에 대한 희망을 품고 있다면 어떠한 적에 대해서도 절대적인 전투 의지를 나타낼 것이기 때문이다. 전쟁을 지휘하는 장수의 지휘 방침은 수시로 변할 뿐만 아니라, 승리를 도모하기 위하여 부대를 최적의 상태와 위치에서 운용하려는 의사결정 과정의 연속 선상에 있다. 군의 지휘관은 다양한 전장 상황에 대한 정보 분석을 통한 신속한 결단력을 갖추고 있어야 하지만, 최종 결정은 전투 경험, 전장 상황에 대한 통찰력, 그리고 상황 판단에 대한 무사의 직관력 등이 종합적으로 작용하여 내려진다. 따라서, 전장에 임하는 지휘관은 전투의 승리를 위한 작전 운용에 대하여 적절한 예측력과 신속한 결단력을 갖추어야 한다

5. 7. 4 강인한 무사, 군인의 실체

유능한 지휘관, 장교와 잘 훈련된 부대원, 장비와 보급물자의 완벽한 조달 등 전투 수행 능력이 완비되었을 때, 전쟁에 참여하는 장병에게는 군사 작전의 효율적인 운용이 전투 승리의 핵심이다. 전쟁은 기본적으로 사람과 사람의 대결이다. 국가 간 능력의 차이는 결국 당사국 군사 엘리트들이 보유한 전투 작전 역량의 차이임은 수많은 전쟁의 역사가 기록하고 있다. 각 분야의 군사 엘리트를 길러내는 과정, 그들을 적재적소에 배치하는 과정, 그들의 능력 발휘 절차와 형식의 차이가 곧 국가 전투 역량과 능력의 차이이며, 이를 바탕으로 국가의 흥망이 결정된다. 국가의 안보를 책임지는 엘리트들이 전쟁에서

승리할 수 있다는 신념이 있으면, 그 전쟁에서 이길 수 있으며, 그것이 바로 국가 지도자들의 책임이다. 인류 집단 속에서 지도자, 지휘관의 우열은 지적(知的) 능력의 차이가 아니라, 자기 전부를 걸고 공적으로 부여된 임무를 추진할 수 있는 추진력과 희생정신의 유무로 가려진다. 자기희생적이고 체계적인 사고가 없으면 지도자가 될 자격이 없으며, 전장의 전투 지휘관에게는 좋은 성격보다 지적인 판단력과 강력한 추진력이 필요하다. 강인함이란 큰 목소리나 물리적인 근육이 아니라 마음 근육이 튼튼한 것을 뜻한다. 문을 세게 밀거나 손잡이를 힘 있게 돌린다고 모든 문이 열리는 건 아니다. 마음에서 나오는 지혜와 소통의 힘으로 군사 작전을 이끌어야 한다. 자신도 모르게 자신이 문제를 일으키는 경우도 분명하게 존재하므로, 심각한 부대 지휘 상의 문제가 자신에게서 나올 수도 있음을 장교는 지혜와 판단력으로 반추하여 알아야 한다. 인정하기 싫지만, 자신을 되돌아보고 스스로 평가하는 힘이 필요하다. 마음속에 거울 하나를 품고 항상 스스로 자신을 들여다볼 수 있어야 한다. 자신이 가진 힘을 제대로 잘 쓰고 있는지 스스로 점검할 수 있어야, 다른 사람들로부터 소모적인 도전을 받지 않을 수 있다. 정신적 건강과 심리적 안정을 유지하고 인성과 관련되어서는 어떠한 대상에 대해 왜곡된 시각을 갖지 않고 치우친 행동을 하지 않도록 욕구와 감정을 잘 통제하고 조절하는 여유를 가져야 한다. 발생 가능한 다양한 갈등 및 문제를 인식하고 다스릴 뿐만 아니라 예상되는 추가적인 문제점들도 고려하여 문제 해결 역량을 배양하고 다양한 대안을 개발하여 적극적으로 추진할 수 있어야 한다. 유연하고 논리적인 이성으로서 사실에 대해 비판적으로 사고

하고 분석하며, 이를 바탕으로 자신의 가치를 알고, 자신이 옳다고 믿는 것을 지지하고 옹호할 수 있는 능력과 의지를 갖추어야 한다.

"정신적인 강인함의 중요성이 널리 알려지게 된 계기는 미국의 주요 통신 회사에서 급격한 조직 변화를 앞두고 분위기가 침체하고 혼란스러울 때 실시한 12년간의 종단 연구이다. 종단 연구를 통하여 발견한 것은, 정신이 강인한 직원들에게는 스트레스에 관련된 신체적 질병의 발생이 적다는 것이다. 이 연구 이후, 정신력 강화 훈련 프로그램들이 시작되었으며, 현대에는 아예 훈련용 워크북도 내고, 별도로 정신적 강인함만 연구하는 조직 심리 연구소들이 많다. 인간 심리를 구성하는 주요 요인을 살펴보면, 강인한 사람들은 신경성 편향이 낮고 외향성, 우호성, 개방성, 성실성은 모두 높게 나타났다. 그 외에도 강인함은 단순히 심리적인 낙관주의만으로 설명될 수 없으며, 스트레스가 없을 것이라고 기대하기보다 어떠한 스트레스가 자신에게 생기든지 모두 극복하려는 심리적인 자세이다. 이러한 심리적 해석 경향은, 현재 인기를 끌고 있는 군사 심리학 연구 분야에서 장교들을 대상으로 활발히 적용되어 온 주제라는 공통점이 있다. 즉, 강력하게 조직된 집단의 활동에서, 어떤 특수하고 중대한 조직의 목표가 있을 때 그것의 성취를 위해 조직원과 지휘관은 당면한 어려움을 극복하려는 정신적 대비를 하게 된다.

일반적으로 강인한 성격의 3대 요소를 정리하자면 헌신(Commitment), 통제(Control) 그리고 도전(Challenge)을 들 수 있다. 도전적인 사람들은 오히려 변화를 선호하고, 일단 개입하고 싶어 하지만, 단순히 도전적이기만 해서는 의미 있는 자기 발전이 이루어지기가 어렵다. 도전적이고 통제력까지 높은 사람은 모든 변화를 삶의 기회로 만들고 싶어 하고, 더구나 상황에 휩쓸리기보다는 상황을 통제하고 싶어 한다. 하지만 상황을 통제하면서 정작 요구되는 행동을 하지 않으면 이상과 현실에서 현실에 머무르게 된다. 그러나 이런 성향의 사람이 스트레스 상황 속에 있을 때, 그 상황에서부터 문제를 타개하려는 해결책을 마련하는 도전적 경향을 갖춘 사람이면, 강인한 사람이라고 할 수 있다. 즉, 자신이 처한 상황으로부터 회피하지 않고, 스트레스에 당당히 도전하여, 마침내 상황을 통제하고 운명을 새롭게 개척해 나가는 것이 강인한 사람의 특징이다. 사람의 강인한 성향은 성격 일부로 간주하기는 하나, 심리학에서는 유년기의 성장 환경 또는 성인기의 훈련 프로그램을 통해서 충분히 개발될 수 있는 자질로 정의한다. 역사적으로 강력한 성향을 보여준 사람들의 공통적인 특성은 특별한 유년 시절을 보냈다는 것이다. 이들은 모두 불안정한 가정사로 인해 심리적으로 불우한 유년 시절을 보냈으며, 이들의 부모는 이들에게 강력한 미래의 성공에 대한 기대를 걸었고, 이들은 그 역할을 받아들였으며, 앞으로도 가세를 빛낸다는 오직 한 생각으로 온갖 역경을 극복하고 어려움을 개척했다. 또한, 이들은 공통으로 젊은 시절에 다양한 경험에 거침없이 뛰어들었다는 것도 확인되고 있다."[41] 군인 정신이란 험난한 전장에서 싸워 이겨야 하는 군인에게 요구되는 일종의 투사 정신이라 할 수 있다. 생명의 위험을 무릅쓰고 일하는 극한 직업의 근로자 혹은 목숨을 걸고 험난한 최고봉을 정복하려는 등산가에게도 군인들 못지않게 백절불굴의 투지가 필수적이다, 그러나 이들 민간인에게 군인 정신이 투철하다고는 말하지 않는다. 군인

정신은 불굴의 정신력만으로는 부족하며, 숭고한 애국애족의 정신이 그 바탕에 있어야 하기 때문이다. 군인은 애국애족의 정신을 전제로 자기희생을 각오하는 데 반하여 민간인들은 대가나 이익 때문에 사활을 걸고 모험을 한다. 즉, 군인은 그 행위의 동기가 이타적인 데 반하여 이들 민간인은 그 동기가 이기적이라는 데 근본적 차이가 있다. 따라서 명예, 충성심, 용기, 필승의 신념, 임전무퇴의 기상, 그리고 책임완수 등이 군인으로서 견지해야 할 정신인 것만은 틀림이 없지만, 그모든 것이 국가와 민족을 위하여 헌신하겠다는 숭고한 정신을 바탕으로 할 때 비로소 군인 정신으로서 그 가치를 발하는 것이다.

5. 7. 5 군사 지휘관의 품성

국가를 향한 위국헌신의 복무 자세는, 군인에게는 국가의 안보가 위험에 처하여 있을 때 전투 수행을 통하여 승리를 쟁취하는 행동으로 충성심을 보이는 것이다. 그러므로, 위국헌신의 실천은 군인의 본분이자 군인으로서 무사의 명예이다. 군인으로서 명예를 잃는 것은 모든 것을 잃는 것이다. 국가와 민족을 위해 목숨을 던지고, 살신성인의 자세로 국가에 봉사하는 것이 무인의 삶이다. 예로부터, 전쟁철학의 두 가지 원칙, 즉, 승산 없는 싸움은 하지 말며, 싸우지 않고 이기는 것이 최선이라는 원칙은 병법의 불변 요체이다. 이기지 못하는 전쟁은 피하여야 하며, 피할 수 없는 경우에는 국가의 힘을 최적의 상태로 조직화한 군사력을 유지하여 전쟁의 비극을 최소한도로 줄여야한다. 이때 전장에 임하는 지휘관의 전문성과 개인적 역량의 중요성이 더욱 절실해진다. 한 국가의 자주독립은 국가 안보 개념을 이해하지 못하고선 달성될 수 없다. 인류 역사를 통해서 드러난 분명한 사실은 국가의 성립은 전쟁이라는 인간 사회에서 투쟁의 소산이고, 멸망 또한 전쟁의 결과에 기인한다는 것이다. 전쟁의 공포에서 탈피하여 평화로운 삶을 추구하는 것은 인간 이성의 요청이요 자유의지의 요구이며 모든 인간에게 최고선이다. 그러나 선함이나 아름다움도 그 근저에는 미묘한 대립이 있으며 모든 문화의 가치 이념에도 대립이 있다. 선함의 대립은 더욱 큰 선함을 취함으로써 해소되고 가치의 대립은 더욱 높은 가치를 취함으로써 화해된다.

사회 현상은 역사상 하나의 특유한 의미 혹은 성질로서 파악되어야 하고 하나의 문화 현상은 역사적인 여러 요인이 상호 결합하여 일어나는 양상으로서 인식되어야 한다. 역사적 사유에 의한 종합을 구성 성분과 시대 구분 등의 도식 때문에 기계적으로 정의하는 것은 무의미하다. 문화란 가치 개념으로서 그것을 완전한 법칙 개념의 체계로부터 끌어낼 수 없는 것이다. 문화 의의 및 가치 이념은 의욕, 관심, 흥미 등 인간의 주관적 성격과 연관되어 있고, 따라서 개성적인 형태라고 한다. 선함(善)이나 아름다움(美)의 가치는 각자의 주관적이고 개인적인 심리 상태 속에서 감각과 정서 또는 감정에 따라 달라지며 시간, 공간적으로 변화한다. 그리고 주관적이고 개인적인 욕망, 흥미, 관심 등이 소리나 색채나 형태를 매체로 하는 객관적인 사물과 상호작용하여 사물의 의미가 부여되고, 다시 그 사물의 의미를 공통으로 이해하는 사람들 간의 상호작용 때문에 가치 의식은 객관화된다. 그러므로 개인이 인식하는 인간의 가치관은 어느 한순간에 형성되는 것이 아니라, 오랜 세월 동안 인고의 과정을 통해 형성된다. 자신을 항상 되돌아보고 부단히 채찍질하는 과정에서 하나의 확고한 시각, 즉, 관(觀)이 만들어지는 것이다. 인간의 존재 가치와 도덕성 그리고 국가 제도와 국가 안보에 대한 가치관은 군인에게 어떠한 상황에서라도 반드시 지녀야 할 가치관이자 핵심 덕목이다. 평시에 올바른 가치관과 투철한 군인 정신으로 무장되어 있어야만 유사시에 진정한 군인으로서의 전사 기질을 발휘할 수 있다. 이때, 군은 비로소 정예화된 신진 강군으로 거듭날 수 있고 적을 두렵게 할 것이다.

행동과 판단의 기준이 되는 심리적 특성은 개인마다 가지고 있고 신념으로 변화하여 가치관이 된다. 가치관(價値觀)은 인문·사회 과학의 많은 영역에서 연구되고 있고 중요한 위치를 차지하고 있다. 가치관이 인문·사회의 모든 분야에서 수용되는 인간학적 개념 중의 하나이기 때문이다. 따라서 가치관은 조직 구성원에게 공유됨으로써 개인의 태도와 행동 반응에 지속해서 영향을 준다고 믿어 왔고, 사회에 대한 개인의 행동을 설명해 주는 요인으로 받아들여지고 있다. 가치관은 사물이나 행동, 사건 등에 메기는 중요도의 기준을 말하며, 철학적으로는 인간 주체와 관계를 맺는 어떤 대상에게 부여하는 의의라고 볼 수 있다. 가치관의 기능은 개인적 기능과 사회적 기능으로 구분할 수 있다. 개인적 기능은 한 개인의 행위나 태도를 결정하는 데 중요한 역할을 한다는 것이다. 가치관은 사물과 사태에 대한 지각과 해석, 인생의 의미와 보람, 평가 기준 등을 내리는 데 결정적 역할을 한다. 그러나 가치관이 객관적이지 못하면 타인의 가치관과 갈등을 빚어 바람직한 가치관이라 할 수 없다. 또한, 가치관은 개인뿐만 아니라 사회적으로도 중요한 기능을 한다. 사람이 모여서 사회를 구성하면 그 사회를 지배하는 공동체 의식, 시대정신, 혹은 문화 등으로 표현되는 중추적인 근간을 이루는 것이 가치관이다. 물론, 사회의 모든 구성원에게 하나의 가치관을 갖도록 하는 것은 불가능하고 바람직하지도 않다. 그러나 사회의 시대적 통념에 부합하는 일반적 경향이나 공동체 의식이 있을 수 있다. 이처럼 가치관은 한 사회나 국가가 다른 사회 혹은 국가의 문화와 구별될 수 있는 근본적 특성이 된다. 나아가 가치관은 그 사회의 각종 활동을 하는 데 있어서 필수적인 준거를 제공한다.

가치관 이해에서 중요한 개념 중 하나는 가치관의 구조이다. 개인 혹은 조직에서 단순히 하나의 가치관만 존재하는 것이 아니라 여러 가지 다양한 가치관이 공존한다. 이렇게 공존하는 가치관은 공동체 내에 다방면으로 마찰과 갈등을 일으킬 수 있다. 사실상 가치관은 거의 모든 행동과 관련되어 있으므로 특정 가치관이 갈등을 일으키지 않는 상황은 거의 없다. 이러한 갈등 속에서 사람들은 다양한 가치관 중에서 비교하여 선택하는 인지적인 과정을 가진다. 그러므로 사람들의 가치관은 각 개인의 상대적 중요성에 따라 위계적으로 구조화되어 있다. 개인의 가치관이 서로 독립적으로 일어날 것이라는 견해도 있다. 이러한 관점은 개인의 가치관이 높게 혹은 낮게 통일되어 있을 것이라는 가능성을 보여준다. 그리고 가치관이 그들의 감정 정도에서 같을 수도 있다고 해석할 수 있다. 그러나 대부분의 학자는 개인의 가치관은 계층을 가지고 있고, 개인의 행동과 의사결정은 그 가치관의 계층과 상황의 관계에서 결정된다는 것을 인식하고 있다. 군인에게 자신의 생존 철학에 기초한 가치관 확립은 매우 중요하다. 군인에게 올바른 가치관의 확립은 매우 중요하다. 올바른 가치관을 확립해야만 강인한 전사적 기질을 갖춘 군인이 될 수 있기 때문이다. 가치관이란 어떤 특정한 목적이나 행동방식이 다른 것보다 상대적으로 더 옳다거나, 좋다거나, 바람직하다는 개인의 신념으로 어떠한 사고와 행동을 해야 하는지 결정하는 공통적·집단적 믿음 체계를 의미한다. 군은 조국을 수호하고 국민의 생명과 재산을 지키는 숭고한 사명을 국가와 국민으로부터 부여받았다. 이 사명을 완수하기 위해 군 복무에 임할 때, 안보 상황에 능동적으로 대처하고 부여받은 임무의 성과를 극대화하기 위해 군인 정신을 큰 맥락으로 명예, 충성, 용기, 필승의 신념, 임전무퇴의 기상, 애국애족의 정신을 무엇보다 소중하게 여기는 가치관을 정립하고 있다. 조직에 근본 가치를 부여해 자부심을 고취하고 자신이 하는 일에 긍지를 갖게 한다. 자신의 행위에 가치를 두면 일반적인 상식이나 경제적·사회적 수준을 초월하는 강력한 에너지를 발휘한다.

전쟁이란 끝없는 전투의 연속이다. 전투는 행군의 끝이며, 행군은 전투를 위한 시작이라고 전투 훈련 교범에 명시하고 있다. 전투란 피아간에 생사를 건 투쟁으로 공포의 현장이며, 거대한 댐이 무너져 해일과 같이 쏟아져 오는 물길 앞에 선 상황과 비교된다. 전투는 극한과 비관만이 존재하고 낙관과 유리한 상황은 존재하지 않는 상황으로 이해하면 된다. 전장에서의 승리란 극한과 비관 속에서 열심히 싸우다 얻어지는 결과물이다. 세상은 승리자의 논리가 패배자의 옳음을 대신하는 일이 비일비재하다. 패배자의 옳음과 울음은 승리자의 환호와 축하 소리에 묻힌다. 정의가 이긴다고 하지만 승패의 결과로 이길 뿐이다. 전투의 결과는 곧바로 나타날 수도 있지만, 대부분 언제 올지 알 수 없다. 그러니 일단은 이겨야 한다. 용서나 관용 같은 아름다운 행동도 이겨야 가능하다. 로마인들은 항상 이긴 다음 크게 베풀어 제국을 건설했다. 일어나지 않으면 좋겠지만 흔히 있을 수 있는 일이 나에게만 일어나지 말라는 법은 없다. 윤리적이지 않은 방법만 아니라면 이기는 것이 먼저다. 물질적 토대를 마련한 후 정신적 헌신과 열정을 투사한다. 감성적 영역에서도 정신적 에너지가 중요하다. 전쟁에서 승리하기 위해서는 지도자의 덕(德)이 매우 중요하다. 덕의 첫째 요소는 전쟁 수행이나 국가 운영에서 원칙에 의해 행동한다는 도(道)이고, 둘째는 대의명분에 따라 정의로운 전쟁을 수행한다는 의(義)이며, 셋째는 전쟁이나 정치에서 비굴하거나 교활한 방법을 배척하는 예(禮), 마지막으로 중요 사항을 독선적으로 결정해서는 안 된다는 인(仁)이다.

지도자의 품성에 대하여 구체적인 덕목으로 명예심, 용기, 필승의 신념과 애국애족 정신이 요구되기도 한다. 군인은 국가와 국민을 위한다는 자긍심으로 무장되어 있어야 한다. 명예심이란 외적으로는 자신의 업적이 세상에서 널리 인정받아 얻게 되는 좋은 평판이나 존경을 말하며, 내적으로는 자신이 수행한 일의 성과에 대해 스스로 만족하고 그 자체에서 보람을 느끼는 심리적 태도를 말한다. 군인은 승리를 위해 전장에서 전우와 함께 싸우다 죽는 것을 최고의 명예라 생각하고, 부모님으로부터 받은 자신의 이름과 대한민국을 지키는 국군이라는 직분을 생각하여 임무 완수에 전념함으로써 명예를 지켜야 한다. 충성심이란 진실한 마음으로 자신의 정성을 다하는 것이다. 충성에는 자신에 대한 충성과 상관에 대한 충성, 국가에 대한 충성이 있다. 자신에 대한 충성은 자신에게 엄격하며 언행일치를 위해 성심을 다하는 것이고, 상관에 대한 충성은 명령에 대한 복종만이 아니라, 부하에 대한 상관의 사랑과 상관에 대한 부하의 믿음이 함께 포함되어 있다. 필승의 신념이란 어떤 사상이나 생각을 굳게 믿고 그것을 실현하려는 의지를 말한다. 신념은 일종의 자신감이기 때문에 신념이 굳건하다면 이를 행동으로 옮기는 실천력 또한 커진다. 이러한 필승의 신념은 주저함이 없고 뒤로 물러서지 않으며, 정의에 기초를 두고 자신이 옳다고 믿는 바를 소신 있게 추진하는 것이라고도 할 수 있다. 기필코 이겨야 한다는 굳은 결의, 반드시 이길 수 있다는 신념을 바탕으로 실전과 같은 훈련과 완벽한 전투 준비 태세로 전쟁에 대한 만반의 준비가 갖추어졌을 때만 승리를 기대할 수 있다.

용기에는 고통이나 생명의 위협을 인내하고 극복하는 육체적 용기와 온갖 유혹과 불의 속에서 옳은 것을 선택하고 행동하는 도덕적 용기가 있다. 용기는 정의를 구현하는 데 필요하지만, 대의를 위한 분별력을 의미하기도 한다. 군인에게 진정한 용기는 명령과 규율 아래서 발휘되어야 하며, 죽음을 무릅쓰고 책임 또는 목표를 달성하는 데서 용기의 참된 가치가 발휘된다. 애국애족의 정신은 조국과 민족에 대한 사랑을 말한다. 조국을 사랑한다는 것은 조국의 운명과 함께 하겠다는 뜻을 가지고, 조국의 발전과 번영을 위해 열정과 헌신하는 마음가짐을 말한다. 오늘날의 애국애족 정신은 국가와 국민을 모두 사랑하는 정신이다. 국가에 대한 충성은 목숨 바쳐 국가를 위해 헌신하는 희생정신을 말하는데, 국가와 국민은 군인에게 최상위의 가치이며 이를 지켜내기 위해 군이 존재하는 것이다. 지도자가 이러한 덕을 갖추고 전쟁에 대비하면 나라가 질서를 유지하고 국민이 자부심과 긍지를 가지며, 전쟁이라는 어려운 상황도 능히 극복할 수 있다

5.7.5.1 무사와 군인에게 요구되는 품성의 요소

군인, 무사에게 요구되는 강인한 품성은 생명의 위험과 공포심이 따르는 험난한 전투에서 적을 알고 자신의 능력을 파악하여 승리의 방책을 구성해낼 수 있는 정신적 유연함과 지성과 투지를 포함한다. 이는 부정적인 한계 상황 속에서 할 수 있다는 긍정적 인식과 사고를 바탕으로 힘들고 어려운 상황을 극복하려는 정신적 측면을 의미한다. 임전무퇴의 기상은 면면히 이어오는 한국적 군인 정신의 정수라 할 수 있다. 임전무퇴는 화랑도의 세속오계(世俗五戒) 가운데 하나로, 싸움에 이르면 물러남이 없다는 가르침인데, 전장에서 화랑들에 의해서 실천됨으로써 신라의 삼국통일을 가능하게 했다. 임전무퇴 정신은 백제 계백 장군의 황산벌 결전에서도, 고려 삼별초의 대몽항전(對蒙抗戰)에서도, 조선 시대에 와서는 이충무공과 권율의 대일항전(對日抗戰)에서도, 그리고 700의병(七百義兵)의 장렬한 옥쇄(玉碎)에서도 찾아볼 수 있는 우리 민족의 강인한 정신의 표상이라 할 것이다. 죽음을 무릅쓰고 물러서지 않는다는 것은 책임을 강조하기 위함이다. 최악의 상황에서도 절대 포기하지 않으며, 희생을 각오하고 맡은 바 책임을 다하여 불굴의 투지로 승리를 쟁취한다는 것이다. 임전무퇴의 기상이 없었으면 임진왜란 때 왜구를 무찌르지도 못했을 것

이고, 6·25전쟁 때 파죽지세로 밀고 오는 북한에 나라를 내주었을 것이다. 임전무퇴의 기상을 갖는다는 것은 최악의 상황에서도 절대 포기하지 않으며 희생을 각오하고 맡은 바 책임을 다하여 불굴의 투지로 승리를 쟁취하는 것이라고 할 수 있다.

군인에게 책임은 다음과 같은 특성이 있다. 첫째, 군인에게는 직책에 따라 명확한 책임이 부여되어 있다. 경계병은 경계병으로서 해야 할 책임이 있으며, 중대장 등 간부는 간부로서 해야 할 책임이 있다. 둘째, 연대책임이다. 전투 함정이나 전투 부대가 정상적으로 기능을 발휘하려면 지휘관으로부터 말단 병사에 이르기까지 책무가 서로 다른 사람들이 한 팀을 이루어 각자 맡은 일을 차질 없이 수행해야 한다. 어느 한 사람이 자기 책임을 다하지 못하였을 때 그 부대는 제구실을 할 수 없을 뿐만 아니라 부대원 전체가 곤란한 상황에 부닥칠 수 있다. 임무에 대한 책임은 자신에 대한 책임과 부하에 대한 책임의 결과로 귀결되는 것이다. 군인은 자기 책임을 다하기 위해서라면 하나뿐인 생명까지도 바쳐야 한다. 철도 건널목을 지키는 사람이 달려오는 열차에 치이게 된 행인을 보고도 자기의 안위를 위해 그 행인을 구하지 않았을 때 그에게 법적 책임을 물을 수는 없다. 그러나 군인이 공격해 오는 적을 보고 위험을 느껴 방어진지에서 도망치면 법적 책임을 면할 수 없다. 군인은 자기 책임을 다하기 위해 죽음까지도 무릅써야 한다. 그래야만 전투에 임해서 두려움 없이 생사를 초월하여 어떠한 고난과 역경도 극복하면서 자기의 임무를 완수할 수 있다. 이 규범은 직업군인들에게 유혹과 인간적 약점, 그리고 부패에 굴복하지 않도록 해준다. 무인에게 요구되는 두 번째 품성은 부대에 대한 충성이다. 지휘하는 사람과 지휘를 받는 사람 사이에 한편으로는 부하와 동료들의 생명을 보존하고 그들의 복지에 대해 배려하며, 부대에 대한 헌신과 긍지의 느낌을 함양시켜야 하고, 다른 한편으로 장병 개개인을 효과적인 전투 조직으로 만들어내는 단결과 충성을 발전시켜야 한다. 셋째로 개인의 책임이다. 국가와 부대에 대한 충성을 핵심적으로 나타내는 것은 개인의 깊은 책임 의식으로, 이는 군대 윤리로서 기본적 가치이다. 개인의 책임은 최선을 다해 부여된 과업을 완수하고, 공식적이든 비공식적이든 모든 서약은 지켜야 하며, 개인의 발전과 개선을 위해 모든 기회를 포착해야 할 의무와 같다. 이런 가치는 또한 개인 자신의 행동뿐만 아니라 책임을 맡은 사람들의 행동에 대해서도 전적으로 책임져 달라고 요구한다. 책임은 의무와 명예라는 오랜 군인 정신을 내포한다. 즉, 직업군인으로서 항상 명예롭게 의무를 다할 때 그의 책임이 완수된다. 끝으로 헌신적 봉사이다. 군 복무는 국가와 군의 더욱 큰 이익을 강조하는 팀원으로서 최선의 노력과 헌신이 필요하다. 그러므로 임무 수행의 책임은 바로 군의 존재 목적에 대한 책임이라고도 할 수 있다. 임무 완수를 위한 군인의 강인한 정신전력에는 다음과 같은 특성이 있다.

진정한 용기

정신적 안정과 명철한 판단과 이를 추진하는 용기야말로 군인이 갖추어야 할 필수적 자질이다. 용기에는 두 가지가 있는데 하나는 위험에 직면했을 때 이에 대처하는 육체적 용기이고, 다른 하나는 자신에게 주어진 책무를 양심에 따라서 수행하는 도덕적 용기이다. 개인이 위험에 처했을 때 발휘되는 용기에도 두 가지가 있는데 첫째는 위험에 대하여 태연할 수 있는 용기이며, 둘째는 명예심이나 자부심, 애국심이나 책임감 등 여러 가지 적극적 동기에 기인하는 용기이다. 참된 용기의 소유자는 허장성세의 큰소리를 삼가고 전투에서는 두려움 없이 생사를 초월하여 임무를 수행하는 사람이다. 진정한 용기는 정의의 편에 서는 반면, 만용은 그렇지 못하다. 불의(不義)와 타협하지 않고 부정의 유혹을 이겨내는 것은 바로 진정한 용기가 발휘되기 때문이요, 만용은 이와 반대로 불의의 편에 서서 용기를 발휘하기 때문이다. 용기는 일반적으로 씩씩하고 군센 기운, 혹은 겁내지 않는 기개(氣槪)로 표현된다. 그러나 참 의미의 용기는 정신적 인내력이지만 그 지향하는 바가 결코 개인적이거나 올바르지 못한 이익을 위한 것이어서는 안 된다. 즉, 진정한 용기는 정의를 위한 분별력 있는 인내력이라고 할 수 있다. 진정한 용기의 특성은 다음과 같다. 첫째, 두려움을 알면서도 그것을 억누르고 자기 임무를 수행할 수 있는 용기, 둘째, 시기와 장소 그리고 대상을 가리지 않고 무분별하게 발휘되는 것이 아닌 꼭 필요한 상황 속에서 발휘되는 용기, 셋째, 생명과 규율의 지배하에서 발휘되는 용기, 넷째, 죽음을 무릅쓰고 책임을 완수하는 용기, 따라서 이러한 용기는 확고한 사생관과 불가분의 관계에 있으며, 외부의 위협이나 비난이 예상될 때에도 그것을 무릅쓰고 자신의 소신을 확고하게 주장하고 실행할 수 있는 정신적 자질이 갖추어질 때 유감없이 발휘될 수 있다.

앞에서 살펴보았듯이 용기를 도덕적 용기와 육체적 용기로 구분할 수 있다. 전투를 수행하는 군인에게는 육체적 용기가 중요하다고 생각할 수도 있겠지만 도덕적 용기가 결여된 육체적 용기는 자칫 그릇된 방향으로 나아갈 수 있다. 따라서 군인에게는 도덕적 용기가 보다 중시되어야 한다. 용기 중에서도 도덕적 용기야말로 최고의 미덕인 셈이다. 일찍이 도덕적 용기를 지니고 육체적 위험을 피하려고 한 사람은 없었다. 전사는 불의에 굴복하지 않고 위험을 겁내지도 않으면서 지성과 냉철한 판단으로 최선을 선택하는 결단력 있는 용기를 갖추어야 한다. 그것은 어떠한 고통과 피로, 긴장과 압박도 이겨낼 수 있는 육체적 · 정신적 인내력을 필요로 한다.

온유함과 진정한 마음의 평정

온유함이란 압제에 의해 눌려 아무런 항의할 힘도 의지도 상실한 상태의 군중의 일면을 표현하는 말이다. 세상은 언제나 어떤 형태로든 힘을 가진 사람들이 지배한다. 그러므로 무기력하고 유약한 모습은 현대를 살아가는 가치로서 합당하지 않다. 더구나 경쟁이 치열한 현대사회에서 온유한 성품으로 생존 가능한지, 아니라면 온유한 보통 사람들은 일반적인 의미의 성공적인 인생을 아예 처음부터 포기하여야 하는가 하는 의문들이 제기된다. 온유란 헬라어로 프라우테스(prautes)라고 하는데, 이 단어는 우유부단한 성격이나 연약한 이미지를 가진 말이 아니다. 온화하고 부드럽고 겸손하고 사려 깊지만 힘이 있다는 뜻으로, 이때의 힘이란 강제하는 물리적 · 신체적 힘이 아니고, 인간 내면의 정신적 힘이며 정신적 · 육체적으로 드러나는 능력이다. 성서에서 온유한 사람이 땅을 차지할 것이라고 했을 때, 땅은 영역을 뜻하고, 영향이 미치는 반경이며 리더십을 뜻한다. 땅을 차지할 것이라는 선언은 땅에서 사는 사람들과 그들의 마음을 얻는다는 뜻을 함축하고 있다. 온유하고 겸손한 사람은 자신을 낮추기 때문에 오히려 사람들의 존경을 받고 그들에 의해 높임을 받게 마련이다. 온유는 통제된 힘, 가장 안정된 상태, 그리고 자의적 순종을 표현할 때 사용되는, 수동적인 모습이 아닌 매우 적극적인 의미가 있는 단어이다. 오히려, 온유는 균형 잡힌 능력을 의미한다. 넓은 들에서 자유롭게 돌아다니던 야생마를 가축으로 사용하려면 잘 길들여야 한다. 즉, 길들인다는 뜻이지 힘을 쓰지 못하게 한다는 말은 아니다. 길들인 말은 빠른 속도로 들판을 가로지르는 여전히 준마이고 명마임은 변함이 없다. 오히려 필요한 근육이 더욱 강해지고, 아주 강인하고 날렵하게 방향과 속도를 조절하면서 적진을 달릴 때 명성을 더욱 빛나게 만들어준다. 온유함은 힘이 빠진 상태가 아니라 삼가고 자제할 힘을 가지고 있음을 의미한다. 오히려 절제와 체계적인 훈련을 통해 더 강해질 수 있고, 허약하거나 비굴하지 않다. 온유한 사람은 단지 사람들을 사랑하고 화평을 좋아할 따름이며, 사람들의 신분이나 처지와 무관하게 그들 앞에서 겸손하게 처신할 수 있는 여유를 갖는다.

온유는 강한 영적인 자제력을 지니며, 온유한 사람은 그 마음과 생각을 다스리는 능력을 갖는다. 그는 자신의 육체적 욕심을 억제하고, 혈기, 복수심, 정욕, 쾌락과 방종에 자신을 내어주지 않는다. 사람의 가장 안정된 상태인 온유는 가장 안정되고 완전한 정신적·육체적 상태를 말한다. 생명이 죽어 있어 안정됨이 아니라 생명과 에너지를 가진 상태에서 도약을 위한 준비로써 안정됨을 의미한다. 온유는 강한 마음이며, 상황을 올바르게 판단하고 정의를 위해 나서는 무사의 태도로서, 폭력에 폭력으로 대항하지는 않으나, 사람들이 고통 가운데 있거나 악행이 저질러지고 있다면 그것을 바로잡기 위해 할 수 있는 해결 방안을 찾고 그에 합당한 다음 단계의 행동을 준비한다. 즉, 나를 다스리고, 타인을 통찰하여 관계의 매듭을 풀어내는 주체로 나선다. 시대가 아무리 변해도 그 중심에는 사람의 지성과 영성의 감응이 있다. 자기 마음을 다스리는 자는 성을 빼앗는 자보다 낫다고 하며, 성냄을 나중에 하는 자는 용사보다 낫고 자기 마음을 다스리는 자는 성을 빼앗는 자보다 훌륭하다는 말이 있다. 이는 중국 고전에서 최고의 선으로 상선약수를 제시하는 것과 같은 뜻이다. 최고의 선이나 방책은 물과 같다는 의미이다. 세상에 존재하는 물의 특성으로 세 가지가 일컬어지는데, 물은 만물을 이롭게 하고 생명을 유지하며, 물은 다투지 아니하므로 언제나 만물을 화합시키며, 물은 늘 겸손하므로 양보하고 낮은 곳으로 흐르며 항상 낮은 곳에 머무르면서 우리에게 자신을 내보이고 있다. 물은 부드럽고 약해 보일지라도, 상황에 따라 바위도 뚫고 강철도 자르는 강한 면모를 보인다.

회복 탄력성

회복 탄력성이란 시련이나 고난에 직면했을 때 이를 이겨내는 힘(Resilience)이다. 이는 역경과 실패를 발판으로 더 높이 도약하는 마음의 근력이며, 필승의 신념과 임전무퇴의 기상을 발현하는 바탕이 된다. 전·평시를 통하여 항상 다양한 역경에 직면하게 되는 지휘관과 조직 구성원들은 회복 탄력성을 바탕으로 마찰과 저항 요소를 극복할 수 있다. 회복 탄력성의 자질을 보유하고 훈련을 강화했을 때,

감정과 생각을 긍정적으로 조절할 수 있고, 생활 태도가 밝아지며, 도전의식이 강해진다. 또한, 어떠한 위기 상황에서도 기회를 발견할 수 있다. 그러므로 회복 탄력성은 노력과 관계없이 타고나는 것이라고 인식하거나, 육체적 강건함과 무관하다고 여기는 것, 매우 나쁜 상황이 닥치면 어쩔 수 없다고 포기하는 자세는 바람직하지 못하다. 심리학자들은 '문제는 상황이 아니라 상황에 관한 생각'이라며 최악의 상황에 부닥쳐도 생각을 긍정적으로 하면 결과는 달라진다고 강조한다. 부정적 감정과 충동적 반응을 억제하고, 긍정적 감정과 도전의식을 불러일으켜 처한 상황을 객관적이고 정확하게 파악해야 대처 방안을 찾아낼 수 있다. 마음의 근력을 키우기 위해서는 범사에 감사하는 마음 자세를 견지하며, 신체적인 건강과 감투 정신의 고양을 위한 체력단련의 생활화도 중요하다. 감사하는 마음은 긍정성 향상에 가장 강력하고 지속적인 효과를 주며, 규칙적인 체력단련은 몸은 물론이고, 정신생활과 뇌의 활성화도 강화하는 작용을 한다. 또한, 회복 탄력성을 통해 자기 효능감을 제고할 수도 있다. 자기 효능감은 다양하게 정의할 수 있으나 공통으로 자신이 하는 특정 행동이 기대하는 결과를 도출하게 할 것이라는 신념과 기대하는 결과를 가져올 수 있는 자신의 능력에 대한 신념이라 할 수 있다. 자신이 가지고 있는 능력이 아닌 자신이 가지고 있는 능력을 어느 정도 행할 수 있는가에 대한 자신의 판단을 의미하는 것이다.

인간은 자신을 믿는 정도가 행동에 영향을 미쳐 자신이 얼마나 잘할 수 있는지 인식하는 정도에 따라서 행동 수준을 결정한다. 자기 효능감이 높은 사람은 자신감 있게 행동하지만, 자신의 능력에 대한 신념이 낮은 사람은 쉽게 포기한다. 그뿐만 아니라 자기 효능감이 높은 사람은 어떠한 과제를 줘도 자신감 있는 행동을 하며 자신이 관심을 두고 노력하면 훌륭한 성과를 낼 수 있다고 믿는다. 또한, 새로운 상황에 적극적으로 대응하고 실패하더라도 좌절감이 적으며 긍정적으로 돌아오는 빠른 회복력을 지니고 있다. 그러므로 자기 효능감은 개인의 인성 발달에 매우 중요한 요인이라 할 수 있다.

자기 주도성

주도성이란 스스로 할 일을 찾아 적극적으로 일을 이끌어가는 품성이다. 이는 자발적으로 임무를 수행하고, 목표 지향적으로 부대를 이끌어 나가는 원동력이며, 임무 완수를 위한 지휘 구현에도 핵심 요소다. 주인의식을 갖고 책임감 있게 자신이 맡은 부하와 조직을 지휘 및 관리하는 것은 간부로서 기본적인 책무다. 주도성이 발휘될 때 전·평시 추정된 과업까지도 식별해 수행함으로써 상급 부대 작전에 기여할 수 있다. 오로지 자신의 유능함만 믿고 부대원들과 협력하지 않으며 혼자서 모든 임무를 다하려고 하는 행태는 주도성을 잘못 이해한 결과다. 특히 상급자의 의도를 고려하지 않고 독선적인 생각으로 부대를 이끌어간다면, 작은 성공은 이룰 수도 있으나 조직 전체의 목적 달성이라는 큰 틀에서 일을 그르칠 수 있다. 임무를 부여받으면 임무의 목적과 상급자(지휘관) 의도가 무엇인지 머릿속으로 되묻고 정리하는 습관을 지녀야 한다. 또한, 나 혼자라는 생각을 버리고, 부대원들과 협력해야 한다. 다수가 협력할 때, 혼자 하는 것보다 5배 이상 큰 힘을 발휘한다. 그리고 경중완급(輕重緩急)을 고려해 지금은 급하지 않지만 중요한 업무에는 꾸준히 시간을 투자해 우선순위에 따라 업무를 추진하는 자세가 필요하다. 소중한 일이 사소한 일에 좌우돼서는 안 된다. 이처럼 자기 주도성이 효과적으로 발휘되는 데에는 원만한 대인관계가 필수적이다. 원만한 대인관계는 인성을 평가하고 개인의 사회성 발달 정도를 진단하는 데 매우 중요한 평가 항목이다. 원만한 대인관계를 통해 타인에게 자신의 이야기를 털어놓고 또한 타인과의 관계 속에서 자신의 내면을 탐색하게 되므로 자신과 자신의 삶을 성찰하는 기회를 가질 수 있다. 그뿐만 아니라 자신의 생활 태도를 변화시키고자 하는 의지를 지니게 될 수 있다.

자기 조절이라는 용어는 학자마다 자기 주도, 자기 교수, 자기 규제 등과 같이 다양하게 사용되지만, 이는 학자들의 이론적 관점에 따라 다른 용어로 표현되었을 뿐 학습자의 주도적인 역할을 강조한다는 점에서 공통점을 갖고 있다. 이러한 자기 조절 학습 능력과 관련된 요인은 매우 다양하며, 이는 크게 인지 영역, 동기 영역, 행동 영역으로 구분할 수 있다. 즉, 효과적인 자기 조절 학습을 하기 위해서는 학습자가 자신에게 적절한 학습 목표를 수립하고, 지속해서 목표 수립 과정 및 학습 과정을 관찰·평가하며(동기 영역), 성공적인 학업 수행을 위해 적절한 학습 전략을 사용할 수 있어야 한다(인지 영역). 그뿐만 아니라, 학습 효과를 최대화하기 위한 시간 관리 및 학습 환경 조성 등을 조절하는(행동 영역) 자기 조절 학습 과정을 통해 미래 사회에서 요구하는 창의적 문제 해결 능력이 길러진다.

무사 · 군인다움

무사다움이란 전문 전투원이자 높은 도덕적 가치와 신념 체계를 갖춘 리더로서 승리를 통해 소중한 가치를 수호하는 무적의 전사 기질을 말한다. 군인은 엄정한 군기를 유지하고 단정한 용모와 절도 있는 언행으로 위엄 있는 내 · 외적 모습을 갖춰야 한다. 필승의 신념과 임전무퇴의 기상으로 용맹스럽게 전투에 임하고, 부대와 부하들을 강인한 전사 기질의 전투원으로 만들어야 한다. 지휘자가 전사다움을 갖췄을 때 부하들이 믿고 따르며, 부하들에게도 소신 있고 당당하게 행동할 수 있다. 자신의 지식만을 믿고 부하나 동료를 업신여기며, 뜻대로 되지 않으면 고함치며 화내는 태도나, 외형적인 것에 몰두한 나머지 내적 당당함이나 자긍심을 경시하는 행위는 무사다움과 거리가 멀다. 악을 쓰듯 목소리만 크게 내고, 과도한 멋을 부리고, 변형된 전투복을 착용하는 때도 마찬가지다.

항상 부하들이 보고 있다는 것을 자각하고 전문 직업군인, 전투 전문가라는 사실을 기억해야 한다. 리더의 무사다움은 싸워 이기겠다는 불굴의 투지와 소중한 가치를 위해 목숨을 걸 수 있는 사생관을 갖추는 것에서 시작한다. 직무 수행 시 관련 법규를 스스로 준수하고, 상관의 정당한 명령에 정성을 다해 복종하는 습성을 기르며, 일상적인 업무까지 전투 임무와 연결해 생각하는 전투적 사고를 습관화하는 것도 중요하다. 전장에서 승리하는 임전 태세에 대한 실전 전략 4단계가 있다. 패전시문이다. 패러다임, 전략, 시스템 그리고 문화이다. 패러다임의 변화 파악, 대응 전략의 수립, 전략 수행을 위한 시스템 개발, 시스템 능력을 최대한 발휘할 수 있는 독창적 문화의 개발이다.

육체적 강건함

전장에서 전투 지휘관은 육체적·정신적 에너지를 많이 소모하기 때문에 건강해야 한다. 치열한 경쟁에서 살아남기 위해서는 강인한 체력이 밑바탕이 되어야 한다. 육체적 강건함이란 전·평시 정신적·육체적 피로와 고통을 극복하고 임무를 완수할 수 있는 강인한 체력과 건강을 유지하는 것이다. 강인한 체력은 임무 완수를 위한 기본 자산이며, 군인의 체력단련은 권리이자 의무다. '육체적 강건함'을 갖췄을 때 연속되는 작전과 전투에도 지치거나 피곤해하지 않고 임무 수행에 전념할 수 있다. 또한, 자신감이 높아지고 스트레스에도 잘 대처할 수 있다. 그러나 근육 강화 위주로 신체를 단련해 균형이 맞지 않고 행동이 둔하게 되는 것, 욕심이 지나쳐 과도한 체력단련으로 신체에 부작용이 발생하는 것은 경계해야 한다. 또한, 흥미 위주의 체육 활동만 선호하거나 체력단련 시간을 그저 휴식 시간으로만 인식하는 것도 문제다. 지속적 체력단련은 체력과 면역력 증진 효과뿐만 아니라 심리적 효과 증진에도 탁월한 효능을 발휘한다. 인간의 공격 본능과 부정적 사고를 감소시키고, 외부 환경으로부터 오는 스트레스를 줄여줘 마음을 편안하게 해준다. 자신감을 느끼게 하고 대인관계도 원만하게 만들어준다. 또한, 능동적·긍정적 사고 증진과 문제 해결 능력 배양에도 탁월한 효과가 있다. 사관생도는 임관 후 임무 수행 과정에서 지속해서 육체적·정신적 도전들에 직면하게 된다. 이러한 도전들을 극복하고 임무를 완수하기 위해서는 강인한 체력과 불굴의 정신력이 필수적이다.

5.8 민주시민·생활인으로 성장

5.8.1 자유 민주 시민 정신 일반

시민의식 또는 시민 정신이란 사회적 공동체를 지속시켜 주는 정신으로 정의할 수 있다. 공동체는 구성원 사이에 가치, 신념, 목표를 공유하는 참여와 의식의 연대이다. 우리 사회가 민주주의의 시장 경제체제를 운용하고 있음을 고려한다면 공동체 시민의식의 고양이란 한국 사회가 지향하는 바를 추구하면서 타인에게 피해를 주지 않는 등 최소한의 배려를 하도록 고취하는 것이다. 아울러, 법과 질서를 준수하며 자신의 삶을 창의적으로 개선·발전시키면서 장기적인 이익을 추구하는 합리성을 상호 간에 존중해 나가도록 하는 것이다. 이러한 공동체 시민의식은 사회의 역사·문화적 전통 위에서 도덕적·사회적 질서를 존중하고, 공동체 내에서 발생하는 제 현상을 이성적으로 생각하여 창의적으로 문제를 해결하고 의사결정을 할 수 있는 집단적인 능력이라고 할 수 있다.

인간은 사회적 존재이다. 따라서 다른 사람과 원만한 공동생활을 하려면, 자기 자신뿐만 아니라 타인의 감정을 의식할 수 있는 기능과 타인의 감정과 권리를 존중할 수 있는 능력이 필요하다. 이런 기능은 타인에 대한 배려의 친 사회적 기능으로 표현할 수 있다. 자신의 원만한 사회생활을 위해서 다른 사람들에게서 정의, 상호성, 평등, 인간의 존엄성에 대한 존중을 기대하는 것처럼 자신도 타인의 그런 점을 존중해야 한다. 결국, 타인의 입장이 되어 그의 대리 역할을 하거나 그의 편을 들면서 도덕 가치로 간주할 수 있는 상호성의 정신에 따르게 되는 것이다. 타인의 시각으로 바라볼 수 있는 자세와 능력, 그리고 거기서 생기는 당사자 적격인 생각과 느낌, 즉, 배려와 정의감은 서로 다른 종교, 문화, 국가, 민족, 인종에 속한 사람들이 평화롭게 공동생활을 하고, 이해관계와 가치관의 차이로 인하여 갈등이 발생하면 평화적으로 해결하기 위한 전제 조건이다. 갈등의 평화적 해결을 위해서는 다음과 같은 몇 가지 지침 혹은 방법을 따르거나 그것을 활용하면 도움이 될 것이다. 첫째, 갈등에 대한 기본적인 시각을 변화시켜 갈등을 단순히 무시하거나 마치 없었던 일인 것처럼 간주해 버리거나 은폐하지 말고 오히려 하나의 기회로 삼는다. 둘째, 가능하면 물리적인 힘이나 폭력을 행사하려 하지 말고, 폭력으로 위협하지 않는다. 셋째, 자기 생각이나 견해를 유일하게 옳은 것으로 주장하지 않는다.

이러한 관점에서 공동체 시민의식의 형성은 주로 다음의 세 가지로 요약될 수 있다. 하나는 시민적 의사 결정력 함양이다. 이는 자율과 합리성을 기반으로 개인의 권리와 의무를 분명히 하고 합리적으로 주어진 행동 대안을 탐색할 수 있는 능력의 함양을 말한다. 또 하나는 공동체적 정체성의 확립이다. 공동체적 정체성은 민족과 국가 및 지역 공동체와 개인의 관계를 설정하고 이를 서로 평가할 수 있음을 말한다. 이러한 정체성의 내용과 준거는 물론 우리 민족의 역사와 문화적 전통과 민족화, 민주화 및 세계화에서 찾아야 할 것이다. 나머지 하나는 합리적 의사소통 능력의 제고이다. 다양한 집단이 공동의 관심사를 추출하고 합의에 이르는 합리성과 의사소통 경로의 확보, 왜곡의 방지 및 지식 정보화를 중심으로 한 빠른 정보 전달 체계의 확립 등은 합리적 의사소통의 핵을 이룬다. 이를 위해서 집단 내외에서 상대방과의 의사소통 규범을 익히고 자신의 의견을 명확히 하며, 상대의 의견을 청취할 뿐만 아니라 정보 전달 체계를 이용하는 기술을 익혀야 한다. 이러한 의사소통의 합리성 제고는 앞의 시민적 의사 결정력 함양과 공동체적 정체성 함양의 기본 바탕이기도 하다. 공동체의 구성원으로서의 시민의 바람직한 자질과 관련하여 흔히 법의 준수, 투표 참가, 정부 예산에 관한 관심, 세금 납부, 정부에 대한 비판 의식, 사회문제에 관한 관심, 이웃에 대한 애정, 소수 의견의 존중, 합의의 존중 등 9가지 덕목이 제시된다.

시민사회는 경제적 분화와 정치적 분화가 서로 대응하여 제도로 정착될 때에 비로소 형성되었다고 말할 수 있고, 경제적 분화와 정치적 분화의 제 과정에서 어떤 뚜렷한 개별적 위치와 권한을 점하는 개인을 시민이라고 정의할 수 있다. 시민은 그런 사회를 구성하는 주권적·주체적 개인이며, 이해 갈등과 계급적 대립으로 인하여 파열하기 쉬운 사회질서를 공적 담론과 공적 기구를 통하여 유지·존속시켜 나가는 근대적 개인이다. 더 나아가 공익과 사익 간 균형을 취할 수 있는 공공 정신과 도덕을 내면화한 사람이다. 공익과 사익의 균형을 추구하기 위해서도 개인에게는 먼저 스스로 지켜야 할 사익이 있어야 한다. 그러므로 다른 무엇보다도 우선해 재산권이 시민권(Citizenship)의 내용을 구성한다. 자기 자신의 신체에 대한 권리와 그로부터 비롯하는 재산에 대한 권리를 타인이나 국가의 간섭과 침해로부터 지키는 것이 근대적 시민권의 핵심 내용이었음은 주지의 사실이다. 그래서 시민은 개인의 자유와 재산권을 침해할 수 있는 국가 권력을 견제하고, 때로는 국가의 부당한 간섭과 침해에 맞서 저항하지만, 동시에 자기의 자유와 재산권을 지키기 위해서도 국가 권력에 협력한다. 그런 의미에서 시민은 국가주의적 의미의 국민, 즉, 사익보다 공익을 앞세우고 무조건 국가에 충성하는 국민과 다르다. 이런 근대적 주체인 시민은 다양한 개개인의 이해관계가 대립하며 공존하는 곳, 즉, 시민사회에서 태어난다. 시민사회는 다양한 자발적 결사체들로 이루어져 있다. 사람들은 경제의 발전과 분화 과정에서 각자의 이해관계에 따라 자발적 결사체에 속하게 되고, 그럼으로써 다양한 이해관계가 대립하는 현실에서 조화와 협력의 필요성을 배우게 된다.

5. 8. 2 국가·국민·시민

역사적·이론적 고찰로서, '시민은 무엇인가?', '시민은 국민과 어떻게 다른가?' 시민이라는 개념의 역사를 탐색한 박명규에 의하면,

한국어에서 시민(市民)은 유럽어에서와 마찬가지로 크게 세 가지 의미로 사용됐다. 가장 오래된 용례는 장시(場市)의 각종 활동에 참여하는 특수한 직역의 사람들을 일컫는 것이다. 서구에서 부르주아가 경제적인 의미가 있는 것과 유사하다. 다른 용례는 근대적인 것인데, 이 경우의 시민은 장사나 시장과 직접적인 관계를 갖지 않으면서, 오히려 정치 공동체의 자율적인 구성원 자격을 의미하는 정치적 개념이다. 이런 의미의 시민 개념은, 시에 속한 주민을 시민이라 부르게 되었기 때문에, 초기에는 시라는 근대적 행정 단위의 설립을 근거로 사회적인 내용을 얻게 되었다. 오늘날 시민 개념은, 시민권을 획득한다는 표현에서도 드러나듯이, 국민과 비슷한 의미로도 혼용하여 사용된다. 세 번째 용례는 비교적 최근의 것이다. 20세기 후반에 이른바 민주주의의 제3의 물결과 관련해 제기된 시민사회론 속의 시민이다. 이 시민은 경제적인 의미의 특정 계급을 가리키는 것도 아니고, 하나의 정치적·행정적 단위에 속한 모든 구성원을 가리키는 것도 아니다. 이는 한국에서 중산층이라고 자처하는 시민 계층이 등장하면서 서구 학문체계의 시민 개념이 수용, 재인식, 재적용된 것이다. 세 번째 의미의 시민은 중요한 두 가지 특징을 가지는데, 하나는 국가권력과의 관계 속에서 견제하고 저항하고 협력한다는 것이고, 다른 하나는 사익에 매몰되지 않고 공적·보편적 이익을 추구한다는 것이다. 이 두 가지 특징은 서로 밀접하게 연결되어 있다. 즉, 시민사회 구성원인 시민(Citizen)은 단순히 권리와 이해관계의 주체인 개인을 의미하지 않는다. 여기에서 시민은 이기적인 개인을 뛰어넘어 타인을 지향하며 이 사회를 함께 사는 타인들을 자신의 충성심의 대상으로 삼는 사람이다.

시민은 일단 분화한 개인이고, 계속 고립된 이기적 개인이지만, 이익과 권리를 알면서도 그것을 넘어 공동의 이익을 위해 동료 인간과 협력할 수 있는 존재여야 한다. 그러므로 시민은 미분화한 집합적 주체인 국민과 다르고, 분화한 후에 서로 결합하지 못하는 원자적 개인과도 다르다. 사람이 자신을 고유의 구별된 존재로 인식하기 위해서는 어느 정도의 사회·경제적 발전이 필수적이다. 그런 상태에서야 비로소 사람들은 사회 구성원 간의 이해관계가 서로 대립할 수 있음을 알 수 있게 되기 때문이다. 문제는 이해관계의 대립이 사회의 해체로 이어지느냐, 아니면 이해관계의 다양함과 대립 가능성을 구성원들이 서로 인정하면서 정치적으로 조화를 꾀하느냐이다. 그런 담론의 다양함이 존재하는 곳이 시민사회이고, 그곳에서 공동의 이익을 찾아 실천하는 존재가 시민이다. 수동적인 국민이나 저항적인 민중을 능동적이고 창의적인 시민으로 전환하기 위해서는 그들의 역량 강화(Empowerment)가 필요하며, 이를 위한 가장 좋은 방법은 바로 그들을 시민적 활동에 참여시켜 능동적인 주체로 거듭나게 하는 것이다. 개인에게 사익과 공익의 차이를 깨닫고 양자를 조화시킬 수 있게 하는 가장 좋은 방법이 공적 의미가 있는 활동에 참여하게 하는 것이라는 말이다. 시민에 의한 자발적 결사체의 등장에 주목하는 이유도 그곳에서 개개인이 다양한 사익과 사익들의 충돌을 경험하고, 그것과는 다른 공익을 이해할 수 있게 되기 때문이다. 그래서 자발적 결사체가 시민사회의 모체라고 말하는 것이다.

민주주의는 국민이나 민중이 아니라 시민에 의해서만 제대로 유지될 수 있고, 그런 시민의 참여적 환경 속에서만 길러질 수 있다. 그러나 이론적으로나 역사적으로 군대와 병역이 일정한 조건에서 그런 참여적 기구와 제도일 수 있으며 실제로 한국 현대사 속에서 산업화와 민주화를 촉진하는 제도적 장치로서 기능을 수행했다. 사회 발전과 더불어, 교육 수준이 높아지고 경제적 수준이 향상되면서 사람들은 개인의 권리에 눈을 뜨게 되었고, 자기의 권리에 대해 알게 되면서 타인의 권리가 자신의 권리와 충돌할 수 있다는 가능성과 그것을 조화시켜야 할 필요성을 점점 깨닫게 되었다. 경제적 발전이 이루어지면서 사회 속에서 이해관계가 나누어졌고, 서로 다른 이해관계 속에서 계급과 계층이 분화했고, 계급 지배의 현실도 깨닫게 되었으며, 때로는 그런 지배의 현실을 뒤집어 엎으려는 모험적 시도도 나타났지만, 점차 계급 간의 비지배적 공존의 필요성이 인식되었다. 민주주의는 공통의 경험과 기억을 간직한 국민을 요구하며, 동료 시민을 평등한 존재로 여길 수 있는 시민을 요구하며, 공적인 일에 참여할 수 있는 능력과 덕을 갖춘 시민을 필요로 하기 때문이다. 시민은 사회를 구성하는 주권적, 주체적 개인이다. 시민은 사회 속의 다양한 이해 갈등과 계급적 대립으로 인해 파열되기 쉬운 사회질서를 공적 담론과 공적 기구를 통하여 유지·존속시켜 나아가는 근대적 개인이다. 시민의 공적 참여 방식 가운데 군인으로서 복무하는 것은 성장기 청장년들에게 조직 운용 경험을 쌓고 국가 안보에 기여하며, 한편으로 고도로 집단적 훈련을 받을 기회를 갖는 것이다. 역사적으로 국방 임무를 수행하는 군 조직은 매우 중요하게 존재로서, 오직 시민만 군인이 될 수 있고 군 복무를 명예롭게 여기는 전통이 이어져 왔다. 조국의 방어가 시민의 의무여야 하며, 자발적 병역 의무의 이행을 통해서만 개인이 온전히 시민이 될 수 있다고 생각한 것이다.

5. 8. 3 자유민주주의 기본 질서와 성숙한 민주시민

자유민주주의 사회는 우리가 추구하는 가장 이상적인 사회이다. 그러므로 이를 올바르게 이해하고 유지·발전시키기 위한 개인과 시민사회의 노력이 필요하다. 여기서 우리 사회의 참 자유와 진정한 민주주의를 누리기 위해 건전한 시민 정신이 필요하다. 인간이 인간답게 행복하게 살 수 있는 사회체제, 즉, 우리가 추구해야 할 이상적 사회는 자유민주주의다. 그런데도 인류 사회에서 자유민주주의를 올바르게 이해하고 그 체제를 유지·발전시키기 위한 노력은 여전히 필요하다. 여기에서 우리는 자유민주주의란 무엇인가, 또 그 질서가 확립되고 발전되어 인류 사회의 보편적인 가치를 추구하고 복지사회로 발전해 나아가는 데 필요한 것은 무엇인지 깊이 생각해 보아야 한다.

자유민주주의의 자유란 타인에게 해를 끼치지 않는 범위 내에서 허용되는 자유를 말하며, 방종과는 구별되는 개념이다. 또한, 민주주의란 인간의 존엄성이 존중되고 주인의식의 견지와 권리·의무를 지켜 갈 때 허용되는 개념이다. 민주주의는 저마다의 개성과 인격이 존중되는 다양성 속에서 서로가 책임을 지니고 자제하면서 복지국가, 이상향의 세계를 현실적으로 추구하는 체제로서, 이를 이룩하기 위해서는 합리적인 이해와 화합의 바탕에서 부단한 노력이 수반되어야 한다. 또한, 민주주의는 획일주의가 아니며 개성적이면서도 서로가 조화할 줄 아는 다원주의 사회여야 한다. 저마다의 목소리와 얼굴이 다르듯 생각이 다를 수 있다. 저마다의 능력과 특성이 다른 사람들이 집단을 이루고 사는 사회에서 서로의 뜻이 존중되면서도 전체적인 질서가 유지되고, 조화를 이루어 개인의 책임과 자제가 어우러질 때만이 그 사회가 존속·번영할 수 있다. 정당한 자기 권리 추구가 문제 될 것은 없다고 할 수 있지만, 그 방법이 극단적이며 기존의 질서를 아예 파괴하여 버릴 수 있다면 문제가 된다. 그러면 '우리 사회가 참 자유와 진정한 민주주의를 누리기 위해서 지켜야 할 사회적·철학적 기본 정신은 구체적으로 무엇인가?' 가장 중요한 것은 인간의 기본적인 양심에 근거한 삶의 태도이다. 법이란 적을수록 좋으며, 사회를 유지해 나가기 위한 최소한에 머물러야 하고 법이 수용하지 못하는 부분은 윤리적, 도덕적 기준에 의해 채워져야 한다. 법 이전에 양심에 근거한 진정한 삶의 태도가 선행될 때 어떠한 사회적 환경의 변화에도 자유민주주의는 꽃을 피울 수 있다. 다음으로는 철저한 책임 의식의 함양이다. 자신의 자유와 권리를 누리는 것은 타인에 대한 책임을 전제로 할 때만 정당화될 수 있다. 이때 책임이란 타인의 권리와 자유를 해치지 않는다는 소극적인 의미뿐 아니라 타인의 권리 증진을 위해 자신의 의무를 더욱 성실히 이행한다는 적극적인 의미까지 포함하는 개념이다. 이는 곧 준법정신의 적극적인 구현이다. 이러한 책임 의식은 사회를 이루는 모든 구성원 개개인이 기본적으로 갖추어야 할 자세이다.

이상적인 인류공동체의 기본 덕목을 설정하자면 개인의 기본 품성인 도덕성, 정치적 성향, 사회·문화적 배경과 개인 또는 가족 집단의 경제적 상황을 고려하여야 한다. 도덕성에 대해 살펴보면, 아무리 훌륭한 정치·경제·사회·문화적 요소가 갖추어져 있다 하더라도, 개개인의 도덕성이 뒷받침되지 않으면 구성원들의 인간다운 삶을 보장할 수 없다. 다음으로 정치적 측면을 보면, 민주주의를 토대로 인간의 기본적 권리를 존중하고 자유와 평등의 가치를 실현하려는 공동체의 일원으로서 민주 시민의 자세가 요구된다. 사회·문화적 측면으로, 관용과 다원성의 가치를 존중하며 다양한 삶의 양식을 수용하는 관용적 태도가 사회 환경적 조건으로 필수적이다. 이러한 개인적·정치사회적 조건이 상호 작용하여 승수 효과를 발생시키고, 개인과 사회의 건강한 생존 양식을 지속시키기 위해서는 공정한 경제 제도가 전제되어야 하고, 이를 바탕으로 분배 정의를 실현할 수 있는 경제적 풍요와 복지가 마련되어야 한다. 이러한 기본적 철학적 기반이 완성된 후에 자율적인 인간으로서 시민이 되어야 한다. 자율적 인간은 매사에 자신이 주인이 되어 스스로 판단하고 행동하며 그 결과에 대해서도 책임을 지는 사람이다.

다음으로 지식을 습득할 뿐만 아니라 지식과 경험의 상호작용을 통해 미래 사회의 변화에 능동적으로 대응할 수 있는 창의적 인간이 되어야 하며, 정의롭고 배려하는 인간으로서 자신뿐만 아니라 타인의 인권을 소중히 여기고 남을 존중하며, 권리에 따르는 책임을 다하는 참다운 자유 민주 시민이 되어야 한다. 성숙한 민주시민의 기본 자질은 군 복무에도 요구되는 가치이다. 군 복무 기간 동안 서로 개인의 인권을 존중하고 나아가 전역 후 민주 시민으로서의 역량을 갖추기 위함이다. 전쟁을 직접 수행하는 장병들의 경우 존엄한 인간으로서 대우하기 위한 자성이 필요하다. 군인 정신, 군의 전통과 문화적 환경에서 성숙한 민주시민에게 요구되는 가치가 배양되어야 한다.

5. 8. 4 민주시민으로서의 군인

인류의 문화와 제도 발전 역사를 살펴보면 한 주권 국가에서 군사 조직과 문화가 국민의 정신문화 발전에 얼마나 중요한 덕목인지 알 수 있다. '대한민국은 어떠한 나라인가?' 그리고 '우리 민족과 국가는 역사적으로 어떻게 발전해 왔으며, 어떤 이상과 가치를 추구해 왔는가?'라는 물음과, '이상과 가치를 추구해 왔는가?'라는 물음에서부터 출발한다. 세계 역사를 통해 볼 때 국가는 군을 떠나서 존재할 수 없으며, 이는 힘의 논리에서 볼 때 당연한 귀결이다. 정부는 군대 조직의 확대판이다. 군사 조직은 일단 유사시 외부의 적으로부터 국가의 안전을 보장하기 위하여 막강한 군사력과 병력 수준을 유지해야 한다. 그래서 군대는 국가의 안보를 보장하는 강력한 국방력의 보루인 것이다. 서구의 선진국들에서는 수 세기에 걸쳐 전쟁을 수행하면서, 군인들이 국가를 몇백 년 통치하며 군 조직과 행정 조직을 일치시켜 왔는데 현대에 이르러 정부와 국방, 안보 조직으로 분리하였다. 동물 세계를 흔히 약육강식의 세계라고 하는데, 이러한 현상은 인간 사회에서도 그 방법은 다르지만 그대로 나타난다. 비록 인간이 만물의 영장으로서 합리적인 사회를 표방하며 평화와 평등을 말하지만 궁극에는 힘의 논리에 지배되지 않을 수 없기 때문이다.

국가는 군대를 떠나서 존재할 수 없다는 논리를 고찰하기 위해 복잡한 학설이나 이론을 원용할 필요가 없다. 힘이 약할 때 그 결과가 어떻게 되는지 현실 세계를 살펴보면 쉽게 알 수 있다. 우리가 일본 제국주의자들에게 나라를 빼앗긴 일도, 북한이 남침한 6·25전쟁도 강한 군대가 없었기 때문이었다. 이처럼 일단 유사시 국가 안보를 유지하기 위해서는 필수적으로 막강한 군사력을 유지해야 한다. 또한, 군대는 백 년 동안 한 번도 사용하지 아니할 수 있으나, 단 하루라 할지라도 갖추지 않으면 안 되는데, 이것이 국가 안보의 준비 태세이다. 이러한 맥락에서 오늘날 세계 각국은 국력에 걸맞은 군사력을 보유하고 유지하려 하고 있다. 왜냐하면, 아무리 부유한 나라라도 군사력이 약하면 이미 획득한 재화뿐만 아니라 자국의 생산력, 자국의 문명, 자국의 자유 그리고 독립마저도 힘이 강한 자에게 희생당할 수 있기 때문이다. 군대는 국가의 최후 보루인 것이다. 또한, 대한민국과 같이 군 복무를 국민의 의무 사항으로 규정하는 국가에서는 젊은이들이 집단으로 훈련과 교육을 받는 군대가 국민교육의 장이기도 하다. 또한, 군대는 특히 개발도상국에서는 그 영향력은 실로 막강하다. 우리나라의 경우를 보면 건국 이후 군이야말로 가장 우수한 엘리트 양성 기관이었다. 당시에는 국민교육 수준은 매우 낮았는데 가장 서구적인 선진 교육을 받은 엘리트들이 대부분 군에 있었다. 그들이 군에서 엘리트를 양성하는 임무를 수행함으로써 국민교육에 상당한 기여를 했다. 일찍이 1941년 임시정부는 광복군 창설을 위한 포고문에서 다음과 같이 절규하였다. "슬프다. 군대는 국가의 간성이니, 간성이 없이 어찌 국가를 보존할 수 있으며, 국가를 보존하지 못하고 국민이 존재할 수 없다." 이것은 공허하고 막연한 이론이 아니라 만고 불변의 진리이고 역사가 주는 교훈이며, 우리가 몸소 체험한 사실이다.

오늘날 선진국은 문무를 잘 조화시켜 국가를 운영하고 있으며, 미국에서는 사관학교 출신은 5년간 의무 복무하고 제대 후 공무원으로 임용되기 때문에 고급 공무원 중에는 사관학교 출신이 상당수에 달한다. 나폴레옹이나 드골, 퐁피두, 지스카르 데스탱 등 엘리트를 수없이 배출한 파리 이공대(理工大)는 원래 육군포병학교로서, 30년 전만 해도 이 학교는 현역 육군 소장이 교장이었다. 이것이 학교의 일반적인 모델이며, 문무겸전, 즉, 문(文)과 무(武)의 조화가 국가 구성의 궁극적 이상이다. 문민이란 용어와 군사 문화, 상무 정신 등의 용어에 대해서도 기사도와 함께 국민정신의 중요한 덕목으로 재정립되어야 한다. 대저, 한 국가는 물질적 풍요나 공업 생산력만으로 결코 선진국이 될 수 없으며, 정신적인 측면에서 기사도를 이해하고 실천하는 의식 구조와 행동 양식이 있어야 선진국에 도달할 수 있는 정신적 역량을 갖추게 된다. 우리보다 오랜 전통과 국민정신으로 무장된 선진국에서 애국, 충성, 복종, 희생, 책임, 용기로 상징되는 군사 문화는 매우 소중한 덕목이다. 해방 이후 군은 주요한 정치적 행위자로 등장하면서부터 한국 정치의 중심에 있었고, 그 과정에서 민주주의의 장애 역할을 해온 것이 분명하다. 하지만, 군이 행한 정치적 역할을 군이 한국 사회 더 나아가 근대 국민국가에서 행한 역할이라는 거시적 측면에서 살펴볼 필요가 있다. 즉, 근대 국민국가에서 군대는 공동체를 방위한다는 측면에서 공동체의 안위와 관련한 가장 중요한 존재이며, 동시에 병역 의무는 시민의 권리이자 의무라는 의미에서 시민의 형성에 중요한 축을 이루고 있다는 점을 주목해야 한다. 무사 통치로 역사 발전을 경험한 나라는, 군주나, 왕 자신이 기사(騎士)이며, 국가 지도부도 군인계급인 기사들로 구성된다. 이 나라들은 대부분 선진국이 되었고, 문약한 선비들로 국가 지도부를 형성한 문민 통치 국가는 식민지로 전락하며 우여곡절을 겪었다.

5. 8. 5 민주 시민의 필요 덕성

민주주의는 국민의 노력과 투쟁 그리고 성취를 위한 희생 없이 주어지는 것이 아니라 국민인 자유 시민들이 스스로 만들어 가는 것이며, 존엄한 인간 삶의 조건을 부단히 재형성해 가는 과정 그 자체이다. 즉, 민주주의는 인간의 존엄을 위한 삶의 방법적 원리를 개방적으로 탐색하고, 실현해 나가는 공동체적 삶의 과정이다. 따라서 민주주의 사회의 시민은 그들 자신과 그가 속한 공동체가 무엇을 목적으로하며, 이를 달성하기 위하여 어떻게 행동하여야 할 것인가에 관하여 스스로 결정하고, 그 결과에 책임져야 한다.

우리가 함께 살아야 할 민주적 공동체는 모든 개인의 자유, 평등, 인권이 존중되는 사회이다. 이러한 민주적 공동체의 이상은 자유 민주주의를 표방하고 있는 우리에게는 교육적 이상이기도 하다. 민주적 공동체는 모든 사람의 자유를 가능한 최대한으로 보호하고자하며, 또 모든 사람이 법 앞에서는 평등함을 강조하며, 모든 인간이 인간으로서 대접받으며, 살 권리를 보장한다. 이처럼 자유와 평등 그리고 인간의 존엄성을 소중히 여기는 인간, 더불어 살아가며 공동체의 발전에 기여하는 사람을 길러내는 일이 민주적 공동체의 이상이다. 민주 시민 양성 교육과정에서 추구하는 인간상은 자신과 차이를 가진 다른 사람과 더불어 살아갈 수 있는 인간, 다른 사람의 고통을 함께 느낄 수 있는 인간, 자신의 부를 가난하고 굶주린 사람들과 나눌 수 있는 인간이다. 이러한 인간은 민주 시민의식을 바탕으로 공동체의 발전에 이바지하며, 개인의 자유와 공동체에 대한 책임을 조화시키며 양자가 충돌할 경우 공동체에 대한 책임을 우선시한다. 민주시민의 구성 요소에는 타인을 존중하고 대화하는 시민성, 개인의 책임, 자율, 시민다운 마음, 개방적인 마음, 원칙 존중과 타협, 다양성에 대한 관용, 인내와 지구력, 정열, 관대함, 국가와 그 원칙에 대한 충성 등이 있다.

민주시민의 기본자세는 홍익인간의 이념 아래 모든 국민이 자신의 인격을 도야하고, 자주적 생활 능력을 갖추고, 모든 시민을 인간으로서 존중하고 민주 국가 발전과 인류 공영에 이바지하는 것이다. 구체적으로 표현하면 전인적 성장의 기반 위에 개성을 추구하는 사람, 기초 능력을 토대로 창의적인 능력을 발휘하는 사람, 폭넓은 교양을 바탕으로 진로를 개척하는 사람, 우리 문화의 이해 토대 위에 새로운 가치를 창조하는 사람, 민주시민을 기초로 공동체의 발전에 공헌하는 사람으로 성장하는 시민상을 지향한다고 할 수 있다. 시민 개인의 인권은 인간의 권리로서 여기에는 다른 사람의 동등한 인권도 포함된다. 따라서 인권은 권리와 의무, 권리와 책임의 이중적인 차원을 암시하고 있다. 인권을 갖고 있다는 것은 다른 사람들을 희생하지 않으면서 자신의 권리를 신장할 의무를 지고 있다는 것이다. 나의 자유는 무한하지 않아서 다른 사람들의 권리가 시작되는 곳에서 한계에 부딪히게 된다. 나아가 인권을 갖고 있다는 것은 자기가 지닌 가능성의 범위에서 다른 사람들의 권리를 위해 나서야 하는 책임도 포함된다. 하지만 권리와 의무를 함께 생각하는 인권 의식의 전제 조건은 타인의 인권을 자신의 인권과 동등하게 인정하는 자세를 정착시키는 일이다. 시민적 기능에는 크게 지적 기능과 참여 기능 두 가지가 있다. 비판적 사고 기능이라고도 부르는 지적 기능에는 확인과 기술(記述), 설명과 분석, 공공 쟁점에 대한 견해의 평가, 취득, 옹호가 포함된다. 참여 기능에는 상호작용, 감시, 관찰 활동, 영향력 행사가 있다. 상호작용은 시민이 다른 사람들과 의사소통을 하고 그들과 협력하는 데 필요한 기능이다. 상호작용을 한다는 것은 질문과 답변을 익히고, 예의를 갖추어 심의하며, 다른 사람과 제휴하고, 공정하고 평화로운 방식으로 의사 교환을 하는 능력이다. 정치와 정부에 대한 모니터는 정치 과정과 정부에 의한 쟁점 처리 방식을 추적하기 위하여 시민이 필요로 하는 기능을 가리킨다. 모니터 활동은 또한 시민의 관점에서 감독하고 감시하는 기능을 수행한다는 것을 의미한다. 영향력 행사와 관련된 참여 기능은 정치와 통치의 공식적 혹은 비공식적 과정에 영향을 미칠 수 있는 능력을 가리킨다. 시민적 기능과 달리 가치 및 태도와 관련된 시민적 성향은 민주주의의 유지와 발전을 위해 필수적인 개인적·공공적 인성 혹은 성격을 가리킨다. 여기에는 사회의 독립적이고 자주적인 구성원이 되려는 경향, 시민으로서의 개인적·정신적·경제적 책임을 떠맡으려는 성향, 개인의 가치 및 인간의 존엄성을 존중하려는 경향, 사려 깊고 효과적인 방식으로 시민 생활과 공공 문제에 참여하려는 성향들과 민주 사회의 건전한 기능에 기여하려는 의지가 포함된다. 그러나 민주 시민 양성을 위한 교육 내용을 구성함에서는 민주 시민의 자질로 지식(Knowledge), 사고(Thought), 참여(Commitment), 행동(Action) 등 네 가지가 중요한 요소로 부각되고 있다.

1970년대 후반에는 민주 시민이 갖추어야 할 기능으로 대화 능력, 자료 처리 능력, 의사결정 능력, 논쟁 사안에 대해 자신의 의견을 정당화할 수 있는 능력, 정의를 적용할 수 있는 능력, 협동력 등이 꼽혔다. 이후 1980년대를 시점으로 새롭게 변화하는 사회에 적응하기 위해서는 보다 적극적인 민주 시민교육의 필요성이 제기되면서 민주 시민의 자질이 다양하게 제시되었다. 그리하여 민주 시민이 갖추어야 할 기능으로 기본적인 지식, 민주주의 이상에 대한 신념, 기본적인 지적 기능, 정치적 기능이 제시되었다. 1990년대 들어서는 훌륭한 시민적 자질로, 현 사회문제에 대한 올바른 인식, 학교나 지역 사회에 참여, 책임의 수용, 타인에 대한 배려, 도덕적 행동, 비판적 사고력, 합리적 결정 능력, 정치에 대한 지식, 애국심 등이 제시되었다. 그리고 시민적 자질로 민주적 의사결정 능력, 비판력, 능동적으로 참여하는 능력 등이 요구되었다. 위에서 논의 된 민주시민의 덕성을 종합하여 고려해 보면, 사회봉사의식, 대화 · 타협 의식과 태도, 이웃과 어울림, 외국 · 외국인에 대한 평등과 장애인 보호 의식 확립 등 사회공동체 정신이 기본이 되고, 능동적인 정치적 권리 의식이 확립되어야 하며, 직업의식의 확립, 청빈한 부(富)의 축적에 대한 긍정적인 태도와 절약의식이 필수적이며, 건전한 지역 사회 조성을 위한 환경의식의 확립이 시민사회의 구성원으로서 요구되는 덕목으로 정의될 수 있다.

5. 8. 6 민주시민으로 사는 생활인 양성 방안

민주주의는 제도가 도입되어 있다고 해서 유지되고 발전되지 않는다. 그 제도나 법을 운영하는 사람들이 민주주의적 의식을 갖고 제도와 법을 잘 운영할 때 비로소 민주주의가 유지되고 발전할 수 있다. 민주주의의 유지와 발전은 구성원들이 민주주의를 유지하고 발전시키겠다는 의지를 갖고 실천할 수 있는 능력에 달려 있다. 민주 시민교육은 바로 이러한 의미에서 사회 구성원들이 민주주의를 실천하고 정착시키겠다는 의지와 능력을 함양하는 데 그 목표가 있다. 민주 시민교육은 성숙한 민주주의와 법치주의가 정착된 선진 한국을 건설하는 데 필요한 법과 제도 개혁을 뒷받침할 수 있는 시민의 지식, 기능과 태도와 능력을 함양하는 데 집중하여야 한다. 시민의 지식, 기능과 태도와 능력을 한마디로 시민적 자질 혹은 민주적 시민성(Democratic citizenship)이라고 한다. 그러므로, 민주 시민들은 국가의 특징, 정부의 형태, 정치와 정부, 법과 정부, 이웃과 공동체 문제를 해결하기 위한 사회적 결정 과정에 자발적으로 참여하는 것이 필요하다. 시민의 역할로서, 개인의 책임, 권리, 인권의 확보를 추구하여야 하며, 다양한 사회적·정치적 활동 유형을 감시하고 개인으로서 정치적 영향력을 발휘하는 데 필요한 시민적 지식과 지적 기능(Civic knowledge and skills)을 함양할 필요가 있다.

자유민주주의 제도의 정착과 유지에 요구되는 민주 시민의 역량을 배양하기 위한 시민교육의 내용은 크게 세 가지로 나눌 수 있다. 첫째는 정치의 본질 및 성격에 관한 이론적 범주로서 정치 단위로서의 국가와 정부, 통치 근거로서의 법률의 기본 개념 확립이고, 둘째는 우리나라의 정치제도에 관련된 범주, 그리고 마지막으로 정치적 활동에 참여하는 시민의 역할에 관련된 범주이다.

21세기 초에 접어든 오늘날 세계화 · 지역화 · 정보화 · 다원화라고 하는 거시적인 사회 변동이 급격하게 진행되고 있다. 선진 시민교육은 교육 일반과 마찬가지로 사회적 변혁 및 과도기 상황에 어떻게 대처할 것인가 하는 문제에 봉착해 있다. 무릇 교육은 지식, 전통적 가치관, 지배적 문화의 수동적 교화에서 벗어나 사회적 맥락 내에서 사회 변화의 동태적 요소로 작용하여야 한다. 이러한 의미에서 민주 시민교육도 정보사회에 적응하고, 개인의 민주적 사회 활동 역량을 배양하는 것이 필요하다.

06

군인·무인의 삶과
인생행로

6.1 인간 삶의 여정에 대하여

모든 인간 사회에서 한 세대의 현존재는 이전 세대의 발자취이자, 다음 세대로의 가능성을 내포하고 있다. 지금 이 순간에 역사상 수많은 사람들의 일생을 경험하거나 상상할 수 있다면, 그만큼 현 존재의 가능성에 대한 부피는 커질 것이다. 다른 사람의 삶과 환경에 대한 관심을 통해 자기 삶을 새롭게 해석한다면, 향후 자신의 생애 경로를 폭넓게 구상할 수 있다. 이러한 현실적인 자각과 과거를 반추하면서, 미래를 위한 기초를 오늘 이 자리에서 닦아나가지 않으면, 우리 인생에서 의미있는 삶은 없다. 삶은 단순한 생존이 아니라, 물리적인 시간과 생리적인 연명을 넘어 무한한 시공의 연속점에서 자기 존재와 현재 행동의 의미를 빚어내는 창조의 과정이다.

인간의 생애 주기를 조망해 보면, 사람의 일생은 한 단계, 한 단계를 맺고 푸는 과정이 계속해서 이어지는 것이다. 유아기를 끝내고 학교에 들어가서 초·중·고·대학교를 졸업하면 사회에 나가고, 배우자를 만나 가정을 꾸리고, 자녀가 태어나면서 부모 역할에 힘쓰게 되고, 열심히 일을 하다가 은퇴의 시기를 맞는다. 이런 과정이 시간차만 있을 뿐 대부분의 인생이 비슷하게 이어지는 가운데, 중요하게 달라지지 않는 것은 변화의 출발선에서는 모두가 긴장한다는 점이다. 긴장을 설렘과 기대, 자신감으로 바꾸는 길을 찾아 떠난다. '이러한 변화를 즐길 것인가?', '일찍부터 실패에 대한 두려움으로 마음부터 실패할 것인가?' 변화를 즐거운 과제로 생각하면 즐거움과 보람이 되고 자기 삶에 대한 주인공이 되지만, 괴로운 노동으로 여기면 지겨움과 고통이 따르고 마지못해 하는 삶의 수단이 될 뿐이다. 변화에 어떤 가치를 두고 어떻게 마음먹고 바라보느냐에 따라 심는 씨앗의 크기가 달라지고 맺는 열매의 크기도 따라서 달라진다.

우리 삶에는 연습이 없다. 매일 새로운 날들의 연속이다. 유년기라고 해서 삶에 대한 걱정이 없지 않으며, 불혹의 나이를 지났다고 해서 삶에서 고민이나 흔들림이 없지 않다. 태어나서 죽을 때까지 우리는 저마다 알 수 없는 미래 앞에서 가능성에 기대하고, 미래의 진로에 대하여 암중모색하고 고군분투하며 좌충우돌한다. 삶과 죽음은 항상 함께 있으며, 생명체는 삶, 그 자체로 늘 죽음을 내포하고 있고, 시간의 흐름에 따라 죽음을 향해 계속 달려간다. 또한 살아 있는 사람들 주변에는 늘 죽은 자들의 흔적이 남아 있다. 광활한 공간과 무한히 연속적인 시간이 미지의 차원으로 교차하는 약동하는 우주에 비하면 인간은 하나의 조그만 존재의 티끌에 불과하고, 영겁에 비하면 인생은 찰나에 지나지 않는다. 지나고 나서 돌이켜보면 인생은 헛되고 헛된 존재임을 알게된다. 그러므로 짧은 인생을 보람 있게 살기 위해서는 자신에게 의미 있는 삶을 살아야 한다. 인생이란 주어진 시간과 자기 삶에 기여한 에너지의 총합이다. 이들 자원을 최대한 활용해서 가치 있는 삶을 누리도록 노력해야 한다. 인생은 고해와 같아서 많은 시련을 겪으면서 성장하는 절차를 따르며, 그 과정에서 고통과 실패를 극복하고, 행복하게 살아가야 하는 것이 인간의 의무요 책임이다.

인간에 대한 실천적 질문은 어떻게 살 것인가?'에 있으며, 이 문제에 대한 가장 간결하고 추상적인 답변은 의미 있는 삶을 사는 것이다. 삶의 과정을 성찰하면서 얻는 지혜는 그 자체로서 삶에 스며들고, 삶의 경로를 좌우한다. 성찰된 삶을 사는 것은 자화상을 그리는 것과 같다. 인간은 자기 생각에 따라 행동하고 인식하는 범위에서 개별 사물에 가치를 부여한다. 의미 있는 삶이란 자신의 존재 의의를 추구하면서 가치 있는 삶을 사는 인생을 말한다. 그러므로 의미를 추구하는 것이 삶의 만족도를 높여 줄 것으로 기대하면서, 사람들은 나눔, 베풂, 봉사와 같은 이타적 행동, 좋은 인간 관계의 추구, 소명의식을 갖고 나름 노력하면서 살아간다. 그러나 한차원 깊은 사색을 하여보면, 삶의 과정에 의미가 있는 것이 아니라, 삶 자체에 의미가 있다는 것을 알게 된다. 이는 생명은 주어진 것 그 자체에서 존재적 의미를 찾아야 한다는 뜻이다. 그러므로 자신의 꿈을 그리면서 의미 있는 삶을 살아가는 것과 이러한 가치를 추구하면서 소명감을 가지고 사는 것이 우리의 삶이 지속적인 행복으로 가는 길이다.

6.2 군인, 무사, 선비정신

6.2.1 군인, 무사, 무인의 삶

군인과 무사의 본질을 나타내는 한자어 무(武)는 창(戈)과 발(止)의 조합으로서, 무기를 메고 걸어가는 위풍당당한 모습을 그렸으며, 창을 정지시켜서 막아내는 것을 의미한다. 이러한 형태는 상무(尙武)정신이 충일한 전사가 투혼을 보유하는 것과 본질에서 같다. 상무 정신은 무예를 수련하여 군건한 사기와 기상을 유지하며, 병법을 수련하며, 미래의 전쟁을 준비하면서 주위 환경을 유리하게 조성하고, 소중한 전통적 가치를 지켜 나가려는 무사의 정신적 기본 자세이다. 그들 무사가 자기의 생명을 담보로 지켜내야 할 것은 지도자에 대한 충성과 가족과 사회를 보호하려는 의로움이다. 그러므로 생명이 존중받고 안전한 생활 터전을 보장하며, 행복하고 풍요한 미래 사회를 건설하여 인류애가 풍만한 사회를 만들고자 분투하는 국가 사회 지도

자의 안위를 보좌하는 의로움이 무사의 근본 존재 의미이다.

기본적으로 추구하는 가치 및 임무의 특수성을 고려할 때, 군인은 목숨까지도 담보로 임무를 수행해야 한다는 강력한 책임성의 측면에서 다른 직업과 큰 차이를 보인다. 군인에게는 군 복무 기간 동안 소명직(召命職)으로서 공공의 목표를 위해 개인의 이해관계를 초월해야 하며, 부하를 지휘 통솔하기 위하여 다른 공공 조직보다 솔선 수범, 자기 희생, 맡은 임무에 대한 철저한 헌신 등의 덕목이 훨씬 더 요구된다. 하지만 군인은 사회의 다른 직업과는 달리 불안정하고 구속받는 생활을 할 수밖에 없는 불리한 직업적 특성을 갖고 있으며, 사회적 · 문화적 고립 등 수많은 어려움을 겪고 있다. 우리나라 국민 모두가 군이 국가를 지탱하는 최후의 보루라고 인식하고 있으며, 군은 외적의 위협으로부터 국민 생존권을 수호하는 집단으로서 국가 안보를 담당하고 있다는 긍지와 소명 의식이 매우 높다. 시대 변화에 따라 군인이 단순히 하나의 직업이 아니라 일반 사회 조직과는 다른 의미로서, 개인의 의지에 따라 천직으로 선택한 소명직으로 보고 있다.

사관학교를 졸업한 장교는 군대에서 으뜸이 되는 신분 계층으로 군 조직체 내에서 두뇌와 심장과 같다고 할 수 있다. 장교는 구체적으로 군 조직의 편성과 체계, 장비 및 시설의 설치, 각종 업무의 계획 및 집행, 부대 운영과 지휘, 조직 관리 등 전반적인 업무를 수행한다. 군인은 다른 어느 직장과는 비교할 수 없을 정도로 막중한 부담과 책임을 수행하는 직무환경에서 근무하게 된다. 군인은 기본적으로, 무장을 보유하고 무장을 통제할 수 있는 신체적 강인함과 무예를 습득하고, 무력을 선하고 공익적 목적에 사용할 가치관을 가져야 한다. 또한, 생사가 걸린 위급한 상황에서 필사즉생의 각오로 대의를 선택할 수 있는 호연지기를 체득하고 실행할 수 있는 마음가짐을 항상 지니고 있어야 한다. 무사의 필수 구비 요구 조건들인 강인함, 선함과 생명을 존중하는 마음 그리고 의로움을 바로 알고 실행할 수 있도록 지도하는 학문적 스승이 필요하며, 육체적 수련이 요구된다.

인류는 생존을 위하여 사회적 조직을 만들고 문화발전과 경제활동을 유지해 오면서, 어떻게 사는 것이 바람직한 삶인지 꾸준히 연구하고 실행해 왔다. 그러나 인간이 본질적으로 가지고 있는 욕심으로 인해 잘 사는 세상에 대한 추구는 한 순간에 무너지고 타락과 무질서의 세상을 만드는 일이 역사적으로 반복되어 왔다. 정신 세계에 깊은 관심을 가지고 있었던 동양 사회에서는 물질의 발전을 이루기보다는 사람과 사람 사이의 도리(道理)에 관심과 연구가 집중되어 정신문화에 많은 진전을 가져왔다. 특히 주자학에 집중한 우리나라는 유학의 도(道)와 정신 문화에 관해서는 그 어느 나라도 따라올 수 없는 독자적 학문 및 실천 체계를 구축하였다. 이러한 정신 문화의 진전은 사회에서 삶의 질 향상과 질서 유지에 큰 역할을 하였다. 또한 정신 문화의 구축은 강인한 정신력으로 나라를 지키는 호국정신으로도 그 역할을 다하였다. 고구려의 조의선인, 신라의 화랑도, 백제의 사울아비, 고려의 선랑, 조선의 선비정신으로 이어지는 정신세계는 유난히 이민족의 침입이 잦았던 작고 보잘것없는 나라를 지키는 큰 원동력이 되었다. 선비정신은 임진왜란, 병자호란을 거쳐 구한말 일제의 조선 침략에 맞서 의병을 일으키고 구국운동을 펼쳐나갔던 우리 민족의 강인한 정신력의 바탕이었다. 임진왜란 때 지방 유생이나 은퇴

관리 등 수많은 의병장들의 활약은 왜적을 물리치는 기틀이 되었고, 병자호란 때 풍전등화의 상황에서도 조선의 기개를 잃지 않았고, 일제가 국권을 침탈하던 구한 말에도 많은 의병장들이 구국의 일념으로 일제에 맞서 조선의 혼을 잃지 않는 굳건한 기상을 보여주었다.

6. 2. 2 무사도, 선비 정신의 역사적 배경

우리나라에서 선비는 고구려의 조의 선인으로서 소도의 제단에서 수련과 제의를 지키는 젊은이를 일컬었다. 신라에서는 화랑이 바로 선비이다. 최치원의 난랑비서문에 나오는 삼교(三敎)를 어우르는 접화군생(接化群生)의 도리가 바로 선비정신이다. 선비란 순수 우리 말인데 지혜롭고 의로운 사람을 뜻한다. 결론적으로 선비는 학식이 있고 행동과 예절이 바르며 의리와 원칙을 지키고 관직, 권세와 재물을 탐하지 않는 고결한 인품의 소유자로서 학문과 덕행을 갖춘 인격체로 정의할 수 있다. 선비 사(士)는 허리에 차는 도끼를 의미했고, 사(士) 자는 중국 은나라 시대의 갑골문이나 금문에서는 왕(王) 자와 같은 자형이 사용되었다. 또 그 자형은 단정히 앉아 있는 사람이나 도끼의 이미지에서 본뜬 것이라고 하는데, 이는 사회에서 지도적인 위치에 있는 사람을 뜻한다 고대에서 선비(士)는 문인(文人)이 아니라 왕을 지키는 무인(武人)을 뜻하였다. 그래서 역사의 기록에서 무사(武士)라는 말은 널리 쓰였어도 문사(文士)라는 말은 흔히 쓰이지 않았다.

중국에서 발전한 유교는 우리나라에 전래되어 중국과는 다른 특성(特性)으로 발전하였다. 특히 우리나라에서 유교정신(儒敎精神)은

효(孝)와 충(忠)이 더욱 강조되는 특징을 보이는데 효는 수신제가(修身齊家)의 일부로서 부모를 봉양해야 함을 말하는데 넓은 의미로 살펴본다면 효는 한 가정가족(家庭家族) 간의 갈등(葛藤)을 극복할 수 있는 전통이며, 충은 외적이고 사회적인 사군보국(事君報國)뿐만 아니라 진기지심(盡己之心)의 마음으로 다른 사람에게 성실(誠實)하고 벗에게 충실(忠實)하게 신의(信義)를 지킨다는 의미를 가지고 있다. 한국사에서 선비는 이미 고조선시대부터 있었다고도 하지만, 글재주와 도덕적 모범으로 내로라하는 유교적 선비가 사회의 주역이 된 때는 조선시대였다. 16세기 말부터는 선비의 기상이야말로 국가의 원기(元氣)라는 말이 상식처럼 굳어졌다. 세상에 이름을 떨치고 싶은 사람이라면 누구나 밤새워 글을 읽고, 하루 종일 묵향(墨香)이 떠나지 않는 삶을 살아야 했다. 조선시대 교육의 특징은 공부(工夫, 工扶, 功夫, 功扶)의 개념을 통해 가르침과 배움의 범주와 지향을 설정·구축했다는 데서 찾을 수 있다. 우리나라 유학의 특성으로 의리와 지조로 대변되는 선비정신을 들 수 있다. 의(義)는 유교에서 인(仁)과 함께 중시되는 덕목으로 악을 멀리하고, 집단 구성원 간의 인간적 도리를 지키는 정신을 말한다. 의리론(義理論)은 선비정신으로 발전하는데 선비는 유학적 교양을 두루 익힌 학자, 양반이나 관료 후보자를 말하며, 한편으로는 지조가 굳건한 사람을 말하기도 한다. 즉, 선비는 당대의 지식인들로서 사회적 정의나 가치를 실현하고 제시하는 역할을 하였으며 국가에 환란이나 외부의 침략이 있을 때마다 위급하면 목숨을 바치며, 국가 방위의 강한 의지를 표출하기도 하고, 국정이 혼란할 때에는 지조를 지켜 삼림에 은둔하기도 하였다.

일본의 무사, 사무라이들에게 요구하는 규범으로 죽음을 두려워하지 않으며, 주군에게 충성하며, 부모에게 효도를 다하고, 수련을 통하여 스스로를 엄하게 다스려야 하며, 사적 욕심을 버리고, 부귀보다 명예를 소중히 여겨 부정 부패를 멀리하고 공정성을 체득하는 것 등이 있다. 이러한 규범을 지켜야만 사무라이가 되는 것이다. 이러한 무사도 규범을 보면, 조선 성리학의 가르침을 받은 영향이 남아있어, 조선의 선비사상을 연상시킨다. 한중일 삼국에서 사(士), 즉, 선비, 신사, 무사 등의 개념은 중국의 경우 이미 고대부터 시작되었고, 조선의 경우 고려 말, 일본의 경우 헤이안시대 말엽에 시작되었다고 할 수 있으나 그 당시의 개념들은 현재 우리가 알고 있는 것과는 다소 차이가 있다. 중국의 경우에는 명(明)·청(淸) 시대, 한국의 경우에는 조선시대, 그리고 일본의 경우에는 에도시대를 거쳐 근 현대의 미화 과정을 거쳐 비로소 선비, 신사, 무사 개념이 완성되었다.

서구 정신의 뿌리로서 무인과 신사 정신의 전형인 기사도(騎士道)에서도, 기사란 중세 유럽 상층 사회에서 활동하던 기마무사(騎馬武士)를 가리킨다. 귀족 가문 출신의 자제가 기사가 되기 위해서는 7, 8세가 될 무렵, 출신에 따라 등급이 높은 영주의 집에 들어가 영주나 그 부인의 시중을 들어야 한다. 그러다가 12세쯤 되면 견습기사가 되어 주인을 따라 전장에 나가 방패잡이나 종자 역할을 하면서 전문적인 무예와 기사 훈련을 받는다. 21세가 되면 그 능력을 인정받아 기사작위를 받는다. 작위수여식은 여러 형태가 있는데 대개는 칼을 평평하게 뉘어 어깨에 가볍게 대는 방식을 사용했다. 고대로부터 영국의 근대 계층인 신사(紳士), 즉, 귀족, 젠틀맨(Gentleman)은 자신의 향촌을 지킬 수 있는 무인(武人)의 능력도 갖춰야 했다. 무기(武器)의 소지는 귀족의 특권이었고 그들에게 자유와 소유는 절대로 양보할 수 없는, 무력을 통해서라도 스스로 지켜내야 하는 가치이자 실체였다. 서양 기사의 인격 정신, 즉, 기사 정신은 의무를 가장 우위에 두는 가치 관념이다. 기사는 교회에서 선교사, 참배자, 과부와 고아를 보호한다는 선서를 해야 했다. 그리하여 기사는 심리적으로 주종 관계를 초월하는 사회적 의무감을 갖게 된다. 그것은 인격 평등의 관념을 구현했을 뿐만 아니라, 사회정의가 상징하는 종교 정신의 행동 준칙이었다. 비록 자신의 주인을 위해 봉사하지만, 정의를 지키고 남을 위해 봉사하는 것이 기사의 좌우명이었다.

이같은 추상적이며 초월적인 정의, 진리에 대한 충성과 의무감은 후대 유럽 정신의 이성주의와 인도주의의 기원이 되었다. 바로 이런 점에서 기사 정신은 무조건적이고 절대적인 동양의 충(忠)과는 확연히 구별된다. 서유럽의 문명 중 보편적인 문화 성격에 가장 깊은 영향을 준 것은 분명 중세 기사 정신의 인격 특징들인 기사도의 유산, 신사도, 즉, 젠틀맨십(Gentlemanship)이다. 기사도는 개인의 명예감이 기초가 된 인격 정신인 동시에 기사 준칙의 자각적 준수를 통한 행동 방식의 규범이다. 기사도는 기사에게 직무에 충실하고, 용감하게 전쟁에 참가하며, 자기의 말은 반드시 지킬 것을 요구하였다. 만약 자신의 명예가 모욕이나 의심을 받게 되면 결투를 통해 회복하였으며, 궁중 예절을 앞다투어 배워 고상한 기풍을 소중히 하였다. 기사 정신은 상층의 귀족 문화 정신으로 개인 신분의 우월감이 기초가 되어 높은 곳에 위치하고 있는 도덕과 인격 정신이다. 당연히 여기에는 서양의 고대 상무 정신의 적극성이 응집되어 있다. 이런 전통은 현대의 유럽인들로 하여금 개인의 신분과 명예를 중시하여 겉으로 드러나는 행동거지, 즉, 매너와 품격에 대해 신경을 쓰며, 정신적인 이상을 숭상하고, 여자를 존중하는 낭만적인 기질을 동경하도록 했다. 또한 공개경쟁, 공평 경쟁이라는 페어플레이 정신을 형성케 했으며, 약자 돕기를 좋아하고, 이상과 명예를 위해 희생할 줄 아는 호쾌한 무인의 기질을 물려받게 하였다.

무인의 수련에서 총명하여 사물에 밝고 굳센 것을 재라하고, 정직하게 한쪽으로 편벽되지 않은 것을 덕이라 한다. 재는 덕의 아들이요, 덕은 재에 앞서야 한다. 그러므로 무사가 가치 기준을 재주보다 덕에 두면서 두 가지를 함께 갖추면 천하 무인이 되며, 재와 덕을 함께 잃으면 어리석게 된다. 그래서 덕이 재를 앞지르면 군자·선비라 하고 재가 덕을 앞지르면 소인이 되는 것이라 하였다. 선비의 덕을 옥(玉)에 비긴 것은 그만큼 덕(德)을 중시했기 때문이다.

6. 2. 3 무인과 선비의 정체성

'선비는 누구인가?' 역사 속에 살았던 우리의 조상들이다. 화랑도와 풍류사상을 이은 멋쟁이이자 교양인이었다. 사리를 버리고 공공의 이익을 위해 살아간 사람들이다. 선비는 우리가 그럴 수만 있다면 닮고 싶은 인격이다. 디지털 시대를 살아가는 우리가 과거로 돌아가야 한다는 말이 아니라, 그 정신은 오늘날 되살릴 수 있다는 뜻이다. 선비정신은 우리가 간직해야 할 조상의 소중한 유산이다. 끊임없이 수행하고, 청렴, 청빈, 절제, 검약의 정신으로 삶 자체를 이상화한 특별한 캐릭터가 조선 선비이며, 이들은 불같은 정도정치 정신으로 시대를 호령했고, 깊이 있는 사색으로 시대를 떠받쳤다. 선비정신을 현대생활에 이어받아 올바르게 계승한다면 국가의 기강이 기필코 바로 서게 된다. 유교의 근본 목적을 정치적으로 실현해야 하는 선비들은 세상에 나가서 바른 정치를 지향하였으며, 때로는 후회 없이 물러나 은둔하여 살았으며, 물러나서는 강하게 저항하여 세상을 바로잡고자 노력했다. 또한 선비들은 일신의 영달보다는 인의도덕(仁義道德)을 현실 속에서 실천할 수 있는 길을 찾으려 했다. 이것은 유교적 이상 국가를 만들기 위한 작은 시작이었으며, 이것이 한국의 정신문화로 선비 문화의 전통이 되었다. 오늘날을 사는 현대 지성인들이 성품과 학문을 두루 닦는 것처럼, 선비들같이 사회에 대한 의무감을 갖는다면 우리 사회는 더 좋아질 것이다. 그들이 의롭지 않은 명성과 재물보다는 떳떳한 가난을 감수하고 명예를 소중히 하는 정신으로 이어질 수 있다. 인격과 학문과 경륜을 함께 겸비한 사람이라야 비로소 선비의 반열에 설 수 있다. 선비는 해야 하는 일이라면 행위의 결과와 관계없이 최선을 다하며, 항상 자신을 반성하고, 행위를 자제하며 인격을 도야하고, 의로움과 올곧음을 숭상하여 고고한 인생관을 가지고 살아가야 한다. 다음으로, 깊고 넓은 학문을 닦아 자연의 이치와 인생의 도리를 터득하고, 고금의 변화에 통달하여 시비(是非)를 분별하고 판단할 수 있는 진리관을 가지고 있어야 한다. 또한 정치적으로 인류의 문화에 대해 창조적 충동을 느껴 자기의 소임으로 삼고 포부와 경륜을 품고, 실제로 천하 대사를 맡았을 때에 이를 능히 수행할 수 있는 경세제민의 역량을 가지고 있어야 한다.

우리나라에서는 삼국시대에 유학의 도입으로 선비가 갖추어야 할 덕성에 대한 이해가 조성되었고, 고려 말에 원나라에서 이학(理學)이 수입되면서 새로운 학풍으로 도학이 형성되기 시작하였다. 물론 그 이전에 설총이 기틀을 다졌고, 최치원에 의해 유학이 발전하였으며, 고려 초기에 유학이 성하였다. 고려 말에 성리학이 유입되어 신진 사류의 학풍이 일어났고, 조선시대에는 유교가 통치 이념으로 채택되어, 선비들은 스스로 자기의 정체성을 정리하였다. 선비정신이란 인격의 완성을 위해 끊임없이 학문과 덕을 키우며 대의를 위하여 목숨까지도 버릴 수 있는 절의 정신, 언행일치와 지행일치로 엄격한 자기 관리를 통해 모범을 보이며, 대중을 교화하는 책임을 보유하는 태도이다. 이러한 선비정신은 조선조에 이르러 사회적 책임과 나라의 발전을 위해 헌신한다는 측면이 강조되었다. 그러므로 이러한 신념에 어긋나는 일이라면 왕을 비롯한 그 누구에게도 뜻을 굽히지 않았으며 때로는 목숨도 초개같이 버렸다. 나라가 어려움에 처하면, 나라를 구하기 위해 누구보다 앞장서 몸을 던지기도 했다. 고려 말의 절의파, 조선시대의 사육신, 생육신과 임진왜란 시 전국 각처에서 일어난 의병 활동 등 선비들의 행동은 명분과 절의를 중요시하고 실천한 선비 정신의 표상이다. 즉, 선비는 학문과 덕망을 겸비하고 대의를 위해서 일신을 돌보지 않고 실천 행동하는 엘리트 계층의 상징이었다. 이처럼 몸은 제도권밖에 있더라도 끊임없이 학문을 연구하고 민중의 소리를 대변하며 사회를 이상적인 방향으로 이끌어가기 위해 방안을 강구하고 노력을 했던 이들이 바로 선비이며 그들이 실천했던 것이 바로 선비정신이었다. 그래서 선비와 선비정신은 국가의 흥망성쇠(興亡盛衰)의 정신적 원천이자 마지막 버팀목이었다.

선비정신이란 이기적이지 않고 탐욕에 오염되지 않으며, 도와 예를 바탕으로 사회와 백성을 위해 헌신하는 마음가짐이다. 자신을 돌보지 않고 오직 나라를 위해 도모하며, 일에 있어서는 과감하게 실행하고 어려움은 헤아리지 않아야 하는 것이 바른 선비의 마음이며 선비정신이다. 삼국시대부터 조선시대까지 더 나아가서는 오늘날에 이르기까지, 선비들의 모습에는 시대에 따라 조금의 차이는 있다 하더라도 선비는 언제나 지도적 역할을 수행하는 지식인으로서의 책임을 다했다. 즉 선비와 그 선비정신은 오늘날에도 사회가 요구하는 이념적 지도자(理念的 指導者)요 지성인(知性人)이라 할 수 있다. 이처럼 스스로를 절제하고 타인의 모범이 되고자 노력했던 선비들은 학문을 통해 얻은 도(道)를 몸소 실천하며 모범적 행동을 함으로써 사회의 귀감이 되고 검소한 생활로 부끄러운 모습을 보이지 않았다. 전통적인 유학 공부의 기본 지향은 타인에게 나를 과시하는 학문(爲人之學, 向外之學)이 아니라 응당 자신을 가꾸는 학문(爲己之學, 向裏之學)이어야 한다는 데 있다. 유교의 지향과 지평을 통해 헤아릴 수 있듯이, 배움과 공부의 근본 성질은 평생 동안 언제 어디서나 계속되는 것이다. 그리고 그 배움과 공부는 거창한 이념을 말하거나 초월적 세계를 다루는 그런 성격의 것이 아니었다. 유교 사상의 핵심은 일상(日常), 근사(近思)에 있으며 배움과 공부의 본연은 그것을 알고, 거기에 얼마나 충실하게 성찰과 논의를 보여주는가의 문제라고 말할 수 있다. 그 일상과 근사를 바탕으로 삼아 도학과 절의의 핵심을 짚어내는 일, 어찌 보면 특별할 것도 없는 앎과 삶의 세계가 도학과 이학과 성학과 심학(心學)의 근간이라고 할 수 있다.

선비는 익힌 학문과 쌓은 경륜을 현실에 반영하여 부국강병의 치세를 재현하는 데에 목표를 두었기 때문에, 자신의 참된 뜻을 써 줄 경우 비록 하찮은 지위가 주어지더라도 적극적으로 벼슬하고자 하였다. 선비는 때가 아니면 몸을 나타내지 않고 의가 아니면 어울리지 않아서 언제든지 관직에 나아가고 물러설 수 있었다. 선비의 나아감과 물러남이 도에 맞지 않으면 선비로서의 신의를 잃고 지탄을 받았다. 선비는 벼슬에서 물러나면 후대에 가르침을 주어 사람들을 깨우치게 해야 한다. 선비는 전인적 완성인을 지향한다. 따라서 그들은 근본을 중요시하고 외양보다는 본질을 숭상하면서도, 본바탕과 형식이 조화롭게 빛나는 경지인 문질빈빈(文質彬彬)을 더욱 바람직하게 여긴다. 이것은 내용의 진실성과 외면의 형식미가 조화를 이룬 전인적 존재만이 참다운 선비임을 의미한다. 선비는 이처럼 학문에서 예악에 이르기까지 폭넓은 교양을 소유하면서도 그것을 예로 단속함으로써 도에 어긋나지 않게 하였다. 전통 사회에서 선비는 그 사회의 정당성을 수호하는 양심이자 그 시대의 방향을 투시하는 지성이었다. 그들은 모든 사람이 본받아야 할 인격의 모범이자 기준으로 인식되었으며, 심지어 사회적 생명의 원동력인 원기라 지적되기까지 하였다. 선비의 이와 같은 사회적 역할은 전통 사회에서만 요구되는 것은 아니다. 그것은 오늘날의 사회에서도 여전히 필요하며, 어쩌면 시대에 관계없이 보편적으로 필요한 역할이라고 할 수 있다. 사회가 아무리 민주화와 대중화를 지향할지라도 결코 사회적 지성과 모범을 배제할 수는 없기 때문이다. 개인적 명리를 떠나 안빈의 삶을 누리며 정신 문화의 체현을 위해 노력했던 선비들의 생활과 그 정신은 분명 귀감이라 하지 않을 수가 없다. 또 사(私)보다는 공(公)을 앞세우며, 이(利)의 원리가 아닌 의(義)의 원리를 추구했던 선비의 생활 태도는 오늘날 지나치게 파편화되고, 자신의 목적 달성을 위해서는 수단과 방법을 가리지 않는 우리 사회에서 무엇보다도 시급하게 요청되는 생활 태도라 하지 않을 수 없다.

선비는 우리의 전통 사회가 추구하였던 이상적 인간상으로, 가난을 부끄러워하지 않으며 욕심을 다스리고 양심을 좇아 행동하였다. 그들은 또한 사리사욕을 멀리하고 대의를 따르며 말보다 행동을 앞세웠다. 선비의 비판 정신은 책임과 실천 의지의 적극적인 표현으로 남을 비난하거나 환경을 불평하지 않고, 나와 우리를 비판의 대상으로 삼아 보다 좋은 상태로 나아갈 수 있는 길을 제시한다. 선비의 애국 사상은 남의 나라를 해치면서 자기 나라의 이익만을 추구하는 것이 아니라 다른 나라들과도 다 함께 잘 살 수 있는 올바른 길을 찾는 것이었다. 선비 정신은 지고심오(至高深奧)하지만, 현학적이고 난해한 사상이 아니라, 일상생활을 통해 구현하여야 하는 생활 철학이다. 또 그것은 전통 사회에 한정되었던 윤리가 아니라, 사회 현상과 시대 · 사조를 초월하여 계속 관류(貫流)되어야 하는 이 시대 우리 정신의 목표라고 할수 있다. 최근 들어 서양에서도 덕성과 감성, 그리고 지성이 조화로운 인격을 강조하는 경향이 나타나고 있다. 현대 산업 사회의 가치 전도 현상을 바로잡고 사람이 돈의 노예가 아닌 주인 노릇을 하기 위해서는 우리 전통 선비 정신을 되살릴 필요가 있다. 물질적 풍요를 위한 기술 교육도 필요하지만 그 보다 더 중요한 것은 올바른 인격 교육이다. 선비 정신이야말로 참다운 인격 교육의 목표가 되어야 한다.

6. 2. 4 선비정신과 군인의 길

선비는 유학의 도를 익혀 현실에서 실현하는 것을 가장 바람직하게 여겼고, 이를 위해 벼슬에 나가고자 하였다. 따라서 일찍부터 과거를 통하여 벼슬에 나갈 기회를 찾았다. 선비로서 관직에 나가는 것은 경륜을 펴서 입신양명(立身揚名)할 수 있는 길인 동시에, 경제적인 면에서 생활을 보장받을 수 있는 길이었다. 그렇다고 해서 선비가 벼슬 자체를 목적으로 삼은 것은 아니었다. 선비에게 벼슬은 단지 자신의 뜻을 펴고 신념을 실현하는 기회일 뿐이다. 선비가 관직에서 명예와 재물을 탐하는 것은 참된 선비로서 해야 할 일이 결코 아니며, 선비는 벼슬에 나가 실현할 수 있는 뚜렷한 정치 철학이 있어야 하고, 그러한 자신의 신념이나 바른 도리가 실현될 가능성이 없다고 판단되면 물러났다. 선비는 출처거취(出處去就)가 분명해야 했기 때문이다. 선비가 벼슬에 나가면 위로는 임금을 섬기고 아래로는 백성을 돌보아야 했다. 따라서 그들은 임금의 실정이나 잘못을 간언하고 공론을 임금에게 전달함으로써, 임금으로 하여금 항상 바른 정치를 펴나갈 수 있도록 하였다. 간언을 담당하는 대간이 있었지만, 선비는 어느 자리에서나 간언하는 것을 자신의 권리요 임무로 삼고 있었다. 전통 사회에서 대화는 상하간 의견 소통 장치로서 중요시되었다. 이는 임금의 독단을 견제할 뿐만 아니라, 민본 정치를 구현하는 이른바 공론의 정치적 반영을 가능하게 하는 것이기 때문이다. 선비가 벼슬에 나가면 임금의 바로 아래 자리인 영의정까지 오를 수 있는 가능성이 있음에도 불구하고, 그들은 봉건적 신분 계급에 의거한 권위를 내세우지 않았다. 선비는 상하의 지위에 얽매이거나 백성들 위에 군림하기보다, 공동 사회의 일원으로 현실을 올바르게 파악하고 개선함으로써 사회 전체를 위하여 헌신하고자 하였기 때문이다. 선비가 관직에서 물러난 뒤에도 세상 돌아가는 형편을 살피고, 후세에 귀감이 될 만한 가르침을 남기는 데 게을리하지 않은 것도 선비의 사회 봉사자, 계도자로서의 성격을 보여주는 것이다. 이처럼 우리 전통 사회의 선비는 단지 임금이나 국가 권력에 봉사하는 기능적 지식인이 아니라, 권력이나 세속적 가치로부터 독립하여 유교의 이념을 지키는 이념적 주체이자 나라의 흥망을 좌우하는 원동력으로 인식되었던 것이다.

그러나 선비라고 해서 누구나 벼슬할 수 있었던 것은 아니었다. 또 벼슬에 나가는 것만이 도를 실천하는 길도 아니었다. 벼슬에 나갈 수 있는 선비는 과거에 합격한 소수에 불과했고 대부분의 선비는 벼슬에 나갈 수 없었다. 선비 중에는 아예 평생 과거시험을 보지 않거나 과거에 합격하고도 벼슬에 나가지 않는 경우도 있었는데, 이들을 가리켜 처사(處士) 라 일컫는다. 선비는 벼슬에 나가지 못하더라도 좌절하지 않았고, 오히려 그들은 산림 속에서 스승을 만나 학문과 도리를 연마하고 후진을 가르치며 벗들과 도의를 권면하였다. 그들은 학문에 깊은 조예를 이루어 후생을 많이 가르치고 바른 도리를 제시할 수 있었으며, 선생(先生)으로 일컬어졌다. 선생(先生)은 벼슬에 나간 사람의 호칭인 공(公)에 비교해보아도 훨씬 더 높은 존숭(尊崇)을 받았다. 따라서 벼슬에 나간 선비도 여가에 제자를 가르치고 학문을 성취하여 선생으로 일컬어지기를 바라는 경우가 많았다. 전통 사회에서 시대별 상황에 따라 다소 차이는 있었지만, 선비는 대체로 그 사회가 요구하는 인격과 지성의 모범이자 이념의 담당자였다. '효도와 우애는 선비의 벼리요, 선비는 사람의 벼리이며, 선비의 우아한 행실은 모든 행동의 벼리이다.'라고 한 것은 선비의 인격적·도덕적 위치를 잘 보여준다. 선비는 벼슬에 나가지 못하였거나 벼슬에서 물러나 산림 속에 은거(隱居)할지라도, 유교의 도(道)를 강론하여 밝히고 수호하여 실천하여야 했다. 그들은 학문과 도덕에서 항상 다른 사람의 모범이 되고자 노력하였다. 그들은 사회의 도덕적 타락을 비판하여 바로잡기도 하고, 때로는 자신을 희생하면서까지 사회 질서를 파괴하는 불의에 항거하여 사회가 지향해야 할 방향을 제시하기도 하였다. 선비는 유교적 도덕 규범의 실천을 통한 모범을 보임으로써 일반 대중들을 교화하였고, 그에 따라 사회의 도덕적 질서를 확보할 수 있었다.

한편 선비는 문화의 담당자로서 그 시대의 문화를 가장 높은 수준으로 이끌어 올림으로써 한 시대에서의 삶의 의미를 창조하는 역할을 담당하기도 하였다. 그리고 선비의 이와 같은 역할은 앎과 행동의 일치 속에서 이루어졌다. 그렇기 때문에, 선비는 자신을 속이지 않았을 뿐만 아니라, 어느 누구에게도 부정직하지 않았다. 선비가 비록 힘을 갖지 못했을 때라도, 가난하고 명예를 지니지 못했을 때라도, 그들은 신뢰받는 사람, 누구에게도 의심을 받지 않는 사람이었다. 선비가 처신의 오만스러움으로 비난받고 백안시되었던 경우도 적지 않았으나, 그럼에도 불구하고 그들의 성실성이 의심받았던 경우는 결코 없었다. 이에 따라 이들 선비가 서민 일반으로부터 받는 존숭도 지극하였고, 그만큼 영향력도 컸다. 옛사람들은 선비를 국가의 원기 곧, 생명력으로 파악했다. 박지원은 선비가 한 나라의 흥망을 결정하는 원동력이요 한 사람에게 있어서 원기와 같은 것이라 하여 원기가 흩어지면 사람이 죽는 것처럼 선비가 없어지면 나라도 망한다고 지적하였다. 선비는 예법과 의리의 으뜸이요, 원기가 깃드는 곳이라 하여 조선 사회의 이념과 가치관을 이끌어 가는 주체요, 국가의 흥망성쇠가 선비 정신의 청심함과 부패됨에 직결된다고 보았다. 이러한 선비를 가리켜, 인의에 깊이 젖고 예법을 따르며, 천하의 재물로도 그 뜻을 어지럽히지 못하고, 누추한 마을의 근심 속에서 살더라도 그가 누리는 즐거움을 대신할 것이 없으며, 천자도 감히 신하로 삼지 못하고 제후도 감히 벗하지 못하며, 높은 벼슬에 오르면 그 은덕이 온 세상에 미치고, 벼슬에서 물러나서는 도를 천연토록 밝히는 사람이라고 하였다. 한 시대에 나가서 도를 시행하고(行道一世), 말씀을 내려주어 후세에 가르침을 베푸는(立言垂後) 두 가지 일이야말로 선비가 지향하는 기본적인 방향이라 할 수 있다.

　"국군에 대하여 국민들은 국가 이익을 수호하는 조직이라고 신뢰한다. 영국의 여왕, 일본의 천황이 그 나라에서 차지하는 정신적인 지주(支柱) 역할을 대한민국에서는 국군이 맡고 있다고 할 수 있다. 국군이 국민적인 존경을 받는 것은 군사적 능력 때문이 아니라 국토방위와 국민의 안녕을 수호하도록 임무를 부여받았기 때문이다. 대한민국 헌법 제5조 2항에서는 '국군은 국가의 안전보장과 국토방위의 신성한 의무를 수행함을 사명으로 하며 그 정치적 중립성은 준수된다.'라고 규정하고 있다. 외침의 격퇴뿐만 아니라 국가 조직과 국민 안전의 수호는 국군의 헌법상 의무이다. 우리는 근대 국민국가 건설 과정에서 군대 경험을 통해서 국민으로서의 정체성을 완성한 바 있다. 국가나 애국심이란 단어는 거창하고 모호하게 들리지만, 군복을 입고 총을 잡고 철책선에 섰을 때 국가와 국방안보 체계를 구체적으로 실감(實感)할 수 있다. 국가의 중요성에 대한 공감, 국가 조직이 있어야 개인 인권이 보장된다는 것의 체험, 국가와 국권은 군사력으로써만 지켜낼 수 있다는 확신 등 국민 각자의 이런 자각들이 쌓일 때 대한민국은 국가로서의 독립, 자주, 주체에 이를 수 있다. 군인이 군인으로서의 자아를 발견하려면 군사, 국방안보 사상이 정립되어야 하며, 그것은 군 장병 개개인이 군복을 입고 있다는 것이 민족사의 흐름에서 어떤 의미를 갖고 있는지 알아야 한다는 뜻이다. 오늘날 우리가 세계적인 강군을 건설할 수 있었던 능력은 저절로 이루어진 것이 결코 아니며, 당시로서는 세계 최강 제국인 당나라와 맞서 한반도를 지켜낸 신라의 상무 정신, 동서양을 석권한 몽골제국 기마군단에 수십 년간 저항했고, 또한 굴복한 뒤에도 그들의 존경과 배려를 쟁취했던 고려의 군사 전통, 이런 유전인자가 우리 민족 정기의 전통에 존재하기에 가능했던 것이다. 대한민국은 조선조 이전의 우리 민족이 가졌던 야성(野性)을 다시 발견하여 상무 정신으로 계승하였고 그리하여 세계 제4위의 군사 강국을 건설하였다. 한국 현대사의 획기적인 의미는 상무 정신의 재발견과 부국강병(富國强兵)의 건설 과정을 촉매제로 하여 문약하고 사대적이던 민족성을 현재 개조(改造)하고 있다는 역사적 사실이다.

고려의 군사력은 당시 중세 유럽의 기사단과 맞붙었을 경우 간단하게 제압할 수 있는 수준이었고 삼국시대와 통일신라시대의 군사력은 주로 기마 전술의 우수성으로 인하여 로마의 군사력보다 우세했다. 북방 초원을 무대로 뛰던 유목민족의 후예인 우리 민족의 군사적 체질은 세계사의 2대 군사 문화 중 하나를 그 발원지(發源地)로 하고 있다. 중무장 보병을 주력으로 한 로마군단과 전원 기병 체제인 북방 초원의 기마군단이 동서양의 군사 문화를 대표하여 왔다. 신라의 화랑도는 동아시아에서 가장 먼저 생긴 무사단(武士團)이며, 일본의 경우 사무라이가 정치 세력으로 등장하는 것은 서기 12세기경이다. 국가와 통일이란 이념을 공유한 엘리트 전사들이었다는 점에서 화랑도는 아주 높은 수준의 군사 사상을 표현한 것이다. 우리 국군은 북방 기마민족과 신라 화랑도란 세계 최고 수준의 군사 전통을 계승·발전시킬 수 있는 유전자를 소유하고 있다. 대한민국 국군이 한민족의 민족사 속에서 존재 의미를 제대로 자각하고 이를 남북 통일기에 활용하려면 장병 개개인의 충성심과 역사의식 그리고 상무 정신에 바탕을 둔 창의력 배양이 필수적이다." [42)]

그리고, 국가 지도층이 전쟁, 통일, 자주가 무엇인지를 잘 이해하여 명예심과 자존감을 갖고 국제 전쟁을 지휘하여 민족 통일국가를 만들어내는 비전을 완성하는 것이 요구된다. 남북통일을 지향하는 우리 국군이 화랑 정신과 충무공의 애국애족 정신과 창의력을 제대로 해석할 수 있을 때 비로소 통일의 조건을 알게 될 것이고 오늘날 한국에서 군인으로 살아가는 존재 이유와 의미를 깨닫게 될 것이다. 세계 선진국의 공통점은 한결같이 찬란한 군사, 호국 안보 전통을 갖고 있다는 점이다. 이탈리아는 로마군단의 전통을, 프랑스는 루이 14세 때 최초의 상비군 제도를 확립한 전통을, 영국, 미국, 캐나다는 식민지 개척 경쟁에서 승리한 해양제국의 전통을, 일본은 동양적 무사 집단 지배의 전통을 가진 나라이다. 군사 조직을 운용하는 전통은 일류 국가의 체계적 기초를 제공한다. 대한민국과 통일신라는 우리 민족사에서 국제적인 위치가 가장 높았던 두 국가 조직이다. 이 두 시기의 공통점은 왕성한 상무 정신이 국민의 정서에 기초를 두고 있다는 역사적 사실에 있다.

6. 2. 5 선비의 현대적 의의

오늘날 우리 사회에 만연되어 있는 온갖 부정적 가치관, 인명, 인격 경시 풍조, 공동체 의식의 결여, 이기주의, 쾌락주의 등이 근본적으로 정신적 가치보다는 물질적 가치만을 추구하는 물신주의에서 비롯되고 있다. 개인적 명리를 떠나 안분지족의 삶을 누리며 정신 문화 체현을 위해 노력했던 선비들의 생활과 그 정신은 오늘의 우리들에게 귀감이라 하지 않을 수가 없다. 또 멸사봉공을 앞세우며, 이익의 원리가 아닌 의로움의 원리를 추구했던 선비의 생활 태도는 오늘날 지나치게 파편화되고, 목적 달성을 위해서는 수단과 방법을 가리지 않는 우리 사회에서 무엇보다도 시급하게 요청되는 생활 태도가 되고 있다. 교육은 특히 도덕 교육은 한 사회의 문화와 전통을 토대로 하여야 한다. 그리고 이 점에서 선비는 오늘날 우리의 학교 교육이 추구해야 할 교육적 인간상의 조건을 다양하게 제시하고 있다. 우리 사회는 서구화를 지향하고 있지만, 우리 사회의 곳곳에는 아직도 전통적 삶의 흔적들이 남아 있다. 자율적 도덕성을 목표로 하는 학교 도덕 교육이지만, 우리는 여전히 덕 있는 사람을 도덕적인 사람으로 간주한다.

산업화와 민주화를 통해서 우리 삶의 방식이 크게 변화했다. 우리는 이러한 변화를 한편으로 수용하면서도 다른 한편 우리의 전통적인 도덕적 가치들을 되살리는 노력을 경주하여야 한다. 우리는 현대의 도덕적 위기를 극복하고 새로운 도덕을 밝히기 위해서도 우리의 전통 문화 속에 담겨 전해져 내려오고 있는 도덕적 가치들을 되찾아서 되살려야 한다. 이것만이 우리가 오늘날 당면하고 있는 도덕적 위기를 극복할 수 있는 유일한 방도이다. 전통적인 도덕 가치를 되살린다는 것은 전통적인 가치를 새롭게 해석하고 그 정신을 구현하자는 것이다. 우리가 되살린다는 것은 보수와 답습이 아니라 현대 산업 사회에 적합하게 정신적으로 혁신하자는 것이다.

전통적으로 전승되어 오던, 선비가 가지는 인본주의적 윤리 사상, 강인하고 활발한 호연지기의 기풍과 진취성을 계승하는 온고지신의 기풍을 일으켜야 한다. 이제 전통 문화 속에 담겨 있는 선비 윤리를 합리적인 형식에 담아 새로운 시대 상황에 적응시켜, 선비의 긍정적인 면을 귀중한 정신 유산으로 인식하고, 선비상을 원천으로 하면서도 시대의 변화에 적절하게 조화하는 이상적인 국민상을 정립시켜 가는 노력이 필요하다. 선비 정신은 지고심오(至高深奧)하지만, 현학적이고 난해한 사상이 아니라, 우리가 일상 생활을 통해 구현하여야 하는 인본주의에 기초한 지극히 편적인 생활 철학이다.

6.3 다양한 전문가 활동

6.3.1 인생, 삶의 다양성

사람에게 생애 설계란 말은 철학적으로 그리스 시대부터 그 의미의 중요성이 인정되어 왔지만, 이에 대한 의미를 깨닫고 실천하는 사람은 극히 일부에 불과 했는데, 이는 생애 설계가 개인적 인생철학의 영역으로 여겨져 왔기 때문이다. 인간의 수명이 연장되어 100세 장수시대에 사는 현대 사람들에게는 생애설계가 개인의 행복과 사회적 조화를 구현하기 위하여 필수적으로 고려되어야 한다. 개인에 의한 사회적인 협력과 기능성에 대한 조정 과정이 생애 과정 전반의 시간 관리 차원에서 필요하다. 시간 관리를 통한 개인 생애 계획과 관리는 현대의 급박한 환경과 조직 문화 속에서 바쁘고 스트레스 많은 일상생활의 시간을 효율적으로 사용하기 위해 필요한 기술 중의 하나이다. 시간 관리의 보다 큰 의미는 인생 전체에 대한 가치관, 목적

성과 사명감을 정립하고 이를 근거로 목표를 설정하여 체계적으로 추진해 나갈 수 있다는 것이다. 삶의 의미는 철학 및 종교에서 다루는 실존, 의식, 행복에 대한 개념과 깊게 연관되어 있다. 또한, 상징적 의미, 존재론, 가치, 도덕, 선악, 자유의지, 신의 개념, 신의 존재 여부, 영혼, 사후세계 등의 문제와도 연관되어 있다. 과학은 이 세계에 대한 경험적 관찰을 통해 여러 가지 사실을 밝혀냄으로써, 앞의 문제들에 대한 설명에 간접적으로 기여한다. 좀더 인간 중심적인 접근인 '나의 삶의 의미는 무엇인가?'라는 질문도 가능하다. 궁극적인 진실, 통일성, 또는 성스러운 상태의 도달이 삶의 목적에 대한 질문의 가치일 수 있다. 삶의 의미에 관한 질문은 다양한 방법으로 표현할 수 있으며, 다음을 포함한다 : '삶의 의미는 무엇인가?', '그게 전적으로 무엇을 의미하는가?', '우리는 누구인가?', '나는 왜 사는가?', '인간은 왜 사는가?', '우리의 존재 이유는 무엇일까?' 그 전에 '나는 왜, 하필 지금 여기에 태어났을까?' 인간이 경험할 수 있는 시간은 기껏해야 70~80년, 길어야 100년 남짓이다. 향후 특별한 생명 연장 기술이 개발될지도 모르지만 인간의 육신이 지구에 머물 수 있는 시간은 매우 한정적이다. 여기에 온전한 정신과 몸으로 살 수 있는 시간을 추린다면, 또 자신의 보호자로부터 정신적, 육체적으로 독립해 주체적으로 살 수 있는 시간만 골라낸다면, 내가 온전히 누릴 수 있는 인생이 너무 짧은 것이 아닌가 싶다. 그리고 지나간 시간은 이내 기억의 저편으로 잊혀지기 때문에 내가 주관적으로 인지하는 삶의 양을 가늠하기가 쉽지 않다.

지금까지는 개인의 생애 주기는 현업 생활과 퇴직 후 생활을 고려하는 두 단계의 주기가 적용되어 왔다. 과학과 의료 기술의 발전으로 퇴직 이후 건강하게 지내는 기간이 획기적으로 증가하여 현업에 종사하는 기간을 초과하는 현실이 도래하고 있다. 이러한 길고 건강한 노후 시기를 새로운 노후 인생이라 부르고, 보람 있는 노후 생활을 준비해야 한다는 움직임이 사회적으로 논의되고 있다. 개인의 인생에서 가장 중요한 발달 과업은 개인적 성취인데 이를 달리 표현하면 자아 성취로, 자기 적성이나 재능에 맞고 자기가 원하는 활동을 하는 것을 의미한다. 그래서 생애 설계는 노후 인생의 개인적 성취 또는 제2의 성장이라는 발달 과업을 잘 수행하기 위해서 반드시 필요한 개인적 과제이다. 생애 설계의 목표는 인생의 노년기에 목표하던 것을 스스로 노력하여 이루어내려는 것이고, 그 핵심적 요인으로 질병 피해 가기, 적절한 신체적·정신적 기능 유지하기, 계속적인 사회적 관계 참여 등이다. 1960년대부터 발전되어 온 활동적 노화 이론의 중심은, 노년기에 어떤 형태의 활동이든 자주 그리고 많이 할수록 개인의 생활 만족도가 높아진다는 것이다. 활동적 노화를 증진시키기 위하여서는 적성, 취향, 인생관 등을 고려한 체계적인 계획과 준비를 중년 이후부터 시작해야 한다. 건강 유지 및 증진 활동, 자원봉사나 시민단체의 참여를 통한 사회 참여, 일, 사회공헌 및 건전한 여가/취미 활동 등을 통하여 노년기를 활기차게 보냄으로써 생활 만족도를 높일 수 있다.

동서양의 철학사를 망라하여 개인적인 성취도가 가장 높고 실천적 자아 실현의 철학적 이상을 구현하는 것은 우주의 실상에 대한 투철한 이해와 이를 통한 전문가적 능력의 확보 및 사회와 인류에 대한 공헌이다. 사물에 대한 이해와 전문가적 능력의 획득은 학문 연구,

예술의 완성, 저술 활동과 사회 봉사 등 교육과 수련 그리고 현장 실천을 통하여 이루어진다. 이러한 활동의 질적·양적 평가와 그 효용성은 개인의 능력, 지식의 확철대오(確撤大悟), 그리고 개인의 심적 진정성, 환경과 연계된 상승 작용으로 나타난다. 이러한 활동의 정성적 효용을 확보하기 위해서는 기본적으로 특정 분야에서 전문가적 능력에 도달해야 한다. 삶의 의미는 전반적인 실존의 목적과 의의(意義)를 다루는 철학적 명제를 구성한다. 이 개념은 다음과 같은 질문들로 표현할 수도 있다. '우리는 왜 여기에 있는가?', '삶이란 무엇인가?', '모든 것의 의미는 무엇인가?' 역사적으로 이 문제는 많은 철학적, 과학적, 신학적 고찰의 대상이 되어 왔고, 다양한 문화와 이데올로기를 기반으로 하는 수많은 답변들이 존재한다.

오늘날의 행복은 성공한 삶을 통해 얻어지는 결과물에 다름 아니다. 성공한 삶이 없으면 행복한 삶도 없으므로 우리는 행복한 삶을 위해 성공을 꿈꾼다. 그렇다면 '어떤 삶이 성공한 삶이고, 어떤 삶이 실패한 삶인가?' 성공한 삶은 각자의 철학에 기반을 두지만, 실패한 삶은 자기 자신이 아닌 다른 사람을 만족시키다 끝나는 삶이다. 엄밀히 말하자면 다른 사람을 위해서 사는 것과 다른 사람을 만족시키기 위해서 사는 것은 다른 의미다. 우리는 주변에서 다른 사람들을 위해 기꺼이 자신을 희생하는 사람들에 대한 이야기를 어렵지 않게 듣는다. 어쩌면 그들은 인간의 고유한 기능이 덕에 따라 탁월하게 발휘되는 영혼의 활동을 실천하고 있는 것일지 모른다. 그러나 다른 사람을 만족시키기 위해서 사는 삶은 절대로 그러한 행복감을 줄 수 없다. 왜냐하면 우리는 인간이기 때문이다. 주지하는 바와 같이 인간은 생각함을 통해 비로소 존재할 수 있다. 생각은 자신의 존재를 확인시키는 몸과 정신 그리고 영적인 인식에 대하여 나에게 계속적으로 질문하는 존재의 실상에 대한 확인이다. 인생의 목표는 자신의 능력과 재능을 계속 성장시키고 확대하는 것이며, 성공은 그 과정 속에서 얻어지는 단계의 하나가 될 수 있다. 그리고, 성공이라는 단어의 의미가 변화되어, 최선의 노력을 다해서 열심히 배우며, 결과적으로 자신의 능력을 최고치로 향상시키는 것으로 귀결될 수 있다. 그럼 '실패는 무엇인가?' 성공을 이룬 사람들에게도 실패는 괴로운 경험이지만, 실패를 타고난 자신의 재능과 존재의 가치 자체에 대한 거부라는 식으로 확대 해석하지 않는다. 오히려 그들은 실패의 와중에도 교훈을 체득하며, 재도전의 디딤돌로 사용한다. 사실 그들에게 진정한 실패란, 더 이상 노력하고 학습하여 성장하지 못하는 것이다. 그러므로 일반적인 의미의 실패는 '지금의 방향은, 지금의 노력 방식은 틀리다.'라는 부정적인 신호이고, 그러므로 실패 속에서 최대한 많이 학습하고 더 노력해서 종국에는 성장을 이뤄낼 수 있는, 괴롭지만 의미 있는 학습의 기회이다. 그래서 그 실패 속에서 최대한 많은 것을 배우기 위해 그 경험을 분석하고, 그 정보를 바탕으로 다른 방식으로 도전하기를 반복하여 나아가야 한다.

우리들 자신이 이 우주에서 유일한 이유는, 우리의 노력과 헌신 때문에 거대한 우주의 수레바퀴가 약하지만 꾸준하게 움직여 나간다는 진실에 있음을 명확히 인식할 필요가 있다. 그리고 우리의 노력이 바로 성공으로 이어지지는 않는다는 사실 또한 이해해야 한다. 성공은 궁극의 목표가 아니다. 끊임없는 노력과 실패 속의 학습을 통해,

우리들의 인생이 전진하고 성장한다. 물론 실패를 학습 과정으로 즐기고, 노력을 즐기기 위해서는 오랜 시간이 필요할 것이다. 그래도 노력할 가치가 있다. '무언가 문제가 생겼는가?', '실패를 경험했는가?' 그것은 지금 해오고 있는 방식이 잘못되었다는 증거이고, 성장과 변화를 멈추었다는 신호이다. 노력, 전략, 실패, 배움, 이 단어들을 잘 기억해야 한다. 과제를 하든, 일을 처리하든, 새로운 연인을 만났든, 자식을 교육하든, 모든 일들은 분명한 목표를 세우고 적절한 전략을 통해 최대한의 노력을 기울이고, 실패가 있다면 거기서 철저하게 배워야 하는 대상들이다. 그 결과 해당 분야에서 우리는 성장한다. 그러므로 지금 상황이 익숙해졌다면, 새롭고 더 어려운 것에 도전해야 한다. 도전은, 단지 또 다른 배움과 성장의 기회일 뿐이다. 배움에 대한 열정이 있어야, 실패를 극복할 수 있다. 치밀한 계획, 도움이 되는 습관 등 전략적인 부분, 특히 계획을 세웠으면 언제, 어디서, 어떻게 그 계획을 실행할 것인지, 미리 정해 놓아야 한다. 자기 향상을 위한 부단한 노력을 그치면 안 된다. 인간은 탄력적인 존재다. 금방 원래대로 돌아간다. 성공하는 것보다 성공을 지켜내는 것이 힘든 것처럼, 변화를 이루어낸 후에도 끊임없이 노력을 지속해야 한다. 그러므로 노력은 평생 이어져야 한다.

6. 3. 2 생애개발과 자기개발의 실상

6. 3. 2.1 인간의 생애개발
오늘날 사회적으로 사람들의 삶의 목표 상실이 사회적 문제로 대두되고 있다. 직장에서나 은퇴 후에도 덧없는 인생을 한탄한다. 가정에서도, 사회에서도 아무런 보람을 찾지 못하는 정신적·신체적 상황에 직면한다. 이것은 기계화와 자동화·획일화로 특징지어지는 현대 산업사회의 비인간화, 인간 소외 경향과 밀접한 관련이 있다. 하지만 자신의 삶에서 명확한 방향 감각도 목표 의식도 없으면 성취감도 사는 보람도 있을 수 없다. 그러나 그 속에서도 인간 심리에 대한 통찰과 자신의 노력으로 인생에서 사는 보람을 창조할 수 있다. 또 사는 보람을 느끼기 어렵게 하는 산업사회의 비인간화와 경향 그 자체에 도전함으로써 거기서 훌륭하게 사는 보람을 찾을 수도 있다. 즉, 사는 보람이란 환경보다도 거기에 대처하는 사람의 마음가짐에 달려 있다. 따라서 사는 보람을 찾는다는 것은 자기 계발의 궁극적인 목표이자 현대인에게 주어진 최대의 과제이기도 하다.

나의 일상 생활에서 "모든 것은 나의 생각이 근본으로 되어 있다. 아침에 일어나 기분이 상쾌하면 왠지 그 날 하루가 유쾌하고 일이 잘 되었던 경험을 가지고 있을 것이다. 어떤 일이든 모든 일은 이루고자 하는 정신자세가 중요하다. 세상만사 일체유심조(一切唯心造)라 하였고 성경에서도, '생각함이 그러하면 위인됨도 그러하다.'라고 하여 사람의 마음가짐이 얼마나 중요한지 깨닫고 믿는 대로 된다는 진리를 터득하게 하였다. 따라서 올바른 지식, 올바른 기술, 올바른 행동은 올바른 정신자세라는 바탕에서만 가능하다. '정신자세란 무엇인가?' 심리학자들이 내린 정신자세에 대한 정의는 첫째로, 인간의 행동을 일으키는 내적인 방아쇠 장치라는 것이다. 방아쇠를 당기지 않고는 절대로 총알이 발사되지 않듯 행동이라는 총알을 발사시키는 것이 인간의 정신자세인 것이다. 둘째로, 후천적으로 배우는 것이다. 이것은 각자의 인생을 뒤돌아보면 잘 알 수 있을 것이다. 현재의 상태처럼 되지 않을 수 없었던 유책 근거가 되는 우리 인생사의 한 부분이 우리에게 있는 것이다. 의심에 대해 한번 생각해 보면, 태어날 때부터 의심하기 위해 태어나는 사람은 없다. 살아가면서 이리저리 당하다 보니 그럴 수밖에 없었던 것이다. 의심(Doubt)이 배워진 것이라면 그 반대의 경우인 열정, 믿음, 신뢰도 마찬가지로 배우면 내 것이 될 수가 있는 것이다. 셋째로, 정신자세란 바뀔 수 있으며, 좋은 정신자세는 바람직한 결과를 낳고 좋지 못한 정신자세는 바람직하지 못한 결과를 낳는다. 따라서 좋은 결과를 얻기 위해서는 나쁜 정신 자세를 좋은 정신자세로 바꾸어야만 하고 또 바뀔 수 있다는 확신을 가져야만 한다. 이유 충족율이란 말이 있다. 성공한 사람은 틀림없는 성공의 이유가 있고, 실패한 사람은 실패한 이유를 만들고 있다는 사실은 우리의 주변을 살펴보면 금방 알 수 있다. 실패 이유를 만들지 말고 성공한 이유를 만들어 가야 한다. 실패한 사람은 언제나 자조(自嘲)적이고 부정적인 정신자세(NMA-Negative mental attitude)를 가지고 있다. 부정적 정신자세는 남의 앞에 서기를 회피하거나 마음가짐이 지극히 소심하고 항상 불안해한다. 또는 열등감의 노예가 되어 팔자 타령만을 하거나 비판에 대한 공포로부터 헤어나지 못한다. 불평과 불만으로 세월을 보내거나, 자기 능력을 스스로 의심하며, 불의 부정과 타협을 일삼거나 거짓말을 밥먹듯 하며 항상 무사 안일하게 생활한다.

'인간의 사고방식이 바뀌면 세상이 바뀐다는 것, 이것이 금세기 인류 최대의 발견이다.'라고 했다. 우리는 생각을 바꿀 수 있고, 행동을 바꿀 수 있으며 운명도 바꿀 수 있다. 모든 일은 생각을 바꾸는 데서 비롯된다. 안 된다고 생각하는 사람이 된다고 생각할 때, 할 수 없다는 사고방식이 할 수 있다고 바뀔 때, 이 세상 전체가 바뀔 수 있는 것이다. 적극적인 정신자세는 자기계발을 강화하고 성공을 창조할 수 있는 원동력이다. '모든 길은 로마로, 로마는 하루아침에 만들어지지 않았다.'라는 말이 있다. 이것은 인내와 끈기를 이야기할 때 자주 언급되는 말이다. 번성했던 로마는 세계를 제패하던 때의 로마이다. 그런데 '로마는 망하지 않았던가?', '왜, 그랬는가?', '역사의 흐름에 따라 저절로 망했는가?' 아니다. 로마는 로마인들의 사고방식이 바뀌면서 망했던 것이다. 세계를 제패하던 시절의 로마인들은 투지와 의욕에 불타 모두 열심히 일했다. 그런 국민을 가진 로마가 네로 황제 치하에서 망하고 말았다. 그들 로마인들이 모두가 놀다가 망했으며, 네로 황제 치하에서 로마가 망하던 당시의 로마의 법정휴일은 1년 365일 중의 절반인 176일이었다. 만약 네로가 혼자서만 놀았다면 결코 로마는 망하지 않았을 것이다.

인생에서 가장 중요한 것은 현재의 상황에 안주하지 않고 앞으로 움직여 나아가는 일이다. 즉, 어제보다 더 나은 오늘을 사는 것이다. 우리가 가는 길에는 크고 작은 위험과 어려움이 기다리고 있다. 그러나 가만히 있다고 해서 위험이 없어지는 것은 아니다. 인생에서 가장 경계해야 할 것은 가만히 있는 그 자체이다. 가만히 있는 것은 살아 있는 삶이 아니기 때문이다. 인생을 새롭게 시작하는 데 결코 늦을 때란 없다. 지금 이 순간이 자기계발하기에 가장 좋은 때인 것이다. 삶을 살아가기 위한 가장 현명한 방법은 우리 스스로가 더 강해지고 지혜로워지는 것이다. 세상에서 불행한 일이 일어나지 않도록 막을 수는 없지만 만일 자신에게 불행한 일이 닥치더라도 다시 일어설 수 있도록 정신을 강인하게 할 수는 있다. 우리가 겪는 문제의 대부분은 타인이나 세상에서 비롯되는 것이 아니라 자신에게서 비롯된다. 내 몸이 약하면 병에 걸리기 쉽고 내 능력이 부족하면 세상살이가 고단해지는 법이다. 스스로를 갈고 닦아 능력을 키워가는 자기계발이 답이다. 그저 막연히 노후 생활을 하루하루 보내는 사람과 어떤 목표를 두고 꾸준히 자기계발에 노력을 한 사람과의 차이는 나게 마련이다. 지금 무슨 공부를 하고 있느냐고 누가 묻는다면 즉시 그 대답이 구체적으로 나올 수 있어야 한다. 만일 이 물음에 분명히 대답할 수 없는 입장이라면 이미 행복한 노후생활을 기대하기 어렵다는 것을 깨달아야 한다."[43]

　　세상과 자신의 한계를 기반으로 장벽을 깨고 목표를 성취하게 해주는 세 가지 힘, 즉, 잠재 능력을 이끌어 내는 세 가지 힘이 존재한다. 그것은 굳건한 목표 의식, 무한한 모험심, 자신의 발전을 향한 끝없는 갈망이다. 신념과 생각과 말의 힘을 발견하고, 항상 긍정적인 생각과 긍정적인 말을 할 때 놀라운 일을 이룰 수 있다. 살면서 먼 눈으로 보면, 생각하는 대로 되고 꿈꾼 대로 되고 믿음대로 되고 말하는 대로 된다. 그러므로 생각을 긍정적으로 하고 항상 긍정적인 꿈을 꾸고 긍정적인 믿음을 가지고 긍정적인 말을 하면 긍정적인 생활의 결과를 얻게 되는 것이다. 성공한 사람이 되려 하지 말고, 가치 있는 사람이 되려고 하라는 말도 인생의 의미에 중요한 시사점을 준다. 자신에게 만족감과 보람을 주는 삶이어야 가치 있는 삶이라고 할 수 있다. 가치 있는 삶이란 욕망을 채우는 삶이 아니라, 의미를 채우는 삶이다. 욕망은 새로운 자극으로 더 큰 욕망을 불러일으킨다. 그리고 내게 허락된 삶의 잔고가 어디쯤에 왔는지, 얼마나 남아 있는지 스스로 확인할 수 있어야 한다. 거듭거듭 새롭게 자기의 삶을 다시 시작할 수 있어야 한다. 날마다 새롭게 피어나는 꽃처럼 그렇게 살 수 있어야 한다. 매일 매일을 살면서 내 가족과 이웃과 사회를 위해 가치 있는 삶을 살면서 가치와 행복, 둘 모두를 잡아야 의미 있는 삶이라고 할 수 있다. 객관적으로 가치 있는 대상에 주관적으로 이끌려야만 가치 있는 삶을 살 수 있다는 것이다. 자기를 도외시한 일방적인 헌신은 물론이고 가치 없는 대상에 매달려 개인적 행복을 추구하는 것도 의미 있는 삶이 아니다. 사회적 의미와 개인적 의미 중 어느 하나만으로는 가치 있는 삶을 살 수 없으며 이 둘을 조화시킨 삶이야 말로 의미 있다. 삶의 의미는 가치 있는 활동에 대한 적극적인 관여(Active engagement) 과정에서 그 존재를 드러낸다. 이런 차원에서 삶의 의미는 주관적인 이끌림(Subjective attraction)이 객관적인 매력(Objective attractiveness)을 만났을 때 비로소 모습을 나타낸다. 전자는 행복 추구, 후자는 가치 추구라 명명할 수 있을 것이다.

"생애 개발이란 무엇보다 사사로운 개인적인 삶에 대한 자유로운 선택과 의사결정이다. 자기의 삶은 자기가 선택·결정하여야 하며, 자기의 주체적 의사결정에 의하여 이루어질 때 가치가 있는 것이다. 그러나 흔히 그렇지가 못하다. 일반적으로 이원적 사고(思考)나 인습에 의하여 양자 택일하거나 그렇지 않으면 외적인 상황에 밀려 결정하게 된다. 따라서 삶에 대한 다양한 새로운 자기 창조적 선택과 의사결정이 요구된다. 둘째로 생애 개발이란 자기 주체성의 확립이다. 즉, 생애 개발이란 현재까지 수행하였던 그리고 앞으로 해야 할 역할 등을 막연하게 수행하는 것이 아니라, 새로운 각성과 노력으로서 미분화된 자아를 자기 주도하에 분화시키고 확산시켜 나가는 행동이다. 현대사회에서 한 사람이 맡는 역할은 매우 다양하다. 즉, 개인적 역할에서부터 사회적 역할까지 무수히 많다. 따라서 우리의 욕구도 다양해질 수밖에 없다. 여기에서 삶의 전략적인 변화란 삶의 목표를 구체적으로 분명히 설정하는 일에서부터 출발하여, 자신의 생애를 구성하고 있는 요인, 즉, 물리적, 사회적, 개인적인 요인 등을 구체적으로 분석하는 것을 말한다. 결국 인간이 끊임없이 배우고 싶어하는 이유는 무지와 무능으로부터 자유로워지기 위해서이다. 마찬가지로 생애를 끊임없이 계획하고, 전략적으로 변화시키고자 하는 것도 자아와 자기 삶에 대한 무지와 무능으로부터 탈피하여, 보다 풍요롭고 의미 있는 삶을 위해서이다. 이를 위해서 자기 계발은 지속적으로 전개하여야 한다."[44]

6.3.2.2 자기계발

현대사회에서는 사회와 과학 기술의 비약적인 발전으로 정보가 기하 급수적으로 증가하는 시대로 최근 10여 년 동안의 정보 증가가 이전 10년 동안보다 수천 배가 넘는다고 한다. 미국에서 매주 발행되는 잡지 〈뉴스위크(Newsweek)〉지 총 84페이지의 지식 정보는 16세기 사람들이 평생 동안 보고 습득할 수 있는 지식 정보의 분량이라고 한다. 이러한 시대에는 최고 학부인 대학을 나왔다고 하더라도 계속 공부하지 않으면 그 전문 지식은 곧 반 이상이 낡아서 못쓰게 되는 것이다. 전자 과학 분야 지식 정보 용어의 라이프 사이클은 1개월 여로 좁혀진 지 이미 오래 되었으며, 언제 더 단축될지도 모를 정도가 오늘의 시대이다. 이처럼 현대에는 계속 공부하지 않으면 남에게 뒤떨어지는 삶을 살아갈 수밖에 없고 자신의 가치를 순식간에 떨어뜨린다. 이 급변하는 시대에는 항상 변화에 유연하게 대응할 수 있도록 자기 계발을 해야 한다.

자기 계발이 영어로는 Self development로 Development는 개발하다, 뚫어나가다의 뜻이 있다. 다시 말하면 자기의 구각(舊殼)을 뚫고 거기서 탈피하여 다시 한번 인간적으로 크게 성장하는 것이 자기 계발의 참된 의미이다. 지식만 많이 흡수하면 되는 것이 아니라 흡수한 새로운 지식과 쌓아 올린 경험을 살리고 조합하여 조직화함으로써 새로운 것을 생각해 내고 만들어내는 것이 자기 계발이다. 하루는 24시간밖에 없다. 이는 만인 공통이며, 부자에게도 가난한 자에게도, 또한 능력이 높은 자나 낮은 자한테도 공평하다. 어떻게 이 시간을 유효하게 사용하느냐에 따라 24시간이 살기도 하고 죽기도 한다. 미래는 준비하는 사람에게만 찾아온다. 미래의 문은 스스로 열지 않으면 안 된다. 자기 계발을 하지 않는사람은 성공과 발전은 물론 행복한 미래를 기대하지 말라. 바람직한 미래를 보장받고 지혜롭게 사는 방법은 꾸준한 자기 계발뿐이다. 누구에게나 한 가지쯤은 신이 주신 재능이 있는 법, 바로 그것을 찾아야 한다. 자기 속에 깊숙하게 감춰져 있는 괴력을 끌어내라! 그 시대의 지혜를 모르면 그 시대에 겪어야 할 모든 어려움을 겪을 수밖에 없다. 자기 자신을 계발할 책임은 오직 자기에게 있을 뿐이다. 그것은 인생에게 부여된 신성한 의무요 책무임을 인식해야 한다.

　무엇보다 변해가는 주위 환경에 스스로를 적응시키기 위해서 자기 계발을 게을리해서는 안 된다. 우선 며칠만 방송과 신문을 보지 않아도 주위 사람들과 대화가 통하지 않는 수가 많다. 그 며칠 사이에 정치, 경제, 사회, 문화의 모든 면에서 어제와 다른 오늘, 오늘과 다른 내일이 전개되고 있는데도 미처 자기를 그 변화에 적응시키지 못한 까닭이다. 물질 세계뿐만이 아니라 인간의 사고방식과 가치관도 변한다. 세대차가 문제가 되고 세대 교체라는 말이 나오는 것도 이 때문이다. 장기적으로 볼 때 인간 사회의 모든 변화는 발전을 의미한다. 따라서 하루하루의 변화를 외면하고 사는 사람은 얼마 안 가서 발전의 대열에서 낙오되고 만다. 발전이란 지속적인 변화의 결과이기 때문이다. 이러한 변화와 발전에 적응하기 위해서 우리는 필요한 정보를 보다 빨리 입수하고 변화를 이해하며, 변화 적응을 위한 자기 계발, 그것을 흡수하려는 노력을 하루도 게을리해서는 안 된다.

　인간은 또 자기 속에 숨은 재능, 즉, 잠재 능력을 개발하기 위해서도 재능 계발을 위한 자기 계발을 해야 한다. 심리학자들은 인간이 만물의 영장으로 군림하는 데는 인간이 가진 재능(Intellectual potential)의 약 10~20%밖에 필요하지 않았다고 한다. 즉, 인간은 자연을 정복하여 오늘과 같은 찬란한 문명을 이룩할 수 있었다는 것이다. 인간의 성장 가능성은 무한대이다. 무한 개발 가능성이 있는 인간 두뇌와 같은 복사품을 만들려면 140억 개 이상의 전자 세포가 필요하고 이 세포를 땅에 펼쳐 놓으면 150만 입방피트를 차지하며 이것을 가동시키려면 10억 와트의 동력이 필요하다고 한다. 이 엄청난 능력을 사장시킨다는 것은 자신을 위해서도 인류를 위해서도 바람직하지 못하다. 인간은 종래 자기의 재능 중 나머지 80~90%는 활용해 보지도 못한 채, 아니 대다수는 그런 재능이 숨겨져 있는 줄도 모른 채 살아왔다는 말이 된다. 그리하여 대다수의 사람들이 자기 속에 숨겨져 있는 잠재 능력 내지는 가능성을 개발하기는커녕 발견하지도 못한 채 일생을 마쳤던 것이다. 이 얼마나 안타깝고 유감스러운 일인가? 그러나 이제 심리학과 정신분석학, 대뇌생리학의 위대한 연구 성과에 힘입어 인간은 자기 속에 숨겨진 놀라운 재능의 보고(寶庫)를 발견하였고, 그 보고를 여는 열쇠도 수중에 넣을 수 있게 되었다. 오늘보다 나은 내일, 오늘의 자신보다 내일의 새로운 자신을 기대하는 모든 사람에게 자기 계발은 필수 불가결한 최대의 과제인 것이다. 자기 계발의 궁극적인 목적은 사는 보람을 창조하는 데 있다. 변화에 적응하고, 재능을 계발하고, 인간성을 풍부하게 하는 것도 다 사는 보람을 창조하기 위해서이다. 사는 보람은 자기 실현(Self realization)에서 생긴다. 자기 실현이란 자기의 능력, 자기의 가능성을 일과 생활 속에서 실현해 가는 것을 말한다. 완성된 일 속에서 자기를 찾고 거기서 자기의 존재 의미를 느끼는 것, 이것이 바로 사는 보람이다. 사는 보람은 완성된 일 속에서만 찾을 수 있는 것은 아니다. 뚜렷한 목표를 설정하고 그것을 향해 자기의 모든 노력을 기울이며 거기에서 자기가 일한 보람이 나타날 때도 무한한 희열을 맛볼 수 있다. 결국 사는 보람이란 어떤 일의 결과가 되었든, 과정이 되었든 그 속에서 느끼는 성취감이라고 할 수 있다. 성취란 목표를 전제로 한다. 따라서 목표 의식이 없는 성취감이란 생각할 수 없다. 성취감, 사는 보람을 느끼기 위해서는 뚜렷한 목표 의식을 가져야 한다.

창조적 긴장 상태는 타성에 젖은 현실 상황을 벗어나 새로운 미지의 세계를 개척하려는 개인의 내재적 동기이며, 개인적 숙련을 위한 정신적 도전을 말하며, 이는 개인의 가치와 비전, 목표를 달성하기 위한 성장 동력으로 나타난다. '아는 자는 좋아하는 자만 못하고 좋아하는 자는 즐기는 자만 못하다(知之者 不如好之者 好之者 不如樂之者 ; 지지자 불여호지자 호지자 불여락지자).' 자신의 일이 즐거운 전문가는 자신의 장점과 단점을 판단하고 전문성 확장에 요구되는 분야를 지속적으로 파악하여 전문성 제고에 매진한다. 그 결과 환경과 미래의 변화 추세를 조망하고 현실에서 다른 사람과 다르게 창조적 긴장과 도전을 시도한다. 최고 수준의 전문가는 통상 회자되는 10년이나 1만 시간의 법칙을 초월한 전문성의 본질적 도약을 통해 달성된다. 자신이 획득한 전문성의 질적 수준을 높이기 위하여 추가적인 연습과 학습이 지속적으로 이루어져야 한다.

인간에게 필요한 것은 풍부한 재능뿐만이 아니라, 풍부한 인간성도 필요하다. 타인에게 방관적인 태도를 취하는 사람이냐, 아니면 함께 괴로워하고 기뻐하며, 함께 슬픔을 나눌 수 있는 사람이냐 하는 것은 결정적으로 차원이 다르다. 기쁨은 나누면 두 배 이상 증폭되고, 슬픔은 나누면 반 이하로 줄어든다고 한다. 인간의 기본적 도리를 다하고 더불어 사는 공존 공영의 원리들을 깨우치고 제대로 인간 형성을 위한 자기 계발 학습을 하지 않고서는 다른 사람과 함께 바른 삶을 살 수가 없는 것이다. 따라서 재능이 풍부하다고 해서 사람 노릇을 제대로 할 수 있다고 할 수 없다. 풍부한 인간성을 가지고 남과 함께 울고 웃는 고락의 체험 속에서 비로소 인간다운 삶을 누릴 수 있다.

현대는 기술 혁신의 시대이다. 끊임없이 새로운 기술이 도입되고 낡은 기술이 추방된다. 이것은 기업의 사무실에서나 건설 현장이나 농사짓는 현장에서도 마찬가지이다. 이러한 기술 혁신과 더불어 그것을 다루는 인간도 혁신되어야 한다. 새로운 기술을 익힌 인간은 살아남고 낡은 기술에 얽매인 인간은 정체되거나 도태되고 만다. 따라서 직장과 사회에 적응하기 위해서는 부단히 새로운 지식과 기술을 익히는 사회 적응과 자기 계발을 게을리할 수 없다. 또 직장이란 환경은 가정이나 학교와는 여러 가지 점에서 다르다. 상사와 동료, 부하와의 사이에 이제까지는 다른 새로운 유형의 인간관계가 형성된다. 직무에 따라서는 다른 회사나 관청의 직원과도 관계를 맺어야 한다. 직장의 업무에 대한 지식은 신입사원 교육이나 기타의 특별 훈련 계획을 통해 익힐 수도 있지만, 인간관계에 대한 지식은 아무도 가르쳐주지 않는다. 스스로 터득하는 도리밖에 없다. 그리고 직장에 대한 적응의 성패는 업무 지식이 많고 적음보다도 오히려 인간관계의 좋고 나쁨에 달려 있는 것이 사실이다. 성숙한 인간으로서의 상호작용을 위해서 진정한 내가 누구이며 어떻게 함께 발전할 수 있는지에 대해 관심과 노력을 게을리해서는 안 된다. 더욱이 퇴직 후 바람직한 노후 생활을 위해서 사회적 관계 형성과 환경 적응에 필요한 다방면의 역량에 폭넓은 개발이 요구된다. 자기 계발의 궁극적인 목적은 사는 보람을 창조하는 데 있다. 변화에 적응하고, 재능을 계발하고, 인간성을 풍부하게 하는 것도 다 사는 보람을 창조하기 위해서이다. 사는 보람은 자기 실현(Self realization)에서 생긴다. 자기 실현이란 자기의 능력, 자기의 가능성을 일과 생활 속에서 실현해가는 것을 말한다. 완성된 일 속에서 자기를 찾고 거기서 자기의 존재 의미를 느끼는 것, 이것이 바로 사는 보람이다.

6. 3. 3 전문가의 본질

전문가는 누구인가?

전문가란 특정 분야의 일에 깊이 정통하며, 그 문제에 대하여 올바른 판단을 내릴 수 있으며, 필요로 하는 전문적 기술을 갖췄다고 증명된 사람을 가리킨다. 그리고 전문가는 해당 분야의 아주 좁은 범위에서 발생할 수 있는 모든 오류를 경험한 사람이 된다. 영어로는 Expert라고 한다. 해당 분야를 직업으로 삼아 전문적으로 하는 사람을 가리킬 때는 Professional, 줄여서 Pro라고 하고, 전문가라는 말 자체를 칭할 때는 Expert란 단어를 쓴다. 참고로 Profession은 직업이란 뜻이 있고, 이에 기반하여 직업적이라는 의미에서 전문가는 Professional이라고 한다. 오늘날에는 산업혁명 및 정보혁명으로 직업의 숫자가 기하급수적으로 증가할 뿐만 아니라, 문맹률의 하락, 다양한 통신 수단의 등장과 교육 제도 발달에 의해 정보가 폭발적으로 증가하여 일부 세력이나 집단이 독점하던 과거에 비해 전문가들의 정보에 접근하기가 용이해졌다. 전문가는 해당 분야에 대해 많은 고급 전문 지식을 쌓은 사람들을 가리킨다. 대개 어떤 지식이 많이 축적되면 그 지식을 학문적으로 엄밀하게 정리하려는 노력이 나타난다. 그러다 보니 대개 전문가라고 불리는 사람들은 학계에 있는 학자들이다. 그런데 모든 영역에서 학자가 최고의 전문가는 아니다. 현장에서 많은 경력을 쌓은 사람이 연구실에서 논문을 많이 읽은 사람보다 더 정확한 판단을 내릴 수 있는 부분도 있기 때문이다. 그래서 경력을 많이 쌓은 사람을 자격증 시험을 통해 전문가로 뽑기도 하는데, 기능장이나 기술사가 그렇다. 전문직 면허 역시 전문가를 판단하는 기준이다. 특정 행위를 아무나 하는 것이 공공 복리를 해친다는 판단하에 법으로 규제해 놓고 전문적인 교육을 받고 일정 수준 이상에 도달한 사람만 해당 행위를 할 수 있도록 허가해 놓는 것이다. 의사나 약사 등이 여기 해당한다. 자격증, 학위, 면허에 관계없이 실력 좋은 사람도 전문가로 부른다. 오랜 기간 동안 갈고 닦은 기술을 생업으로 삼는 전문가는 장인이라고도 한다. 이때는 그 실력의 탁월함이 분명하게 드러나거나, 다른 전문가들에 의해 전문가로 인정받을 때 평판에 의해 전문가로 인정받는다고 볼 수 있다.

창작물이나, 예술 작품 속에서라면 몰라도 현실에서 자기 자신을 직접 전문가라고 칭하는 경우는 거의 없으며, 전문가로 일컬어지지 않더라도 해당 전문 분야에 특별하게 높은 지능을 소유한 사람이나 천재 같은 강호의 고수들이 존재한다. 역사상 가장 뛰어난 경제학자 중 하나로 꼽히는 존 메이너드 케인스는 학위가 없음은 물론이고 정규 경제학 수업을 들어본 적이 없고, 코즈가 노벨 경제학상의 기초가 된 코즈의 정리를 담은 논문을 발표한 때는 학부 시절이었다. 리처드 필립스 파인만이나 존 폰 노이만 같은 과학자들은 자기 전공과 아무 관계없는 영역에서 당시 학자나 전문가들보다 뛰어난 이론을 발표하였다. 이런 사람들이 1,000~2,000시간을 취미로 투자하여 전공자를 뛰어넘는 성과를 낸 사례도 있다. 대학교에서 어떤 학사 학위를 가지고 있다는 것은 전공을 1,000시간 들었다는 뜻이므로, 당연히 그보다 많은 시간을 투자하면 더 많은 지식을 얻을 수 있다. 특정 분야에 해박한 지식과 경험을 가진 고수나 전문가들은 사회에서 일어나는 각종 문제들을 해결해 나가고, 이것을 책이나 말을 통해 제자들에게 전수함으로써 이들의 지식이 끊어지지 않고 계속해서 인간 사회에 면면히 이어지게 하는 역할을 맡아왔다.

전문가의 본질

일반적으로 전문가는 특정 영역에서 상당한 지식과 경험을 바탕으로 문제를 해결하거나 높은 성과를 창출하는 능력을 가진 사람을 일컫는다. 인적 자원을 연구하는 학자들은 대체로 전문성의 기본 요소로 지식과 기술, 경험, 그리고 문제 해결 능력을 꼽는다. 최근에는 소명 의식과 책임감도 중요하게 다뤄진다. 전문가들은 더 많이 알고, 정보를 다르게 사용하며, 더 잘 기억해 내고, 문제를 더 빠르게 해결한다. 문제를 심층적인 차원에서 파악하며 질적으로 분석한다. 또 자신이 실수할 수 있다는 사실을 알고 있다. "전문성에 관한 인식은 특정 영역에 대한 배타적·전문적 권한 인식이며 그 특정 영역에서 구축된 지식과 기술의 권위를 우월하게 여기는 인식이다. 전문가와 비전문가를 구별하는 명확한 경계는 전문가의 권위가 발현되는 특정 영역의 인식과 존중이며, 이것이 전문가적 정체성의 한 측면이 되는 것이다. 특정 영역 안에서 습득한 정밀하고 정확한 지식 및 기술로 인하여 전문가는 비전문가인 일반인으로부터 존중받고 그러한 권위를 바탕으로 전문가로서의 소명감(Calling)을 지니게 된다. 일반인이 쉽게 따라 하기 어려운 전문성은 특정 영역에 국한되며 고도로 체계화된 과정을 거쳐 습득되고 공식적인 인증 절차를 통해 권위가 인정된다. 따라서 전문가적 정체성의 한 측면은 특정 영역에서 문제의 진단과 처방에 관한 배타적인 권위를 강조하는 것이며 그러한 전문성이 체계적인 교육훈련이나 자격증과 같은 절차를 통해 획득되어야만 한다는 것이 일반적인 인식이다."[45)

그러므로 전문가는 장기간의 교육과 훈련을 통하여 양성되며, 인지적·생리적·지속적으로 우수한 임무 수행 능력을 나타낸다. 일반적으로, 정보를 고도의 효율성을 가지고 습득하고 조직하며, 조직된 정보를 활용하여 자신의 전문 영역 임무를 수행한다. 그러므로 전문성은 다양한 경험과 훈련을 통하여 뛰어난 기술과 지식을 보유한 것이며, 이를 바탕으로 업무 수행에서 고급 성과를 창출할 수 있는 잠재적 능력이다.

그렇다면 전문성은 어떻게 만들어질 수 있을까? 우선 업무, 일을 통한 성장이 전문성 확보의 지름길, 기본이다. 직원을 뽑을 때 전공자보단 실무 경험자를 선호하는 것과 같은 맥락이다. 아무리 관련 지식이 많다 해도 그 일을 직접 해보지 않고선 전문성을 키우기 어렵다. 일을 통한 전문성 신장은 기본 중 기본이다. 한 분야의 전문가가 되려면 최소 1만 시간 이상을 투자해야 한다고 했다. 여기서 간과하지 말아야 할 것은 물리적 시간이 아니라 그 업무를 체계적이고 발전적으로 실행하면서 축적한 경험이다. 습관적이고 반복된 업무 경험만으론 전문성을 결코 확보할 수 없다. 끊임없는 학습은 필수다. 세계가 긴밀하게 연결되고, 비즈니스가 역동적으로 복잡해질수록 업무는 학습과 더불어 이뤄져야 한다. 미래에 진정한 경쟁 우위를 갖고 앞서 나갈 조직은 상하 구분 없이 모든 구성원의 학습 능력을 활용하고 헌신을 끌어낼 방법을 찾아내는 조직이므로 학습의 중요성이 강조된다. 배운다는 것은 깨어 있다는 것이고 문제의식이 있다는 말이며, 열린 사고를 한다는 의미다. 경력은 많은데 전문성이나 업무 적합도가 떨어진다면 과거의 경험에만 머물러 경직성이 높은 상태일 확률이 높다. 한걸음 더 나아가 강조하고 싶은 것은 분야를 뛰어넘는 학습이다. 다른 산업에서 성공적인 사례들과 전략에 관심을 가지는 융합적 접근이 필요하다. 마지막으로 사명감과 태도의 중요성이다. '태도가 모든 것이 아니라 하더라도 거의 모든 것이다.'라는 말처럼 전문가는 조직의 목표에 자신의 목표를 반영해 사명감을 갖고 업무를 추진한다. 조직 차원에서의 얼라인먼트(Alignment)도 중요하지만 전문가는 스스로 개인의 목표를 분명히 하고 자신의 위치에서 주어진 업무에 가치를 부여하며 일을 추진한다. 이때 긍정적 마인드, 끊임없는 도전 정신, 자신에 대한 믿음과 성찰, 일에 대한 자부심, 회복 탄력성, 책임감, 열정, 배려 등도 필요할 것이다. 이처럼 전문성을 키우는 데는 개인의 노력과 함께 조직 차원의 구조적·상황적 요인도 적절하게 조정되어야 한다. 문제 해결 능력은 전문성 구성에서 가장 핵심적인 특성이다. 문제 해결은 문제의 탐색, 연관 지식의 수집, 문제 해결 방안을 위한 심사숙고 그리고 문제 해결 행동 양식을 정의하는 개념의 연속으로 구성된다. 즉, 전문적 영역의 최첨단에서 새롭고 획기적인 발전을 위하여 지속적으로 학습하고 경험하며, 노력한다. 결과적으로 진정한 전문가들은 한 가지 영역에서만 탁월한 전문성을 나타내는 것이 아니라 다양한 분야의 전문성을 통합·발전시켜 새롭고 창조적인 특성을 기존 전문성에 적용한다. 그럼으로써 전문성의 융합이나 통섭(統攝) 현상이 일어나게 된다.

이제 앞으로 맞이하게 될 중년기나 노년기에 경험하게 될지도 모르는 그 많은 삶의 위기를 슬기롭게 대처해 나가 의미 있는 삶을 위해서도 현재보다 적극적이고 효율적이고, 계획적인 삶을 살아가도록 끊임없이 노력하여야 한다. 우리의 삶이 단지 존재의 수단이 될 수는 없으며, 인습적인 방법에 의하여 살 수만은 없는 것이다. 삶은 바로 그 자체가 하나의 목적이며, 가치이다. 따라서 자신의 삶에서 해당 분야의 전문가로서 전략적인 삶(Strategic life), 계획된 삶(Planned life), 자기 지향적인 삶(Self-directed Life)이 필요하다. 비록 우리가 현재 거대한 집단 속에서 살고 있지만 그 속에서 개별적 독특성과 주체적 지도성의 발휘가 요구된다. 그러므로 무관심 속에서 폐멸되어 버리는 자신에게 심리적 지혜를 찾아가는 일이 중요하다. 해당 분야에 상당한 지식과 경험을 바탕으로 삶의 태도를 결정할 수 있는 것이 전문가다. 지식만을 기준으로 생각하면 모든 사람이 모든 분야에 전문가일 수는 없다. 지식만 충분히 쌓는다면 전문가가 된다고 생각했지만, 현장에서 요구하는 전문가의 자질은 다르다. 그리고 단순히 쌓여 있는 지식만으로 해결할 수 있는 문제도 아니다. 하루 하루의 일과, 순간 순간의 결정, 내가 하는 말과 행동, 그리고 그에 대한 결과물로서 상대에게 보여지는 나의 모습에서 내가 가진 지식들이 어떤 식으로 작용하는지를 충분히 이해하고, 적절한 시점에 그 지식을 자신의 행동에 녹여낼 수 있는 것이 바로 전문가이다.

'왜, 많은 곳에서 전문가를 원하는가?' 전문가는 자신의 지식을 기반으로 합리적이며 효과적이며 일관성 있는 상황 판단과 결론을 내릴 수 있기 때문이다. 설령 그 판단과 결론이 적절치 못하거나 기대한 만큼의 성과를 가져다주지 못하더라도, 합리적이며 일관성이 있기 때문에 어디서 문제가 생겼는지를 역추적해 수정하고 미래에 더 나은 결론을 내릴 수 있다. 또한 기존의 실수를 수정하고, 다른 사람들에게 같은 실수를 반복하지 않도록 조언할 수 있다. 즉, 전문가는 자신의 풍부한 지식을 기반으로, 또한 지식을 쌓아가는 과정에서 얻은 논리 구조를 통해 다른 다양한 분야에도 전문성을 획득할 수 있다. 이런 이유로 전문가를 선호하게 되는 것이다. 전문성도 지식의 정도보다는 논리성과 태도, 또한 그에 따르는 책임에 초점을 맞춘다. 전문가가 된다는 것은 결국 권위를 가지게 된다는 의미이고, 권위를 가진다는 것은 그만큼의 책임이 따르는 일이다. 결국 지식, 혹은 학위, 경험, 직위, 명성 등에 기대는 것이 아닌, 일상에서 문제를 통찰하고 주변 상황을 살피고, 자료를 수집·정리하여, 현대 사회에 요구되는 대안을 책임 있게 제시하는 것이 전문가이다. 최고 수준의 전문가들은 해당 분야의 최고 인력이라는 자부심을 가지고 있으며, 업무에 대한 철저한 책임감을 보유하고 있으며, 탁월한 성과를 기필코 창출할 수 있다는 자신에 대한 절대적 믿음을 바탕으로 업무에 임하는 특징을 보인다. 자신에 대한 절대적이고 긍정적인 믿음은 긍정적 태도와 실천적 성찰을 통하여 이루어지며, 자신의 업무를 추진하고 실천하는 데 중요한 원동력이 된다.

고수, 최고 전문가

무엇이든지 한 분야에서 독보적인 전문성으로 일가를 이룬 사람들이 고수이다. '그들은 어떻게 고수가 되었는가?' 대부분의 최고 경영자, CEO들은 엄청난 경쟁률을 뚫고 현재 위치에 온 사람들이다. 단순히 한 자리에서 오랫동안 일했다고 해서 고수가 될 수는 없다. 최고가 되려면 최고에게서 배워야 한다. 고수를 만나야 고수가 된다. 고수는 태어나면서부터 특정 분야의 전문성을 특별하게 발전시키면서 성장한다. 고수의 성장에는 학교 교육의 유무와는 별도로, 고수로 만들어 주는 사부, 스승의 역할이 중요한 요인이 된다. 고수에게는 자기만의 철학과 리듬, 자기만의 문제 해결 방식과 통찰이 있다. 이것이 어떤 사건 상황 속에서 그들의 말과 행동을 통해 압축적으로 나타난다. 그들에게는 그들만의 일하는 방식, 살아가는 방식이 있다는 사실이다. 고수는 말이 적고 하수는 말이 많다. 고수의 삶은 단순하고, 도가 튼 사람은 단순하다. 거칠 게 없고 눈치를 보지 않는다. 하지만 무리가 없고 그런 일로 하여금 문제가 생기지도 않는다. 물 흐르듯이 산다. 사사무애(事事無涯)의 경지이다.

처음부터 고수인 사람은 없다. 처음에는 초보자로서 닥치는 대로 배우는 단계로부터 시작하여 일정 단계를 거치면서 해당 분야 전문가로 정착하고, 인정을 받아 고수로 도약한다. 우리 모두에게는 잠재 능력이 있다. 하지만 그 분야에 도전하기 전에는 절대 알 수 없다. 자신의 잠재력을 알기 위해서는 불편하고 싫더라도 과감하게 도전해 보아야 한다. 그래야 자신이 어떤 사람인지 알 수 있다. 사람은 도전에 직면해서야 비로소 잠재력을 발견하게 된다. 자신의 능력을 발휘해야 할 필요가 있을 때까지 사람들은 절대 자신의 잠재력을 알지 못한다. 고수들도 처음에는 하수의 한 사람이었다. 고수의 경지에 오른 사람들은 어떻게 했기에 고수가 된 것일까? 현대 사회에서 업무상으로 고수라면 자기 분야에서 최상의 전문성을 보유한 사람을 말한다. 수많은 경쟁 분야에서 엄청난 경쟁을 뚫고 끝없는 도전을 이겨내며 독보적인 위치를 차지하는 사람들, 그들이 현대의 고수다. 고수의 첫 단초는 과감한 시작이다. 문제에 대한 계획과 생각만 하고 실행이 없으면, 큰 문제이다. 생각만 하면서 아무것도 하지 않는 사람에게는 변화가 찾아오지 않는다. 완벽한 계획보다 어설픈 행동이 필요하다. 시작이 반이고 시작이 전부이다. 시작이 없으면 끝이 있을 수 없다. 또한, 고수는 혼자 힘으로 살아남을 수 있어야 한다. 조직의 힘을 빌리지 않고 자기 능력으로 밥벌이를 할 수 있어야 한다. 쉽지 않다. 대부분 조직의 힘으로 살아 간다. 조직 안에서는 폼을 잡지만 조직을 떠나는 순간 아무것도 아닌 경우가 많다. 대부분 개인기보다는 조직의 후광 덕분에 버텨온 사람들이다. 그렇기 때문에 이것이 내 실력 덕분인지 조직의 실력 덕분인지 늘 질문해야 한다. 이를 냉철하게 구분할 수 있어야 한다. 처음에는 조직의 힘으로 살았더라도 시간이 지나면서 홀로서기를 할 수 있어야 한다. 고수들은 혼자서도 너끈히 먹고 살 수 있는 사람이다. 그리고 그 힘은 자신의 생계와 모든 것을 걸어본 절실함에서 나온다. 한 우물만 파는 것이 강점이 될 수 있지만, 요즘 시대에는 이 우물 저 우물을 파는 것도 나만의 강점이 될 수 있다. 무지한 전문가의 오류라는 격언이 회자된다. 전문가는 시야가 좁아지기 쉬워 자기의 좁은 시각으로 넓고 다양한 세상 문제를 해결하려고 한다.전문가의 저주라는 말이 이런 맥락에서 나왔다. 깊게 파려면 넓게 파야 한다. 한 분야의 고수가 되려면 다른 분야에 대하여 많이 알아야 하며, 문제나 업무에 대하여 인과성, 시간적 상황 그리고 주변의 관계에 대한 세밀하고 종합적인 고려와 판단능력이 요구된다.

현대에는 한 분야의 전문가 시대는 가고, 다양한 분야의 전문가, 즉, 전공 간의 장벽을 투과하는 수퍼 전문가, 고수의 시대가 도래했다. 고수의 시대에는 산업화 시대의 얄팍한 경험들이 결코 통하지 않는다. 고수가 되는 길은 기존의 경험을 백지로 돌리고 원점에서 다시 시작하는 처절한 반성과 변화가 있어야 한다. 성을 쌓고 사는 자는 망할 것이며, 끊임없이 이동한 자만이 살아남는다는 조언을 되새겨야 할 때다. 이전에 내가 가진 것을 완벽히 비울 수 있어야 새로운 가능성이 열린다. 대나무도 매듭이 있어야 다음 마디가 자란다. 썩은 동아줄을 놓아야 새 동아줄을 잡을 수 있고, 그릇은 비워야 채울 수 있다. 모든 것을 맛보고자 하는 사람은 어떤 맛에도 집착하지 말아야 한다. 모든 것을 알고자 하는 사람은 어떤 지식에도 매이지 말아야 한다. 모든 것을 소유하고자 하는 사람은 어떤 것도 소유하지 않아야 한다. 모든 것이 되고자 하는 사람은 어떤 것도 되지 않아야 한다. 자신이 아직 맛보지 않은 어떤 것을 찾으려면 자신이 알지 못하는 곳으로 가야 하고, 소유하지 못한 것을 소유하려면 자신이 소유하지 않은 곳으로 가야 한다. 모든 것에서 모든 것에로 가려면, 모든 것을 떠나 모든 것에게로 가야 한다. 여러 분야를 뛰어넘어 다양한 경험과 지혜의 강을 넘나든 사람이 고수란 것이다. 사람만큼 중요한 것은 지식, 자료 즉, 다방면의 독서이다. 사람은 자신이 읽은 것, 경험한 것, 기억한 것에 의해 만들어진다. 사람은 새로운 정보를 들으면, 이 정보를 어떻게 활용할지 생각한다. '이에 대하여 아홉 가지 생각해야 하는 것이 있으니, 보는 데는 맑기를 생각하고, 듣는 데는 총명하기를 생각하고, 용모에는 온화하기를 생각하고, 태도에는 공손하기를 생각하고, 말에는 충실하기를 생각하고, 일에는 성실하기를 생각하고, 의심 나는 것에는 묻기를 생각하고, 화가 날 때는 어려움을 생각하고, 이득을 보면 의로움을 생각하여야 한다(君子有九思: 視思明, 聽思聰, 色思溫, 貌思恭, 言思忠, 事思敬, 疑思問, 忿思難, 見得思義 ; 군자유구사 : 시사명, 청사총, 색사온, 모사공, 언사충, 사사경, 의사문, 분사난, 견득사의).' 다시 말해서, 고수는 일상생활 가운데 사람과 사물과의 관계에서 자신에게 엄격하고 항상 스스로를 반성해야만 비로소 근심하지도 두려워하지도 않는(不慢不懼) 정신 경계에 도달할 수 있다는 것이다.

고수는 마땅히 박학다식한 학문과 실사구시(實事求是)하는 엄격한 학풍을 갖추어야 하며, 널리 배우고 자신을 절제할 수 있어야 한다. 고수는 일반적인 그릇처럼 단지 한 가지의 용도로만 활용되지 않고, 사회의 큰 지혜인이 되어서 폭넓은 지식과 풍부한 학문을 갖추어야 한다고 생각한 것이다. 같은 정보를 갖고도 고수들은 보는 눈이 다르다. 즉, 정보에 대한 해석이 다르다. 인천상륙작전, 독일의 벨기에 돌파 작전 등 대응 방법이 다른 것이다. 화엄경에 나무는 꽃을 버려야 열매를 맺고, 강물은 강을 버려야 바다에 이른다고 하였다. 하수는 꽃을 버리지 못하고, 고요한 강에 머문다. 고수는 아름다운 꽃을 버리고, 험한 파도가 치는 바다로 나아간다. 고수는 자기의 경험과 학습한 옛것을 겸허하게 익히며, 자기 계발의 자양분으로 삼는 수용성과 현재 삶의 길을 창조적으로 발굴하고 개척해가는 자율성을 가진다. 고수는 수련 과정에서 수용성과 창조성을 동시에 작동시킨다. 배우기만 하고 생각하지 않으면 얻음이 없고, 생각하기만 하고 배우지 않으면 위태롭다. 고수는 현실적인 중요한 문제들에 맞닥뜨렸을 때, 그 문제에 대한 학문적 배경과 기술적 해답을 현재의 사회적 환경에 부합되는 방향으로 인지하므로 문제를 해결함에 미소(Smile)를 짓게 된다. 그리고 생각한 해결책을 단계적으로 처리해 나가기 때문에 서두르지 않으며 항상 행동은 느리다(Slow). 그리고 결과로서 문제를 해결하기 때문에 조용하고, 말이 없다(Silence). 고수의 특성은 SSS, S3 이다.

6.4 예술, 예술활동에 대한 조예

6. 4. 1 행복한 인생

사람이라면 누구나 행복한 삶을 원한다. 그러나 인생살이는 행복한 나날의 연속이 아니며, 고통스러운 삶을 느끼며 살아가는 사람이 너무 많다. 그 고통의 상태는 사람마다 다르겠지만 동서양을 막론하고, 삶에서 고통이 수반되는 사실은 예나 지금이나 다를 바 없다. '삶에서 행복은 어디에 있으며, 어떻게 얻어지는가?', '삶을 살아가면서 어떻게 행복을 얻을 수 있을까?', '행복이란 무엇일까?', '행복은 어디에 있을까?' 행복은 일반적으로 정의될 수 있는 보편적 명사(名辭)가 아니라, 나에게 다가올 때 비로소 그 의미가 구체화되는 동사(動詞)이다. 삶이나 행위나 감정에서 그 어떤 의미가 구현되며, 나에게 다가올 때 행복은 나에게 실현되는 동사적 의미체이다. 행복(Happiness)은 삶에서 일어나는(Happening) 의미의 성취이다. 각 개인에게 행복의 의미는 철학적으로 정의할 수 없다. 행복의 인식 및 소유의 주체인 사람이 저마다 다르기 때문에 행복은 본질적으로 정의할 수 없다는 논리에 귀결된다. 그러나 오랜 인간의 지성과 사회적 활동이나 예술 활동을 통하여, 인간의 내면적 인식이나 외부의 행동 양식으로 관찰되는 행복의 몇 가지의 특성에 대한 철학적 설명은 존재한다.

행복은 마음 즉, 인간의 내면적 영혼으로부터 인식되는 특성을 갖는다. 인생에서 중요한 것은 부나 권력, 명예와 같이 외부에 있는 것이 아니라 자신의 내면에 있다는 것이다. 같은 상황에서도 어떤 사람은 행복하다고 느끼고, 어떤 사람은 불행하다고 느낀다. 외형적으로 경제력, 사회적 지위, 명예, 외모 등 모든 것을 다 갖춘 것처럼 보여도 정작 행복하지 않은 사람도 있고, 다른 사람이 보기엔 가진 것도 부족하고 어려운 상황에 처한 것처럼 보여도 행복해하는 사람도 있다. 부나 명예를 가지고 있다고 해도, 마음의 동요가 끝나지 않으면 진정한 기쁨이 생기지 않고, 행복이 재산이나 돈과 같은 물질적인 가치, 명예나 권력과 같은 사회적 가치가 아니라 영혼의 평안과 같은 정신적 가치와 연관되어 있다는 것이다. 이는 재산이나 권력, 명예 등과 같은 가치가 살아가는 데 불필요하다는 뜻이 아니라 그것에 집착하고 또 그것에 얽매일 때 결코 행복해질 수 없다는 것을 의미한다. 삶의 가치란 외부가 아니라 자신의 내면에 있다는 것을 깨달을 때 자신을 얽매고 있던 허상에서 벗어나 삶의 행복을 발견할 수 있다. 중요한 것은 자신의 삶과 마음, 영혼 속에서 다양한 삶의 가치를 어떻게 발견하고 의미를 찾는가에 있다. 행복은 삶의 기술로 얻어진다. "일상에는 자신의 뜻과 무관하게 힘들고 어려운 일들도 일어나지만, 감사하고 즐거워해야 할 일들도 많이 일어난다. 행복, 사랑, 자신감, 화해, 용서, 꿈, 성공 등 다양한 주제들 중에서, 인생을 풍요롭게 만드는 가치, 보다 충만하고 행복한 삶을 살 수 있도록 하는 덕목으로 문제를 헤쳐 나가기 위해서는 지혜와 용기뿐만 아니라 삶의 기술과 훈련도 필요하다. 삶에서 행복을 견인하는 가치가 있으며, 삶을 긍정하는 태도로 바라보는 사람은 일상에 대해 감사하는 태도를 견지한다. 감사하는 사람은 자신에게 닥친 모든 것들을 긍정적으로 받아들이고, 감사할 수 없는 일조차 너그럽게 받아들이려 노력한다. 그런 사람은 감사하는 마음을 삶의 일부로 생각하는 법을 배운다.

문제가 없는 사람이 아니라 문제를 헤쳐 나갈 수 있는 사람이 진정 건강한 사람이다. 일상의 삶에 대한 긍정과 감사의 마음은 세계에 대한 내면적인 공간, 즉, 여유로움을 확보하게 해주며 삶에서 일어나는 부정적인 사건에 대해 용서할 줄 아는 너그러움을 제공한다. 삶에 대한 긍정적인 감정을 가지고 있는 사람은 인생에서 보람 있는 가치를 추구한다. 감사는 어렵지만 매우 강력한 삶의 기술이며, 학습할 수 있는 삶의 가치이다. 내 자신의 일상과 현실을 부정하고는 감사와 사랑, 행복과 자긍감 같은 삶의 긍정적 가치는 생겨나지 않는다. 자신의 현실을 긍정하고 자신의 삶에서 생긴 어려움을 극복하려고 노력하는 사람은 삶의 긍정적 가치들을 자신 안에 받아들이고 그러한 가치를 실현하려고 노력하는 것이다. 현실에 대해 생각하는 법, 삶의 어려움을 극복하는 법, 긍정적 가치로 살아가는 법, 부정적인 과거나 고통과 화해하는 법을 배우는 것은 궁극적으로 우리의 삶을 풍요롭고 행복하고 아름답게 만들려는 의지의 산물이다."[46] 사람은 자신의 삶을 의식적으로 이끌어갈 필요가 있다고 역설한다. 이는 매 순간 깨어 있는 삶, 의식적으로 자신의 삶에 의미를 부여하는 삶을 유지할 필요가 있다는 것을 의미한다. 삶의 예술(Lebenskunst) 철학은 의식적으로 이끌어가는 삶의 토대와 가능한 형식에 대해 성찰하고 유지하는 것을 목적으로 한다. 이것은 아름다운 삶을 만드는 것, 삶을 긍정적인 가치가 있게 만드는 것, 충일된 삶을 실현하는 것을 지향한다. 행복 역시 이러한 아름다운 삶, 가치 있는 삶, 충일한 삶의 현장에서 다가온다. 이를 위해 삶의 예술 철학은 인간관계에서 일어나는 모든 일들에 관심을 갖는다. 삶은 물질이나 도구적 세계 이외에도 사회적 세계, 즉, 인간관계와 다양하게 얽혀져 있기에 자신과의 대화나 타인과의 만남은 삶의 의미를 형성하는 데 매우 중요한 역할을 할 뿐만 아니라 자기 배려의 한 요소이기도 하다.

"보편적으로 예술은 어원적인 측면을 고려하거나, 그것의 현상적 요인에 의거하여 정의된다. 문제는 예술이란 어원적이거나 현상적인 차원 이상의 것으로 실재하는 만큼 그 정의가 인간및 인간의 활동 범주와 함께하여야 한다는 것이다. 고대 이래 현재에 이르기까지 많은 현학자들은 예술에 대한 정의를 내림에 있어 예술의 본질이 무엇인지를 밝히는 데 초점을 맞추어 왔다. 그리고 그 결과로서 그들은 예술의 정의를 대체로 행복, 즉, 예술은 행복과 동체라는 귀결을 도출해냈다. 인간과의 관계를 고려함으로써 예술이 인간 활동의 최고 목적과 관계하며 그것이 누구에게나 행복한 삶의 영위와 관계함을 밝혀낸 것이다. 그렇다면 예술에 대한 정의의 한 축을 표시하는 행복의 본성은 무엇이며, 그것의 예술적이자 미적 의미는 무엇인가?『논어(論語)』에 '志於道 據於德 依於仁 遊於藝(지어도 거어덕 의어인 유어예 : 도에 뜻을 두고, 덕에 의거하며, 어진 것에 의지하며, 예에서 노닐어야 하느니라.)'라 하였고,『장자(莊子)』에는 '說聖人耶 是相於藝也(설성인야 시상어예야 : 성인이 말하는 것도 예에 바탕을 둔 것이다.)'란 표현이 있다. 이들의 의미는 의로운 사람이 행복하다 혹은, 행복이란 인간을 위한 궁극적인 실천적 선이라는 정의와 일맥상통한다. 이러한 관찰은 인간이 행복해지기 위해서는 의롭다(眞)거나 선(善)해야 하며, 궁극적으로 인간의 예(藝)로써 완성됨을 의미한다. 예술이 곧 행복이라는 관점으로 보면, 인간에게 그 무엇보다도 중요한 것은 인간적인 덕목이며, 예술 또한 이와 맥을 같이한다. 즉, 인간이 행복하기 위해서는 인간적인 덕목으로서 진실되거나 선하여야 하며 예술적으로도 아름다움을 추구하거나 미적인 체취를 느낄 수 있어야 한다. 인간이 행복하기 위해서는 반드시 미적이거나 예술적일 필요가 있는 것이다. 이는 인간의 삶이 직관 예술적이고 윤리 도덕이며 철학적인 활동에 다름 아님을 제시하고 있다. 인간의 삶에 있어 행복한 사람은 예술적이고 미적인 소양을 갖춘 사람, 즉, 감성적인 영역과 이성적인 영역이 적절한 조화를 이룬 사람이다. 예술적이자 인간적인 면모를 확립하기 위해 인간이 지녀야 할 근본적인 도리로서, 인간적인 덕목이자 미적이고 예술적 태도를 항상 보유하여야 된다. 인간적이자 미적, 예술적인 덕목을 유지할 때 감성적이거나 이성적으로 완전한 삶의 소유를 할 수 있고, 인간에게 주어지는 행복이란 단계에 도달할 수 있기 때문이다. 예술에 대한 규정이나 정의 역시 자연과 예술 및 인간의 어느 한쪽에 치우치기

보다는 항상 인간적 및 미적이자 예술적인 과제적 측면을 공유한 상태에서 인간과 공존하는 점을 감안하여 행복이란 형이상학적 예술로 이행하였다."[47]

산업화로 인한 대량 생산이 가능해져 경제가 중심 가치로 부상하면서 우리들 모두가 잘살게 되었지만, 더 잘살고, 진정한 삶의 의미와 행복을 지키기 위해서는 예술 활동이 요구된다. 예술이 어려운 것이 아니라, 예술적 환경을 자주 만나지 못하니 낯설 뿐이다. 더 나은 삶을 원하는 사람이라면 일상 속 예술가도 가능하며, 모든 사람이 승자가 되는 상생의 길이 예술에 있다. 예술을 산에 비유하자면 오르는 길이 다양하고 산봉우리도 여럿이어서 누구나 승자가 될 수 있다. 집 안을 꾸밀 때에는 작가가 되고, 완성한 뒤에 인테리어를 평가할 때에는 비평가로 변신한다. 삶의 모든 행위가 예술이며, 이 세상은 거대한 전시장이다. 어떠한 경계나 한계도 짓지 않고 자신이 가지고 있는 재료로 자기의 창의적이고, 예술적 생각을 펼칠 수 있는 환경을 만들어야 한다. 그것이 바로 예술 하는 일상이며, 행복해지는 지름길이 될 수 있다. 아름다운 삶을 산다는 것, 행복한 삶을 산다는 것, 이것은 자기 자신과의 대화 속에서 일어나는 세계관의 변화를 요청한다. 성공이나 행복, 살아있다는 것, 감사와 같은 것의 의미는 자신의 내적 체험을 통해 찾을 수 있는 자각적 가치이다. 행복이란 자신의 삶에 대한 성실함, 진지함, 깨어 있음, 삶을 긍정하려는 노력, 사랑과 헌신, 감사의 가치를 인지하는 능력이 만들어내는 인생의 가치이다. 일상은 모두 예술에 담겨 있는 것, 행복은 내 존재가 이 세계에서 아름답다고 여길 수 있는 삶의 예술을 통해 얻을 수 있는 성공의 미학이다.

6. 4. 2 미학, 예술과 인생

"예술(藝術, Art)은 학문, 종교, 도덕 등과 같은 문화의 한 부문으로, 창작, 감상 등의 예술 활동과 그 성과물인 예술 작품의 총칭을 의미한다. 문학, 음악, 미술, 영화, 무용 등의 공연예술 등이 주요 예술에 포함된다. 이러한 예술 작품을 다루는 학문은 인문학의 영역이며, 표현적인 창조 활동을 하는 사람을 예술가라 부른다. 예술은 사람들을 결합시키고 사람들에게 감정이나 사상을 전달하는 수단이 된다. 과학도 같은 구실을 하기는 하나, 과학은 주로 학문적 정의의 개념으로 설명하고 예술은 미적 형상(美的形象)으로 설명한다. 예술의 중심 개념은 아름다움이다. 만약 미적인 의미가 결핍되거나 상실되면 예술이라고 말할 수 없다. 그러나 아름다움만으로는 예술이라고 할 수 없으며, 음악이나 미술, 무용 등 어떤 형상으로 표현되어야 한다. 예술을 바라보는 시각인 예술관은 미(美)는 예술가의 주관적 공상이라고 보는 아이디얼리즘 또는 로맨티시즘과 미를 자연의 모방, 혹은 재현이라고 보는 리얼리즘으로 대별한다."[48] 영어 단어 Art가 기술이라는 의미를 담고 있듯, 옛날에는 기예와 학술을 아울러 이르는 말, 즉, 기술과 같은 의미로 불리었다. 예술이라는 단어 역시 술(術, Art)에서 어원을 찾아볼 수 있으며, 처음에는 교양예술(Liberal arts)의 역어였다. 예술의 본래 의미는 표현이라는 단어로 집약될 수 있으며, 기능성을 따지지 않는 것이 특징이다. 초창기에는 종교 의례와 기록 등의 목적과 기능이 있었던 행동이지만, 후대에 가서는 기능과 목적이 사라진 잔존 문화가 예술로 전용된 것이다.

예술은 예술가 개인이 하는 예술 활동과 예술가와 관람자 간의 상호 작용 모두를 일컫는다. 예술 작품에 객관적·부동적인 가치가 존재하지는 않으며, 예술 작품은 사람들의 주관에 의해 느껴지며, 사람들의 주관은 영원 불멸하는 절대적인 요소가 아니다. 주관은 시간, 장소에 따라 즉각적으로 변하는 상대적인 요소라고 할 수 있으며, 그렇기에 예술은 시시각각 주관적 시선으로서 평가될 수밖에 없다. 그런 시대와 장소에는 다양한 사조와 생각, 사건들이 흐르며 개인에게 영향을 끼친다. 중요한 것은 수단이 아닌 예술 그 자체일 것이다. 특정 형식으로 미를 창조하고 표현하려는 인간 활동이라는 점에는 많은 사람들이 공감하지만, 이때 미를 표현하려는 인간의 활동 특성이 인간마다 다르기 때문이다. 누군가는 인간의 타자적 세계 즉, 외부 세계를 모방하는 활동이라고 말하기도 하며, 자신이 느낀 감정을 다른 사람에게 전달하고자 하는 활동, 자신의 감정을 표현하는 활동, 작품을 구성하는 기본적인 형식만을 표현하는 것 등, 사람 간의 입장 차이가 많다. 지금에는 아무런 의미가 없어 보이는 것도 창작 활동 당시에는 거대한 충격으로 다가왔을 수 있으며, 반대로 옛날엔 아무런 의미가 없던 것도 재 조명되며 현재의 가치를 만들어낼 수 있다. 따라서 무엇이 예술인가? 라고 묻는 질문에 대한 대답은, 예술이란 장소, 시간, 개인마다 다를 수밖에 없으며, 그것을 무엇이라고 특정할 수는 없다로 귀결된다. 이 때문에 오히려 예술 작품에 대해 이해하고 그 가치를 논하기 위해서는, 순간적인 인상뿐만 아니라 그 예술이 나타날 때의 상황, 시대, 문화, 인물, 사건, 사회, 철학 등 총체적인 맥락을 읽고, 자신이 생각하는 가치를 논리적으로 타인에게 납득시키는 노력도 필요하게 된다. 인류 문명이 발전해가며 새로운 매체가 등장할 때마다, 예술의 범위에 대한 논쟁 또한 자주 일어났다. 예술은 받아들이는 사람에 따라 그 아름다움의 기준이 다르다. 전형적인 미인(美人)을 묘사한 그림보다 그물을 끌어올리는 늙은 어부를 그린 그림에서 더 매력적인 아름다움을 느끼는 사람도 있고, 클래식 음악을 아름답다고 느끼는 사람도 있는 반면 록 음악을 통해 아름다움을 느끼는 사람도 있다. 그리고 아름다움, 미(美)라는 것 자체도 절대적인 하나의 기준이 아니다. 문학 수업에서 자주 언급되는 미적 범주는 최소 4가지로서 우아미, 숭고미, 비장미, 골계미가 주류를 이루고 있다.

아름다움이란 긍정할 만한 가치가 있다고 보이는 것을 뜻하며, 실존의 미학은 성공이나 쾌락, 사랑 등과 같은 긍정적 가치뿐만 아니라 실패나 고통, 시련 등과 같은 부정적 가치도 함께 주목한다. 여기에서 중요한 것은 삶이 총체적으로 긍정할 만한 가치가 있어 보이는가에 있다. 삶의 예술과 실존의 미학에서는 아름다움의 개념을 새롭게 규정한다. 아름다운 자신의 삶을 해석하는 것은 아름다운 삶이나 아름다움에 기반한 삶을 만드는 작업이다. 삶의 의미나 긍정적 부정적 가치들에 대한 해석이나 성찰 없이는 어떤 인간도 깨어 있을 수 없고, 깨어 있지 않은 사람이 아름다운 삶, 충만한 삶을 만들어낼 수는 없다. 우리는 자신의 삶이라는 재료를 조형하여 자기를 구성해야 하는 존재이며, 자신의 실존에 형식을 부여하여 삶을 아름답게 만들어갈 수 있다. 아름다운 삶을 만드는 것은 삶을 가치 있게 만드는 것, 자기 자신에 대해, 자신의 삶에 대해, 타인과 더불어 사는 삶에 대해, 이러한 삶을 조건 짓는 관계에 대해 성찰적 작업을 한다는 것을 의미한다. 자기 강화, 실존의 예술적 조형, 선택 행위, 감수성과 판단력, 아름다움의 실현과 같은 것은 충일된 삶에 기여한다. 진정한 행복이란 아름다운 삶의 실현 속에서, 충만한 삶 속에서 이루어지는 예술적 활동이다. 아름다움의 본질과 그 판단 기준에 대한 물음에 꼭 한 가지의 확고한 답을 택하기란 어려운 일이다. 어떤 예술 작품들 속에서 영원 불변한 형식이나 원초적인 만족감을 유발시키는 이미지가 발견되어 미적 감동을 누구나 경험할 수 있다 가정해도, 모든 예술 작품이 다 같이 그런 형식이나 이미지로서 감동을 일으키지는 않는다. 그렇기 때문에 오로지 대상의 순수한 속성에 따라 미적 판단을 결정짓는 일은 절대적인 오류를 범하는 일이 된다. '예술은 무엇인가?'가 아니라 '무엇이 예술인가?' 하는 질문이 중요하다. 예술의 개념을 바꿔버린 '예술은 어떤 것인가?'에 관한 개념적 질문에서, 이미 세상에 구현된 의미를 지닐 때 예술이 된다고 말한다.

구현된 의미를 지니는 것은 아름다움의 본질을 탐색하는 미학(美學)으로서, 감상자의 수동적인 처지에서 벗어나 미에 대해 성찰하며 나름의 가치관을 세우도록 한다. "원시시대 벽화는 매우 사실적이다. 원시시대 인간으로서, 사냥꾼의 눈으로 대상을 바라보고 그렸기 때문이다. 그들은 들소나 양 같은 사냥감을 동굴 벽에 그린 후 창과 돌을 던졌다. 그림은 더 많은 고기를 얻기 위한 주술 행위였다. 원시인들은 사냥감들의 급소와 움직일 때 주로 쓰는 근육 등에 대한 정보를 그림에 충실히 담았다. 또한, 사냥하는 시늉은 정말로 동물을 쫓게 될 때 필요한 기술을 익히는 과정이기도 했다. 예술의 출발은 아름다움보다는 실용과 기술에 방점이 있었다. 그리스인들은 예술을 테크네(Technē), 곧 합리적 규칙에 따른 활동으로 여겼다. 따라서 당시에는 회화, 조각뿐 아니라 의자나 침대를 만드는 수공 활동과 학문까지도 예술로 여겼다. 당연히 고대 그리스의 조각들은 인체의 아름다움을 구체적으로 정확하고 객관적으로 표현하고 있다. 여기에 견주면, 서양 중세의 회화들은 사실성 면에서 조악하다. 중세의 미술 수준이 고대 그리스보다 못하기 때문일까? 그렇지 않다. 예술은 시대정신을 반영한다. 기독교 세계관에 충실했던 중세인 들은 덧없는 일상보다는 영원한 본질을 표현하려고 했다. 그들은 죽으면 스러지고 말 신체를 세밀히 묘사하기보다는 변하지 않는 상징을 통해 신적인 가치를 구현하려고 했다. 우리 눈에 어떻게 보이건, 영원의 관점에서 본다면 모든 사물은 항상 똑같다. 성화(聖畫)인 이콘(Icon)이 항상 똑같은 표정에 비슷한 구도로 되어 있는 것도, 대상을 그릴 때 원근법을 무시한 이유도 여기에 있다. 과학의 세계관이 지배한 근대에 와서는 또다시 사실적이고 객관적인 묘사를 중요한 덕목으로 여겼다. 그러나 카메라가 등장하자 미술은 사실을 모사(模寫)해야 한다는 의무에서 벗어났다. 예술의 가치가 독창적인 느낌의 표현으로 옮겨졌다. 나아가, 예술에서 사실적 묘사가 사라지고 독창성이 강조되면 될수록 해석의 중요성은 더욱 커졌다. 해석의 중요성은 예술 세계에서만 강조되는 것이 아니다. 우리 일상에서도 해석은 이미 현실을 잡아먹고 있다. 언론 매체를 통해 현실을 접하는 현대인들에게는 매체가 어떻게 사실을 해석하여 알렸는지에 따라 사안의 중요성이 다르게 다가온다. 더 나아가 이제는 가짜가 진짜보다 훨씬 더 중요해지기까지 한다. 인터넷 게임 아이템을 얻기 위해 현실에서 강도짓을 하는 일은 더는 우리에게 희한한 사건이 아니다. 원본이 사라지고 가짜와 복제가 판을 치는 시뮬라크르(Simulacra)의 시대, 그게 우리가 살고 있는 세상이다."⁴⁹⁾

어떤 철학자는 한 물체를 예술 작품으로 결정하는 데에는 아름다움처럼 눈에 보이는 가치가 아니라 눈에 보이지 않는, 지각적인 것과 무관한 존재론적인 특질이 작용한다고 생각했다. 예술의 결정적 특질로 삼는 것은 구현된 의미이다. 흔히 아름답다고 표현하는 미적 특질을 떠나 한 작품 안에 어떤 의미가 작가의 손에 의해 구현된다면 그것이 곧 예술 작품이 된다는 것이다. 같은 맥락으로 눈에 보이지 않는 철학적인 특질이 존재하면 예술로 보았다. 그건 당시 대중의 삶을 박제하여 부여하려 한 의미와 그 의미가 구현된 것, 이것이 말하는 예술의 철학적 특징이다. 현대인의 개성을 형성하는 예술의 역할, 사람의 도덕적 성격을 형성하는 예술의 역할 등, 가장 넓은 의미에서 문화는 사람이 자신의 존재 의미를 찾고 자신과 세계를 변화시키는 과정이다. 인류의 삶에서 모든 시간에 예술의 역할은 변함없이 아름다운 형태로 삶을 반영하고 개선하며 사람들의 영혼을 진리, 선함, 아름다움으로 바꾸는 것이다. 세계의 완전성에 대한 믿음과 인간의 높은 소명에서 영감을 받은 고전 예술은 이미 잃어버린 인간의 완전성을 되살려 사람들의 영혼을 정화하려고 노력했다. 우리는 습관과 타성에 겹겹이 싸여 평범하고 아름다운 것들을 놓치고, 늘 어딘가 먼 곳에 있을 것 같은 아름다움에 목말라 한다. 그러나 예술가들은 익숙한 것을 자세히 관찰하고 아름다움으로 담아내 전달한다. 인류는 이 복잡하고 모순적이지만 필요한 영적 삶의 영역인 예술에서 높은 도덕적, 미적 가치를 창조하고 보존해 왔다. 예술은 삶의 모든 영역에 스며들어 있으며 과학, 일 및 교육과 뗄 수 없는 관계에 있다. 미적 교육은 교육에 추가되는 유익한 수단이 아니라 사람의 감정과 창의력을 발전시키는 행동인 자기 교육이다.

우리의 심상이 얼마나 부정적으로 과민하게 작동하고 있나 조명해 보면서 자기 성찰의 계기를 주는 시간을 짧지만 단시간만이라도 가지고 우리를 관조해 보아야 한다. 우리는 중요한 무엇인가를 잊어버리고, 우리 삶의 나쁜 점에 과민하게 반응하여 희망을 쉽게 잃어버리고, 수많은 어려움을 당하는 것이 얼마나 평범한 일인지에 대한 현실적인 인식이 없다. 그러므로 피해의식에 쉽사리 이끌려 외로워하고, 심리적·정서적인 균형감이 없어 자신에게 내재된 귀중한 자기의 가장 좋은 면을 보지 못하게 된다. 우리는 중요한 것을 줄 수 있는 많은 경험이나 사람을 거부하고, 어렵게 깨닫고 이해하며, 친숙함 때문에 둔감해져 화려함을 부각시키는 상업 지배 세계에 살고 있다는 사실을 잊고 있다. 우리의 외부에 멀리 떨어져서 존재하고 다른 곳에 있는 고민이, 우리의 심리나 정서적 에너지를 끊임없이 갉아먹게 내버려 두고 현실을 살아가고 있다. 그래서 예술을 통하여 나쁜 기억을 교정하고, 희망을 얻으며, 곤경에 처한 인생도 삶의 일부로 인정하고 받아들이게 하며, 감각을 깨워 균형 있는 삶을 영위하게 해 줄 수 있다는 결론에 이른다. 별이나 태양, 영원의 존재 이유와 실존 양상에 비해, 인간의 불행이란 게 얼마나 사소한지 느끼면서, 인간으로서 우리 존재의 보잘것없음을 깨닫게 된다. 우리의 모든 삶에 스며들어 있는 이해할 수 없는 비극에 더욱 기꺼이 고개를 숙이게 된다. 이 지점에서 일상의 초조와 근심은 무력화되고, 무지와 방황의 잠에 빠진 의식을 각성시켜 영감이 지배하는 예술 세계에 좀 더 다가가다 보면, 우리는 정서적 안정과 더불어 인생을 바라보는 좀 더 높은 눈을 가지게 된다. 마음에서 기인한 여유로 예술을 찾을 것이 아니라 마음의 위안을 구하기 위하여 예술을 찾을 수 있는 격조 있고 품위 있는 삶의 방식을 배워야 한다.

미에 대한 주장은 미의 대상을 둘러싼 맥락을 중시한다. 여기서 맥락이란 대상 주변에 있는 대상과 관계된 모든 의미들이라고 보면 된다. 예술적 판단의 대상을 칼로 도려내듯 쏙 빼내서 그것만 파악할 수는 없다고 생각한 것이다. 그렇기 때문에 예술 작품의 구성과 형식을 중시했다면 이 주장의 근거는 그 내용에 주목했다. 예술은 우리의 심리적 약점을 보안해 주어야 한다고 말하며 예술의 역할을 제안한다. 우리의 신체 구조상의 약점을 도구가 도와주듯이 예술은 우리의 심리적 취약점을 도울 수 있어야 한다는 견해이다. 예술은 우리의 타고난 약점들, 이 경우 몸이 아니라 마음에 있는 심리적 결함이라 칭할 수 있는 약점들을 보완해 준다. 예술이 관람자를 인도하고, 독려하고, 위로하여 보다 나은 존재 형태가 되도록 이끌 수 있는 치유 매개의 가능성도 존재한다. 예술에 대한 필요성은 인간 영혼의 끊임없는 특징이다. 예술에 대한 독자적 사고, 저개발, 부주의 및 오해에 대한 사람들의 준비가 부족한 것은 사람들이 진정한 문화, 도덕성에서 벗어난 원인과 결과이다. 예술에서의 인지는 지식과 환상의 상호 작용의 결실이며, 그들은 서로를 부정하지 않고 예술적 진실의 가장 높은 종합으로 결합되어 있다. 상상력을 일깨우고 마음을 감동시키고 생각하도록 강요하는 예술은 사람을 정화하고 고양시킨다. 일반적으로 미학 교육은 일종의 단순한 어린이 미술을 가르치는 것이 아니라 감각과 창의력의 체계적인 발달을 배양하는 과정으로서 이해되어야 한다. 이는 아름다움을 즐기고 창조할 수 있는 기회를 확대시키는 기회를 제공한다.

6. 4. 3 예술활동과 삶

아름다운 것에 감탄할 줄 아는 능력은 신이 인간에게 준 최고의 선물이다. 그렇다고 해서 모두 천부적인 예술가가 될 필요는 없다. 예술을 통해 예술이 삶에서 중요하다고 믿는 것, 아름다움의 가치를 인식하는 것, 삶의 활력을 찾을 수 있다고 믿는 것, 그것만으로도 충분하다. 우리는 관심을 갖는 것을 닮아간다. 우연의 일치? 운은 누구에게나 찾아온다. 하지만 오직 관찰하는 자만이 그것을 잡을 수 있다. 예술 활동은 외부의 자극에 따라 내면에 잠자고 있는 아름다움을 되살리는 독자적인 활동이다. 아름다움은 시간과 공간을 뛰어넘고, 개인차를 극복하고 우리에게 크고 작은 감탄과 느낌을 만들어 준다. 예술 행위에 심취할수록 감탄의 횟수는 잦아지며, 감탄하는 능력에서 힘을 얻는다. 안타깝게도 많은 사람들이 이런 감탄에서 멀어진 삶을 살고 있다. 어른이 되면서 감탄과 점점 멀어진다. 반응 능력의 유무는 예술에서 유난히 두드러지게 나타난다. 감탄하는 반응 능력이 습관이 되면 용기가 생기고, 용기는 예술 행위를 키운다. 일상의 예술 활동이 정서적으로 안정적인 삶과 행복으로 가는 지름길이 되지만, 예술가적 태도로 삶을 살아갈 필요는 있다.

이 세상에서 순수하게 좋고 선한 것은 가끔 찾아오는 개인적 행복과 예술뿐이다. 인간은 예술을 지향하며 발전해간다. 우리는 문화 생활을 이야기하면서 예술 활동과 연관지어 생각하고, 이야기한다. 그러나, 대부분의 사람들이 예술적 창작 활동으로 만들어진 예술 작품이란 결과를 즐길 뿐이다. 예술적 창작이 이루어지는 순간이나 예술적 행위라는 과정은 도외시한다. 예술에서 더 중요한 것은 결과가 아니라 행위이다. 예술 행위라고 해서 반드시 예술품을 만들어야 한다는 뜻은 아니다. 삶과 생활을 예술 작품처럼 꾸려가면 그것으로 충분하다. 삶에서는 마음가짐이 모든 것이다. 새로운 경력을 시작하고 도전적인 예술에 몰입하는 것, 학습, 창작, 돌봄 등도 심리적 풍요를 더해주는 경험들이다. 일상의 예술 활동은 행복으로 가는 지름길이 될 수 있다. 모두 그림을 그리고, 조각할 수는 없고, 그럴 필요도 없다. 그러나 예술적 창작 활동의 위대함을 인정하고 그들의 가치를 존중하는 태도는 중요하다. 더 나아가, 예술가가 세상을 보는 창조적인 시야와 방법대로 세상을 바라볼 필요가 있다. 사람은 사회 생활의 전통, 인습과 법의 잣대로, 투자의 안목으로, 정치적 시각으로 세상을 보는 것에 힘든 나날을 보내고 있다. 그 결과로 우리 삶이 무미건조하고, 여유가 사라지고, 팍팍해진다. 더구나, 상업적 목적에 함몰된 미디어와 기업의 합작이 집요하게 우리를 공격한다. 명품을 소유하는 것도 문화 생활의 일부이고, 외모 지상주의적 흐름도 더 나은 문화 생활을 위한 조건처럼 변해버렸다. 그러나 그런 세뇌를 의식하지 못한 채 미디어의 공작에 휩쓸리면서, 기계적으로 하루 하루의 삶을 낭비하며 살아간다.

예술에 대한 열린 마음이 행복과 건강에 도움이 된다는 것은, 예술과 예술 활동의 몇 가지 특성에서 그 힌트를 찾아볼 수 있다. 예술은 순수를 경험하게 한다. 나이와 성별, 계층과 인종을 뛰어넘어 순수한 아름다움 그 자체를 경험하게 한다. 예술적 경험은 그래서 이기적이지 않고, 차별적이지 않으며, 보편적이고 초월적이다. 행복의 본질이 그렇다. 행복은 경계와 위계, 차별이 심한 곳에서는 경험하기 어렵다. 예술을 즐긴다는 것은 껍데기보다 본질에 주목하여, 편견에 휘둘리지 않는 마음의 힘이 자란다는 것을 의미한다. 그런 마음에서 행복이 잘 자란다. 무엇인가를 열심히 사랑하는 사람은 보상을 요구하지 않는다. 충분한 근거를 갖고 주체할 수 없는 열정을 표현한다. 일이 놀이가 되는 곳, 사람을 순수의 광장으로 인도한다. 예술은 본질상 다르게 생각하기이고, 다르게 바라보기이다. 같은 사물을 다르게 보는 것이 예술이고, 애초부터 다른 사물을 보는 것이 예술이다. 행복도 그렇다. 위기에서 기회를, 역경 속에서 의미를 발견하고, 아주 보통의 일상에서 기적 같은 특별한 은혜를 발견하는 것이 행복이다. 다르게 보고, 다른 것을 보고, 다르게 기억하고, 다른 것을 기억하는 것이 행복의 기술이다. 그런 행복의 기술이 예술을 통해 연습되는 것이다. 예술은 멈추는 기회를 제공한다. 분주한 마음에서는 잘 자라지 않는 것이 행복과 예술이다. 멈추면 비로소 보이는 것이 예술이고 행복인 것이다. 예술을 즐기는 사람들은 행복 천재들만이 구사한다는 절정의 기술, 멈춤을 연습하고 있는 것이다.

내면의 자유의지에 따르는 초월적 가치 추구가 행복이다. 다시 말해서 자유 의지로 선택 혹은 검증한 가치를 자기가 만들어 가는 것에 대한 느낌이 행복이다. 무엇이 가치 있는지 찾고 가치를 만들어가는 것이 행복이다. 인간에게 예술은 삶을 윤택하게 해주는 존재이다. 예술이 준 경험을 토대로, 인생이 아름다워진다. 예술이 전해준 마법 같은 변화이다. 예술 활동을 통해 창의성과 리더십, 도전 의식과 협동심, 선의의 경쟁, 화합과 연대의식을 쌓아, 가치 있는 활동에 함께 몰입하는 체험은 건강한 인성을 길러준다. 문화 예술 활동에 참여하는 행위는 문화 예술을 통한 자기 표현을 가능하게 한다는 점에서 자신이 문화 예술 활동의 주체임을 체험하는 계기가 된다. 본래 기술이란 단어는 화려한 테크닉을 가리키는 말이 아니라 기본적인 솜씨를 가리키는 말이었다. 일상의 모든 행동과 순간은 예술 행위에 버금간다. 예술 행위의 세 가지 요소로 세상 만들기, 세상 탐구하기, 세상 읽기를 들 수 있다. 세상읽기란 지극히 평범한 삶의 한 부분에서 삶의 중요한 의미를 찾으려는 태도로서, 이런 마음가짐이 습관화된다면 상징적 의미로 가득 찬 세상이 우리 앞에 펼쳐지게 된다. 세상 읽기는 세상 만들기와 세상 탐구하기를 몸에 익혀 이 둘을 일상의 삶에서 직접 실천하는 과정이다. 일상을 창조와 감탄과 아름다움으로 가득 찬 지적인 감성의 황금 세상으로 바꿔놓는 연금술인 셈이다. 세상 읽기에서 가장 중요한 것은 관심에 있다. 일상에서 평범한 것을 특별한 것처럼 눈여겨보는 것, 이것이 삶을 변화시키는 가장 기본적인 기술이다. 중요한 것은 주의를 집중할 수 있는 능력이다. 그것은 그 자체로 하나의 성취이다. 관심을 끄는 자극과 유혹이 난무하는 문화에서는 더더욱 그렇다. 대상보다는 행위가 더 중요하며, 눈여겨보는 습관이 있어야 문자 그대로 혜안이 불꽃처럼 번뜩인다. 평범한 것에서 특별한 것을 찾아내는 능력이 자라나면, 어디에서나 가치 있는 진실을 찾아낼 수 있게 된다. 삶 곳곳에 감추어진 예술을 눈여겨봐야 한다. 그렇게 할 때 점점 줄어드는 열정을 되살릴 수 있다. 비로소 잠자는 재능을 일깨워 삶에서 겪는 갖가지 문제를 충분히 해결할 수 있는 능력을 보유하게 된다. 예술가는 곧 평생 동안 배우는 사람이다. 우리의 일상에서 진실로 아름다움을 경험할 때 아름다움을 창조할 수 있고, 자신도 아름다워질 수 있다. 학문은 인간에게 진리를 알려주기 때문에 인간을 발전시킨다. 이것이 학문의 가치이다. 반면 예술은 인간에게 무엇이 참인지 알려주지 않고, 예술은 아름다움을 준다. 인간은 그 아름다움으로 인해 감동을 받아, 더 나은 삶을 사는 데 도움을 받는다. 이렇듯 예술의 가치는 학문에 견주어 뒤지지 않으며 음악과 미술, 문학과 연극, 무용과 영상예술 등 다양한 예술 장르의 핵심은 바로 아름다움에 있다. 따라서 예술의 본질, 이것은 철학적 질문이다. 예술성의 본질은 원래 연혁적으로 철학의 소관 사항이었는데, 나중에 독립된 학문으로 발전하여 아름다움의 의미를 탐구하기 위한 학문으로 규정되었다. 이를 미학이라고 한다.

예술은 우리의 삶 그 자체이다. 삶을 살아가는 데 있어서 소홀히 대하고 있지만 가장 중요한 부분이다. 어떠한 일이나 사고의 기본 바탕이 되는 곳엔 예술의 역할이 숨어있다. 그렇기 때문에 예술은 우리 삶에 반드시 필요하다. 예술의 잠재된 능력을 깨닫고 이 능력을 끌어올릴 수 있도록 예술에 더 관심을 가져야 한다. 예술은 창의적 사고, 미적 취향, 상상력의 문화, 현상의 본질을 이해하는 직관, 한마디로 사람의 가치 체계와 도덕 원칙 형성에 기여하는 모든 것을 개발시킨다. 삶의 영역에서 예술은 온전한 나를 성찰할 기회를 가져다준다. 나의 마음을 표현하고 투영하여 작품을 완성해나가는 것이야말로 진정 자신을 깊게 돌아보는 과정이다. 예술은 우리의 모든 곳에 함께하고 있다. 작품을 만들어가는 과정은 외부에 방해받지 않고 저절로 몰두하게 되어 스트레스 해소와 같은 치유의 역할을 할 수 있고, 어떻게 하면 내가 전달하고자 하는 감정을 더 잘 드러낼 수 있을까?와 같은 고민을 하며 내 감정을 돌아보는 기회와 표현 능력을 키울 수 있는 능력까지 얻게 된다. "예술은 자신이 가지고 있는 그 무언가에 대한 표현을 기술과 결합시키는 것이다. 문학이라는 장르를 채용해도 좋다. 영화를 만들어도 좋다. 작곡을 해도 좋고, 그림을 그려도 좋다. 일상에 치이고 있는 사람이, 만약 자신을 찾고 싶은 욕구가 있다면, 여가 활동으로 예술 작품을 만들어 보는 것을 추천한다. 만약 그림을 잘 그린다면 내면에 대해 깊게 고민을 해보고 이를 미술 작품으로 나타내라. 이 과정이 자신 스스로 내면에 어떤 게 있는지 끄집어 내는 좋은 행위가 된다. 평일에 잡무와 야근에 치여 살고 있다면 주말에 예술 활동을 해 보라. 요즘 직장인들을 상대로 그림 레슨이나 보컬 레슨을 하는 프로그램이 많이 생겨나고 있다. 혹자는 기타를 배우기도 하고 영상을 배우기도 한다.

예술은 우리가 생각하는 것 이상으로 분야가 넓다. 대표적인 3대 예술인 문학, 미술, 음악을 비롯해 건축과 무용, 영화, 사진 등 매우 다양하다. 좋은 예술 작품을 만들기 위해 작품을 많이 보는 것도 중요하다. 주말에 영화를 보는 것, 미술관에 가고 뮤지컬을 관람하는 것도 예술 감각을 기르는 데 큰 도움이 된다."[50] 또한 외부적으로도 예술의 역할은 다양하고 놀라웁다. 전시장에 가면 많은 관람객들이 작품에 대해 논하고 있는 모습을 볼 수 있다. 서로 느끼는 감정을 공유하기도 하고 답을 찾으려고도 한다. 이는 사람과 사람 사이의 연결을 해주는 매체로서의 예술을 느낄 수 있다. 대화가 부족한 요즘, 그리고 식상한 신변문제나 가족의 호구조사로 이어나가는 대화는 상대방에게 부담감과 피로를 필수적으로 가져다 준다. 그러나 전시장에서의 대화는 주제가 색다르고 활기가 넘친다. 서로 다양한 의견을 주고받으며 사고의 폭을 넓히고 상대방을 존중할 줄 아는 능력도 저절로 갖게 된다. 이렇게 예술은 사람들 사이의 소통을 불러일으키고 생각을 깨우게 하는 힘이 있다. 예술활동을 통하여 생활을 활기차게 하고, 자기 삶의 의미와 아름다움과 즐거움을 누려야 한다.

6.5 명예로운 인생의 항로, 홍익인간의 삶

6.5.1 다양한 인간 삶의 가능성

이 세상에는 많은 길이 있다. 하늘에는 천도(天道), 황도(黃道), 흑도(黑道)가 있고, 땅에는 육로(陸路), 도로(道路), 인도(人道)가 있고, 바다에는 해로(海路), 항로(航路)가 있다. 그리고 사람 사는 데는 1만 8,000개 이상의 다양한 인생의 행로, 즉, 인생의 길, 직업이 있다. 또 눈에는 눈길이 있고 귀에는 소리 길이 있으며 코에는 숨길, 발에는 발길, 손에는 손길, 마음에는 뜻의 길(意路)이 있다. 일생의 목적은 살아 있는 것의 의미와 의미를 찾아가려는 행위에 그 바탕을 두고 있다. 하지만 진실된 자기 존재란 인간 내면에서만 찾을 수 있고, 인간 외부의 그 모든 것들은 유한하다는 특성을 지니고 있다. 인간 삶 자체가 생존의 유한성과 존재의 무한성으로 맞물려 있는 현상으로서 인간의 생존 양식 자체의 본질이기 때문이다. 개인의 인생 행로에서, 모든 것을 판단할 때 최우선적으로 고려하는 것은 자신의 삶에 대한 의미와 이에 수반되는 주관적인 가치 체계일 것이다. 즉, 내가 가치 있다고 생각하고 내게 큰 의미가 있는 분야에 시간과 자원과 자기의 역량을 사용할 것이다. 하루 하루의 생활 속에서 매시간 생애의 존재 이유를 되새기며 생각하면, 인생의 목적은 보다 뚜렷하고 선명해질 것이고, 인생에서 해야 하는 모든 일의 우선순위는 자연스럽게 결정될 것이다. 이러한 제반 사고와 행동의 가치 체계는 자아를 기준으로 인생을 설계할 때 일어나는 당연한 결과물이다. 인생을 조망하고, 미래 비전에 대해 치열하게 고민해 본 사람들의 공통점은 무엇일까? 그들은 일찍부터 자신의 존재와 그 의미에 대한 꿈을 가지고 있었다. 앞을 못 보는 것은 불쌍한 일이다. 그러나 비전을 보지 못하는 사람은 더 불쌍한 사람이다. 우리들은 일생을 청천에 밝게 빛나는 태양을 보고 살아가야 한다. 그래서 어둠을 볼 틈 없이 오롯이 자신의 생존에 집중하여야 한다. 우리의 일생은 단순히 먹고 사는 밥벌이의 생존 양식이 아니다. 몸, 정신, 그리고 마음이 서로 균형을 이루는 상태가 바로 생존이다. 실은 바늘의 허리에 묶어서는 안 되고 반드시 귀에 꿰어야 쓸 수 있다. 어떠한 일이나 몸, 마음, 정신의 삼자 균형을 파괴하거나 그럴 여지가 있다면, 현재를 다시 재점검해야 한다.

인간은 광대하고 무변한 무한한 시간의 흐름인 우주에 비하면 하나의 점에 불과하고, 영겁에 비하면 일생은 찰나에 지나지 않는다. 그러므로 짧은 인생을 보람 있게 살기 위해서는 의미 있는 존재를 실현하는 삶을 살아야 한다. 인생의 여정이란 주어진 시간과 에너지의 총합이다. 이들 자원을 최대한 활용해서 가치 있는 삶을 누리도록 노력해야 한다. 사람은 시간과 공간, 사회적인 인과 관계로 인하여 다양한 성공과 많은 시련을 겪으면서 성장하는데, 그러한 환경 속에서 지혜를 닦고, 기술과 경험을 쌓아 시련을 헤쳐 나가면서 행복하게 살아가야 하는 것이 인간의 의무요 책임이다. 인생은 하루 하루의 생존을 반복하는 하루살이의 연속적 행진에서 시간과 공간이 교차하는 과정이다. 인생의 한 사건은 찰나에 지나지 않고, 곧바로 다음 사건으로 연결되어 인간의 실체는 끊임없이 변화한다. 물질 즉, 육체에 속하는 모든 것은 흐르는 물과 같고, 정신에 속하는 모든 것은 스쳐가는 꿈과 같다. 고대의 철학자들은 사람이 얼마나 오래 사느냐는 중요하지 않다고 하였다. 중요한 것은 삶의 순간순간 즉, 카이로스의 삶이라고 했다. 그곳이 자신의 우주인 것처럼, 그 순간이 영겁인 것처럼 삶이 찰나로서 계속된다.

　유구한 인류의 역사 속에서, 수많은 나라들 가운데 바로 이곳 대한민국에서 지금, 나 자신으로서의 인생이 실존하며, 진행되고 있다는 것은 우주의 커다란 관점에서 조망하면 진실로 신비하고, 놀라운 일이다. 우리는 다른 시대, 다른 공간, 심지어 다른 우주, 다른 차원에 존재했을지도 모르는 영혼이다. 비록 우리의 생명의 근원에 대한 의문이 존재하지만, 내 삶은 내가 스스로 선택한 의미를 찾는 과정이라 생각하여야 한다. 나는, 내가 바라는 내가 되기 위해 아주 먼 곳, 우주 너머의 우주로부터 시대, 장소, 환경 문제 등의 모든 조건을 설정해 스스로를 찾아왔다고 생각하면 된다. 모든 것은 내가 선택한 것이며, 그렇기 때문에 나는 내 인생의 의미 그리고 내 존재 가치에 대한 답을 결국 찾을 것이고, 나는 모든 단계별 과업을 마무리하고 다시 내가 있던 곳, 모든 생명과 지혜의 근원으로 돌아갈 운명을 타고난 것이다. 이러한 가정과 상상은 우리 삶의 의미를 찾는 데 큰 도움이 된다. 우리는 모두 개인적으로, 사회적으로 성공한 삶을 꿈꾼다. 인간은 행복해지기 위해 태어난 존재이며, 삶의 목적이 행복에 있다는 대전제를 굳건히 신봉하기 때문이다. 그러나 고대 그리스의 현자가 말한 행복, 에우다이모니아(Eudaimonia)는 인간의 고유한 기능이 덕에 따라 탁월하게 발휘되는 영혼의 활동이었다. 이것은 일반인들이 생각하는 행복의 개념과는 좀 차이가 있다. 보람 있는 삶을 위해 살아가면서 뜻 있고 멋있는 삶을 갖고 싶은 것은 모두의 소망이기도 하다.

삶은 각자의 창조물이기 때문에 누구나 보람차고 아름다운 삶을 살고자 염원한다. 사람은 하나밖에 없는 목숨을 가지고 한 번뿐인 인생을 살아가야 하지만, 삶이란 것도 여러 번 기회가 주어지는 것은 아니다. 단언컨대, 지상에서의 삶은 한 번밖에 기회가 없음이 분명하다. 따라서 좋은 삶의 목표를 두고 살아가야 하기 때문에 삶을 대하는 자세는 그 무엇보다도 신중하고 진지할 수밖에 없다. 삶을 설계함에 있어서 가장 중요한 것은 삶의 궁극 목표를 무엇으로 결정하느냐 하는 것이다. 사람은 누구나 어떤 목표를 세우고 살아가게 되거니와, 궁극의 목표를 무엇으로 정하느냐에 따라서 삶의 양상이 좌우된다. 삶의 목표를 적합하고 슬기롭게 정하는 것은 의미 있는 귀중한 삶을 갖기 위한 첫 번째 필수조건이다. 오늘날 돈과 사회적 지위를 확보하고 풍요로운 물질 생활을 즐기는 것을 목표로 삼는 사람들이 많다. 돈과 지위를 얻고 나아가서 물질적 쾌락을 즐기는 생활에 매력이 있는 것은 사실이며, 또 그러한 삶은 그 자체로서 나쁠 것이 전혀 없다. 정당한 방법으로, 인생 철학과 사회 윤리를 이탈하지 않는 한, 재산과 지위를 얻는 편이 그 반대인 경우보다 바람직하며, 괴롭고 고생스러운 삶보다 즐겁고 풍요로운 삶이 더 좋음에는 의심의 여지가 없다. 그러나, 그렇다고 해서 돈과 지위와 향락이 삶의 궁극 목표로서 가장 적합하다는 견해에 대하여 좀 더 심층적으로 살펴보아야 한다. 재물과 지위와 향락이 매력적인 목표임에는 틀림이 없으나, 그것들이 인간의 역사에서, 오랜 생명을 가진 가장 뜻 깊은 가치라고는 생각되지 않는다. 사람은 값지고 뜻 깊은, 정말 자신이 원하는 목표를 세우지만, 그 목표에 실제로 도달하는 사람은 적다. 그것은 불운의 역경 때문일 수도 있겠지만, 대개는 의지가 약하기 때문이다. 인간의 사회적 생존 방식인 삶의 과정은 본래 자신과의 싸움이며, 자신과의 싸움에서 이긴 사람만이 스스로 세운 삶의 목표에 도달할 수 있다. 따라서 큰 목표를 향해 매진하기 위해서는 매우 강한 의지의 힘으로 자기 자신을 통제해야만 한다.

의미 있는 삶을 누리기 위해서는 하루를 영겁으로 만들기 위해 순간순간에 집중하며, 목표를 이루기 위해 최선을 다해야 한다. 인생은 생로병사(生老病死)의 과정이다. 태어나서 살다가 늙고 병들어 죽는 순환 과정이 삶이다. 이는 누구도 거부할 수 없는 자연 현상이고 자연 법칙이다. 성서에서는 인생은 헛된 것이라 하였고, 인간 생애의 전 과정을 순리적으로 수용하면서 긍정적으로 살아가는 것이 지혜요 행복이라고 가르친다. 불경의 핵심 철학은 만물의 본질은 공(空)이며, 세상은 진공 속에 묘하게 존재하는 것이라고 했다. 이처럼 인생은 세상을 건너가는 과정일 뿐, 삶의 시간은 잠깐이다, 인생은 풀과 같고,

잠시 누리는 부귀와 영화는 봄에 피는 꽃과 같다. 나이를 먹는다는 것은 육체적으로는 노화하지만, 힘써 배우고 사색하면서 정신적으로는 경험과 지식이 쌓이고, 의식과 영혼이 미묘한 상호 작용을 거쳐 지혜와 신비로운 영감이 도래하게 되는 영적 진화를 체득하는 것이다. 이러한 영적, 신체적 진화 과정을 겪으면서, 남은 인생을 더욱 보람되고 의미 있게 살 수 있다. 그래야 행복한 노년, 성공한 인생을 살 수 있다. 그러한 인생 여정과 타인과의 교류 과정에서 행복을 누리는 인생은 성공한 것이다.

인생을 길에 비유하면, 길에 굴곡이 있고 넓은 길, 좁은 길, 평탄한 길, 험한 길이 있듯이 인생에도 희로애락과 함께 다양한 개인의 역사적 발자취가 있다. 모든 인생은 곳곳에서 갈림길을 만나게 된다. 지금 여기 길 위에 있는 사람이 선택한 길에 따라 종착점이 정해진다. 그 사람이 걷고 있는 길이 곧 그의 정체성이 되기도 하며 그가 걸어온 길은 그 사람 자체를 만든다. '지금 나는 어떤 길에 서 있는가?' '이 길 끝에는 무엇이 있는가?' '계속 이 길을 걸어가야 하는가?' '아니면, 돌이켜야 하는가?' 삶을 진지하게 생각하는 사람에게는 그곳이 일생의 일기 일회(一期一會)의 결정을 내려야 하는 분지점(分枝点)이다. 삶과 죽음에 대하여 무상을 깨닫는다면 아집과 집착에서 벗어나 행복을 느낄 수 있다. 인생이 화살처럼 지나간다고 결코 허무주의에 빠질 것이 아니라, 하루를 온전하게 나의 인생으로 받아들이며 효율적으로 시간 관리를 하면서 살아야 한다.

6. 5. 2 인생과 살아감의 의미

철학적 학문 탐구에서는 우리들의 존재가 어디서 왔다가 어디로 가며, 우리는 어떻게 살 것인가 하는 문제에 대한 논리적인 해답을 구하는 것이 최대의 과제이다. 인생은 생명 에너지와 시간 그리고 공간과 사회적 교섭의 총합으로서, 에너지, 공간과 시간 승수효과의 발현이다. 우리들 인간에게 시간은 한정적이므로 어떻게 관리해서 그 가치를 극대화시키느냐가 인생의 최대 과제이다. 시간은 잘만 사용하면 모든 것을 해결할 수 있는 마술사다. 예로부터, 평범한 사람들은 시간을 소비하는 데 마음을 쓰고, 재능 있는 사람은 시간을 활용하는 데 신경을 쓰면서 집중한다고 했다. 그래서 말하기를 영원히 살 것처럼 꿈꾸고, 오늘 죽을 것처럼 살아가라고 한다. 시간과 에너지가 부족한 것이 문제가 아니라 잘 사용하지 못하는 것이 문제다. 주어진 시간과 에너지를 잘 관리하고 효율성을 높이는 것이 성공으로 가는 길이다. 그러나 인생은 결코 단순히 시간 관리만 잘 한다고 해서 성공하는 것은 아니다. 인생에는 반드시 인과법칙이 적용되는 형이상학적 정신 영역이 실재한다. 그러므로 다만 최선을 다하되 그 결과는 하늘의 뜻에 따라야 한다. 인간에게 인생은 단 한번(一期一會, 일기일회)의 삶이다. 다시 살 수 없고 돌이킬 수 없으며, 지금까지의 삶이 그러했듯 앞으로의 삶 역시 흘러갈 것이며 시간 역시 결코 멈추지도 역으로 흘러가지도 않을 것이다. 이 짧은 생을 강렬하게 만드는 '삶의 의미란 무엇일까?' 삶의 의미란 바로 내게 가치 있는 일, 내가 중요하다고 생각하는 일을 할 때 느끼는 감정이다. 뿌듯함, 벅차오름, 신남, 흥

분됨, 가슴 떨림 등을 느낄 때 우리는 삶의 의미를 온몸으로 체험하고 있는 것이다. 100년 인생을 산다는 것은 대단한 일이다. 그러나 그보다 더 중요한 것은, 삶의 길이보다 삶의 의미인 질적 실체이다. 인생은 두 번 주어지는 것이 아닌 단 한 번 주어지기 때문이다. 그 삶은 목적을 따라 사랑, 봉사, 보람찬 행위의 도구로 쓰임을 받는 기간이 되어야 한다. 삶이 너무 소중하기 때문에 순간마다 주의해야 한다. 시간 관리를 잘한다는 의미의 첫째는, 정확성이고 둘째는 효율성이다. 살아있다는 것은 그 자체로 가치 있는 일이다. 하지만 지금, 여기에 존재한다는 것은 보다 깊은 의미가 있다. 100년 남짓의 한 토막 이 세월을 아끼라는 말은 시간을 구속하라는 뜻이다. 무엇이 더 중요한가? 좋은 과실을 맺기 위해 불필요한 나뭇가지를 자르는 것처럼, 무가치하게 내 인생을 낭비하는 일들의 가지를 과감하게 자를 필요가 있다.

삶에서 우선적으로 해야 할 일이 무엇인가? 고대 헬라인들은 시간을 두 가지로 구분하였다. 첫번째로 크로노스(Chronos)적 시간의 의미는 가만히 있어도 흘러가는 자연적 시간으로 지구가 태양의 주위를 한 번 돌면 1년의 시간이 지난다. 즉, 무의미하게 지나가는 시간을 말한다. 또 하나는 카이로스(Kairos)로서 시간의 의미는 가치 있는 일들이 이루어지는 시간으로, 주어진 시간을 효율적으로 사용하여 가치를 창출하는 시간을 말한다. '가치 있는 인생을 살기 위한 지혜인의 삶은 어떠해야 하는가?', '나는 왜, 사는가?', '나는 왜, 일을 하는가?' 사람은 늘 자신을 향해 이러한 철학적인 질문을 던져야 한다. 이 세상에서 가장 중요한 것은 인생을 어떻게 사느냐 하는 것이기 때문이다. 현재에 실존하는 존재로서, 의미 있는 인생을 사는 것이 최고의 행복이 될 것이다. 살아 있는 생 자체만을 논리적으로 파악하려는 것이 생의 철학이다. 따라서 생의 철학이란 매우 다의적인 의미를 지닌 철학이라 할 수 있다. "근세 철학사상사 전체를 통해서 볼 때 단연 우위를 차지해 온 것은 합리주의 사상, 즉, 주지주의(主知主義) 사상이었다. 그 결과 정신적인 면에서는 지나친 사변(思辨)이 인간의 심정마저 경화시켰으며, 물질적인 면에서는 고도의 기계 기술 문명이 인간 생명의 고동소리를 압살(壓殺)해 가는 듯한 느낌을 주었다. 생의 철학에서는 이러한 이성주의(理性主義) 내지 과학주의만으로는 도저히 인간의 살아 있는 진정한 생(Leben)을 파악할 수 없다고 생각하였다. 이리하여 이성주의 내지 비판주의, 실증주의에 매서운 비판을 가하게 되었고, 생에는 로고스(Logos)적인 면보다 도리어 파토스(Pathos)적인 비합리적인 면이 더욱더 중요한 것임을 강조하게 되었다. 그래서 인간을 표상하며, 의욕하며, 감정을 지니고 있는 전체적 인간으로서 추구하고 파악하려 하였다. 어떤 인간의 생이란 그것이 단순한 개인적인 생만을 뜻하는 것이 아니라 우주와 역사에 통하여 있는 것이며, 사회적 연관을 지닌다. 같은 맥락의 연장선에서 인간의 전 생애에 있어서 시간성(時間性)을 아주 중요시하였으며, 시간이 생 자체의 구체적인 존재 형식이라고 주장하였다. 즉, 생이란 끊임없이 생성 발전하며, 그 자체가 지속적이고 시간적인 것이라 하였다. 이러한 생을 파악하는 기능으로서 지성(知性) 대신 직관(Intuition)의 기능을 매우 강조하였는데, 이 직관이란 생 자체 속에 있어서 살아 있는 생 자체를 그대로 파악하게 하는 것이다."[51]

삶을 성찰하면서 얻는 지혜는 그 자체로써 삶에 스며들고, 삶의 경로를 좌우한다. 성찰된 삶을 사는 것은 자화상을 그리는 것과 같다. 인간은 자기 생각에 따라 행동하고 사물에 가치를 부여한다. 인생의 목표는 자신이 성찰하고 확립하여 자신에게 의미 있다고 생각하는 대로 살아가는 것이다. 자신에게 의미 있는 삶이란 자신의 존재 의의를 추구하면서 가치 있는 삶을 사는 인생을 말한다. 의미를 추구하는 것이 가장 삶의 만족도를 주며, 흔히 나눔, 베풂, 봉사와 같은 이타적 행동, 타인을 위한 재화의 사용, 좋은 인간관계의 추구, 소명의식을 갖고 하는 일 등이 그런 삶을 구성하는 요소로 꼽힌다. 인생의 궁극적 목적은 종교적·철학적 논리에 따라 귀착점은 항상 개인적 자아의 실현에 있다.

자화상(自畵像)이 현재의 자기 모습이라면, 자아상(自我像)은 미래의 이상적인 모습을 의미한다. 인생이란 이성적 존재로서 자신을 합리화해 가는 과정이다. 모든 존재에 의미가 있다는 것은 인간이 인식 작용을 통해 의미를 부여하기 때문이다. 인간의 삶에서, 지혜로운 행동은 삶을 보람 있게 한다. 지혜롭게 살아가는 과정에서, 잘사는 길은 바른 길(正道)이다. 바르게 잘사는 길(道)은 세계와 사물에 대하여 바른 견해(正見)를 가지고 바르게 생각하고 행동(正思)하는 것이다. 정견은 사견(邪見)이나 편견(偏見)에 빠지지 않고 바른 마음으로 세상과 자기 인생을 바로 보는 견해이다. 인생은 자신의 존재로서 자기 생애 전부를 오롯이 걸어가는 것이다. 견해가 바른 사람은 생각과 행동이 곧고 유익한 사회적 봉사를 제공한다. 아무리 작은 일이라도 신념이 없는 사람은 성공할 수 없다. 인간은 시련을 통해 성장하는 것, 인생이란 고해라는 바다를 항해하는 과정이다. 바다를 건너다보면 크고 작은 폭풍과 파도라는 위기를 맞게 된다. 위기는 필연적으로 위험과 기회를 포함하고 있으며, 위험은 피할 수 없으므로 극복해야 할 대상이다. 따라서 어떻게 시련에 맞서느냐가 인생의 항로를 결정한다. 그 과정에서 인간은 인내력을 키우고 발전하고 성장한다. 현대의 사상가는 사람들은 성공하려고만 하고 성장하려고 하지 않는다고 질타했다. 인간이 인간답게 살고 이성이 욕망을 억제하며 살아가는 과정이 성숙이고 성장이다. 성장하는 과정이 성공보다 더 중요하며, 성공한 후가 아니라 성장하는 과정에서 행복을 누리는 사람이 되어야 한다. 시련이 없는 인생은 없으며, 성장하는 과정에서 행복을 느끼며 살아가는 인생이 성공하는 삶이다.

삶의 변화와 성장을 통하여 자신의 존재 의미를 실현하고, 나아가, 지치고 피폐해진 사람들의 영혼을 적셔줄 수 있는 사람으로 성장하여야 한다. 모든 사람들이 각자의 위치에서 자신의 삶을 끊임없이 개혁하고 나아가 사회 변혁을 위한 실천을 통해 자신이 진정한 주인이 되는 인생을 살아가야 한다. 자신의 삶을 개혁하기 위해서는 자기 도야, 자기 성숙으로 정성껏 공부해야 한다. 그건 부자간, 형제간이라도 어떻게 해 줄 수가 없다. 자기 스스로 노력하여 자기 인격부터 형성해야 한다. 다른 생물은 몰라도, 적어도 인생(人生)에는 방향이 있다. '어떻게 사느냐?', '왜, 사느냐?'가 문제다. 그리고 그 조건을 결정하는 것이 보람이다. 인생은 귀하지만, 그저 살아 있는 것만으로는 그 뜻이 드러나지 않는다. 그 생을 써서 무슨 뜻을 드러내는 것이 있어야 비로소 보람이 찾아온다. 물질적으로 풍요롭다고 해서 삶에서 가치나 의미가 발견되는 것은 아니다. '삶에서 의미를 발견한다는 것은 무엇을 뜻하는가?' 생의 의미란 인간이 인간답게 존재하기 위해 인간의 참된 본질을 실현하는 것이며, 자신이 속한 세계와 관련하여 자신의 생애가 가치 있고 의미 있다고 믿는 것이다. 생의 의미를 발견한다는 것은 진정한 의미의 인간으로 존재하기 위해 자신의 가치와 본질을 찾아가는 것이다.

6. 5. 3 홍익인간, 명예로운 인생의 삶

"홍익인간은 태초의 한국인들이 역사를 시작할 때 공동체와 국가와 인생에 대해 갖고 있던 관점을 표현한 용어였다. 홍익인간 하는 사회와 국가와 삶을 추구하였던 고대인의 꿈과 포부가 이 말에 담겨 있다. 널리 인간을 이롭게, 행복하게 해주는 사회와 국가를 열망하고, 그 같은 과제에 기여하는 숭고한 삶을 살고자 하였던 고대인들의 희망과 결의가 이 용어에 함축되어 있는 것이다. 한국인은 홍익인간 하는 공동체와 삶을 꿈꾸었고 홍익인간을 생활규범으로 삼을 것을 약속했던 사람들로 규정할 수도 있을 것이다. 그것은 단군조선의 건국 신화에 제시되어 있기도 하거니와, 특히 현대로 와서는 새 국가인, 대한민국의 출발과 함께 합의된 이념이라고 말할 수 있을 것이다. 홍익인간은 한국인의 정체성을 규정함에 있어, 특히 그 공동체의 결성 과정과 집단적 목표를 설명할 때 반드시 거론되어야 하는 요소인 것이다.홍익인간으로 규정되는 인본주의는 정치적으로 볼 때는 백성의 행복을 국가와 정치의 궁극적인 목적으로 간주하는 민본주의로 연결되며, 그것은 다시 구성원의 자치 원리로서 민주주의로 이어진다. 홍익인간의 인본주의는 특히 현세에서의 복지 문제에 관심을 가지며, 인간에게 구체적인 이로움과 도움을 제공하고자 한다. 홍익인간 관념은 탐구인세(探究人世)나 재세이화(在世以化) 같은 문구와 어울리면서 내세주의(來世主義)가 아닌 현세주의(現世主義)를 강하게 지향한다.

홍익인간 이념은 정치, 경제, 사회, 문화의 모든 제도와 질서에 대하여, 그리고 인간이 누리는 문명과 인간을 둘러싸고 있는 환경 전반에 대하여 그것이 진정으로 인간을 위한 것인지 묻는다. 홍익인간 이념은 환인의 아들 환웅에게 제시되었으며, 환웅이 신시를 연 이념으로 계승되었고, 단군의 조선 건국에서도 기본적 관심사로 계승되었다고 상정할 수 있다. 그것은 환인의 이념이 아니라 상고시대의 한국인들이 염원한 것이다. 홍익인간 하는 공동체와 국가와 삶의 모습을 소망하던 원시 한인들의 꿈과 바람이 신화 속에 반영되어 전승되었다. 홍익인간의 의미를 해석하면 일반적으로는 널리 또는 크게 인간을 이롭게 하라이다. 여기서의 인간은 오늘날 의미하는 사람과는 다르고, 개인과 공동체를 아우른 개념으로서 인간사회에 가까운 용어로 보면 될 것이다. 인간이라는 용어의 의미상 핵심은 어디까지나 사람(人)이며, 거기에 관계 또는 결합을 뜻하는 간(間)이 덧붙여져서 전체적으로 사회, 공동체의 의미를 갖게 된다. 환웅이 굳이 지상에 뜻을 둔 것은 거기에 사람이 있기 때문이었고, 그의 관심은 인간사회의 복지나 질서에 관련된 일이었다. 여기서의 인간 개념에서는 자기보다 남과 이웃, 공동체가 우선이 되므로, 홍익인간이 이타주의로 해석되는 요소가 된다.

홍익과 관련해서도 인간과 합하여 해석하면 인간을 돕고 사랑하고 이롭게 해주는 행위를 나타낸다. 그리고 홍(弘)은 널리보다는 크게라는 의미가 우선이다 익(益)은 이롭게 한다거나 돕는다는 의미이며, 행복하게 해주라는 취지로 의역할 수 있을 것이다. 이렇게 볼 때 홍익인간은 인간을 고르고 평등하게 이롭게 해준다는 의미와, 인간에게 베풀고 제공하는 복지의 총량을 크고 많게 한다는 의미를 동시에 가진다. 그런데 이 두 가지 의미는 정치적으로 매우 다른 지향성을 가진다. 전자가 평등이라는 가치와 연관된다면, 후자는 생산성이나 효율성으로 연결된다. 전자의 정치적 지향이 사회주의로 나아간다면 후자는 자유주의와 친화력이 있다 할 수 있다. 환웅이 지상에서 처리한 일들에는 주형(主刑), 주선악(主善惡) 같은 사회질서를 바로잡는 일만이 아니라 주곡(主穀), 주병(主病) 같은 실질적 문제에까지 미친 데서 보듯이 홍익인간의 현세주의는 실질적 복지를 중시하는 실용주의와 어울린다. 홍익인간은 또 타인과 공동체에 대해 사랑하고 봉사할 것을 촉구하는 이타주의적 삶을 지향한다. 사랑을 베풀어야 할 대상은 좁게는 이웃과 국민, 민족일 수 있지만, 국가나 민족의 벽을 뛰어넘어서 인류에 대한 사해동포주의로까지 나아가는 개방성을 가진다. 단군신화에서 가족(家), 국가(國), 민족(族), 후손(後孫) 같은 단위는 보이지 않고 사람(人), 인간(人間) 같은 보편적 표현만이 보이는 것은 이 같은 포용성과 개방성을 반영하는 것이라 할 수 있다.

홍익인간은 개인의 이익을 앞세우는 이기주의를 거부하고, 편협성(偏狹性)과 독단성(獨斷性)을 배척하며, 타인의 입장을 먼저 고려하고 나를 낮추는 겸양, 관용, 포용의 덕을 장려한다. 부정부패나 독점, 독선 같은 반공동체적 가치관을 거부하고 화합과 공존의 윤리를 지향한다. 홍익인간이 지향하는 인본주의와 사랑과 봉사의 윤리는 시대와 장소의 상황과 과제에 따라 다르게 표현될 수 있을 것이다. 가령 독재와 전체주의가 인간을 구속하던 시기의 홍익인간은 민본주의와 민주주의로 해석될 수 있을 것이고, 종교가 신의 권위를 빙자하여 인간을 억압하던 때의 그것은 인본주의로 나타날 것이다. 물질이 인간 가치를 떨어뜨리는 물질만능주의 세태 속에서는 인간주의, 인격주의로 해석될 것이고, 전쟁과 폭력이 인간 생명을 위협할 때에는 반전, 평화의 논리로 나타날 것이다. 비능률과 비합리성이 사회의 활력을 잠식하면서 인간을 빈곤에 빠뜨릴 때의 홍익인간은 능률과 합리성을 향한 개혁 이데올로기로 옷을 바꾸어 입게 될 것이고, 소수가 사회 내부의 자원을 독점하는 가운데 불평등과 소외가 공동체를 분열시킬 때에는 평등과 공존의 메시지가 될 것이다. 인성이 사막화하여 사회가 만인의 만인에 대한 이리 상태로 바뀔 때의 홍익인간은 이타주의와 사랑, 봉사, 양보의 윤리로 재해석돼야 할 것이며, 권력과 이데올로기의 논리에 의해 민족이 분단되고 고통받을 때의 그것은 통일과 화합의 논리로 나타나야 할 것이다. 또 제국주의가 민족의 안전을 위협할 때의 홍익인간은 민족의 자주독립을 요청하는 논리로 해석될 수 있을 것이며, 세계인류가 화합된 하나의 공동체로 나아가야 할 때의 홍익인간론은 인류공영의 사해동포주의와 세계 시민론으로 번역될 수도 있을 것이다."[52]

홍익인간의 사상에 부응하는 바른 견해(正見)로 생각과 말과 행동이 바르고 바른 생활(正命)을 통해서 바른 신념과 바른 정진으로 인생을 살아가고, 자신의 정신적·물질적 자원을 이웃과 사회에 봉사하는 것이 바르게 잘 사는 길(道)이다. 평범한 자기 일상을 살아가면서, 꾸준히 진리를 찾는 탐구 정신을 실행하며, 성실하게 일하며, 가진 것을 성의껏 주위에 베풀고, 현재를 공명 정대하게 잘 살아야 한다. 인생에 예행(豫行) 연습은 없으며, 사람과 지역사회에 봉사하는 것보다 더 좋은 공덕은 없다. 그리고 부단한 학습과 수행을 통한 자기 성찰을 통해, 자신의 근본적인 변화를 시작으로 자기가 자기의 주인이 되어 시대적 변화의 사회혁명을 이룰 수 있어야 한다.

인간의 본래 마음은 하늘과 땅, 만물 그 모든 것을 인식하고, 그 모든 것에 힘과 느낌을 던져줄 수 있는 감성의 주인공이다. 바늘구멍보다 작을 수도 있지만, 우주보다 더 클 수도 있는 조화 덩어리이다. 결국 모든 문제의 근원을 자신의 문제로 보고 어지럽고 뒤엉켜 있는 몸과 마음을 해방하는 혁명을 하라는 것이다. 일신수습(一身修習) 중천금(重千金)이니, 경각안위(頃刻安危) 재처심(在處心)이다. 즉, 내 한 몸 잘 가짐이 천금보다 중하니 순간의 평안함과 위태로움이 마음가짐에 달려 있다. 생의 존재 실현에 대한 대의의 발견은 희망과 긍정적인 마인드를 키우고 이러한 태도는 행복에 영향을 미친다. 홍익인간은 인간 행복을 위협하는 모든 상황에 대해 반대하며, 특히 국가와 권력과 통치자는 홍익인간을 위해 존재한다고 본다. 그리고 개개인들에게는 공동체와 이웃을 위해 대가 없이 봉사하는 적극적 윤리를 제시한다.

07

대한민국 젊은이의 선택

7.1 인간 존재의 의미

7. 1. 1 개인, 인생의 의미, 인생의 실상

인간은 이 세상에 홀로 나와 다시 저 세상으로 홀로 떠나야 하는 운명을 타고난 존재로서, 한정적인 시간을 출생시부터 죽음을 향해 쉼 없이 달려간다. 사람에게 "존재의 의미는 그의 생애에서 있다고 말할 수 있는 모든 것의 총괄이다. 우주에 있는 모든 사물의 근원에는 존재가 있으며, 인간은 주변의 존재를 인식함에 있어 그것이 놓인 자리와 외형의 관계를 바라본다. 이 세상에서 인식과 현상은 존재가 드러날 때 비로소 시작된다. 존재를 바라본다는 것은 이 세계를 바로 이해하고 그 질서를 확인하는 것이므로, 그것은 인간과 자연의 관계에서도 선행되어 파악되어야 할 과제이다. 존재란 공간 속에 있지만, 존재는 그것을 구분하는 힘을 가지고 있다. 즉, 공간과 존재의 의미는 관점에 따라 달라지며, 공간 속에 사물이 존재하는 것은 삼차원의 지속이며 무한히 분할될 수 있고 끝없이 확장될 수 있다. 생물학적 관점에서 보면 공간은 자신이 살아가는 주변 환경으로 해석되지만 앞서 언급한 존재와 공간을 결부시켜 생각해 보면 다른 현상적의 인식이 나타난다. 생물이란 존재로 생겨난 개체적 공간은 우리 인식의 내부에 있는 '존재 속 공간이며', 생물이 살아가는 환경인 '존재 밖 공간,' 그리고 살아가는 영역 너머의 '존재가 부재(不在)된 공간' 등의 세 가지의 공간으로 볼 수 있다."[53] 우리가 자연 속에서 그 존재의 부분으로서 살아있다는 것은 그 자체로 가치 있는 일이다. 우리가 지금, 여기에 존재한다는 것은 우리가 인식하지 못하는 보다 깊은 의미가 있으며, 예술과 공간의 문제와 유사한 구조를 가지게 된다. 짧은 100년 남짓의 한 토막 나의 인생 여정이 인류의 전 역사 가운데 지금, 수많은 나라들 가운데 바로 이곳 여기에서 진행되고 있다는 것은 실로 놀라운 일이다. 우리는 다른 시대, 다른 공간, 심지어 다른 우주, 다른 차원에 존재했을지도 모르는 영혼 들이다.

우리가 바로 이러한 복합적 존재이기에, 필연적으로 우리의 무지에 따르는 존재 인식에 대하여 고독감을 느낄 수밖에 없고, 그렇기 때문에 이 무력한 자신의 고독감조차 살아있음이 선사하는 생생한 삶의 감정이라는 것을 이해해야 한다. 고독은 우리의 삶을 풍요롭게 하고 우리가 원하는 성취를 달성하기 위해 반드시 함께해야 하는 인생의 친구다. "보통 우리는 고독을 두려워하거나 피해야 할 감정이라고 생각한다. 하지만 어떻게든 고독을 피하려고 애써왔다면, 내가 원하는 대로 환경을 해석하고 창조할 수 있다는 생각을 단 한번도 해보지 못한 채, 평생 동안 환경의 자극에 그저 수동적으로 대응하고 반응하는 방식으로 살아왔을 것이다. 지금 현재의 삶에 만족한다는 사람들도, 그냥 흘러가는 대로 편하게 사는 것이 인생이라고 말하는 사람들도, 가슴 속 깊은 곳에는 꼭 이루고 싶은 꿈, 심중의 간절한 소망이 있다. 이들이 꿈을 믿지 않는다고 말하는 건 단지 그들이 아직 그 꿈을 만나지 못했고 만나는 방법을 모르기 때문이다."[54] 인간은 때때로, 지금까지 살아온 생애를 돌아보며 자신의 생애가 가치 있는 삶이었는지를 음미해 본다. 이러한 과정에서 자신의 삶이 무의미했다고 절망에 빠지는 경우도 있으나, 이러한 절망 속에서도 자기 나름대로 인생의 의미를 찾고 삶의 과정에서 작지만 보람을 느끼게 되면, 인생에 대한 참다운 지혜를 획득하게 된다.

개인에게 인생의 의미는 모두 다를 수 있다. 또한, "인생의 의미는 다양한 사회적 역사적, 철학적 관념의 수준에서 정의 될 수 있다. 우선, 인생의 의미를 정의하고, 확인하는 삶의 태도는 삶을 가치 있고 의미 있는 것으로 느끼게 히고 자존감과 행복감을 높여준다. 또한, 인생의 방향과 목적 의식을 분명하게 만들어주며, 삶에 안정감과 일관성을 부여한다. 인생의 의미는 변화무쌍한 우리의 삶에 안정성을 부여하는 지적인 생존 수단이라고 할 수 있다. 인생의 의미를 인식한 삶의 태도에는 삶의 과정에서 마주하는 많은 고난과 역경을 극복하게하고 죽음의 두려움도 이겨낼 수 있는 위력이 있다. 확고한 인생의 의미와 목적의식을 지니고 살아가는 것은 고난과 역경에도 흔들리지 않는 지속적인 행복의 기둥이라고 할 수 있다.

사람들은 자신의 삶에 어떤 의미를 부여하며 살아갈까? 인간의 생존에서 인생의 의미(Life meanings)는 행복한 삶의 토대를 이룬다. 강물처럼 흐르는 삶 속에서 우리는 매 순간 요동치는 물결에 따라 희로 애락을 경험한다. 그러나 강물이 깊은 곳에서 소리 없이 도도하게 흐르는 저류(低流)를 따라서 흐르는 것처럼, 우리 인생도 어디론가 흐르는 중이다. 하루하루의 경험에 따라 달라지는 행복, 불행의 감정과 달리, 인생의 의미는 우리 삶의 방향을 인도할 뿐 아니라 존재의 가치와 보람을 느끼게 해주는 행복의 토대이다. 인간은 쾌락을 추종하지만, 삶에서 의미를 추구하는 존재이기도 하다."[55] 우리 삶의 의미, 누구나 고민하지만, 인류의 지성사(知性史)가 시작된 이후 어떤 철학자 혹은 지성인도 답을 내지 못한 물음으로 오늘 날 까지 남아 있다. 인간은 근본적으로 의미를 찾는 존재이다. 의미는 쾌락보다 더 강력한 삶의 원동력이다. 각자에게 알맞는 삶의 방식에 대한 의미는 객관적으로 존재할 수 있지만, 그것을 실현하는 삶의 방식은 모두 다르다. 왜냐하면 모든 인간은 가지고 있는 기질과 능력, 처한 주위 환경이 다르기 때문이다. 이 점을 인정해야 삶을 기꺼운 방식으로 살아갈 수 있다.

인간에게는 신묘(神妙)한 능력이 있다. 그것은 이 세상 모든 것에 의미를 부여하는 우리들 인간의 지성적 능력이다. 인간한테는 자신과 세상을 의미 있는 것으로 구성하는 심리적 능력이 있다. 이 세상 모든 것은 그 자체로는 아무런 의미도 없지만, 우리가 그것에 의미를 부여하면 우리 삶에 영향을 미치는 어떤 중요한 의미 있는 무엇이 된다. 이 세상에 존재하는 그 어떤 것도 나 자신이 의미를 부여하지 않는 한, 나의 삶에 영향을 끼치지 못한다. 이것이 인간의 행복과 불행을 만들어내는 신비한 인간 마음의 영묘(靈妙)함이다.

심리학자들의 분석에 의하면, 의미의 본질은 연결(Connection)로써 창조된다. 서로 다른 두 존재를 연결하여 관계를 정의하는 것이다. 그 연결성은 물리적 세계에 실재하는 것이 아니라 인간이 마음속에서 부여하거나 인식하는 것이다. 인생의 의미는 자신을 다른 존재와 연결할 때 발견할 수 있다. 자신보다 더 큰 어떤 것, 즉, 가족, 직장, 지역사회, 국가, 인류 또는 신념, 가치, 신과 연결 속에서 그것을 위해 공헌하면서 존재한다는 믿음이 바로 인생의 의미다. 인생의 의미는 개인마다 각기 다를 수 있다. 긍정적 성향의 심리학자들은 인생의 의미가 단수가 아니라 복수임을 강조한다. "인간은 끊임없이 자신의 삶을 성찰하고 그 삶에 스토리를 부여하는 존재다. 과거를 회상하고 미래를 계획하여, 과거와 현재와 미래를 연결하는 소위 순간의 연결성(Connecting the dots)이라는 의미 창출 작업을 하는 것이 인간의 특징이다. 이 작업은 삶의 순간순간에 관한 것이 아니라 삶 전체에 관한 것이다. 삶이란 자기의 인생 여정에 대한 해석과 재해석의 연속이다. 인생은 가까이서 보면 비극이지만, 멀리서 보면 희극이다."라는 말처럼 순간의 경험들은 그 순간에 종료되는 것이 아니라 시간의 흐름 속에서 끊임없이 재해석되고 재평가된다. 따라서 순간 혹은 기분만을 가지고 좋은 삶을 이해할 수는 없다."[56]

모든 성공에는 그에 상응하는 값이 있으며, 아무리 작은 성취라 해도 반드시 그에 상응하는 값이 있다. 다만 이것이 숫자로 쉽게 환산되지 않고 눈에 잘 보이지 않기 때문에 단지 '대가'라는 단어로 뭉뚱그려 표현할 뿐이다. 이러한 대가에는 여러 가지가 논의될 수 있을 수 있다. 매일의 노력인 성실성, 꿈을 향한 순수한 열정, 목표와 계획에 대한 헌신, 자기 절제와 규율, 반복되는 일상에 대한 인내 등이 바로 그것이다. 물질이라는 우물 속에 참된 만족이 있는 줄 알고, 학문이라는 우물 속에 참된 진리가 있는 줄 알고, 도덕이라는 우물 속에 참된 보람이 있는 줄 알고, 명성이나 권세라는 우물 속에 참된 행복이 있는 줄 알고, 종교라는 우물 속에 참된 구원이 있는 줄 알고 일단 뛰어 들어간다. 그리고, 소유를 늘리고, 많은 것들을 배우고, 즐겨 보고 으스대 보지만 진정으로 행복을 느끼는 사람은 많지 않다. 현대 생활 속에서 지식과 문명은 급속도로 발달해도 세상은 더욱 어지럽고, 소득은 크게 증가했지만, 행복의 양이 증가한 것은 아니다. 신체적 안락과 즐거움과 편리함을 누릴 수 있는 것들은 늘어났지만, 우리들의 영혼은 여전히 피곤하고 불안하며 허무하고 고통을 느끼고 있다.

삶의 의미를 지탱하는 기둥은 여러가지가 있을 수 있으며, 그 중 하나의 축이 삶의 목적이다. 목적이 없으면 우리의 삶은 표류하고 삶의 방향을 잡기 어렵다. 목적이 전도되면 삶이 혼란스럽게 되고, 인생의 여정에서 후회와 번민이 많아진다. 많은 사람은 좋은 직장을 찾고 좋은 사람을 만나서 행복하게 사는 게 삶의 목적이라고 생각한다. 그런데 누군가가 만일 삶의 목적이 행복처럼 무엇을 추구하는 것이 아니라 무언가를 내어주는 것이라고 한다면 어떤 생각이 들까? 자신의 잠재력과 강점을 찾아 소외받거나 어려운 사람을 도와주는 것이 삶의 목적이라고 한다면, 삶의 목적이 행복이라고 단언할 수 있을까? 목적이 이끄는 삶은 결국 삶의 나침반을 찾는 것이다. 뿌리 깊은 나무는 세찬 바람에도 쉽게 흔들리지 않는다. 우리가 땅 속 깊이 뿌리를 내려서 모든 시련에도 흔들리지 않는 나무처럼 산다면 얼마나 멋진 인생일까? 현실은 나보다 어려운 사람을 보고, 이상은 나보다 나은 사람을 보라는 철학자의 가르침이 있다. 현실에서 나보다 어려운 사람을 돌보고 그들과 함께하는 유대감이, 삶의 소중한 자산이 된다는 것을 부정할 수 없다. 배운 사람으로 머물지 말고 배우는 사람으로 살기를 희망하는 사람들이어야 의미 있는 삶을 창조해 나갈 수 있다.

지금 내게 느껴지는, 다양한 선택들에 대한 결정을 위한 모호함은 진정한 네가 되어라(You be yourself)는 내면의 신호로 감지(感知)해야 할 것이다. 현재 자신의 모습에 새겨진 신념과 가치관은 미래의 나를 만드는 토대가 된다. 그래서 끊임없이 나를 찾으려는 노력이 필요하다. 삶의 방식을 성취 지향적에서 관계 지향적으로 바꾸지 않는다면 이 공간은 더 커지고 공허감을 느낄 수 있다. 그래서 인생의 항로에서 떠밀려 살지 않고 진짜 하고 싶은 일을 찾아야 하는 이유이다. 자유인은 삶의 의미를 구성하는 가치를 이성으로 그리고 공적으로 공유될 수 있는 언어로 이해하고 따른다. 가치 없는 것 때문에 가치 있는 것을 포기하여 삶을 낭비하는 일을 좌시하지도 않는다. 자유인은 함부로 후견인을 자처하는 사람들에게 자신의 삶에 관한 판단을 내맡기지 않고, 타인의 판단을 찬탈하려고 하지 않는다. 동등하고 자유로운 존재로서 접촉하고 소통하는 동료 인간의 권리를 존중하고, 이를 위해 정치적 책임을 다하고자 한다. 인간은 언제나 불완전한 시대를 살아간다. 삶의 객관적인 가치와 인간으로서 가져야 하는 권리에 주의를 기울인다면, 우리는 불완전한 여건에 실망하더라도 속물의 세계관이 명령하는 길로 돌아가지 않을 수 있다. 그리하여 진심으로 기꺼운 마음으로 걸어가는 의미 있는 인생의 길은, 불완전한 시대에도 그 빛을 숨기지 못하는 발자국을 남길 것이다.

　우리가 느끼는 것, 아는 것, 잠재적 능력이나 재능은 중요치 않다. 오직 실천만이 그것들에 생명을 부여한다. 행동은 이해를 동반하며, 지식을 지혜로 변모시킨다. 삶의 의미는 매일 매 순간이 중요한 결단을 내리는 순간이라는 사실을 인지하는 것이 매우 중요하다. 우리가 운명이라는 실타래에 얽힌 채 조종당하는 꼭두각시 인형으로 전락할지, 아니면 삶의 주인공 자리를 쟁취할 수 있을지는 스스로 선택해야 할 것이다. 현실에서 모든 필요, 열정, 그리고 존재의 목표는 우리 안에서만 찾을 수 있다. 그리고 그것들은 우리가 성숙하고 성장함에 따라 변할 수밖에 없고 또 그럴 것이다. 다른 모든 것은 사람에게서 빼앗을 수 있지만 단 한 가지 빼앗을 수 없는 것은 바로 어떤 상황에서든 자신의 방식을 선택하고 자신의 태도를 결정하는 마지막 자유이다. 한동안 회복 탄력성(Resilience)이라는 말이 큰 이슈가 되었다. 회복 탄력성이 있는 사람은 어려움이나 시련을 통해서 넘어지거나 좌절을 하는 것이 아니라 더 강하고 멋지게 성숙한 사람이 될 수 있기에 어린 시절부터 회복 탄력성을 키우는 훈련을 하는 것이 인생을 잘 살아가는 비결이자 정신 질환의 문제를 줄일 수 있는 방법이다. 자신을 어떻게 생각하느냐가 자신의 운명을 결정한다고 한다. 긍정적인 생각은 연쇄반응을 일으켜 긍정적인 결과를 낳는다. 인격이란 한 사람이 가지고 있는 영적 상상력의 품격이라고 할 수 있다. 인격은 도덕적 완성의 정도가 아니라 한 개인이 세상에 대하여 지니고 있는 상상의 세계들에 대한 이해의 정확성과 품격의 문제다. 그러므로 인격 수양이란 자신이 가지고 있는 가정들을 점검하여 나쁜 가정을 좋은 가정으로, 근거가 없는 가정을 정확한 가정으로 바꾸어가는 과정을 뜻한다.

7. 1. 2 개인 정체성의 완성

살아가면서 멈추지 말아야 할 질문이 있다면 그것은 삶의 본질 즉, '나는 누구인가?'라는 명제이다. 이 물음은 우리 지성의 잠든 내면을 일깨운다. 이 물음에 대한 답은 '나는 어떻게 살아야 하는가?'에 대한 답과 거의 같다. 우리네 삶의 과정은 괴로움의 바다라고 하며, 여정이 결코 평탄치 않다. 인생의 삶에서 오르막이 있으면 내리막이 있기 마련이다. 그러한 과정과 경험들을 통해 얻는 것은, 결국 나의 인생의 모든 문제의 근원은 나에게 있다는 명백한 사실이다. 나의 본질에 관한 성찰을 통해 내 안에 있는 제반 문제들을 들여다보면서 해결책도 찾을 수 있다. 그렇게하여 어떤 자신의 견처를 발견한 후, 생각의 틀을 재조정하여 새롭게 거듭나면서 삶의 태도가 바뀌게 된다. 그후, 내가 삶을 진정 가치 있게 살고 있는지 고민하게 된다.

'삶의 의미가 무엇일까?', '삶의 목적과 성취와 만족을 어떻게 찾을 수 있을까?', '영원히 보람이 있는 것을 어떻게 성취할 수 있을까?' 수많은 사람들이 이 중요한 질문들을 끊임없이 고민해 왔다. 삶의 의미라는 질문에 답하기에 앞서 질문 자체에 물음을 던진다. '왜, 이 질문은 어렵고 심오하게 여겨지는가?' 그것은 이 질문이 겉보기와는 달리 한 개의 질문이 아니라 '우리는 왜, 이 세상에 있는가?', '인생의 목적은 무엇인가?', '그저 행복하게 살면 되는가?' 아니면, '더 큰 목적을 위해 헌신해야 하는가?' 등등 삶의 기원, 목적, 가치에 관한 여러 질문을 묶어 놓은 복합 질문이기 때문이다. 따라서 이 질문은 한 마디로 해결되는 문제가 아닌데도 많은 이들이 삶의 의미는 '행복이다', '성공이다', '신이다', 이런 식으로 인생의 의미에 대한 하나의 답이 존재한다고 착각하는 데서 문제가 발생한다. 인간은 자신에게 최선인 삶을 스스로 결정할 능력과 권리가 있다고 믿는다. 어떤 사람도 자신의 삶을 타인이 대신해서 또는 강제로 결정하는 것을 바라지 않는다. 만일 주위에 삶의 의미를 진지하게 고려하지 않는 사람이 있다면, 새로운 체험과 지식으로 시야를 확장하도록 돕는 것이 우리가 할 수 있는 일의 전부이다.

"정체성이란 자신에게 중요한 것이 무엇이고 자신에게 의미 있는 일이 무엇인지를 이해하고, 이를 바탕으로 삶의 방향에 대해 결단을 내린 자기 삶의 정도를 의미한다. 언제 어디서든 지키고자 하는 삶의 원칙일 수도 있고, 어디에서 무엇을 하든 추구하고 싶은 가치일 수도 있다. 정체성이 잘 형성되어 있는 사람은 자신에게 무엇이 정말 중요하고, 자신이 행복한 순간은 언제이고, 자신의 삶에 가치와 의미를 부여하는 것이 무엇인지 알고 있으며, 자기 자신을 이해하고 자기가 장차 세상에 나아가 어떤 삶을 살 것인지에 대한 결정을 상당 부분 마음 속에 가지고 있으며, 자기의 전 인생에서 삶에 대한 지침, 가치판단의 기준을 가지고 있다. 이는 자기 자신의 특성뿐만 아니라, 삶에서 이루고자 하는 것에 대해 잘 알고 있기 때문이다. 어떤 상황에서 어떤 결정을 내려야 할지 올바로 판단할 수 있는 판단력과 실천 의지를 보유하고 있는 것이다. 정체성이란 단어는 여러 맥락에서 다양하게 사용된다. 직업 정체성, 성 정체성, 한민족으로서의 정체성, 대한민국 국민으로서의 정체성, 학생으로서의 정체성, 교수로서의 정체성 등 끝이 없다. 하지만, 여기서 말하는 정체성은 각 개인으로서의 자기에 대한 정체성이다. 이야기로 표현된 개인의 정체성을 심리학에서는 서사 정체성(Narrative identity)이라고 부른다.

정체성이 잘 형성된 사람들의 특징은 서로 모순되는 측면들을 통합하는 것이다. 삶에서 통합이 필요한 부분은 단지 자신이 가지고 있는 서로 다른 모습들뿐만이 아니다. 자신이 중요하다고 생각하는 가치와 자신이 따르고자 하는 원칙 역시 서로 모순되는 경우가 종종 생긴다. 두 개의 원칙 혹은 가치가 충돌할 때 꼭 둘 중 하나를 선택하고 다른 것을 버릴 필요는 없다. 그 둘을 자신 안에서 슬기롭게, 자기 자신을 설득할 수 있는 방식으로 통합하는 것이 필요하다. 물론 하나의 원칙을 가지고 있다는 것만으로도 정체성 발달 수준이 높다고 할수 있다. 삶의 원칙이 있다는 것은 자신에게 중요한 것이 무엇이고 그래서 어떤 방식으로 살아야 하는가라는 물음에 대한 답이 있다는 뜻이기 때문이다. 하지만, 두 가지 상반된 삶의 원칙을 조화롭게 통합하는 것은 자신이 삶의 주인으로서 굳건히 서서 양손으로 상반된 원칙을 붙잡고 균형을 잡고 있을 때에만 비로소 가능하다. 그 균형점이 어디인지는 오직 자신만이 알 수 있다. 정체성이 잘 형성된 사람들에게 보이는 또 다른 특징은 자기만의 삶의 의미를 찾을 수 있다는 것이며, 무엇인가를 창조하거나 특별한 일을 하는 것이다. 의미 있는 일이라는 것이 꼭 거창한 필요는 없다. 교수는 좋은 학생을 길러냄으로써, 요리사는 배고픈 사람들에게 맛있는 음식을 제공함으로써 의미를 찾을 수 있다. 먹고 살아야 해서 사람들의 머리를 자른다는 미용사와 사람들에게 예쁜 모습을 찾아주고 싶다는 미용사는 같은 일을 하더라도 전혀 다른 삶을 살 것이다.

삶의 의미를 찾는 방법은 사람과의 관계 맺음, 즉, 사랑이다. 사랑하는 사람이 생기면 사랑하는 마음만으로 충만한 삶의 의미를 경험하게 된다. 삶의 의미를 찾는 또 하나의 방법은 시련을 통하는 것이다. 시련이라고 하는 객관적인 상황의 압력이 아무리 강하더라도 자동적으로, 예외 없이 모든 인간을 굴복시키지는 못한다. 인간이 시련을 휘몰아오는 상황을 변화시킬 수는 없을지라도 그 시련에 대한 자신의 태도를 선택할 수는 있다. 시련 앞에서 무릎을 꿇을 수도 있지만, 인간의 품격을 유지할 수도 있으며, 이것은 자신에 대한 자존감을 이루어 나간다. 튼튼한 자존감(Secure self-esteem)은 살면서 실제로 이루었던 성취나 주변 사람들과의 좋은 관계라는 현실에 기반한 자존감이다. 그런 이야기들이 모여 자신 안에서 의미로 맺힐 때 자신의 삶이 충분히 아름다울 수 있다는 확신이 생겨난다. 자신을 존중할 수 있는 힘이 생겨난다. 자신의 이야기가 그 누구도 앗아갈 수 없는 자신만의 견고한 이야기이듯, 자신의 이야기에 기반한 자존감은 어려운 상황에서도 튼튼하게 유지될 것이다."[57]

정체성과 자존감은 자신이 얼마나 가치 있는 사람인지에 대한 인지적인 판단과 자신에 대해 얼마나 긍정적으로 느끼는지에 대한 정서적 판단으로 이루어진다. 사람들은 인생의 여정에서 길을 잃고 방황할 때, 왜 사는지 묻고는 한다. 하지만, 사람은 그냥 태어났으니까 사는 것이다. 진짜 물어야 하는 질문은 '무엇을 하며 살 것이냐?'이다. 우리가 선택해서 태어나지 않았기 때문에 '왜?'라는 물음에 대한 근원적인 답변은 불가능하다. 무엇을 하며 어떻게 살지는, 즉, 존재의 방식은 우리 손에 쥐어져 있다. '무엇을 하며 살 것인가?', '어떤 주제가 있는 이야기를 남길 것인가?' 정체성이 있다는 것은 내 인생의 주인은 바로 나임을 천명하는 것이다. 무엇을 하며 살지는 우리의 의지로 결정할 수 있다. 자신의 정체성을 확립한다는 것은 결국 존재의 확실성을 찾는 것이다. 인간은 단 한 번 살기 때문에 삶의 결정이 옳았는지에 대한 객관적 타당성을 논하는 것은 현실적으로 불가능하다. 이 말은 여전히 사실이다. 하지만, 정체성이 있는 사람들은 자신의 결정이 옳았는지에 대해 주관적 타당성을 논할 수 있다. 비록 한 번 사는 인생이라 할지라도 자신이 올바른 방향으로 걸어가고 있음을 확신할 수 있기 때문이다. 그리고 그런 확신이 있었을 때 우리는 환경이나 물질의 노예가 되지 않고, 삶의 주인으로서 자기의 정체성을 확인하면서 살아갈 수 있다.

7.2 도전, 수련하는 인생의 행로

7. 2. 1 인간 삶의 과정과 태도

하늘과 땅을 포함한 우주 만물은 환경 요인으로서, 모든 생명체가 태어나 성장하고 활동하다가 소멸하는 생명 진화와 활동 과정의 기본 바탕이다. 이러한 제반 과정은 생명이라는 유기체를 포함하며, 존재의 요소들, 즉, 물질, 에너지, 정보 등 및 이들의 복합적으로 교류 상응하는 관계로 진행된다. 구체적으로 말해, 만물의 생성은 생기와 정기 및 그 양자의 관계로서 설명될 수 있다. 생명이 교류하여 작용하는 것은 생기(生氣)의 양적 영역에 속하고 생명이 화합하는 것은 정기(精氣)의 질적 영역에 속한다. 하늘과 땅에서 흐르는 생명의 기가 응어리져서 만물의 형체(形體)가 구성되고 이 생명의 정기가 교합하여 만물의 형화(形化)가 진행된다. 하늘과 땅의 구도는 전일적(全一的)이고도 생명력이 충만한, 유기적인 자연의 생태계로 대변된다. 그 속에서 생명의 활동, 즉, 조화(造化)의 역량이 연속적이고도 지속적이며 역동적인 흐름으로 진행된다. 시간의 흐름 속에 공간의 장소가 열리고 전개된다. 이러한 관계의 연계망은 후손을 낳고 낳아 생명력이 끊임없이 연속적으로 확장되어, 인간의 의식 속에 생명 질서가 유기적 관계의 영역으로 자리잡는다. 생명의 관계망 속에 있는 인간이 만물과 조화로운 삶을 산다면, 분명히 인간의 생태적 환경의 의미와 가치는 매우 중요해진다.

'인간은 삶을 어떻게 살아야 하는가?' 이 문제는 항상 인간이 일상생활에서 직면했던 가장 중요한 문제의식 중의 하나이다. 이 문제의식은 기본적으로 '행복한 삶은 무엇인가?' 하는 문제와 직결된다. 인간은 일상생활의 끊임없는 흐름 속에서 주어진 외부 환경에 따라 무수한 내면적 변화를 겪게 마련이다. 인간에게는 더욱 인간답게 살거나 고귀한 인격체로서 존재를 실현하도록 추구하는 심리적 상태가 본질에 내재되어 있다. 그것은 행복, 희망, 믿음, 사랑 등의 정서이다. 인간에게 이러한 정서가 없다면 삶이 어떻게 될 것인가? 아마 동물적인 충동이나 기계적인 욕망에 맡겨진 삶을 살아갈 것이다. 이 정서들 중에 가장 대표적인 것이 행복이다.

행복은 행운(幸運), 즉, 복된 좋은 운수라는 뜻으로서 일상생활에서 만족과 기쁨을 갖는 심리적 상태이다. 행복은 삶의 과정에서 얻어지는 쾌락적 정서의 한 상태로서, 삶을 유지하고 지속할 수 있는 주요한 원동력이다. 행복의 조건이 동기의 충족에 있다면 행복은 삶의 과정에서 성취되며 그 과정에 놓인 여러 단계들을 거치면서 더 높은 차원의 행복으로 고양될 수 있다. 여기에는 욕망이나 욕구를 충족하는 긍정적인 감정, 즉, 희망, 사랑, 믿음, 신뢰, 쾌감 등이 포함된다. 인간의 욕망에는 본능적 측면, 사회적 측면 및 문화적 측면이 있다. 이 세 가지 욕망을 충족시켜야 진정한 행복이다. 행복의 개념에는 개인의 본성과 생로병사(生老病死)와 관련된 좁은 의미의 즐거움이나 이득뿐만 아니라 사회의 정의(正義)나 정도(正道), 안녕이나 복지 등의 윤리적인 측면까지도 포함된다. 전자는 개인의 본성과 밀접한 관련이 있는 반면에 후자는 공동체의 목표 및 가치와 관련이 있다.

인간은 주체적으로 살아가면서 만족과 보람을 느낄 때 행복의 정서를 찾는다. 여기에서 자아 실현과 진선미(眞善美)의 가치가 일치된다. 따라서 욕망을 충족하면서도 공동체를 지향하는 삶의 과정 자체가 바로 인간 진화의 과정이자 행복의 단초가 된다. 그 과정에는 배타적인 욕망과, 관용이나 관대함이 공존한다. 전자는 순수성, 자기만족 등의 덕목을 지닌 것으로서 개인이 자신의 온전한 행복을 추구하는 태도인 반면에 후자는 정의, 박애, 정직, 이해, 감사 등의 덕목을 지닌 것으로서 타인의 행복을 배려하는 태도이다. 이러한 상호 배척 및 화합하는 생존 법칙은 세상을 발전시키는 인간 활동의 기준이 되는 사람의 도리, 즉, 인도(人道)의 내용으로 표출된다. 인간이 욕망의 충족을 위해 혹은 목표를 향해 나아가는 과정에서 느끼게 되는 만족이나 기쁨, 쾌락의 양과 정도는 매번 다르다. 또한, 그것은 삶의 과정 중에서 충족되거나 만족된다고 해서 영원히 충족되거나 만족되는 것은 아니다. 그러므로 행복은 충족이나 만족의 지속성에 있는 것이 아니라 기본적으로 개별적인 욕구에 대한 성취량(成就量)의 총합에 있다. 그것은 삶의 과정이나 부분에 속하지만 삶의 의미 자체는 결코 아니다. 행복은 영원할 수도 없고 영원할 필요도 없다. 왜냐하면 그것은 삶의 다양한 과정을 거치면서 더 높은 차원의 행복으로 고양될 수 있으므로 결코 완성되지 않기 때문이다. 이러한 점에서 행복은 인간이 자신의 삶을 긍정적으로 충족하는 과정에서 느껴지는 마음의 정서이다. 이러한 궁극적(窮極的)인 마음의 정서는 타인들과의 활동 속에서 사회적 생명공동체 의식을 형성하는 것이다. 인도(人道)의 실현은 인간 삶의 본질적 가치가 무엇인지 더 나아가 그 가치를 어떻게 실현할 것인가 하는 문제로 귀착된다. 인간 삶의 가치와 그 실현은 별개의 것이 아니라 연속적인 동일선상에 있다. 인간의 삶이 내면과 외면이 조화를 이루는 전인적(全人的) 화합체의 삶으로 향상되어야 하며, 이를 사회적 역량으로 결집시킬 때 장기적으로 사회 전체가 유기적으로 화합하는 공동체가 된다. 이를 전통적 사상의 맥락에서 말하자면 이른바 수기치인(修己治人)의 발현이자 대동사회(大同社會)를 실현시키는 사회 발전의 원동력인 것이다. 이것이 물질적 혹은 경제적 발전과 정신적, 문화적인 발전과 결합하면 개인적인 삶의 성취뿐만 아니라 더 나아가 사회적인 화합의 성숙한 단계로 나아가는 단초가 되는 것이다.

그것은 삶의 과정이나 부분에 속하지만 삶의 의미 자체는 결코 아니다. 행복은 영원할 수도 없고 영원할 필요도 없다. 왜냐하면 그것은 삶의 다양한 과정을 거치면서 더 높은 차원의 행복으로 고양될 수 있으므로 결코 완성되지 않기 때문이다. 이러한 점에서 행복은 인간이 자신의 삶을 긍정적으로 충족하는 과정에서 느껴지는 마음의 정서이다. 이러한 궁극적(窮極的)인 마음의 정서는 타인들과의 활동 속에서 사회적 생명공동체 의식을 형성하는 것이다.

진실한 생명을 발견하는 길, 인생의 의미를 발견하는 일은 결국 오롯한 시간의 몫이다 진실한 생명은 마치 씨앗처럼 언제나 인간 속에 보존되어 있어서, 시간이 지나면 그 싹을 틔우게 된다는 극명한 사실과 직면할 수 있다는 것이다. 짠맛은 바다에서 만들어진다. 모든 염색의 색깔을 흡수하면 검은 빛깔이 나오듯, 곳곳의 시냇물, 강물이, 해불양수(海不讓水) 하는 바다, 즉, 물의 정거장이고 집산지였던 그 곳에서 끝내는 짠맛을 형성한다. 소금이 없으면 짠맛을 낼 수 없어 음식을 만들지 못하듯, 사람 역시 맛난 김치와 맛깔스러운 음식을 위해 제 몸을 다 녹여서 절이고 간을 보태주는 소금과 같은 존재로 남는다면 세상은 훨씬 살만해질 것이다. 인생의 목적은 자기의 존재 의미를 세상에서 실현하는 것이다. 살아간다는 것은 매 순간 다시 태어나는 것이다. 원하는 자는 능력 있는 자보다 더 많은 것을 해낼 수 있다. 능력보다는 간절한 열망과 이상을 향한 도전이 더 많은 것을 해낼 수 있다. 현재에 최선을 다하는 것, 살고 있는 이 순간 지금, 여기에 전념함으로써 멋진 인생을 건설하는 것이다. 기회 없는 역경은 없으며, 만약에 어려운 상황 속에서도 자신을 성장시킬 수 있는 바람직하고 긍정적인 배움을 얻을 수 있다면, 절망의 벼랑 끝에서 있을 때라도 아직도 가야 할 길이 있다는 것을 기억해야 한다.

7. 2. 2 향상일로(向上日路), 도전의 삶

오늘날 세계에서는 사회적 변화와 과학 기술의 발전이 다양하게 전개되고 있으며, 한편으로 변화와 발전에 동참과 경쟁을 강요하는 냉혹한 사회에 살고 있다. 개인이든 국가든 생존을 위해서는 수많은 우여곡절과 진통의 시련을 극복하여야 한다. 쉴 새 없이 몰려오는 숱한 내적·외적인 도전에 대응하기 위하여 백절 불굴의 의지와 창조적 지성을 동시에 구축하여야 하며, 한편으로 자아를 확립하고 국가와 민족의 지도적 인재로서 역량을 배양해야 할 것이다. 사람들은 직면하고 있는 문제들을 해결하여 현재의 고통에서 벗어나고 미래의 목표 달성을 위해 전진하기를 희망한다. 인생이란 두 걸음 전진하고 한 걸음 후퇴하는 과정이다. 그러므로 조금 진보했다가 조금 퇴보하기도 하며, 때로는 발전하다가 멈춰서기도 한다. 몇 가지 일은 성사시키고 몇 가지는 그르치기도 한다, 하지만 궁극적 목표를 달성하려는 노력은 평생 추구해야 한다. 하늘은 스스로 돕는 자를 돕는다는 말이 있다. 이는 열심히 노력한 만큼 그 보상이 주어진다는 의미로, 무슨 일을 시작하든 잘될 것이라는 긍정적인 마음과 믿음으로 성실하게 최선을 다하라는 의미이다. 오늘날까지 이 말은 무슨 일을 하든 성실하게 마무리해야 한다는 기본 철학으로 대부분 사람들의 뇌리에 각인되어 있다. 사람들은 인생의 역정을 거치면서, 불혹을 넘어 지천명(知天命)의 시기에 이르러, 지나간 시간을 곰곰이 마주하게 되는데, 그때에, 평소 어른들이나 선현들의 주옥 같은 말씀들이 선명하게 떠오르게 된다. 이전 세대의 사람들 모두는 결코 자신의 현재 위치에 안일함으로 머물지 않았으며, 꿈과 비전을 찾아 성실한 노력과 도전으로 세계 역사의 한 시대를 장식했고 삶의 주인으로 열심히 살았다.

선현들의 참다운 삶에서 공통점을 몇 가지로 찾아볼 수 있다. 선현들은 항상 자신의 진로를 고민하며 '나는 어떤 삶을 살 것인가?',

'나는 무엇을 하며 살 것인가?' 그리고 '지금 나는 무엇을 해야 하는 가?'라는 명제에 대하여 깊이 있게 성찰하였다. 그리고 자신의 환경과 처지에 그대로 머물지 않고, 미래를 향한 도전 정신으로 살았다. 지금 처한 상황과 환경이 아무리 좋아도, 혹은 나빠도 이들은 절대 현실에 안주하거나 좌절하지 않았으며 오히려 이를 발판 삼아 더 높은 곳으로 도약하는 기적을 이루었다. 그 과정에서 수많은 실패와 낙망을 경험해도 결코 마음에 품은 비전과 꿈을 허물지 않았으며 오히려 더 찬란한 미래의 주인공이 되었다. 다시 일어서고 도전하며 성실함으로 반응했으며 마침내 자신이 원하는 목표를 이루었다. 그러므로, 이들의 마음 속에는 다시 도전할 수 있으며, 이룰 수 있다는 긍정적인 태도와 믿음이 있었다.

인간이 선택의 자유를 가졌다면, 가진 것으로 충분한 것이 아니라 그 선택에 따른 책임을 받아들여야 한다. 인간성은 그의 책임감 안에 자리잡고 있으며, 인간은 자기 삶의 의미를 실현해야 할 책임이 있다. 인간적 존재가 된다는 것은 삶의 상황에 대답하고 그 상황이 물어오는 질문에 응답하는 것을 의미한다. 즉, 인간의 존엄성, 각 개인의 존엄성을 형성하는 사고를 책임성이라 하고 이 존엄성을 유지하느냐? 손상하느냐? 하는 것은 항상 각 개인에게 달려 있다. 인간은 삶의 의미를 실현해야 할 책임이 있고 삶의 의미는 책임감을 통해서만 확보된다. 책임은 자유에 대한 또 하나의 초점이다. 인간은 언제나 자신에, 양심에, 신에 대해서 책임이 있다. 인간은 자유 의지 속에서 그의 실존성을 발견하며, 책임성 안에서 그의 초월성의 특성이 나타난다. 개인의 책임은 양심을 통해서 본인에게 자각된다. 우리의 삶은 인간이 보유하는 보편적 존재 양식에 대한 이해와 태도이며, 모두가 개인에게 유일한 경험으로서 일생에 있어서 유일한 중대 사건들의 연속이다. 그러므로 자기의 행동과 비전에 대하여 확신에 찬 태도로 살아야 한다. 확신을 가질 수 있음에도 불확실한 태도로 살아가는 사람들이 있고, 반면 불확실한 가운데서도 확신을 가지고 살아가는 사람들이 있다. 상황은 비슷한데, 앞으로 치고 나아가는 사람이 있는가 하면, 멈칫하는 사람이 있다.

현대를 불확실성의 시대라고 한다. 현실에서는 모든 것이 불확실하며, 모든 영역에 있어서 확실한 것이 없어 보인다. 미래의 상황 전개와 생활 양식이 어떻게 될지 알 수 없다. 전문가의 예측이 맞지 않는 경우가 빈번하게 나타나고, 급기야, 전문가의 저주라는 말까지 나오고 있다. 전문가의 말이 맞지 않는다는 의미이다. 많은 사람들이 주저한다. 미래가 보이지 않고, 미래의 상황에 대하여 확신을 가질 수도 없기 때문이다. 그러므로, 가설을 세우고, 미래 상황에 대한 예상을 분석하며, 확률을 보고 움직이지만 여전히 불안하다. 미래를 위한 뜻있는 사업을 시도하려고 하지만 매우 불안하며, 지나치게 신중한 태도를 견지한다. 그러나, 지나치게 신중한 것은 무능과 연결되고, 너무 신중한 나머지 진취적이고 발전적인 일을 도전하지 않는다. 항상 다른 사람들이 어떻게 하는가를 살피고, 주변의 분위기를 살피고, 확실히 증명되면 믿겠다는 사람이 많다. 그런데 이 세상에는 증명할 수 없는 것이 너무 많으며, 정말 중요한 것은 증명되지 않는다. 진리도 증명되는 것이 아니다. 진리는 믿는 것이며, 믿음으로 선택하고 받아들이는 것이다. '진리를 어떻게 증명할 수 있는가?' 우리들의 미래는 설명하고 증명하는 것이 아니라, 증거하는 것이며, 목표에 도달했음을 선포하는 것이다.

우리는 우리의 마음속 깊은 곳의 소망과 비전에 대한 신념을 믿을 것인지 말 것인지 선택해야 한다. 우리가 살아가는 동안 불확실성은 인간이 가지는 운명이라고 말할 수 있으며, 우리가 죽을 때까지 불확실은 없어지지 않는다. 불확실한 세상 가운데서 확신을 가진 사람을 통해서만이 우리가 살아가는 세상의 구조와 생활 형식이 변화될 수 있다. 인생의 긴 여정에서, 새로운 전기를 맞이하여 무엇인가 새롭게 시작하는 사람들을 보면, 그들은 확신에 차 있다는 특징이 있다. 종교적 선교사는 한없이 위험하며, 전인 미답의 땅에 교당을 세우고, 그곳에 자기 존재의 성스러운 교화의 깃발을 꽂는다. 남들이 보기에는 무모해 보이는 생소한 환경과 배타적인 사회 환경 속에서도 선교사들은 남들이 보지 못한 것을 보았고, 마음속에는 영혼에서 공급되는 내적 확신이 강하게 자리잡고 있다. 확신이 있었기 때문에, 아무것도 없는 미지의 위험한 땅에 신념의 깃발을 꽂은 것이다. 무엇인가 새롭게 시작하는 사람들에게는 그런 것이 있다. 인생의 기회를 붙잡는 사람들에게도 주변 사람들이 보기에는 논리적으로 불가능한 환경에서도 그 사람은 행동을 시작한다. 그러므로 행동하는 사람은 내적 확신이 다른 보통 사람과 남다른 것이다.

그러나 이러한 자기 실현은 사회적 관계 속에서 자신의 가치, 자신의 잠재력을 발현하는 과정이며, 자기 자신만을 위한 자기 완성은 이기적인 단계라고 할 수 있다. 따라서 자기 완성은 자신을 겸허히 수용하면서도 타인과 융합되는 가운데 자신의 잠재력을 계발하여 성장해가는 보다 성숙한 인간 성장의 과정이라고 할 수 있다. 자신의 본질을 찾으려는 능동적 행위는, 자신의 독특한 능력과 잠재력을 발휘하여 자신의 삶을 확장시키는 계기가 된다. 이와 같이 자기 실현은 자신의 내면 세계를 올바르게 인식하면서, 외부 세계에서 직면한 문제를 들여다봄으로써 자신을 정화시키는 힘을 키우는 과정이다. 자신의 삶을 향상시키기 위한 욕구는 자신을 신뢰하고 자기의 궁극적인 존재 가치에 대한 존중과 책임성을 바탕으로 한다. 그렇기 때문에 자기 실현은 끊임없는 통찰을 통하여 자기를 이해하고 수용하여 성숙해져 가는 고귀한 순간이며, 자아 실현은 하나의 치유 과정이요, 행복한 삶을 위해 성장하는 과정이라고 할 수 있다. 인간은 자기를 계속 발전시키고자 하는 성장 욕구, 자신의 잠재력을 극대화하여 자아를 완성시키려는 욕구, 즉, 자기 실현의 욕구를 갖고 있다. 이런 욕구를 통해 자기의 잠재력과 구체적이고 실현 가능한 실천 형태를 살펴보고, 그 의미를 탐구하여 행복한 삶으로 나아가는 방향을 모색하여야 한다.

새 시대, 새 역사의 창조를 위하여, 또 인류의 진정한 자유와 평화를 위하여 임전무퇴의 기백으로 힘차게 전진해 나아가는 사람들은 자기가 두려워하는 것과 정면으로 맞서야 한다. 신(神), 부처, 어떤 영적(靈的) 스승이나 전통도 고통에서 도망치는 삶을 보호하거나 격려해주지 않는다. 무수한 영적 가르침은 모두, 영적 교훈인 괴로운 삶의 경험을 통해서 스스로 성장하도록 권장한다. 직관(直觀)은 생존(生存)을 위한 기술이기 때문에 누구에게나 내재(內在)되어 있다. 자신의 생존 기술을 개발하고 일상생활에서 활용하려면, 육감(肉感)의 반응을 믿어야 할 때가 있다. 또한 사람의 신념은 그 사람의 발전과 목표 달성에 절대적 기반이 된다. 그 신념은 본인이 자각하고 있는 것일 수도 있고, 자각하지 못하고 있는 것일 수도 있다. 그러나 그 신념은 원하는 것을 성취하느냐?, 못하느냐?에 엄청난 영향력을 행사한다. 인간 심리를 조사한 어떤 연구에 따르면 신념을 바꿀 경우, 아무리 단순한 신념일지라도 그 변화가 인생에 깊은 영향을 미친다고 한다. 그저 천성이라고만 여겨왔던 많은 것들이 실제로는 본인이 생각하는 틀인 긍정적 신념에서 비롯된다 것이다. 자신의 잠재력을 충분히 발휘하지 못하도록 막고 있는 장애 요소들 중 많은 것도 이 신념과 긍정적 태도의 부재에서 나온다.

더 거시적으로, 삶의 악조건은 다 타고 났음에도 오직 의지와 노력 하나로 그 모든 것을 초월하는 아주 드문 사례들이 인류 역사에 존재한다. 하지만 아무리 노력하고 애를 써도 하늘의 그 분이 특별히 총애하는 듯싶은 재능을 가진 자 앞에서는 좌절할 수밖에 없었던 사례들 또한 무수히 많은 것 또한 사실이다. 선천적 재능과 후천적 노력은 동시에 존재하고, 둘 다 삶에 영향을 주는 중요한 조건이 된다.

인간 심리와 행동의 관계를 조사한 연구 결과에 따르면, 어떤 관점을 택하느냐에 따라 삶이 나아가는 방향이 달라진다는 사실이 확인된다. 또한 선택하는 관점에 따라 당초 목표로 잡은 그 존재로 성장하느냐 못하느냐?, 또 소중히 여기는 가치들을 달성하느냐 못하느냐?가 결정된다. 신념 하나가 성취와 인생의 성공을 결정하며, 삶을 의도대로 살아갈 수 있게 한다. 너무 크거나 너무 깊어서 신념이 인지적 사고에 개입하는 것을 평소에는 인지하지 못한다. 즉, 자신의 마음에서 만들어지는 자신의 의도, 신념, 생각의 대부분이 무의식적이다. 경제학에서는 이를 자기 성취적 예언(Self-fulfilling prophecy)이라는 건조한 단어로 설명한다. 이 단어가 암시하는 신념, 생각의 파괴력을 직접 인생 속에서 경험해 보면, 어떤 자질이 무엇이든 그것은 변화 가능하며 발전 가능하다고 생각하면 성장적 긍정적 태도가 된다는 것이다. "삶의 성취를 결정하는 신념은 개인의 역량을 강화하여 주는 인내력(Persistence)이다. 이것은 누구보다도 열심히 오래 일하려는 태도이고, 종종 인생에 결정적 차이를 유발한다. 인내력이 강한 사람은 절대 포기하지 않는 불굴의 의지를 지녀서, 해당 업계의 모든 사람들을 서서히 능가한다. 인내력은 여러 가지 특성들이 용해된 하나의 결정체다. 인내력은 자신에 대한 신념의 척도이자 성취 능력의 척도이다. 상황이 점점 악화될 때, 끈기 있게 목표를 관철하려는 태도를 살펴보면 자신에 대한 신념이 어느 정도인지 알 수 있다. 인내력은 자기 규율의 표현이고 성격을 나타내는 척도다. 지치고 낙담해서 포기하고 싶다는 느낌이 들 때, 어떻게 행동하는지 보면 자기 규율의 정도를 파악할 수 있다. 인내력은 용기와 관련이 있다. 용기의 첫 번째 요소가 불확실성에 맞서 행동을 개시하는 능력이라면, 두 번째 요소는 성공의 보장이 없더라도 참고 견디는 능력이다. 즉, 용기는 단순히 한 가지 미덕이 아니며, 모든 미덕의 결합체로서 나타난다. 인내력 없이는 성공을 이룰 수 없다."[58]

인생에서 우리들의 미래에 대한 도전은 해보지 않은 미지의 것을 하는 것이다. 누구도 가보지 않은 길을 가는 것이다. 우리가 어떤 일을 하든지 불확실성은 항상 존재한다. 많은 사람들이 불확실성이 없어지면 무엇이든 하겠다라고 생각한다. 그러나 불확실성은 없어지지 않는다. 내일 무슨 일이 일어날지 우리는 모른다. 그것이 인간의 한계이다. 불확실한 세계 속에서 불확실성을 제거한 후에 나아가려고 하면, 일평생 아무것도 할 수 없다. 불확실한 환경 속에서도 내적 확신을 가지고 앞으로 나아가는 사람은 전혀 다른 인생을 살게 된다. 행동하는 사람들은 확신을 가지고 있다. 내적인 확신이 행동하게 하는 것이다. 확신을 가질 때, 우리에게 강하게 행동하게 하는 힘이 나온다. 추진력은 곧 확신이며, 확신을 가지면 담대해지며, 앞으로 나아간다. 그래서 확신을 가진 사람들은 기회를 붙잡는다. 확신은 우리의 안에서 일어나는 것이다. 외부 상황은 불확실하지만, 내적으로 확신의 강도를 높이면, 불확실함을 뚫고 나아가는 용기가 생긴다.

우리는 자신의 분야에서 최고가 되겠다는 각오를 해야 한다. 최고를 기준으로 설정하고, 그것을 달성하기 위해 전력을 다해야 한다. 자신의 분야에서 최고를 지향하라. 최고에의 지향(Commitment to excellence)은 개인의 역량을 강화하기 위한 중요한 요건이다. 『맹자(孟子)』에서 이르길, "하늘이 사람에게 큰 임무를 내리기 전에 반드시 먼저 그 심지를 괴롭게 하고 근골을 수고롭게 하고 굶주리게 하고 궁핍하게 하고 하는 일마다 어그러뜨리고 어지럽히는 등 고난과 시련을 주어서 마음을 분발하고 인내케 하는 것은 그가 잘하지 못하는 일도 해낼 수 있는 능력을 주기 위함이다(天將降大任於斯人也 必先勞其心志 苦其筋骨 餓其體膚 窮乏其體行 拂亂其所爲 是故 動心忍性 增益其所不能 ; 천장강대임어사인야 필선노기심지 고기근골 아그체부 궁핍기신행 불난기소위 시고 동심인성 증익기소불능)."라고 했다. 이는 모든 병고위난(病苦危難)으로 삶의 곡절을 겪게 하여 더욱 지혜롭게 하고, 일체의 기를 조절하여 지성합일 시키고자 함이다. 고행을 의미하는 '산 넘어 산'이라는 말도 있지만 수도 과정에서 오는 고난의 유익함을 되새기게 하는 좋은 경구이다. 까치는 바람이 가장 강하게 부는 날 집을 짓는다. 튼튼한 집을 짓기 위해서다. 바람이 불지 않는 날 지은 집은 약한 바람에도 허물어진다. 새들도 바람이 강하게 부는 날 집을 짓듯이 우리도 혹독한 고통을 이겨내는 튼튼한 마음의 집을 지어야 한다.

천재든 아니든, 처음 접하는 분야는 익숙하지 않으며, 잘 하지 못하는 것이 너무나 당연한데, 사람들은 그 간단한 사실을 쉽게 받아들이지 않는다. 그대신에, 어떤 분야에서 노력이 필요하다는 사실 자체를, 그 분야에 나의 재능이 없다는 사실로 오해를 한다. 그래서 노력이 필요한 어려운 일에 도전하지 않고, 더 나아가 새로운 일에 도전하지 않는다. 그렇기 때문에 그 사람은 더는 성장하지 못한다. 우리에게 노력하고, 인내하는 자질은 타고나는 것이 아니라, 마음속의 은밀한 신념의 크기에 따라 결정되는 것이다. 그러므로, 큰 의지와 용기에다 자기를 묶어, 일종의 자기 긍정을 기반으로 임무 수행의 출발 시점에서 긍정적 사고를 가지고 도전하는 기상으로 시작하여야 한다. 일생 동안 긍정적 비전을 가지고 어떠한 임무나 직책이라도 수행할 수 있다는 각오를 다지고, 또 어떠한 문제라도 손쉽게 다룰 수 있는 지성과 지혜를 계발하며, 불퇴전(不退轉)의 용기(勇氣)를 항상 수련 (修鍊)하여야 한다.

7.3 정성과 감사의 삶

7. 3. 1 성실한 삶의 실제

지혜로운 선인의 말이나 문학, 시에서 꿈이 있는 사람의 인생 여정을 망망한 대해를 선박이 운항하는 것으로 비유한다. 꿈과 비전이 있으므로 행복하며, 꿈을 이룰 수 있는 가능성을 확신하면서 수행하고 노력한다. 꿈을 성취하는 기쁨을 알기에 미래에 대한 꿈을 꾼다. 뜻이 있는 곳에 길이 있다는 옛 어른의 가르침처럼 어디까지나 성공의 첫걸음은 꿈을 꾸는 것이다. 비록 인간은 새처럼 무한의 공간으로 날아오를 수는 없지만, 꿈을 지녔기에 지상을 날아올라 비상할 수 있다. 이처럼 누구나 꿈을 소유하여야 그 꿈에 도달하기 위한 가능성의 길이 보이기 시작하게 된다. 큰 꿈은 사람을 더 노력하게 만드는 역동성을 부여하기에, 일단 꿈은 클수록 좋다. 지속적인 행복을 유지하기 위해서는 비전이 있어야 한다. 하지만 꿈만 있고 비전이 없는 경우가 많다. 그렇게 되면 꿈만 달성되고 나면 모든 게 끝나버리고 만다. 한 가지 꿈은 그 꿈을 이룰 때에만 행복감을 느끼게 하지만 비전은 꿈 넘어 꿈을 추구하는 과정에서 행복감을 느끼게 한다. 그래서 행복한 사람들은 비전과 꿈을 가지고 이를 실행하기 위해 끊임없이 노력한다.

인생에는 세 가지의 중요한 선택과 결정이 있다고 한다. 인생관의 선택, 직업의 선택, 배우자의 선택이다. '인생을 어떻게 살아갈 것이냐?', '이 세상에서 무엇을 할 것이냐?', '누구와 같이 한 세상을 살아갈 것이냐?', '인생을 어떻게 살아갈 것이냐?'이다. 이에 대한 선택과 결정을 어떻게 하느냐에 따라서 승리와 패배, 행복과 불행, 흥(興)과 망(亡), 성(盛)과 쇠(衰)가 좌우된다. 교육과 수행은 인생의 모든 문제에 대하여 올바른 택을 할 수 있는 지혜와 능력을 길러 주는 과정이다. '어떤 태도로 일을 하느냐?', '어떤 태도로 공부를 하느냐?', '어떤 태도로 사람을 대하느냐?', '어떤 태도로 사물을 보느냐?' 하는 것들은 우리 생의 가장 중요한 문제다. 특히 '어떤 태도로 인생을 살아가느냐?' 이것은 인생의 근본 문제의 하나다. 우리는 인생의 근본문제에 대하여 근본적인 물음을 던지고 또 던져야 한다. '나는 어디서 와서 어디로 가느냐?', '나는 누구이고, 또 나는 무엇이냐?', '나의 설자리가 어디며 나의 할 일이 무엇이냐?', '내가 가야 할 목표가 어디냐?', '인생은 성실하게 살 만한 가치가 있느냐?', '어떻게 사는 것이 가장 보람 있게 사는 것이냐?', '인생의 최고선(最高善)은 무엇이냐?', '우리는 왜 살아야 하느냐?', '행복은 어디 있으며 나는 과연 인생을 옳게 살아가고 있는가?' 스스로 이러한 물음을 묻고 명확한 대답을 찾아야 한다. 이러한 물음이 없다는 것은 인생을 성실하게 살아가지 않는다는 증거다. 이러한 물음과 대답을 인생관(人生觀)이라고 일컫는다.

인생의 여정에는 연습이 없다. 인생에 재수생은 있을 수 없다. 그날 그날이 시합이요, 한 해 한 해가 결승전이다. 인생에서는 여분의 바퀴(Spare tire)가 없다. 처음이자 동시에 마지막이요, 알파인 동시에 오메가다. 일기일회(一期一會)의 사건이 매번 연속되는 일상의 연속이다. 인생 벽두에 제일 먼저 선택하고 결정해야 할 일은 '인생을 어떤 태도와 어떤 자세로 살아야 하느냐?' 하는 문제다.

인생에 대하여 여러 가지 이상, 목표, 태도, 자세를 가질 수 있다. 회의적(懷疑的) 자세로 불성실하게 방관자처럼 냉소적 태도로 살아가는 이도 있다. 도박꾼처럼 감격이 없이 자포자기하는 향락에 몰두하여 살아가는 이도 있다. 정열과 또 중용(中庸)과 지족(知足) 속에서 분수에 맞는 생을 사는 이도 있다. 감사와 기쁨 속에 인생을 찬미하면서 살아가는 이도 있다. 적극적 기백(氣魄)을 가지고 높은 목표에 용감하게 도전하는 이도 있다.

인생은 예술처럼 살아야 한다. 자기 생명의 예술가가 되어야 한다. 예술가는 하나의 명작을 만들기 위하여 심혈을 기울이고 온갖 정성을 쏟는다. 고생을 무릅쓰고(刻苦, 각고) 열심히 조각 작품을 새기고(勉勵, 면려), 쪼는(彫琢, 조탁) 과정 끝에 아름다운 작품이 창조된다. 모름지기 예술가처럼 창조적 인생을 살아야 한다. 먼저 자신의 인생에 대한 강렬한 이데아(Idea)가 머리 속에 있어야 한다. 그 다음에 목표를 완성하기 위하여 불철주야 노력을 계속해야 한다. 그리고 자신의 일생에서 하나의 결실이 만들어지면 많은 사람들에게 미(美)와 기쁨을 줄 수 있다. 간절한 소원은 반드시 이루어진다고 했다. 정신일도(精神一到) 하사불성(何事不成)이요, 양기발처(陽氣發處) 금석가투(金石可透)라고 선현들은 말했다.

시종 일관한 집중력처럼 무서운 것은 없다. 인생을 훌륭한 작품으로 만들려면 강한 의지와 태도가 무엇보다도 중요하다. 그런 의지와 태도를 견지한다면 누구나 명작을 만드는 생명의 예술가가 될 수 있다. 인생은 예술처럼 살아야 한다. 우리 인생의 남은 여정은 처녀항로와 같아서다. 꿈이 있는 사람의 여정은 항해이고, 꿈이 없는 사람의 여정은 표류에 해당한다. 항해와 표류의 차이는 무엇인가? 그것은 목적지와 항로와 방향의 차이다. 항해는 목적지의 항로를 따라 정확한 방향으로 가는 것이지만, 표류는 항로를 이탈하고 엉뚱한 방향으로 가는 것을 의미한다. 인생의 항해는 목적과 방향이 분명해야 한다. 정확한 항로를 따라가야 한다. 좌나 우로 치우치지 말고 심사숙고해서 미리 준비한 좌표를 따라갈 때 표류하지 않고 항해하는 인생이 될 수 있다.

7. 3. 2 정성과 감사의 생활 태도

최근 개인과 사회 현상에서의 문제점에 대처하고 개인과 사회를 변영시키기 위한 강점과 장점을 연구하는 심리학의 한 분야로서 긍정심리학이 주목받고 있다. 그리고 긍정심리학은 정신질환 치료에 그치지 않고, 일반적인 삶을 더욱 충실히 하기 위한 연구로 이어지고 있다. 이를 통해 우리는 삶의 질과 행복 증진이 객관적이고 양적인 상태로만 평가될 수 없으며 질적 상태에 대한 접근이 동시에 필요함을 볼 수 있다. 같은 상황에서도 인지하고 느끼는 정서와 경험이 개인마다 다르다. 과연 인간이 건강하고 만족하려면 무엇을 얼마나 가지고 있어야 하는지에 대한 물음과 답을 찾기 위한 노력은 여러 학문 분야에서 계속되고 있다. 긍정심리학에서는 인간의 강점과 긍정적 정서에 관심을 두고 행복, 기쁨, 만족, 사랑, 미덕, 웰빙(Well being), 희망, 감사 등에 대한 심리적 이론을 다양하게 다루고 있다. 이 중 감사(感謝, Gratitude)는 긍정적 심리 특성의 하나로서 감사 성향(Gratitude disposition)은 긍정적 경험을 하거나 긍정적 결과를 얻은 것에 대한 다른 사람의 공헌을 인식하고 고마운 마음으로 반응하는 일반화된 경향성이며, 일상생활에서도 비교적 쉽게 경험할 수 있는 성향이다. 긍정적 정서는 행복함, 평온함, 관대함, 겸손함과 같은 성격 특성으로서 원만한 대인관계 및 친사회적 행동과 관련되고, 부정적 정서는 신세를 갚아야 하는 부담감, 미안함, 의무감, 빚을 졌다는 느낌 등과 관련된다. 즉, 상황이나 맥락에 따라 다른 의미를 가지는 것으로 해석된다. 감사에 관한 연구들을 살펴보면 감사 성향이 높은 사람들이 그렇지 않은 사람에 비해 긍정적 특성을 더 많이 가지고 있으며, 삶의 만족도와 안정감이 높았다. 감사는 말, 행동, 기록 등으로 표현될 수 있고, 감사 표현을 통해 행복감 증진, 안정감, 친사회적 행동 경향, 대인관계 및 정신적, 신체적 건강에 긍정적 영향을 미친다.

감사는 개인의 감정과 심리의 긍정적인 표현을 넘어, 상대방과 교류하는 상호관계에 긍정적 영향을 미치며, 유연한 대인관계, 친사회적 행동 및 영성과 정적 관계가 있는 반면에 우울 및 불안, 스트레스를 적게 경험하고, 질투심이나 물질주의적 태도와는 부정적 관계가 있다. 감사 성향은 자기의 긍정적 잠재력이 되면서 타인에 대한 공감과 배려를 촉진하여 대인관계를 향상시킬 수 있는 보호 자원이라고 할 수 있다. 긍정 심리를 기반으로 하는 기존의 용서, 분노 조절, 인지 행동 프로그램에서도 감사의 개념은 하나의 긍정적 성과 지표로 적용되거나 프로그램 구성 내용으로 포함되기도 한다. 인간은 매순간 주어진 상황에 다양한 의미를 부여하며 뭔가를 선택하고, 그 결과에 대한 책임을 지며, 과거, 현재, 미래를 동시에 현실에서 교차 경험하면서 살아간다. 감사는 한 개인의 감정과 정서를 포함하여 인간의 삶을 보다 긍정적인 방향으로 변화되어 갈 수 있게 하고, 현재의 자기에 대한 긍정적 이해로 타인에 대한 수용도 쉽게 해준다. 즉, 감사하는 마음은 과거의 경험을 제대로 음미하고 올바르게 평가하여 수용하도록 하며 현재의 상황에서 미래에 대하여 올바른 선택을 할 수 있도록 돕는다.

"평소에 감사를 많이 자각하는 사람들이 그렇지 않은 사람들에 비해 행복감이 높고 스트레스 수준이 낮다는 연구들은 이를 뒷받침한다. 복잡 다단한 현대 사회를 살아가며 어차피 피할 수 없는 스트레스라면, 불평, 불만으로 세상을 바라보기보다, 스트레스가 높은 상황에서도 이를 긍정적으로 직면할 수 있는 중재 노력을 통해 삶의 질을 끌어올릴 필요가 있다. 즉, 스트레스 요인에 대한 인지적 평가에 따라 이에 대한 적응이 가능할 수도, 부적응적이 될 수도 있음을 설명한 연구는 함의하는 바가 크다. 스트레스를 부정적으로 받아들이면 질병으로 이어지지만 긍정적으로 받아들이면 행복해질 수 있다는 것인데, 중요한 것은 스트레스 자체보다 스트레스 대처 행동이라는 것이다."[59]

감사는 분노를 용서로 승화하고 더 크고 풍성한 감사를 경험할 수 있는 인간됨의 성숙을 발견할 수 있게 한다. 그러므로 인간의 부정적 정서 중, 개인의 분노, 화(火)에서 시작하여 자기와 남에게까지 상처를 일으킬 수 있는 분노를 가라앉히고, 작은 불씨처럼 가볍게 시작되었다가 넓게 번져나갈 수 있는 불평 요인을 잠재우고 나면, 개인에게 내재되어 있는 감사 요인들이 서서히 인식되고, 나타낼 수 있게 된다. 또한 자기 표현의 증가는 자기에 대한 이해와 자아 존중감의 향상, 총체적 건강 증진에 긍정적인 영향을 줄 뿐만 아니라, 감사를 베푼 사람과 받은 사람 간의 호혜적이고 친사회적 보답 행위를 증가시킴으로 타인과의 관계에도 긍정적 변화를 일으킬 수 있다. 즉, 감사의 감정을 만들고 감사의 표현을 타인에게 전달하는 것은 개인에게 긍정적 변화가 일어나는 것으로 끝나지 않고 타인과 다수의 집단을 포함한 환경 전반에까지도 영향을 줄 수 있다는 점에서 그 의미가 크다.

"감사에는 대상이 있다. 그 대상은 사람뿐만 아니라 가시적인 사물이나 자연으로 형체가 있거나, 심리적으로 경험되는 정서 또는 신과 같은 형이상학적인 것일 수도 있다. 감사는 실재론적인 대상과의 상호작용을 통해 언어적이거나 비언어적으로 표현되며 그 사이에는 선행되는 사건에 대한 긍정적인 표현 또는 부정적인 표현이 나타날 수 있다. 감사는 선행 사건으로 인한 결과로 나타날 수도 있지만, 반대로 누군가에게 감사를 표현함으로 도리어 더 많은 기쁨과 건강,

재물, 놀라운 경험, 많고 멋진 인간관계, 더 많은 기회 환원을 받을 수도 있어서, 양방향적인 인과관계가 있다고 할 수 있다. 감사는 건강의 회복, 감정의 치유, 스트레스에 대한 저항력 향상, 자존감의 향상, 대인관계의 회복 등의 변화를 일으키는 힘을 지니고 있어서, 감사 훈련을 통해 습관이 형성될 수 있으며, 타인에게 책임을 전가시키는 투사 수준의 방어기제를 사용하지 않고 덕분에라는 높은 수준의 방어기제를 사용하는 성숙한 인간성을 갖게 된다.

　뇌는 생리학적 기능의 작용으로 우리가 무엇에 집중하는가에 따라 그것을 현실로 실현하려 한다. 즉, 우리가 감사하면 뇌는 감사를 현실로 실현하여 감사할 일을 만들려고 기능을 준비한다. 감사하도록 생각하고, 느끼게 하며 행동하게 한다. 그래서 결국 아! 나는 기쁘다 하는 기쁨을 체험하게 해준다. 반대로 불만과 불평을 한다면 뇌는 그것에 집중하여 불만과 불평할 일을 만들어 낸다. 그러므로 훈련을 통해 감사하는 습관이 형성된다면 일상생활에서 불평과 분노를 줄이는 소극적 감사로부터 다양한 방법으로 더 자주 표현하게 되는 적극적 감사로 발전하고, 나아가 내 뜻과 다른 상황에서도 감사하는 무조건적 감사뿐만 아니라 그저 있다는 사실만으로도 감사할 수 있는 성숙한 감사에 이르기까지 더욱 성장하고 풍성해질 수 있다.[60]

　감사는 상호작용의 긍정적 표현을 통해 개인, 자아와 타인의 긍정적 변화를 이끌어낼 수 있는 힘이다. 긍정적 표현이 증가하면 감사 개념의 발생 결과로서 일상에서 경험하는 다양한 상황 속에서 자기에 대한 긍정적 이해가 증가한다. 그리고. 감사의 표현을 주고받은 상대에게도 감사와 행복을 느끼게 해주므로 공동체 의식에까지 영향을 주어 사회집단의 환경과 문화를 긍정적으로 변화시킬 수 있게 된다. 감사는 상호작용의 표현, 긍정적 변화를 이끌어내는 힘, 훈련과 습관 형성으로 단계별 성장 등의 세 가지 속성을 가지고 개인의 내·외적 환경에 대해 고마움을 인식하고 느끼며 행동하는 것이다. 우선, 상호작용의 표현이란 개인이 타인에 대해 느끼는 감사함과 우호적인 감정을 무슨 방법으로든지 표현하여 서로에게 전달되는 것이다. 감사 성향이 높은 사람들은 그렇지 않은 사람에 비하여 유연한 대인관계, 친사회적 행동과 정량적 관계가 있다. 다음으로 긍정적 변화를 이끌어내는 힘이란 개인의 상황에 구애받지 않고 부정적인 인지, 감정, 행동에 긍정적인 변화가 나타나도록 북돋워 주는 에너지를 말하며, 잠재적 가능성을 의미한다.

심리적으로 건강한 사람은 자신의 인지 활동에 대해 자각하고 있어서 사고, 감정, 행동을 더욱 긍정적인 방향으로 이끌 수 있다. 감사 성향이 높은 사람들일수록 부정적으로 해석하기 쉬운 상황 속에서도 긍정적인 속성을 잘 찾아내고 자신에게 긍정적인 방향으로 재해석하며, 스트레스, 우울감 등 부정적인 정서를 덜 지각하는 것으로 나타나고 있다. 특히, 감사함을 발견하는 생활은 궁극적으로 세상을 긍정적으로 바라보게 할 뿐만 아니라, 자기 자신에 대한 가능성을 발견하게 한다. 자신의 삶에서 부정적인 부분보다 긍정적인 부분에 초점을 맞춤에 따라 성공했던 경험을 쉽게 떠올리게 되어 자신의 능력에 대한 신뢰가 높아지고, 자신이 타인의 호의를 받을 만한 소중한 사람이라고 생각하게 된다. 한편, 자신이 타인으로부터 따뜻한 선의를 받는다는 감사함의 지각은 공감, 용서 등 친사회적 행동을 하려는 동기를 증가시킬 수 있다. 다른 이에게 받은 감사를 통해 자신의 가치를 느끼고 타인과의 관계에 대해 생각해보면서 실제로 자신도 다른 사람을 돕는 행동을 할 가능성이 증가하게 된다. 특히, 감사는 타인을 위해 무언가를 하고 싶다는 반응에서 의미 있는 차이를 보여, 직접적인 보답을 하려는 경향성을 증가시킨다. 감사는 사회적 연대감을 형성하고 유지시키는 데 감사가 중요한 역할을 수행하며, 다양한 대인 관계 영역에서 보다 적응적으로 기능하기 위해 필요한 덕목이 바로 감사, 감사의 의도이다. 개인의 긍정적 사회 적응 태도는 다양한 영역에서 개인의 창의성과 발전 가능성을 향상시켜 주는 심리적 자원으로 작용하며, 사회적 소통 능력 또한 긍정적 성향을 바탕으로 더욱 효과를 증진시킨다. 긍정적 사회성으로서의 생활 만족도는 자신의 삶에 대한 주관적인 평가로, 주관적 안녕감(Subjective well-being), 행복감 등이다. 생활 만족도는 객관적인 기준이 존재하여 측정되는 것이 아니라, 주관적 영역에서 오로지 개인의 판단에 의해서 평가되는 만족의 정도이다. 긍정적 정서는 개인적인 수준에서는 커뮤니케이션 기술이나 행복을 의미하는 것일 수 있으며, 공동체적 수준에서는 친밀한 사회 유대 관계의 형성이나 시대의 아픔을 함께 겪어낼 수 있는 힘의 원천이 될 수도 있다. 전반적인 생활 만족도는 즐거운 감정과 기분을 더 많이 경험하고, 부정적인 감정이나 기분은 적게 경험함을 의미한다.

감사 성향은 정서적 특질의 일종으로, 자신에게 벌어진 긍정적인 경험이나 좋은 일에 대해 다른 사람의 역할을 인지하고 그에 대해 감사하는 마음으로 반응하는 일반화된 성향이다. 예컨대, 개인이 이룬 성취에 대해 오로지 자신의 능력이나 운에 의한 것이라 여기는 사람들과, 자신이 성취를 이룰 수 있도록 도와준 주변 사람들에 대해 감사하는 마음을 강하게 느끼는 사람들 사이에는 일관된 차이가 존재한다. 정서로서의 감사는 긍정적 정서에 속하는 즐거운 상태이고, 감사는 또한 존중이나 신뢰와 함께 긍정적인 대인(Interpersonal) 정서에 속한다. 감사 성향은 생활 만족도나 행복감과도 관계가 깊은데 감사한 일을 구체적으로 떠올리는 것이 개인의 행복감을 증가시키고 스트레스는 낮추는 효과가 있음이 실험을 통해 밝혀졌다. 감사함을 느낄 줄 아는 것은 행복감과 삶의 만족으로 이어진다. 이렇게 감사 성향이 높은 사람들은 그렇지 않은 사람들에 비해 사회·정서적 차원에서 이로운 점이 많다.

감사는 의무감과는 다르게 주관적 안녕감과 정적으로 연결된 감정이면서, 사회 진화의 관점에서 볼 때, 친숙하지 않은 사람들에게도 이타심을 느끼게 하는 특별한 정서이다. 감사는 기본적으로 개인의 긍정적 성과에 대해 타인의 기여를 지각하는 것에서 비롯되는데, 공감이나 선한 마음 또는 도덕적 정서로 풀이될 수 있다. 개인의 성향적 측면인 생활 만족도와 감사 성향은 특정 사건이나 상황에 대한 인지적 해석 패턴에 영향을 미치고 이러한 패턴은 다시 소통 능력에 영향을 준다. 생활 만족도와 감사 성향이 높으면 적응적 정서 조절 패턴을 보일 가능성이 높고, 이는 소통 능력 향상과 직접적으로 연계되어 개인과 사회의 정서적 공동체 기반 조성이 촉진되는 효과로 나타난다. 인간은 생물학적, 심리학적, 사회적 조건들을 극복할 수 있는 능력을 가지고 있으며 원인과 결과의 법칙에 지배되는 심리적 기계가 아니라 궁극적으로 자기의 판단과 의도 및 행동을 결단하는 주체이다. 그리고 바로 자기 초월 행위에 의해서 단순한 생물적, 심리적 평면을 떠나 인간의 특유한 영역, 즉, 정신적 차원으로 들어간다. 이 영적인 영역을 통하여 자기 초월의 의미를 발견하는 사회적 공감대를 구성원 모두가 서로 조화를 이루며 개인과 사회의 이상 실현에 대한 의미로서 공유하게 된다.

7.4 역사에서의 소박한 자취

7.4.1 소박한 인생의 여정

세월이 인간 세상의 무대를 연출하면서 지나간 자리에는 시간의 허망함을 말해 주는 제행무상(諸行無常)의 실상이 우리들의 심상에 남아 있게 된다. 봄이 지나간 자리에는 싱그로운 신록의 잎이 성장하기 시작하고, 가을이 지나간 자리에는 알차고 풍성한 열매가 남는다. 이와 같이, 사람은 자기가 존재하는 시간의 흐름에 순응하여 자연의 섭리 속에서 살아가게 된다. 또 역사가 지나간 자리에는 인물과 유적이 남듯이, 한 인간이 지나간 자리에도 분명한 그의 자취가 남게 마련이다. 오랜 시간 동안 면면히 흐르는 도전과 응전의 인간 역사에서 나는 과연 어떤 흔적을 남기게 될까? 촛불이 불꽃을 통하여 다른 초에 새 불꽃으로 이어지고, 성인의 가르침이 사자후(獅子吼)를 매개로 학인에게 이어지듯이, 인간은 자손을 통하여 영속하는 존재의 자취를 이어나가게 될 것이다. 내가 가지고 떠날 것은 많은 재산도 아니요, 명예도 아니요, 내가 만들었던 존재 양식의 실상과 그 역사적 형상만을 가지고, 또 남겨두고 우주의 뒤안길로 떠나게 된다. 많은 재산을 자손들에게 물려주기보다, 고유하고 유일한 자기 존재의 실상과 의미 있는 사회적인 활동의 흔적을 남기면, 자손과 후학에 대한 귀중한 사표가 될 것이다. 자기 존재의 핵심이며 중심인 자성의 본래 자리에서 평안한 마음으로 자기의 참 존재를 관조하면, 자신이 우주에서 가장 존귀하고 유일한 절대 가치를 가지는 존재라는 이성의 소리를 인지할 수 있다. 그러나 지구에서 수십 억만 개인이 살아가고 있는 현실에서, 미약한 독립 존재로서 인간의 생존 현실을 시야를 넓혀 관조하면, 인간의 보금자리인 지구는 태양계에 속하며, 대우주 수억 은하 가운데 하나인 우리 은하의 조그만 행성에 불과하다는 현실을 깨닫게 된다. 이러한 광대 무변한 우주에서 지구의 의미, 또 그 '지구에 존재하는 나의 존재에 대한 이미기 무엇인가?'라는 사색은 자신이 만들었거나, 만들어 나갈 모든 자취들에 대한 새로운 관찰 태도를 가지게 한다. 홀연히 세상에 태어나서 자신의 존재를 인지한 후, 개인의 모든 사회 활동은 정직하고 진실한 기록으로 우리의 마음 속에 남고, 또 자손들에게 존재의 실상으로 남을 것이다. 작곡가는 오선지에 아름다운 명곡을 남기고, 철학가는 인생의 의미를 기록하고, 성인은 사랑과 자비와 은혜를, 위대한 스승은 훌륭한 제자를 남기고, 훌륭한 부모는 자녀들을 가정, 사회, 국가와 인류에 든든한 대들보로 성장시킨다.

우리는 이 세상에 무심하게 스쳐 지나가며, 잊혀지는 허무한 존재가 결코 아니다. 우주의 고고한 지성과 영혼의 존재 의미를 인지하고 치열한 생애를 살았다면, 인간은 죽어간 것이 아니라, 영원히 살아 숨쉬는 우리들 인문(人文)의 기록이 위대한 우주의 정신 속에 기록될 것이다. 모름지기, '만물의 영장으로서 나는 과연 어떤 자취를 남겼고, 어떤 자취를 남기고 있으며, 어떤 자취를 남길 것인가?' 조용히 눈을 감고 심각하게 또, 깊이 고찰해 보는 시간을 가지는 것은, 자신 생애에서 귀중한 변곡점이 될 것이다. 자연계에서 만물 생성과 물질 순환의 원리는 출생하고 생존하고 번성하며, 마침내 소멸하는 것이다. 인간은 자연계의 다른 생물과는 다른 특이한 생존 과정을 갖는다. 인간은 외부 세계에서 많은 지식을 흡수하며 자신과 외부 세계를 적절하게 변형하고 발전시켜 왔다. 이 과정에서 인간은 스승이나 학교, 그리고 사회 생활을 통하여 생존 방식과 전략을 배우고 성장하며, 이를 바탕으로 주위 환경으로부터 발생하는 위험을 완화 또는 제거해 나가며, 개인 존재의 의미를 실현시켜 나간다. 지구 상의 모든 동물은 태어난 후 아주 짧은 시간에 생존 방법을 배워서 부모를 떠나서 독립 개체로서 생활을 영위한다. 반면, 인간은 수명 주기의 상당 기간을 할애하여 이십 대 초반까지 가정과 부모의 보호 아래 교육을 받고 사회나 국가의 지도 아래 성장 과정을 거쳐서 독립된 개체로서 사회 활동을 시작한다.

　　인간 생존 과정과 사회 활동에서 문제가 되는 것은 환경과 운명이라기보다는, 오히려 그 환경과 운명을 받아들이는 인간의 내면적 지성과 외부의 도전에 응전해 나가는 실존 양식이다. 인간이 자연과 공존하는 기나긴 인류 생존의 역정에서 인간의 지성은 죽음을 포함하여 모든 상황에서 고귀하고 이상적인 의미를 찾을 수 있다고 믿었다. 사람의 절망과 허무감은 사실은 마지막 이전에 관한 것이며, 사람의 깊이 있는 생은 긍정이요, 적극적인 창조다. 그러므로 대부분의 사람들은 역경에서 더욱 강해진다. 그러므로 인간은 생의 궁극적이고 고귀한 의미를 찾기 위한 본래적인 원초적 갈망을 가지고 있다. 생존에 대한 의지가 인간의 정신 건강이나 자기 실현을 위한 주요한 요인이 되는 동시에, 일생 동안 도달할 수 있는 궁극적인 가치, 즉, 의미를 실현시키게 하는 원동력인 것이다. 바로 이 의미 추구가 인간이 다른 동물과 다른 점이다. 삶의 근본적인 힘은 본능적 충동에서 나오는 것이 아니라 의미의 발견과 의미를 추구하려는 우리 인간들의 역동적인 의지에서 흘러나오는 것이다. 인간은 단순한 방어기제, 반동 형성을 위해서는 죽으려 하지 않지만, 이상과 가치를 위해서는 죽을 수도 있다. 인간이란 타락할 수 있는 여러 가지 위험을 지니고 있는 반면에, 형이상학적 추상적 의미나 자아 실현에의 의지와 같은 보다 고상한 열망들을 인정하면, 전력 두구하여 그 열망의 실현을 촉진시킬 수 있는 존재이다. 의미는 존재에 앞서고 자기 초월적이기 때문에 주어지는 것이 아니라 탐색되는 것이다. 그러므로 여기에는 반드시 자유와 책임이 따른다. 의미는 개인이 당면한 환경에 의해서 독특해질 수 있지만 사실 의미를 탐색할 수 있는 환경이란 없으며, 그러므로 자유와 책임은 어떤 조건 아래서도 누구에게나 부여된다.

이러한 문제 상황에 대해 인간은 전지전능하지도 않으며, 본능에만 의지하는 동물적 존재도 아닌 중간적 존재로서 이성적 사고를 통해 대처한다. 여기서 영적(Spirit)이란 말은 종교적인 의미가 아니라 인간 실존의 특수한 차원에 대한 말로서, 자유의지의 구사, 가치의 인정과 결단 등의 심리적인 수준을 초월하여 있다는 것을 강조하는 것이다.

"인생 여정에서 피어나는 소박한 작은 꽃, 인생은 사람이 세상에서 사는 것이나, 살아있는 시간, 경험, 삶, 생애, 일생 등을 뜻한다. 그리고 여정(旅程)은 여행 중에 거쳐 가는 길이나 여행의 과정이다. 과정을 따라가다 보면 결과가 나온다. 인생 여정은 그 과정이 길다. 시간이라는 것이 뒤로 되돌아오는 법이 없듯, 인생이라는 기차 또한 과거에로 되돌아갈 수 없다. 우리의 마음가짐과 태도를 바꾸면, 지금까지 알지 못했던 행복은 반드시 찾아온다. 부정적인 생각보다는 긍정적이고 적극적이며 정열적으로 뛰어 보는 것이다. 봄이 오기 직전이 가장 추운 법이고, 해뜨기 직전이 가장 어두운 법이다. 사방이 다 막혀도 위쪽은 언제나 뚫려 있고, 마지막이라고 생각하고, 진리 앞에 절실하게 기도를 올리면 희망이 생겨나게 된다. 인생은 원래부터 정답이 없는 것, 그럴 수도 있지 하며 대범하게, 그냥 웃고 지나치면 한 번뿐인 인생을 좀 더 사람답게 살다가 사람답게 죽을 수 있다."[61]

세상이 흔들리고 도전의 파도가 나에게 밀려와도, 흔들림 없는 굳건한 자아를 가질 수 있는 방법으로, 외부적인 무엇이 아니라, 내면의 의로움을 키워나가는 호연지기(浩然之氣)의 마음을 가져야 한다. 인간의 마음이나 에너지 시스템은 물리적으로 정확하게 측정될 수 있는 실체가 아니다. 자기가 살아온 인생 역정이 곧 자신의 몸 그 자체다. 무수한 영적 가르침은 모두, 영적 교훈인 괴로운 삶의 경험을 통해서 스스로 성장하도록 권장한다. 자신의 생존을 위한 기술을 개발하고 일상생활에서 활용하는 능력의 배양, 이것은 아무리 강조해도 지나치지 않을 만큼 대단히 중요한 사실이다.

인생 여정의 끝자락에 이르면, 우리 생각의 주요 관심은 삶에서 존재의 실상으로 향한다. 평생 좇던 모든 소유는 부질없어진다. 한마디로 '내적인 가치를 추구하느냐?', '외적인 성취를 추구하느냐?'의 선택의 갈림길에 선다. 비전, 생의 의미, 가족, 사랑, 친구, 신앙 등 우리의 내면을 풍요롭게 하는 것들, 즉, '존재에 우선적 가치를 두느냐?', '명예, 돈, 권력 등 소유를 인생 여정에서 최고의 목표로 삼느냐?'이다. 욕망은 성취의 필수 조건이지만 인간 본성에 내재된 근원적 욕망은 멈출 줄을 모른다. 인간의 마음속에는 가질수록 더 갖고 싶어지는 정신적 가속 장치가 장착되어 있다. 이 정신적 가속에 매몰되어 무감각해지면 탐욕, 애착, 집착의 무한 반복된 일상에 구속되어, 목마른 괴로움으로 마음은 평안할 날이 없다. 인생을 살아가는 과정에서는 여러 가지 길이 있고, 각자의 지식과 철학적 고려가 있을 수 있다. 그러므로 개인의 인생과 미래를 설계하고 개척해 나가는 길에는 하나의 고정된 모델이 없다. 실로 인생은 다양한 것이며, 개인의 선택이 얼마든지 있으며, 자기 자신에 대하여 선택의 가능성과 자유가 있으며, 그 결과에 대한 책임도 당사자에게 있다. 산다는 것, 생명의 목적은 자기 실현이요 자아 완성이다. 생의 의미는 최고도의 자아를 완성하고 생활에서 실현하는 것이다. 즉, 존재한다는 것은 자기를 표현하는 것이다. 최고의 자아 완성, 최대의 자기 실현을 성취하는 것, 이것이 생의 목적이요, 의미이다. 인생은 창조적 자기 표현이다. 장미는 빨간 장미꽃을 피움으로써, 뻐꾸기는 구슬픈 노래를 부름으로써 자기를 표현한다. 사과나무는 빨간 사과를 결실케 하는 것이

생의 목적이다. 시인은 아름다운 시를 쓰고, 화가는 훌륭한 그림을 그리고, 웅변가는 힘찬 연설을 하고, 기업가는 새로운 기업을 일으키고, 발명가는 기계를 만들고, 정치인은 새로운 사회를 설계한다. 모두가 자기 표현의 행동이요, 자아 실현과 자아 완성의 행동이다. 그러나 인간은 결코 완전한 존재가 될 수 없으며, 영원한 미완성의 존재다. 부족한 지혜와 연약한 인간의 정신과 육체를 가지고, 이상적인 완전과 완성을 향하여 부단히 노력하는 것이 인간이요, 인간다운 자세다. 나의 가장 존귀한 것, 나의 가장 아름다운 것, 나의 가장 참된 것, 나의 가장 착한 것, 나의 가장 깊은 것을 표현하고 개발하고 실현해야 한다.

신은 우리에게 귀중한 생명을 주었고, 건강을 주었고, 재능을 주었고, 시간을 주었고, 인격을 주었고, 활동력을 주었고, 정열을 주었다. 우리는 이것을 가지고 무엇인가 보람 있는 것을 만들어야 하고, 가치 있는 것을 창조해야 한다. 산다는 것은 창조하는 것이다. 산다는 것은 무엇인가를 이루어 놓은 것이다. 신은 인간에게 백년의 시간과 많은 기회와 여러 재능과 훌륭한 인격과 왕성한 활동력을 주었는데, 아무것도 이루어 놓지 못한다면 생명에 대해서 부끄러운 일이다. 이 세상, 이 세계는 창조의 무대요, 인간은 생명의 예술가다. 인생은 예술이요, 생활은 작품이다. 우리가 죽을 때에 역사가 우리에게 던지는 엄숙한 질문이 있다. 당신은 이 세상에 무엇을 남겨 놓고 갑니까? 우리는 백년의 인생을 살다 가면서 무엇인가 보람 있는 것을 남겨 놓고 가야 한다. 올 때에는 빈손으로 왔지만 갈 때에는 훌륭한 것을 남겨놓고 가는 것이 인생이다. 아무것도 남겨 놓지 못한다면 사람으로서 부끄러운 일이다. 어떤 이는 위대한 작품을 남기고, 어떤 이는 훌륭한 인격을 남기고, 어떤 이는 보람 있는 사업을 남기고, 어떤 이는 본받을 만한 생애를 남기고, 어떤 이는 뛰어난 자녀를 남기고, 어떤 이는 탁월한 사상을 남긴다. 인생은 무엇이든지 자기의 꿈을 실현하기 위하여 하루 하루를 역동적으로 살아가는 과정이다. 이와 같이 꿈을 실현하기 위하여 사는 사람은 아름답다. 꿈을 살아가는 사람은 언제나 젊다. 이렇게 꿈을 사는 사람은 쉬지 않는다. 꿈을 사는 사람은 항상 생명력이 넘쳐 흐른다. 생명은 아름답고, 생명은 신비롭고, 동시에 저마다 우주에서 유일한 생명으로서 존귀하다. 인생을 최고로 사는 자세, 우리는 부단히 자기를 강화하고 자기를 정화하고 자기를 순화하고 자기를 심화하고 자기를 성화해야 한다. 그것이 자아 완성의 길이다.

08

소박하고 지혜로운
인생 여정

8.1 우리들 인간 존재의 실상

인간은 현실의 삶을 살아가지만, 동시에 그 삶을 초월하려는 자유 의지를 갖는 존재이다. 인간은 현실 세계에 실존하는 자기의 인생으로부터 자신을 분리시켜, 형이상학적인 존재로서 자신의 존재론적 조건과 발생 근거를 사유하려는 능력을 갖는다. 그러므로 주어진 시간과 현실적 한계 속에 삶의 책임감을 절감하고, 인간으로서 마땅히 해야 할 일, 순수 존재 이성을 자각하고 실천하면, 그 인생은 한 단계 도약할 수 있다. 인간은 비록 유한하지만 스스로 삶을 주재하고 당연의 가치를 실현시킬 때 인간의 가치는 무한해질 수 있다. 이의 실현을 위해서는 자신의 모습을 있는 그대로 인정하고 존중할 수 있는 용기가 필요하다. 인격체로서의 인간은 항상 합일적 혹은 일체적 성품을 지녀야 한다. 구체적으로, 내적 함양과 그것의 외적 표출이 있어야 한다. 곧고 바름(直)과 반듯함(方), 올바름(正)과 의로움(義), 경건함(敬)의 관계처럼 내적 함양과 그것의 외적 표출이라는 상호 보완과 합치의 관계를 지녀야 한다는 것이다. 인간은 자기 존재의 실현을 위해 노력하면서 행복을 추구한다. 세계는 늘 변하고 소통하니, 그 과정이 천도의 내용을 지닌 것으로서, 우주 운행 질서의 방식을 담고 있다. 또한 그것은 인도의 내용으로서, 인간사회의 규범의 방식을 담고 있다. 따라서 천도에 입각하여 통하여 변할 때 인도에 이로운 효과를 발휘할 수 있다.

　인생을 살아가는 데는 여러 가지 길이 있을 수 있다. 사람에 따라서, 그 성격에 따라서, 그 희망에 따라서, 그 환경에 따라서 인생은 변화하면서, 결실을 맺는 종말기로 향하는 과정의 연속에 다름 아니다. 인생의 긴 여정에서 자기의 인생을 이렇게 살아야 한다 하는 정형화된 격식은 없으며, 자신의 경험, 그리고 사회적 시대적 상황에 따라 자기의 역량에 기반한 연속적인 선택이 바로 자기의 인생 행로가 되는 것이다. 실로 인생은 다양한 것이며, 자기 선택이 얼마든지 있는 것이며, 자기 자신에 대하여 선택의 자유가 있으며, 그 책임이 오롯이 자기 자신에게 있다. 그러하기 때문에 자기 인생의 성공과 과정에 대한 이유도 자기 자신에게 있는 것이다. 자기 인생은 자기의 것, 이것이 진리이다. 인생은 무엇이든지 꿈을 만들고 그 꿈을 이루어 나가려고 사는 과정이다.

8.2 자기 삶의 여정

인생이 각자의 그릇이라고 하면, 그 그릇 속에 개인의 삶이라는 물을 채워야 할 때가 있고, 그 물을 비워야 할 때가 있다. 인생은 한쪽으로 흘러가는 것이 아니라, 세월의 흐름에 따라 부지런히 채우고 비우는 과정의 연속이다. 오늘 무엇을 채우고 또 무엇을 비울지, 인간의 마음 속에도 저울이 있다. 그릇 속에 쌓여가는 삶의 자취들에 대하여, 우리는 가끔 그 무게를 확인해 보아야 한다. 열정이 무거워져 욕심이 되지는 않았는지, 사랑이 한없이 무거워져 집착으로 변한 것은 아닌지, 자신감이 무거워져 자만을 가리키는지, 여유로움이 무거워져 게으름을 가리키는지, 자기 위안이 무거워져 변명을 가리키는지, 슬픔이 무거워져 우울을 가리키는지, 주관이 무거워져 독선을 가리키는지, 마음의 감정이 조금 무겁다고 느낄 때에, 가슴 속 깊은 곳에 가만히 놓여 있는 마음의 저울을 한번 들여다보아야 한다. 사람의 마음에도 평안하고 오롯하고 성성적적(惺惺寂寂)한 경지를 가지려는 절제가 필요하다. 세상을 살아가는 모든 길은 자유 의지의 소산이고, 그 방향은 자유롭게 열려 있다. 수많은 길이 있지만 내가 걸어가야 할 길이 아득한 옛날부터 오늘에 마련되어 있다. 막힌 길은 뚫고 가면 되고, 높은 길은 넘어가면 되고, 닫힌 길은 열어가면 되고, 험한 길은 헤쳐가면 되고, 없는 길은 만들어가면 된다. 길이 없다, 희망이 안 보인다고 말하는 것은, 생활에 대한 진정하고, 간절한 마음이 없다는 뜻이다. 청춘이란 인생의 어떤 한 시기가 아니라 마음 가짐이다. 장밋빛 볼, 붉은 입술, 부드러운 무릎이 아니라 풍부한 상상력과 왕성한 감수성과 의지력, 그리고 인생의 깊은 샘에서 솟아나는 신선함이니, 청춘이란 두려움을 물리치는 용기, 안이함을 뿌리치는 모험심, 그 탁월한 정신력을 뜻한다. 때로는 스무 살 청년보다 예순 살 노인이 더 청춘일 수 있다. 젊어 있는 한 열여섯이건, 예순이건 가슴 속에 경이로움을 향한 동경과 아이처럼 왕성한 탐구심과 인생에서 기쁨을 얻고자 하는 열망이 생동하고 있으면 청춘이 된다. 내 앞에 펼쳐진 날들이, 매일 새로운 날들의 연속이다. 모두가 새로운 삶의 방식과 새로운 환경에 도전이 시작되는 첫걸음이다. 아직 내가 가야 할 꿈, 앞으로 가는 길이 조금 멀다 해도, 그 꿈에 한 발짝씩 다가서는 희망의 탐색 과정을 사랑하는 것이 삶을 즐겁게 만드는 비결이다.

이력서에 경력을 적는 공간이 있다. 경력(經歷, Career)은 어원적으로 라틴어의 길이라는 뜻의 Carraria와 마차를 의미하는 Carr라는 단어에서 유래했다. 커리어(Career)는 라틴어뿐만 아니라 1530년대 중세 프랑스의 프로방스 또는 이탈리아의 Carraria에서 파생된 단어이기도 하다. 도로를 달리는 Car(자동차) 또한 Carre, Carraria와 비슷한 단어에서 유래되었다. 커리어(Career)라고 하면 일생이라는 길에서 직업을 통해 쌓는 일련의 발전 과정이라고 할 수 있다. 경력은 과거 이력만이 아니라 현재에 개발하고 있거나 미래에 지속적으로 개발해야 하는 대상을 포함한다. 따라서 경력은 보다 미래 지향적, 발전 지향적, 계속 지향적 속성을 가진다. 이러한 점에서 경력 관리는 경력 개발과 동일한 개념으로 이해된다. 이들 두 개념이 동일한 이유는 경력 관리는 지속적인 경력 개발을 통해서만 가능하기 때문이다. 경력에 대한 보다 장기적인 접근이 필요하지만, 눈앞의 현실만을 쫓다가는 목표 없이 무의미한 삶을 살 수밖에 없는 경우가 다발하고 있다. 스스로의 책임하에 올바른 선택을 할 수 있으려면, 자신에 대한 환상과 과거에 대한 집착을 버리고, 정확하게 자신을 이해하는 일이 필요하고, 이를 위해 다양한 정보를 수집하고 경력 전문가나 인생의 선배로부터 조언을 구하는 노력을 해야 한다.

우리가 살아가는 현실 세계에서는, 서로를 있는 그대로 승인하며 격려하는 만남이 이루어진다. 소유와 지배에 휘둘리는 대신, 존재의 실체를 자각하고 누리는 시공간이다. 그렇다면, 과연 인생에서 진정한 살맛을 느끼려면 무엇이 필요할까? 시간의 연속성 속에서 자신을 발견할 때, 우리는 비로소 살아 있음을 확인하게 될 것이다. 자신의 경험을 이야기로 빚어내고 그 의미가 타인에게 공명될 때, 인생은 살맛이 난다고 이야기한다. 삶은 단순한 생존이 아니다. 물리적인 시간과 생리적인 연명을 넘어 의미를 빚어내는 것이 삶이다. 학문 탐구와 지식과 경험의 공유, 그리고 자성적인 사색에서 개인의 지혜가 열리고 이성의 지평선이 비로소 자신의 앞에 그 본성을 나타내게 된다. 개인의 학문은 독서를 통해 계발되는 지식 공부에 해당하고, 그런 공부를 열심히 하면 학문은 틈틈이 성장한다. 배움의 핵심적인 의미와 목적은 일상적 삶의 구체적인 맥락에서 진리를 실질적으로 체현하는 것이다. 배움을 통하여 진리를 알게 되고, 진리를 이해하고 생활에서 실천하는 것이 사람의 도리인데, 그 실천 형식에는 지혜로움, 인자함, 신의, 강직함, 용맹성 등 공자가 배움을 통해 체현하고자 하는 모든 실천 덕목들이 포함된다. 그러나 이런 덕목을 실천하기만 하고 배움이 없다면 어려움을 만나게 된다. 인(仁)만 좋아하고 배움(學)을 좋아하지 않으면 그 폐단은 어리석게 되는 것(愚)이고, 지식(知)만 좋아하고 배움을 좋아하지 않으면 그 폐단은 방탕해지는 것(蕩)이고, 믿음(信)만 좋아하고 배움을 좋아하지 않으면 그 폐단은 과격해지는 것(賊)이고, 정직함(直)만 좋아하고 배움을 좋아하지 않으면 그 폐단은 조급해지는 것(絞)이고, 용감함(勇)만 좋아하고 배움을 좋아하지 않으면 그 폐단은 어지럽게 되는 것(亂)이고, 강함(剛)만 좋아하고 배움을 좋아하지 않으면 그 폐단은 경솔하게 되는 것(狂)이다.

　단순히 머리로 하는 사유가 아니라 실천적 요소를 포함한 경험을 통하여 몸에 배어야 하는 것이다. 즉, 지적인 공부이면서도 실천과 무관하지 않은, 체험적 성격을 본질로 한 지적 공부가 진정한 학문하는 실천이 된다. 지(知)와 행(行) 중 하나에만 배당하기 어려운, 즉, 양자의 요소가 모두 작용하며 이루어지는 과정이 학문하는 궁극적인 실체가 된다. 자기답게 사는 사람들은 반드시 '의미 있는 삶'을 추구하며, 그 의미들은 어려움이 닥칠 때마다 흔들림 없는 기둥이 되어 자신을 붙들어주는 힘이 된다.

8.3 삶에서 고수의 자세; 조용함, 단순함, 느림

인생의 여정에서, 행복을 추구하는 것과 의미를 추구하는 것은 어떻게 다를까? 그리고 의미를 찾아 사는 일이 어떻게 나답게 사는 비결이 될까? 그렇다면, 의미를 추구하는 삶은 어떻게 다를까? 그것은 눈에 보이는 행복이나 편안함, 안정감에 집착하지 않고, 다소 고통스럽더라도 현실을 있는 그대로 받아들이는 삶이다. 자기 삶 속에서 스스로 찾아냈기에 외부 상황에 따라 흔들릴 일이 없고, 내가 바라는 가장 나다운 모습을 반영하고 있다. 그렇게 의미는 작지만 확고한 내면의 기둥이 되고, 의미를 찾은 사람은 시련이 닥쳐도 그 기둥에 기대어 묵묵히 걸을 수 있는 것이다. 탁월한 현실 인식과 자기 존재의 의미를 실현하기 위하여, 자기의 개성을 따라 시간과 열정을 바쳐서 일생의 상당한 시간을 배우고 실천하여 경험한 후, 무엇이든지 자기의 적성에 맞는 한 분야에서 일가를 이룬 사람들이 있다. 세상은 그들을 세상의 완성자, 즉, 고수라고 이름 짓는다. 어떻게 고수가 되었는가 한 분야에서 무공(無功)의 경지에 오른 사람들, 그들은 일생을 한 길에 바쳐 일생에서 전문가, 고수가 되었다. 고수란 통상의 전문가 수준을 넘어선, 특정 분야에서 기술이나 실력이 뛰어나고, 우수성을 바탕으로 일상사를 최선의 경지로 해결해 주는 사람을 말한다 '아는 자는 좋아하는 것만 못하고 좋아하는 자는 즐기는 자만 못하다.'라는 진리는 항상 탁월한 결과를 낳는다. 사람은 자신이 읽은 것, 경험한 것, 기억한 것에 의해 만들어진다. 고수는 새로운 정보가 들어오면, 어떻게 활용할지 생각한다. 공부와 독서를 통하여, 일상생활 가운데 사람과 사물과의 관계에서 자신에게 엄격하고 항상 스스로를 반성한다. 그래야 비로소 근심하지도 두려워하지도 않는 불우불구(不憂不懼)의 정신적인 경계에 도달할 수 있다. 군자불기(君子不器), 즉, 폭넓은 사유를 통해 다방면에 조예가 깊은 전인적 교양인은 한 가지 용도로만 쓰이는 그릇이 아니다. 고수가 불기(不器)가 되고 대기(大器)가 되려면, 박학다식한 학문을 갖추어야 할 뿐만 아니라, 동시에 엄격한 실사구시의 학풍을 갖추어야 한다. 설령 박학다식한 학문이 있다 하더라도 엄격한 실사구시의 학풍이 없다면 역시 높은 성취를 이루기 어렵다.

무엇이든지 한 분야에서 고수(高手)가 되는 것이 성공의 기준이 될 수 있다. 고수는 자기 분야에 일생을 통하여 한 뜻으로 열심히 몰두한 후 해당 분야를 너머, 그 분야에서 자유로운 사람을 말한다. 몰두하다 보면 재미가 있고, 전문가도 되고, 자기가 즐거우니까 남도 즐겁게 해주고, 기본적인 생활 문제도 해결된다. 이런 인생이면 성공한 인생이다. 고수들은 고도의 능력을 가지고 즉시 임무를 수행할 수 있다. 언젠가는 이 일을 할 수 있는 좋은 때가 올 것이라고 믿지 않는다.

인류 역사에서 사람들에게 회자되고 심금을 감동시키는 글은 시상이 떠올랐을 때가 아니라, 무언가 마구 쓸 때 나타나는 경우가 많다. 영감은 일에 몰두할 때 떠오른다. 고수는 다양한 사람을 만나고, 여러 방면 책을 읽고 여행 경험도 많이 한다. 여러 직장이나 직업을 경험해 보았기 때문에 직업과 일에 대한 이해의 폭도 넓다. 고수가 사색하는 비전과 주제도 다양하다. 선입관과 고정관념도 적다. 걸리는 것, 피하는 것이 없어 대화가 편하다. 고수는 지나간 과거에 미련이 없고, 직업 불문으로 무슨 일이든지 즐겁게 열성으로 일을 하고, 그것으로 인해 가능성이 열린다. 무심으로 사람을 대하고 무엇보다 텅 비어 있는 마음으로 무조건 배우고 또 배운다. 다른 사람 말을 경청하고 공부를 위하여서는 양보다 자신을 비우는 것, 미리미리 준비하는 태도를 가진다.

고수는 남들이 하지 못하는 일, 대체할 수 없는 일, 그 사람이 아니면 할 수 없는 일을 한다. 삶의 여정에서 고수의 궁극적인 관심은 현재와 미래를 향해 있다. 현존하는 공동체의 바람직한 삶의 질서와 가치의 구현이다. 배우기만 하고 생각하지 않으면 얻음이 없고, 생각하기만 하고 배우지 않으면 위태롭다. 현재적인 관심사와 연계해서 의미를 찾고, 인류 문명의 유산과 지혜를 면밀히 검토하여 그 결과를 적절하게 활용해 현재와 미래를 열어가는 도전을 계획한다. 이와 같이, 고수는 옛 지혜를 현재화하여 활용하는 수용성과 창조성(溫故而知新, 온고이지신)을 동시에 작동시켜야 한다. 같은 정보를 갖고도 대응 방법이 다른 것이다. 이처럼 고수들은 보는 눈이 다르다. 정보에 대한 해석도 다르며, 가능성을 무한대로 확장시켜서 현실을 도약하는 안목을 보유하고 있다. 고수는 느긋하고 하수는 항상 바쁘다. 고수는 조용하고, 하수는 시끄럽다. 고수는 말이 적고 하수는 말이 많다. 고수의 삶은 단순하고 하수의 삶은 복잡하다. 고수는 직관에 의지하고 하수는 경험에 의지한다. 도가 튼 사람은 단순하며, 당당하며, 눈치를 보지 않는다. 하지만 무리가 없고 그런 일로 하여금 문제가 생기지도 않는다. 물 흐르듯이 사는 사사무애(事事無涯)의 경지에서 행동한다. 하수는 간단한 문제를 복잡하게 만들고, 고수는 복잡한 문제를 간단하게 만든다. 고수는 항상 새로운 것에 도전하고, 그 일이 안정되면 다시 다른 새로운 일을 찾아 도전한다. 인생이란 꽃에는 철에 따라 봄에 피는 꽃, 여름에 피는 꽃, 가을에 피는 꽃이 있다. 나를 비판하는 것은 나를 인정해 준다는 것이다. 고독과 고립은 다르다. 고독은 의도적인 것이고 고립은 의도하지 않는 것이다. 세상에 휘둘리지 않고 부동심(不動心)을 가질 수 있는 것은, 사물을 이해하여 미래의 변화 과정을 확신하며, 자신에 대한 크고 강한 호연지기(浩然之氣)가 있기 때문이다. 호연지기는 누가 가져다주는 것이 아니라, 스스로 충일하고 의로운 삶을 살 때, 그 의로움이 모여서 되는 것이다. 호연지기를 키우는 일은 곡식을 키우는 일에 비유된다. 곡식을 잘 키우기 위해서는 그 일에 전념해야 한다. 그러나 그러면서 그 결과를 기약하지 말아야 한다. 곡식을 키우는 일을 잊어서도 안 되지만, 또한 곡식이 빨리 자라도록 조장해서도 안 된다. 이것이 호연지기를 키우는 물망물조(勿忘勿助)의 방법이다. 그러므로, 호연지기는 단순한 물리적인 혹은 육체적 기력이 아니다. 호연지기는 의(義)와 도(道)라는 윤리적 떳떳함을 전제한 기운이다.

09

우주의 심연속으로

9.1 우주, 인간, 존재

누군가가 이 세상을 만들었다면 그 전에는 이 세상이 없었다는 의미가 된다. 그러나 이렇게 거대한 세상이 없었던 적이 있었다는 상상을 인간의 지적인 사고 체계에서는 수용이 어렵다. 본래부터 없었던 세계를 우주에 있게 한 존재가 있다면 그 창조자는 애초부터 아무 원인 없이 어떻게 존재할 수 있었는지에 대해서도 강한 의문이 당연히 제기된다. 그래서 어떤 신(神)적 창조자를 상정하기보다는 그냥 물질 자체가 영원하며 영원 전부터 존재해왔다고 보는 견해도 있다. 이 세상에 존재하는 모든 것은 물질이며, 인간 역시 물질로만 이루어져 있고 인간의 의식은 단순히 뇌와 신경조직에서 화학작용으로 일어나는 육체적 사건일 뿐이라고 설명한다.

그러나 우주의 한 구성 요소에 불과한 물질이 아무 원인 없이 무에서 생성되어, 영원 전부터 존재해왔다는 주장은 원인과 결과의 법칙, 곧 우주의 인과율(因果律)에 어긋난다. 물질 자체가 우주의 구성 요소에 해당하는데 그 물질이 어떻게 우주를 생성시킬 수 있는가 하는 논리에는 해답이 없다. 바로 여기에 과학자들이 아무리 풀려고 해도 제대로 풀 수 없었던 딜레마 중 하나인 우주의 기원에 대한 문제를 푸는 실마리가 있다. 우주 안에서 일어나는 모든 일은 이른바 원인과 결과라는 법칙의 지배를 받는다. 그렇다면 우주의 존재라는 결과는 애초에 어떤 원인에 의해 생겨났는가? 우주를 생성시킬 수 있는 최초의 원인은 우주를 초월한 어떤 존재, 시간과 공간, 물질, 그리고 어떤 물리적 에너지에도 제한받지 않는 완전히 초월적인 인격적 존재여야 한다. 왜냐하면 시간과 공간, 물질, 그리고 물리적 에너지를 구성 요소로 만들어진 우주라는 피조물을 자세히 관찰한 결과 거기에는 어떤 지성적인 존재가 의도적으로 설계해서 만들지 않았다면 도저히 이해할 수 없는 논리가 발견되기 때문이다. 마찬가지로, 만약 물질로 이루어진 내 몸이 나와 동일하다면 손이나 팔이 하나 잘려 나가기만 해도 나는 이전과 똑같은 나라는 의식을 쉽게 갖지 못할 것이다. 그러나 나라는 정신 또는 영혼은 나라는 물질적 육체와는 구분된 존재이기 때문에, 그 의식에 따라 육체를 제어하기도 하고 훈련시키기도 하고, 옳다고 믿는 바의 어떤 신념에 따라 무엇인가에 내 몸을 전적으로 던져 헌신하기도 한다. 참된 나는, 육체 안에 있는 영혼이기 때문에 나의 정체성은 물질적인 세포의 변화에 상관없이 늘 그대로 보존된다고 봐야 한다. 따라서 이 세상에는 물질밖에 없다고 주장하는 유물론적 무신론자들이나 물질주의자들의 주장은 우리가 살아가는 이 세계를 올바로 이해하는 데에 균형 잡힌 해석이나 시각을 제시해주지 못한다. 도대체 우주에서 유일한 이성을 보유한 인간들, 우리는 왜 존재하는가?

　　우주 공간에 끝이란 게 있을까? 아무도 모른다. 알 길이 없다. 끝이 있다면 그 다음은 뭘까? 상상이 불가능하다. 추정하자면 우주는 무한의 공간일 것이다. 또 하나, 물질의 가장 작은 단위는 뭘까? 물리학자들이 찾고 찾지만 찾을수록 더 작은 입자들이 계속 나온다. 역시 추정하자면 물질의 기본 단위도 무한소일 것이다. 사람의 지성으로는 이해 못할 일이다. 시간적인 무한, 즉, 영원이란 것도 사람의 지적 논리로 설명해볼 길은 없다. 인간의 지성으로 보면 인간은 우주 공간 안에 갇혀 있으니 공간이라는 차원을 뛰어넘지 않고는 존재라는 것에 대해 바로 이해할 수 없다. 감각으로 느껴지고 머리로 이해되는 정도이다. 진실로, 끝이 있어야 하는 시공 안에서는 끝이 없다는 게 뭔지 그려볼 길이 없다. 이 분야는 인간의 지성을 넘어서는 영역이 된다. 우주만물을 창조하는 초월적 차원은 자연과학 너머이 신비. 우주 창조의 신비를 믿지 못하는 근본 이유는 초월적 능력의 실체를 사람의 차원과 이성 안에 가둬 두기 때문이다. 우리 인간들의 지적 사고력 한계는 끝이란 게 반드시 있어야 하는 삼차원(三次元)이다. 밤하늘에 반짝이는 아름다운 별들을 쳐다본 적이 있는가? 그때마다, 이 우주는 얼마나 넓으며 어떻게 생겼을까 하는 의문을 품은 적이 있을 것이다. 이러한 질문은 인류 역사가 시작된 이래 어느 시대, 어느 민족, 누구에게나 공통적인 것이었다. 어두운 밤에 하늘을 쳐다보며 느끼는 광활한 우주에 대한 경외심은 모든 사람들에게 마찬가지이다. 이 광대 무변하고 신비로운 우주 안에서 내가 살아있는 생명체로서, 그것도 생각하는 존재로서 선하고, 바르고, 아름답고, 성스러운 작은 일들을 추구하면서 꿈틀거리고 있다는 사실 앞에 나의 존재에 대하여 감사하는 마음을 갖는다. 그러나 일상 생활 속에서는 이 엄연한 사실을 거의 자각하지 않고, 맡은 작은 일에 집중하고, 무엇을 먹을까? 입을까? 등 일상 문제에 붙잡혀 오늘 하루를 훌떡 낭비해버리는 어리석은 존재이다. 나는 유한한 생을 살고 갈 하나의 작은 생명체라는 이 엄연한 사실을 직시한다. 광막한 우주 속에서 내가 사람이라는 생명체로서 지금 여기에서 삶을 살아가도록 허락받았다는 사실에 대하여 신비한 느낌, 감사의 마음을 금할 수 없다.

인간에게 우주란 질서를 갖추어 조화를 이루고 있는(Cosmos), 존재하는 모든 것(Universe)이다. 우주는 물리적으로 시 공간, 물질, 그리고 자연 현상으로 구성된다. 오늘날 이 우주가 얼마나 광활한지, 그 시공간적 규모가 얼마나 엄청난지, 우리는 이제 추정한다. 우리 은하계가 수천억 개의 별들로 이루어져 있고, 우리 은하 역시 1조 개가 넘는 광활한 우주의 은하 중 하나에 불과하다. 인류는 현대까지 우주가 시간과 공간적으로 유한한지, 무한한지를 탐구하여 왔다. 수학, 물리학 이론의 발견과 천문학적 관찰에 의하면 우주의 크기는 유한하며 현재 계속 팽창하며 커지고 있다. 팽창 속도가 점점 더 가속되어 한없이 커지는 것으로 예측하고 있다. 유한의 우주를 가정하면 우주 바깥에 빈 공간이 있어야 한다. 수학적으로는 물체가 존재하고 그것을 둘러싼 빈 공간이 없는 기하학적 구조가 이론적으로 가능하다. 휘어진 공간을 다루는 수학적으로 보면 우리의 경험을 벗어나서, 유한하면서도 그 바깥이 없는 공간의 존재가 가능하다. 물리학과 천문학, 수학적 이론을 바탕으로 현재의 시점에서 우주는 유한하며, 계속 팽창한다는 대폭발 이론이 정설로 받아들여지고 있다. 유한하고 바깥이 없는 휘어진 우주를 우리가 가시적으로 상상하는 것이 인간 지능 수준으로 불가능하다. 우주가 유한해도 끝까지 가는 것은 있을 수 없으며, 다만 제자리로 돌아올 뿐이다. 우리가 살고 있는 우주에서 어느 방향으로 기더라도 결국 제자리로 돌아오는 닫힌 기하학적 구조라는 것이다. 그러나, 현대 물리학적 유한 우주론이 최종적이고 확고한 진리는 아니다. 과학 이론은 계속해서 발전하며 새로운 가설을 제안하고 있으며, 그 사고의 지평을 넓혀가고 있기 때문에 필연적으로, 당연히 다른 이론이 창조될 수 있으며, 지금의 사고 체계를 완전히 뒤엎는 대발견도 가능하기 때문이다. 그리고 현재의 우주론은 서구적 물질론 위주의 우주론이고, 인간의 정신, 영혼 그리고 허공계와 같은 것은 전혀 고려되고 있지 않는데, 이 세계의 모든 것의 총체라는 우주의 정의와 모순되고 있다. 그러므로 형이상학적 공론뿐만 아니라 물리학적 이론도 궁극이 안전한 진리는 아니다.

현재의 유한론적 우주론은 극히 제한된 인간의 경험과 지성적 사고에 기반을 둔 일시적인 자연관이다. 물질과 정신이 통합된 세계관, 우주론이 아니다. 과학의 발전은 과거 이론의 모순을 알려 주지만, 현재의 모순에 대하여 지적하지 못한다. 그러므로 현재의 유한적 우주론의 잘못된 점도 새로운 우주론의 발전이 이루어질 때까지 알지 못한다. 우주의 기원에 관한 이론으로 원시 원자 이론(Primeval Atom Theory), 대폭발 이론(Big Bang Theory), 정상 상태 이론(Steady State Theory) 등이 설득력을 얻고 있다. 우주의 기원과 본질에 관한 사항은 근본적으로 유한한 인간 사고의 과학적 탐구의 한계를 넘어서는 과제이다. 오늘날 우리들은 천연계에 남아 있는 간접적인 증거들로부터 과거 혹은 태초의 상태를 유추해볼 수 있을 뿐이다. 우리는 우주가 대폭발을 통해 존재하게 되었는지, 연속적 창조의 과정을 통해 존재하게 되었는지, 혹은 제3삼의 과정을 통해 존재하게 되었는지 단정할 수가 없다. 그리고, 현재의 우주론은 물질적 공간적 관점에 대하여 이야기하지만 시간의 본질에 대하여서는 알지 못한다. 우주의 시간에 대해 살펴보면, 우리 우주는 지금으로부터 137억 년 전에 자연 발생하였다. 우주는 137억 년의 유한한 과거와 무한한 미래를 두고 있다. 우주의 수명은 무한대이어서 앞으로 영원히 존재할 예정이다. 지구의 역사는 우주의 탄생 후 90억 년 뒤에 시작된다. 지구에서 생명의 역사는 지구 탄생 10억 년 뒤인, 38억 년 전에 시작되었다. 단세포 생명체에서 진화되어 식물이 되기까지는 다시 30억 년이 걸렸다. 인류의 역사는 대략 700만 년으로 추측한다. 현생 인류는 400만 년 전 아프리카의 직립 보행인인 오스트랄로피테쿠스(Australopithecus)로부터 시작되었다. 호모 사피엔스(Homo sapiens)는 겨우 25만 년의 역사를 갖고 있고, 문자 이후의 인류사는 1만 년도 채 안 된다. 그러면 '우주에서, 생명은 어떻게 시작되었을까?', '생명체 안에 마음과 감정과 의식은 언제 어떻게 시작되었을까?', '마음은 우주의 시작부터 물질 속에 존재하고 있는가?', '이 긴 생명의 진화 여정 속에서 생명 발생의 의미는 있는가?' 인류는 지구 위에 존재하는 생명체 중의 하나에서 오늘날까지 문명을 창조하고 발전시켜왔다. 우리는 아직도 인류의 이성과 의식의 본질에 대하여 무지하며, 단지 생존과 번영을 위한 문명을 현재에도 발전시켜 나가고 있다. 인간의 이성은 우주와의 관련

문제에 대하여 수많은 의문점을 품고 있으나, 인간의 이성적 사고의 시간이 우주의 시간에 비하여 상대적으로 너무나 짧다. 근본적으로 이런 무한한 시공간에서 존재하는 인간이 일생 동안 우주론적 존재의 실상을 이해하고 의미론적 문제를 해결하는 것은 가능하지 않다. 그러나 인간은 무한한 우주를 생각하는 우주에서 유일한 존재이다.

이제 인간에 대한 근원적 존재의 실상에 대한 진지한 고려와 연구가 있어야 한다. 인류는 하나의 촛불에서 촛불이 다른 초에 옮겨 타듯이 씨앗이 싹터서 꽃이 피고 다시 열매 맺어 씨앗이 되듯이, 혹은 스승이 진리를 말하면 제자가 진리를 알고 이어가듯이 장구한 역사를 통하여 문명을 발전시켜 나가고 있다. 인간은 이 우주 내에서 자기의 일생, 한 평생을 사는 유한의 존재이다. 필연적으로 삶의 가치와 존재의 실상을 탐구하고 가치 있는 일생을 살아야 하며, 자기가 깨달은 것을 후세를 위하여 전달해 주어야 하는 사명이 있는 존재이다. 이러한 위대한 생각으로부터 인간 존재의 실상을 비추어 주는 진·선·미가 창조되고 인류 문명의 핵심인 인문학과 과학과 철학과 종교가 생겨남으로써 궁극적으로 인류 문명을 발전시키고 있다. 인간 존재의 의미는 알 수 없다. 나라는 존재가 이 우주에 존재하면서 자신의 존재를 자각하고 수십 년에 걸쳐 삶을 이루어 나가면서 세계관, 인생관을 확립한다. 그러나 가끔 존재, 죽음, 삶, 우주, 창조적 존재에 대한 의문이 간헐적으로 떠오르는 것은, 내가 지성을 보유한 우주의 존재이기 때문이다. 인간은 우주에서 약한 존재이나 인간은 우주를 인식하는 우주의 유일한 존재이다. 나 이전에도 수많은 사람들이, 수승한 지혜의 존재들이 이 문제에 대한 해답을 찾기 위해 노력하였고 자기의 합리적이고 논리적인 견해를 남겨 두었다. 몇 가지의 참고되는 지혜인들의 자취를 조국 대한민국의 호국 간성으로 원대한 인생의 진로를 개척하려는 청년들에게 소개하여 보인다. 우리 존재의 실상, 세상에 태어난 이유와 마지막으로 우주로 돌아가는 곳을 인간은 알 수 없다. 인류 역사상 수많은 명철한 지혜로운 철학자들이 태어났지만, 명확한 해답을 제시한 인류의 지성인, 현자는 없다. 대한민국 청년과 사관생도 여러분은 다음의 짧은 경구에서 우주에서 자기 존재의 의미에 대한 희미한 실마리를 찾기 바란다.

9.2 원초적 혼돈 속으로 귀의함

인간, 존재의 실상과 삶에 대한 태도를 얘기하는 선현의 말씀.

生也一片浮雲起 생야일편부운기

死也一片浮雲滅 사야일편부운멸

浮雲自體本無實 부운자체본무실

生也去來亦如然 생야거래역여연

생이란 한 조각 뜬 구름에 일어 남이요,

죽음이란 한 조각 뜬 구름이 스러짐이라.

뜬구름 자체가 본래 실체가 없는 것이니,

나고 죽고, 오고 감이 역시 그와 같다네.

踏雪野中去 답설야중거
不須胡亂行 불수호란행
今日我行跡 금일아행적
遂作後人程 수작후인정

눈 덮인 들판을 걸어 갈 때는
어지러이 걷지 말라.
오늘 나의 발자국은
뒷사람들의 이정표가 되리라.

9.3 황제내경黃帝內經

『황제내경(黃帝內經)』에는 동양의학의 관점을 이해하기 위해서 유기적이고 전체적으로 인간과 자연을 바라본다는 내용, 즉, 병인론, 생리학, 진단 방법, 치료 방법, 예방의학 및 동양 고래의 우주론이 전 81편에 걸쳐 담겨 있다. 사람의 몸과 병을 개별적으로 분석하려 드는 서양의학과 달리 인체를 전체적으로, 대자연과 연결시켜 바라보는 동양의학의 관점을 잘 소개하고 있다. 황제내경은 중국 의학 사상의 연원(淵源)으로 진한(秦漢)시대 이전 의학의 총결산이다.

인체의 음양오행설, 장부(臟腑)설, 한열허실(寒熱虛實), 각종 질병의 치료 원칙과 방법, 양생법, 인간과 자연의 상응 관계, 경맥(經脈, 12경과 낙맥[絡脈]) 이론, 맥진(脈診)과 자법(刺法)의 중시, 동일 병증에 대한 치료의 지역적 차별성, 즉, 반보편주의 등 중국 의학의 이론체계를 상징하는 저술이다. 이 책은 눈으로 볼 수 없는 우주의 기운과 생명력을 자세히 설명하고, 병이 생기는 이유와 과정을 나열한 뒤 질병의 치료법과 예방법까지 다양하게 제시하고 있다.

여기에 소개하는 황제내경 상고천진론(上古天眞論)에서는 모든 인간이 태어나면서부터 그 자체의 참 생명을 가지고 나온다는 사실을 밝혀놓고 있다. 상고천진론은 네 장으로 구성되어 있는데, 첫째는 사람이 왜 일찍 노쇠하는지, 둘째는 왜 백살이 넘어도 노쇠하지 않을 수 있는지, 셋째는 남녀의 생애주기가 어떻게 되는지, 넷째는 삶에 따라 차이 나는 사람의 완성도에 관해 설명하고 있다.

『황제내경』「상고천진론(上古天眞論)」

昔在黃帝, 生而神靈, 弱而能言, 幼而徇齊, 長而敦敏, 成而登天. 黃帝問於天師曰: 余聞上古之人 春秋皆度百歲而動作不衰: 令時之人, 年半百而動作皆衰者, 時世異耶? 天師 岐白對曰: 上古之人, 其知道者, 法於陰陽, 和於術數, 食飮有節, 起居有常 以酒爲漿, 以妄爲常, 不妄作勞, 故能形與神俱, 而盡終其天年, 度百歲乃去. 今時之人不然也, 醉以入房, 以欲竭其精, 以耗散其眞, 不知持滿, 不時御神, 務快其心, 逆於生樂, 起居無節, 故半百而衰也.

옛날에 황제가 있었으니 태어나면서부터 신령하여 아기 때부터 말을 잘 하였고 어릴 때부터 이해가 빨랐고 자라면서는 인정이 두텁고 영민하였으니 성인이 되어서 하늘에 올랐다. (황제가 처음에) 천사(天師)에게 말하여 묻기를, 내가 듣기에 상고시대 사람들은 춘추가 모두 백 살이 넘었어도 동작이 노쇠하지 않았다 들었소. 그러나 지금 사람들은 오십만 되어도 죄다 동작이 노쇠한데 지금 세상은 무엇이 달라 그런 것이오?

이에 대해 기백이 아뢰길, 상고시대 사람들은 그 도를 알았사옵니다. 음양의 법도를 알아서 술수에 조화하였고, 음식을 먹을 때도 절도가 있었고 기거함에 상도(常道)가 있었으며, 망동하거나 과로함이 없었사옵니다. 그랬기에 신체와 정신이 함께 잘 갖추어져서 백 살이 넘도록 살아가며 천수를 누릴 수 있었던 것입니다. 그러나 지금의 사람들은 그렇지 못하여 술을 물처럼 마시면서 망동한 삶이 일상이 되었고, 육체적 향락과 술에 취해 정기를 고갈시킴으로써 진기를 소모하여 흩어버리고 정기를 채워 유지할 줄 모르며, 때에 맞게 마음을 다스리지 못하고, 쾌락을 쫓는 일에 마음을 쏟으니 생의 즐거움을 거스르게 되며, 일상의 기거함에 절도가 없게 되었습니다. 그런 까닭에 오십만 되어도 노쇠하게 된 것입니다."

9.4 금강경金剛經

『금강경(金剛經)』은 정식 명칭이 『금강반야바라밀경』이다. '금강반야바라밀경'이란 금강석과 같은 '날카롭고 빛나고 견고한 지혜로써 모든 문제를 해결하는 부처님의 말씀을 기록한 불교 경전이라는 뜻이다.

　인간 세계의 많은 문제들 중에서 가장 큰 문제는 생과 사의 문제이고, 이에 따라 개인의 업식(業識)에 따라, 나에 대한 고집이나 어떤 병을 일컫는 아상(我相), 차별이나 차별심을 일컫는 인상(人相), 그밖에 중생상(衆生相) 수자상(壽者相) 등의 사상(四相)이 인간에게 필연적으로 있게 된다. 그런 것들을 상병(相病)이라고 해서 문제로 보고 없애고자 하는데, 금강경은 그 처방으로 흔히 비유된다. 금강경의 핵심 사상은 파이집 현삼공(破二執 顯三空)이다. 여기서, 두 가지 집착은 나라고 하는 것에 대한 집착인 아집(我執)과 나 이외의 모든 것에 대한 집착인 법집(法執)이다. 그 두 집착을 깨뜨려 '텅 비어 공하다(俱空)'고 하는 이치를 나타내는 것이 파이집, 현삼공이다. 이 두 가지 집착을 깨뜨리고 나면, 나도 공하고(我空), 나 이외의 모든 것도 공하여(法空) 여여한 자신의 본성이 나타나게 된다. 마치 흐린 하늘에서 구름만 없어지면(空) 푸른 하늘과 빛나는 태양은 자연스럽게 드러나는 것과 같은 이치이다.

그리고 금강경에서, 문제 해결의 수단은 즉비(卽比)의 논리, 현상은 본질이 아니라는 논리이다. 제일 큰 병으로서 중요하게 다뤘던 사상(四相)인 아상·인상·중생상·수자상이라는 병통도 실재하는 것이 아니다. 어떤 상황이나 조건 때문에 잠깐 일어난 한조각 구름과 같은 것이라는 것이다. 구름은 푸른 하늘에서 천기의 운항에 따른 상황 때문에 잠깐 생겼던 것이기 때문에 실제로 존재하는 것이 아니다. 하늘의 상황이 변화되면 구름은 없어지고, 그 자리에 청천 하늘이 나타난다. 그렇기 때문에 금강경에서는 인간들의 모든 현상을 단호하게 부정한다. 그런 것들은 본래 없다. 즉, 공(空)이다. 없는 것이기 때문에 자신있게 부정하는 것이다. 그러므로 환경이나 자신에게 나타나는 현상들에 너무 연연할 필요가 없다는 것이다. 그와 같은 이치가 존재의 실상이고, 또, 알고 보면 이 세상의 실상이다. 모든 것이 그렇게 존재하는 양식 속에 우리들 인간이 존재한다. 그러한 현상계의 실상(實相)들에 대하여, 사람들은 혜안(慧眼)이 부족하고 법안(法眼)이 부족하기 때문에 이론으로만 알고 자꾸 들어서 이해하려고 노력한다. 존재의 실상을 알게 하는 지혜, 그것이 금강경에서 강조하는 반야(般若)이며 지혜의 완성이 반야바라밀(般若波羅蜜)이다. 그래서 금강경의 가르침은 어떤 의미에서 보면 아주 단순하다. 단순하면서도 인간의 병을 치료하는 데 정곡을 찌르는 무서운 비수와도 같은 가르침이다.

그래서 자고로 금강경을 아주 단순하고 소박하게 사는 선사들이 그렇게 좋아했다.

금강경 사구게

凡所有相 / 皆是虛妄 / 若見諸相非相 / 卽見如來, 不應住色生心 / 不應住聲香味觸法生心 / 應無所住 / 而生其心, 若以色見我 / 以音聲求我 / 是人行邪道 / 不能見如來, 一切有爲法 / 如夢幻泡影 / 如露亦如電 / 應作如是觀, 一切有爲法 / 如夢幻泡影 / 如露亦如電 / 應作如是觀, …… 知我說法 / 如筏喩者 / 法尙應捨 / 何況非法

범소유상 / 개시허망 / 약견제상비상 / 즉견여래, 불응주색생심 / 불응주성향미촉법생심 / 응무소주 / 이생기심, 약이색견아 / 이음성구아 / 시인행사도 / 불능견여래, 일체유위법 / 여몽환포영 / 여로역여전 / 응작여시관 …… 지아설법 / 여벌유자 / 법상응사 / 하황비법

무릇 형상이 있는 것은 모두가 다 헛된 것이다. 만약 모든 형상이 형상 아님을 본다면, 곧 여래를 보리라. 응당 색에 머물러서 마음을 내지 말며, 응당 성향미촉법에 머물러 마음을 내지 말 것이요, 응당 머문 바 없이 그 마음(淸淨心)을 낼지니라. 만약 나를 형색/형상으로써 보거나, 음성으로써 찾으면 이 사람은 삿된 길을 걸을 뿐, 여래를 보지 못하리라. 일체 함이 있는 법은 꿈과 같고, 환상과 같고, 물거품과 같으며, 그림자 같다. 이슬과 같고, 또한 번개와도 같으니, 응당히 이처럼 관찰 할지니라 …… 나의 설법은 뗏목과 같은 줄 알아라. 강을 건너면 뗏목은 여의는 것, 법도 버려야 하거늘 하물며 법 아닌 것이랴!

9.5 도덕경 道德經

『도덕경(道德經)』의 사상은 한마디로 무위자연(無爲自然)의 사상이라고 할 수 있다. 무위는 '도는 언제나 무위이지만 하지 않는 일이 없다(道常無爲而無不爲; 도상무위이무불위).'의 무위이고, 자연은 '하늘은 도를 본받고 도는 자연을 본받는다(天法道道法自然; 천법도도법자연).'의 자연을 의미하는 것으로, 결국 도덕경의 사상은 모든 거짓됨과 인위적인 것에서 벗어나려는 사상이다. 좋다·나쁘다, 크다·작다, 높다·낮다 등의 판단들은 인간들이 인위적으로 비교하여 만들어낸 상대적 개념이며, 이런 개념들로는 도(道)를 밝혀낼 수 없다는 것이다. 언어라는 것은 상대적 개념들의 집합체이므로 도덕경에서는 언어에 대한 부정이 강하게 나타나고 있다. 도덕경에서는 규정성의 파기와 언어에 대한 부정을 강조한다. 도(道)는 만물을 생장시키지만, 만물을 자신의 소유로는 하지 않는다. 도는 만물을 형성시키지만, 그 공(功)을 내세우지 않는다. 도는 만물의 장(長)이지만 만물을 주재하지 않는다. 이런 사고는 만물의 형성·변화는 원래 스스로 그러한 것이며 또한 거기에는 예정된 목적조차 없다는 생각에서 유래되었다. 또 도(道)는 자연(自然)을 법(法)한다고 하는데 이것은 사람이 자기 의지를 갖추고 자연계를 지배하는 일은 불가능함을 설명한 것이다.

도덕경은 어디까지나 문명과 나를 내세우지 않고 뭇 세상과 조화롭게 함께 하는 소박한 삶의 방식을 권한다. 또한 도(道)는 일(一)을 생하고 일은 이(二)를 생하고 이는 삼(三)을 생하고 삼은 만물을 생한다는 식의 일원론적인 우주생성론을 주장한다. 성인(聖人)은 무(無)에 투신(投身)함으로써 무(無)의 운동을 일으키고, 이를 통하여 무에 동화되고 무를 닮고 무를 안다. 따라서 무를 아는 것은 무의 운동의 결과이다.

무의 운동은 무지무욕(無知無欲)과 무위(無爲)로 이루어진다. 무지는 무를 지향하는 활동이며, 무욕은 무로부터 끊임없이 현(玄)의 깨달음을 얻는 사건이며, 무위는 그 깨달음이 성인의 일상적인 삶으로 드러나는 사건이다. 현은 무에서 비롯하는 새로운 자아로서 굳이 정의하자면 무에서 나온 무이다. 그런데 경험과 이성으로는 무를 알 수 없다. 이 때문에 성인은 무를 알기 위해 오히려 경험과 이성을 부정(否定)하고 그 결과 의지까지도 부정한다. 무지무욕의 활동이 성인(聖人)의 삶으로 드러난 것을 무위라고 한다. 성인은 무지무욕에 근거하여 무위를 실천하는데 이것은 그가 얻고 있는 신적인 자아(玄)의 본성에 따른 것이다. 무위자연의 자연은 바로 이 신적인 본성을 가리킨다. 성인은 욕구에 일방적으로 복종하거나 규범으로 욕구를 통제하는 것이 아니라 자신의 고유한 본성에 따라 힘들이지 않고 욕구를 다스린다. 이것은 나부터 시작하여 천하와 만물을 완전하게 다스리는 결과를 낳는다.

우리의 일상적인 언어는 경험과 이성에 기초한다. 그런데 무의 운동은 경험과 이성을 초월하므로 일상적인 언어로 표현하기가 불가능하다. 이 때문에 노자는 부득이하게 비유(Parable)를 사용할 수밖에 없다. 도덕경은 대부분 비유로 이루어져 있다. 도덕경이 어렵게 느껴지는 원인이 바로 여기에 있다. 그러나 무의 운동은 매우 쉽고 단순하며(吾言甚易知 甚易行) 무의 운동을 통하여 모든 비유의 의미가 저절로 밝혀진다. 지금 말하는 비유는 직유(Simile), 은유(Metaphore), 상징(Symbolism), 유추(Analogy), 우화(Allegory) 등 우회적 표현법을 모두 포함한다. 비유를 풀어내려면 반드시 도를 실천해야만 한다. 따라서 도를 실천하지 않고 도덕경을 해석하기는 아예 불가능하다. 도를 연구하는 많은 학자들은 도의 실천을 도외시하고 무모하게도 도를 학문의 대상으로 삼는다. 이 때문에, 도덕경의 비유는 그 자체로 독자들에게 도의 실천을 촉구하고 있다.

도덕경의 주요사항

信言不美 美言不信(신언불미 미언불신) : 믿음직한 말은 아름답지 못하고 아름다운 말은 믿음직스럽지 않다.

天之道 不爭而善勝 不言而善應(천지도 불쟁이선승 불언이선응) : 하늘의 도는 겨루지 않고도 이기는 것이고 말하지 않고도 응대하는 것이다.

天網恢恢 疏而不失(천망회회 소이불실) : 하늘의 그물은 광대하여

엉성한 것 같지만 하나도 빠뜨리지 않는다.

知不知上 不知知病(지부지상 부지지병) : 알지 못하는 것을 아는 것이 가장 훌륭하다. 알지 못하면서도 안다고 하는 것은 병이다.

夫唯病病 是以不病(부유병병 시이불병) : 병을 병으로 알 때만 병이 되지 않는다.

聖人不病 以其病病 是以不病(성인불병 이기병병 시이불병) : 성인은 병이 없다. 병을 병으로 알기 때문에 그래서 병이 없다.

善爲士者不武 善戰者不怒 善勝敵者不與(선위사자불무 선전자불노 선승적자불여) : 훌륭한 무사는 무용을 드러내지 않고 잘 싸우는 사람은 성내지 않는다. 훌륭한 승자는 맞서지 않는다.

千里之行 始於足下(천리지행 시어족하) : 천릿길도 한 걸음부터 시작된다.

天下難事 必作於易 天下大事 必作於細(천하난사 필작어이 천하대사 필작어세) : 천하의 어려운 일은 반드시 쉬운 일에서 시작되고 천하의 큰일은 반드시 작은 일에서 시작된다.

廉而不劌 直而不肆 光而不燿(염이불귀 직이불사 광이불요) : 날카로워도 벼리지 않고 곧지만 방자하지 않고 빛나지만 눈부시게 하지는 않는다.

故知足 之足常足矣(고지족 지족상족의) : 그러므로 족한 줄 아는 것이 가장 큰 만족감이다.

大成若缺(대성약결) : 크게 이루어진 것은 조금 모자란 듯하다.

知足不辱 知止不殆 可以長久(지족불욕 지지불태 가이장구) : 만족할 줄 아는 사람은 부끄러움을 당하지 않고 적당할 때 그칠 줄 아는

사람은 위태로움을 당하지 않으니 오래오래 삶을 누리게 된다.

廣德若不足 建德若偸 質眞若渝(광덕약부족 건덕약투 질진약투) : 넓은 덕은 부족한 듯 보이고 굳센 덕은 구차해 보이고 참된 것은 변하는 것같이 보인다.

大器晩成 大方無隅 大音希聲 大象無形(대기만성 대방무우 대음희성 대상무형) : 큰 그릇은 늦게 만들어지고 큰 모퉁이에는 모퉁이가 없고 큰 소리는 제대로 들리지 않고 큰 모양에는 형체가 없다.

有生於無 故失道而後德 失德而後仁 失仁而後義 失義而後禮(유생어무 고실도이후덕 실덕이후인 실인이후의 실의이후례) : 유는 무에서 생겨난다. 도가 없어지면 덕이 나타나고 덕이 없어지면 인이 나타나고 인이 없어지면 의가 나타나고 의가 없어지면 예가 나타난다.

將欲歙之 必固張之 將欲弱之 必固强之(장욕흡지 필고장지 장욕약지 필고강지) : 오므리려면 먼저 펴야 한다. 약하게 하려면 먼저 강하게 해야 한다.

將欲廢之 必固興之 將欲奪之 必固與之(장욕폐지 필고흥지 장욕탈지 필고여지) : 없애버리려면 먼저 흥하게 해야 하고 빼앗으려면 먼저 쥐야 한다.

柔弱勝剛强 功成不名有(유약승강강 공성불명유) : 부드럽고 약한 것이 굳세고 강한 것을 이긴다. 일을 이루고도 이름을 드러내지 않는다.

知人者智 自知者明(지인자지 자지자명) : 남을 아는 사람은 지혜롭고 자신을 아는 사람은 밝다.

企者不立 跨者不行(기자불립 과자불행) : 까치발로 서면 제대로

서 있을 수 없고 보폭을 너무 크게 하면 제대로 걸을 수 없다.

自見者不明 自是者不彰 自伐者無功 自矜者不長(자견자불명 자시자불창 자벌자무공 자긍자부장) : 스스로를 드러내려는 사람은 밝지 않고 스스로를 내세우는 사람은 도드라지지 않는다. 스스로 자랑하는 사람은 그 공로를 인정받지 못하고 스스로 으스대는 사람은 공이 오래가지 않는다.

驟雨不終日 故飄風不終朝(취우부종일 고표풍부종조) : 소낙비도 하루 종일 내리지는 않고 회오리바람도 아침 내내 불지는 않는다.

六親不和 有孝慈 國家昏亂 有忠臣(육친불화 유효자 국가혼란 유충신) : 가족 관계가 조화롭지 못하면 효니 자니 하는 것이 있게 되고 나라가 혼란하면 충신이 있게 된다.

太上不知有之 其次親而譽之 其次畏之 其次侮之(태상부지유지 기차친이예지 기차외지 기차모지) : 최상의 도는 사람들이 그 존재조차 모르는 것이고 그 다음은 사람들이 가까이하고 칭송하는 것이고 그 다음은 사람들이 두려워하는 것이고 그 다음은 사람들이 멸시하는 것이다.

保此道者 不欲盈(보차도자 불욕영) : 도를 깨달은 사람은 채우려 하지 않는다.

是謂無狀之狀 無物之象 是謂惚恍(시위무상지상 무물지상 시위홀황) : 모양은 있으되 형용할 수가 없고 형체는 있으되 나타낼 수가 없으니 그저 황홀이라 일컫는다.

功遂身退 天之道(공수신퇴 천지도) : 공을 세운 후에는 몸을 물리는 것이 하늘의 도다.

上善若水 水善利萬物而不爭 處衆人之所惡 故幾於道(상선약수 수선리만물이부쟁 처중인지소악 고기어도) : 가장 훌륭한 것은 물처럼 되는 것이다. 물은 만물을 이롭게 하면서도 다투지 아니하고 모두가 싫어하는 곳에 자신을 둔다. 그러기에 물은 도에 가장 가까운 것이다.

非以其無私邪 谷神不死(비이기무사사 곡신불사) : 사사로운 마음을 앞세우지 않기에 계곡의 신은 죽지 않는다.

虛而不屈 多言數窮 不如守中(허이불굴 다언삭궁 불여수중) : 비어 있으나 다함이 없고 말이 많으면 처지가 궁색해진다. 마음속에 담고 있는 것만 못하다.

和其光 同其塵(화기광 동기진) : 눈부신 것은 은은하게 하고 마침내 먼지와 하나가 된다.

虛其心 實其腹(허기심 실기복) : 마음은 비우고 배는 든든하게 한다.

故有無相生 難易相成 長短相較 高下相傾(고유무상생 난이상성 장단상교 고하상경) : 그러므로 유와 무는 서로를 생성시키며 어려움과 쉬움은 서로를 이루어준다. 길고 짧음은 서로를 비교하고 높고 낮음은 서로를 견준다.

9.6 주역周易

『주역(周易)』의 역(易)은 바꾼다는 뜻으로, 이는 변화를 의미한다. 그에 따라 주역을 영어로는 Book of Changes라고 쓴다. 변화에 대한 책, 변화의 원리가 담겨 있는 책이라는 의미이다. 이러한 영어 제목이 주역의 성격을 잘 담고 있다. 그럼에도 주역을 단지 점(占)치는 책으로만 생각하는 경향이 있다. 주역은 고대의 점인(占人)들이 남긴 기록인 것이 사실이다. 하지만 그들은 수천 년에 걸쳐 점을 치는 과정에서 인간 사회에 나타나는 각종 변화를 관찰했고, 그 결과를 체계적으로 정리하여 기록으로 남겼다.

그 과정에서 점인들은 인간과 인간 사회가 변화하는 원리를 발견할 수 있었던 것이다. 그러므로 주역이 담고 있는 텍스트는 인류의 집단지성이 도달한 변화의 원리에 대한 통찰이라고 할 수 있다. 그렇게 오랜 세월을 반복해 나가는 와중에 점친 결과가 총 64가지로 분류된다는 사실이 발견되었다. 이는 인간 세상에서 벌어지는 여러 가지 일들이 64가지 분류 패턴 중 어느 하나에 속한다는 얘기가 된다. 그에 따라 오늘날 우리 손에 들려 있는 주역 텍스트는 흔히 64괘(卦)로 불리는 64개의 변화 패턴으로 나뉘어 있으며, 각각의 변화 패턴을 6효[爻]라 부르며, 이 여섯 단계를 거치면서 진행되는 과정을 풀이한다. 그리고, 그 과정에서 어떤 일들이 벌어지는지, 그러한 변화의 와중에 어떻게 대처해야 하는지 등의 내용을 담고 있다.

인문학(人文學)에 대한 정의는 여러 가지가 있겠지만, 일반적으로는 문(文)·사(史)·철(哲)을 가리키는 말이라고 할 수 있다. 동양 고전 중에 문·사·철에 대응하는 것이 바로 삼경(三經)이다. 시경(詩經)은 문학책이며, 서경(書經)은 역사책이다. 그리고 역경(易經), 즉, 주역이 바로 철학책이다. 서양의 철학자들은 자신들의 경전인 바이블(Bible)에서 자기 철학의 근원을 끌어낸다. 동양의 철학자들도 이와 유사하게 자신들의 경전, 즉, 주역에서 자기 철학의 근원을 찾았다. 주역의 64괘는 인간 세상에서 벌어질 수 있는 모든 일들을 다루고 있어서 그 범위가 방대하기에, 특히 어느 괘의 어느 구절이 각자에게 울림으로 다가갈지는 사람마다 다를 것이다. 주역이 전하는 메시지는 수천 년 전의 점인이 전하는 메시지라고도 할 수 있다. 주역은 실용적인 목적으로도 읽을 수 있고, 삶을 지탱하는 철학으로 읽을 수도 있다. 이러한 사실은 주역이 그만큼 풍성한 통찰을 담고 있기에 가능한 일일 것이다. 예로부터 많은 사람들이 주역을 곁에 두고 삶의 지침으로 삼았다. 소소하게는 사회 생활의 일상에서 가능한 미래의 변화를 예측할 때, 그리고 일생의 큰 뜻을 펼치고자 하는 사람이 일을 벌일 시간과 공간을 결정할 때, 국가의 흥망이 결정되는 중대사, 전쟁을 시작하고 마무리하는 시기와 방법을 결정할 때, 주역은 가장 적절한 참고서로 활용되었다.

가. 수화기제(水火旣濟) : 끝날 때까지 끝난 것이 아니다

주역의 64괘는 순 양(陽)과 순 음(陰) 효들로 구성된 중천 건(乾), 중지 곤(坤)괘로 시작해서, 양과 음이 골고루 섞여 있는 수화기제(水火旣濟)와 화수미제(火水未濟) 두 괘로 마감한다. 완성을 뜻하는 기제괘 대신 미완의 미제괘로 마치면서 끝없이 이어지는 순환의 이치를 알게 한다. 기제괘는, 내려가는 성질인 물의 감(坎)괘가 위에 있고 올라가는 성질인 불의 이(離)괘가 아래에 있어 서로 만나고 이루는 모양이다. 여섯 효가 제자리(正位)에 있는데, 음양의 효들이 모두 응하는 이상적인 괘다. 그러나 모든 것을 이루었으니, 변역의 질서에 따라 닥쳐올 우환에 서서히 대비해야 하는 시점이기도 하다. 기제괘는 이제 작은 일들에만 형통하면 되니 더 이상 무엇을 더 바라지 말라는 게 핵심 메시지다. 기제괘와 같이 아래에는 불이 있지만 위로는 물 대신 연못을 이고 있는 택화혁(澤火革)괘는 다르다. 연못이 넘쳐 불을 끄지 않으면 불이 연못을 말려버리고, 서로 극하여 상대방을 없애는 혁괘는 변혁의 상황이다. 양과 음의 각 세 효가 사이좋게 교차하는 기제괘와 비교하여 양 효가 네 개인 혁괘는 역동적이고 불안정하다.

기제괘는 원만하고 안정된 상태로 시작해서 다시 혼란스러워지는 변화의 과정이다. 졸업과 시작이라는 중의를 가지고 있는 영어 단어(Commencement)처럼, 세상만사가 끝이 아니라 시작이라고 해도 말이 된다. 학업을 마치고, 군대에 갔다 와서, 취직을 하고, 혼인을 하고, 심지어는 인생의 주요 단계마다 그러하다. 기제 즉, 완성은 자연의 순환 과정에서 한 순간에 지나지 않는데, 영원한 완성으로 오판하고 경솔하게 행동하다 화를 입는다. 우리 사회는 지금 남보다 먼저 높은 곳에 올라가고 보는 천박한 가치에 매몰되어 있다. 비리와 타협하여 남을 밀치며 쉽게 이룬 오염된 성취는 다시 쉽게 혼란으로 바뀌고 만다. 정이천은 인생의 세 가지 불행으로 젊은 나이에 과거 급제하는 것, 부모 권세로 좋은 벼슬에 오르는 것, 재능이 뛰어나고 글 솜씨 좋은 것을 꼽았다. 무릎을 치며 탄복하게 한다. 완성은 종점이 아니고 정거장이다. 끝은 없다.

나. 화수미제(火水未濟) : 미제 괘는 형통하다

화수미제괘는 64괘의 마지막 괘이다. 마지막 괘라는 사실이 매우 중요한 의미를 갖는다. 먼저 화수미제괘는 물 위에 불이 있는 모양이다. 미제괘가 형통하다고 하는 까닭은 음효가 중(中, 제5효)에 있기 때문이다. 어린 여우가 강을 거의 다 건넜다 함은 아직 강 가운데로부터 나오지 못하였음을 의미한다. 그 꼬리를 적시고 이로울 바가 없다고 한 까닭은 끝마칠 수 없기 때문이다. 비록 모든 효가 득위하지 못하였으나 음양 상응을 이루고 있다. 이러한 해석에 근거하여 동양 사상에서는 지(地)와 음(陰)의 가치가 매우 긍정적으로 평가되고 있다는 주장이 있기도 하다. 우리가 일상적으로 음과 양을 합하여 지칭할 때 양음이라 하지 않고 반드시 음양이라 하여 음을 앞에 세우는 것도 그러한 예의 한 가지라 할 수 있다. 동양 사상은 기본적으로 땅의 사상이며 모성의 문화이다. 빈부라 하여 빈을 앞세우는 것도 같은 이치이다.

　　우리의 모든 행동은 실수의 연속으로 이루어져 있다. 그러한 실수가 있기에 그 실수를 거울삼아 다시 시작하는 것이다. 바람이든 강물이든 생명이든 밤낮이든 무엇 하나 끝나는 것이 없다. 마칠 수가 없는 것이다. 그래서 64개의 괘 중에서 제일 마지막에 이 미완성의 괘가 있다. 그리고 비록 모든 효가 마땅한 위치를 얻지 못하였으나 강유(剛柔), 즉, 음양이 서로 상응하고 있다는 것으로 끝을 맺는다. 위(位)와 응(應)을 설명하면서 비록 실위(失位)이더라도 응이면 무구(無咎), 즉, 허물이 없다고 했다. 위(位)가 개체 단위의 관계론이라면 응은 개체 간의 관계론으로 보다 상위의 관계론이라 할 수 있다. 실패한 사람이 다시 시작할 수 있는 가능성이 인간관계에 있다는 것이다. 응, 즉, 인간관계를 디딤돌로 하여 재기하는 것이다. 작은 실수가 있고, 끝남이 없고, 다시 시작할 수 있는 가능성을 담지하고 있는 상태인 것이다.

　　최후의 괘가 완성 괘가 아니라 미완성 괘라는 사실은 대단히 깊은 뜻을 담고 있다. '모든 변화와 모든 운동의 완성이란 무엇인가?'를 생각하게 한다. 그리고 자연과 역사와 삶의 궁극적 완성이란 무엇이며 그러한 완성태(完成態)가 과연 존재하는가를 생각하게 한다. 그리고 실패로 끝나는 미완성과 실패가 없는 완성 중에서 어느 것이 더 보편적 상황인가를 생각하게 된다. 실패가 있는 미완성은 반성이며, 새로운 출발이며, 가능성이며, 꿈이라고 할 수 있다. 미완성이 보편적 상황이라면 완성이나 달성이란 개념은 관념적으로 구성된 것에 지나지 않는다. 완성이나 목표가 관념적인 것이라면 남는 것은 결국 과정이며 과정의 연속일 뿐이다.

목표의 올바름을 선(善)이라 하고 목표에 이르는 과정의 올바름을 미(美)라 한다. 목표와 과정이 함께 올바른 때를 일컬어 진선진미(盡善盡美)라 한다. 목표와 과정은 서로 통일되어 있는 것이다. 진선(盡善)하지 않으면 진미(盡美)할 수 없고 진미하지 않고 진선할 수 없는 법이다. 목적과 수단은 통일되어 있어야 한다는 당위성이 있다. 목적은 높은 단계의 수단이며 수단은 낮은 단계의 목적이다.

주석

1) 국사편찬위원회 '우리역사넷'

2) 신재한, 2017 대한민국 미래교육포럼, https://sundo.or.kr/News/MediaReportView. aspx?contIdx=3440

3) 권영근, 『합동화력운용』교범 개정 관련 변(辯)과 논쟁

4) 전게서

5) 엄묘섭, 「시민사회의 문화와 사회적 신뢰」, https://www.kci.go.kr/kciportal/landing/article. kci?arti_id=ART001447464

6) 한국교육과정평가원, 『교과교육과 창의적 체험활동을 통한 인성교육 활성화 방안 세미나』, pp. 199~200 , https://www.kice.re.kr ＞ filedown8 ＞ 132263102580...PDF

7) 전게서, pp. 200~205

8) 전게서, pp. 206~207

9) 장민희, 한국인성교육연구소, https://www.edunet.or.kr/khel/g-letter-view.html?wr_id=22&page=2

10) 한국교육과정평가원 같은 책, p.216

11) 이영숙, 『한국형 12성품』 p.6, http://www.sigmapress.co.kr/shop/shop_image/g76277_1472800609.pdf) pdf

12) 스테르담, '그래서 성격은 과연 무엇인가', https://brunch.co.kr/@sterdam/685

13) 위키백과, '성격'

14) 류영철, 「인성인재 선발을 위한 인성평가모형 개발」, https://www.ejce.org/archive/view_article?pid=jce-19-1-303

15) 정창우 외, 『학교급별 인성교육 실태 및 활성화 방안』(2013), p.29

16) 전게서, p.62

17) 전게서 p.6

18) 전게서, p.33

19) 정연재, 「자유교육과 직업교육의 이분법을 넘어서」, p.4, https://j-kagedu.or.kr/upload/pdf/kagedu-13-1-11.pdf

20) 정창우 외 같은책 p.61

21) 한국교육과정평가원 같은 책, p.222

22) 한국교육과정평가원 같은 책, p.224

23) 정창우 외 같은 책, pp.53~58

24) 자스민차 향기, '인성 교육의 개념' https://jesusguy.tistory.com/208.

25) 클라우제비츠 , 이진우 역 『클라우제비츠의 전쟁론』(흐름출판), 블로그 기다림의 미학에서

26) 전게서 7장

27) 전게서 6장

28) 정강길, '내가 현재 믿고 있는 것은 과연 진리인가', 〈NEWS & JOY〉 2005.6.11

29) 권영화, 「변화의 주체 心의 생명력에 대한 고찰」, p.38, 『2018 대동철학회 창립 20주년 기념 한중일 국제 학술대회』

30) 이기동, 『진리란 무엇인가』(21세기 북스), '01 원초적 진리의 삶은 혼돈이다'에서 인용

31) 김연재, 「주역의 생태적 人間觀, 치유 및 행복의 메커니즘」 III. 생명공동체의 善과 치유의 강령

32) 김용정, '청년문화 논의를 보고 문화와 가치규준' 〈동대신문〉 2011. 01. 28

33) 박미혜, 『해군사관생도의 전문적 정체성 형성을 위한 씨맨십 기반 체육교육프로   탐색』(서울대 박사학위 논문) 참고

34) 나무위키, '임무형 지휘체계'

35) 유용원의 군사세계 '지면으로 보는 육군 '리더십 자기개발서''〈조선일보〉(2018.08.03)

36) 나무위키, '임무형 지휘체계'

37) 박혜미 같은 책, p.26

38) 유용원의 앞의 기사

39) 박미혜 앞의 책 p.33

40) 나무위키, '임무형 지휘체계'

41) 나무위키, '성격'

42) 조읍제, '오늘날 군복을 입고 있다는 것의 의미' 〈데일리 월간조선〉 1999. 10. 10

43) 최승훈, '생의 설계와 자기계발' 〈아웃소싱타임스〉 2020. 5. 12

44) 최승훈 앞의 기사와 같은 글

45) 한승주, 「공무원의 전문가적 정체성과 책임」 p.10 『한국조직학회보(제13권 제4호)』

46) 김정현, 『소진 시대의 철학』(책세상), pp. 211~212,

47) 홍준화, '예술과 행복', 〈매일신문〉 2012. 5. 25

48) 위키백과, '예술' 항목

49) 안광복, '원시 벽화에서 모스트모던까지 예술의 본질을 쫓다', 〈경기문화재단〉, https://ggc.ggcf.kr/p/5bea2ef3f99abb617d67b7a7

50) Adrian's Webpage, '예술이 당신의 인생에 미치는 영향', https://adrian0220.tistory.com/91

51) 위키백과, '생의 철학' 항목

52) 정영훈, 「교육이념으로서 홍익인간」, https://m.blog.naver.com/PostView.naver?isHttpsRedirect=true&blogId=gochanglys&logNo=10082548920

53) 박기진, '존재의 의미', https://www.kijinpark.com/1-cn1h

54) 백운룡, 고독은 무엇인가, https://baek0001.medium.com/%EA%B3%A0%EB%8F%85%
EA%B0%90%EC%97%90-%EB%8C%80%ED%95%B4%EC%84%9C-547db8e1b136

55) 권석만, '행복한 삶을 위한 내 인생의 의미찾기', 〈KB 레인보우 인문학〉 2011. 12

56) 최인철, 『굿 라이프』(21세기 북스), pp. 142~143

57) 김대영, '박선웅 '정체성의 심리학'', 〈시니어매일〉 2020. 8. 10

58) 브라이언 트레이시, 『판매의 원리』(씨앗을 뿌리는 사람), pp. 110~118

59) 김은진, 「사은사상에 기반한 대학생 감사교육 프로그램의 적용과 효과」, 『종교교육학 연구』
57권(원광대학교), pp. 166-186

60) 홍주은, 이정섭 감사(Gratitude)에 대한 개념분석, J Korean Acad Psychiatr Ment Health
Nurs Vol. 23 No. 4, 299-310, December 2014, p. 305

61) 김덕권, '인생 여정에 피는 꽃', 〈시니어신문〉, 2017. 7. 28

참고 문헌

사전류

『한국민족문화대백과사전』(전27권)

단행본류

국방과학기술혁신기본계획

국방전략서

국방정보판단서

군사력 발전지침서

합동군사전략목표기획서

합동군사전략서

합동작전개념서

각묵스님 옮김, 『상윳따 니까야』, (1-6). 초기불전연구원, 2009

각묵스님 옮김, 『초기불교의 이해』, 초기불전연구원, 2015

강봉수, 『유교 도덕교육론』, 원미사, 2001

강선보 외, 『인성교육』, 양서원, 2008

계연수 찬, 임승국 주역, 『한단고기』, 정신세계사. 2010

구태훈, 『일본 무사도』, 태학사, 2005

권영훈, 『도덕경 강의』, 원정서사, 1998

권오길, 『인체기행』, 지성사, 2000

권중돈, 『노인복지론』, 학지사, 2016

김경재, 『영과 진리 안에서』, 대한기독교서회, 1999

김낙진, 『의리의 윤리와 한국의 유교문화』, 집문당, 2004

김부식, 신호열 옮김, 『삼국사기』, 동서문화사, 2007

김주호, 『원본주역 건, 곤』, 학민문화사, 1999

김찬오, 『생애의 발견』, 문학과 지성사, 2018

김형효, 『사유하는 도덕경』, 소나무, 2004

니토베 이나조, 심우성 역, 『무사도란 무엇인가』, 동문선, 2002

단토 아서, 정영도 옮김, 『생각하는 예술』, 미술문화, 2007

데카르트, 르네, 이현복 옮김, 『성찰』, 문예출판사, 1997

레프 톨스토이, 이강은 옮김, 『인생에 대하여』, 바다출판사, 2020

로널드 A. 하이페츠, 김충선·이동욱 옮김, 『하버드 케네디 스쿨의 리더십 수업』, 더난 출판, 2008

마르쿠스 아우렐리우스, 천병희 옮김, 『명상록』, 숲, 2011

막스 빌, 조정옥 옮김, 『칸딘스키의 예술론 : 예술과 느낌』, 서광사, 1994

매슬로(Maslow, Abraham H), 정태연·노현정 역, 『존재의 심리학』, 문예출판사, 2005

박균섭, 『선비와 청빈』, 도서출판 역락, 2019

박병련 외, 『남명 조식』, 청계출판사, 2002

박소현, 『문화예술분야 재능기부 활성화 방안 연구』, 한국문화관광연구원, 2011

박정자, 『마그리트의 시뮬라크르』, 에크리, 2011

박찬욱 외, 『행복, 채움으로 얻는가 비움으로 얻는가』, 운주사, 2010

버트런드 러셀, 황문수 옮김, 『행복의 정복』, 문예출판사, 2009

벤야민, 발터, 최성만 옮김, 『기술복제시대의 예술작품(제2판)』, 도서출판 길, 2007

보그, 로널드, 사공일 역, 『들뢰즈와 음악, 회화 그리고 일반예술』, 동문선, 2006

붓다고사, 대림 옮김, 『청정도론 2』, 초기불전연구원, 2004

성백효 역주, 『현토완역 맹자집주』, 전통문화연구회, 1995

손경애·이혁규·옥일남·박윤경, 『한국의 민주시민교육』, 동문사, 2010

송경재·채진원, 『사회혁신을 위한 국민인성 및 시민의식 제고방안』, 국회 입법조사처, 2014

신진욱, 『시민』, 책세상, 2008

신채호. 안병직 편, 『한국근대사상가선집2』, 한길사. 1979

신채호. 이만열 주역, 『조선상고사(下)』, 형설출판사. 1983

심익섭 외, 『한국민주시민교육론』, 엠에드, 2004

아놀드 J 토인비 『역사의 연구』, 동서문화사, 2007

아놀드 하우저, 최성만 옮김, 『예술 사회학』, 한길사, 1974

아놀드 하우저, 황지우 옮김, 『예술사의 철학』, 돌베게, 1958

아놀드 하우저, 『문학과 예술의 사회사』, 창비신서, 1981

아리스토텔레스, 천병희 역 『시학』, 문예출판사, 1995

아리스토텔레스, 천병희 역, 『니코마코스 윤리학』, 숲, 2013

아리스토텔레스, 천병희 역, 『정치학』, 숲, 2009

이기백, 『한국사 신론』, 일조각, 2012. 02

이부영, 『자기와 자기실현 : 하나의 경지, 하나가 되는 길』, 한길사. 2006

이성범, 김용범, 『현대물리학과 동양사상』, 도서출판 범양사, 1979

이영숙, 『이제는 성품입니다』, 아름다운 열매, 2007

이정래, 『태한의학 전서』, 문화재단 후원도서, 단기4323

이철환, 『활인심방』, 나무의 꿈, 2009

일연, 이민수 주역, 『삼국유사』, 을유문화사, 1975

임어당(林語堂, 린위탕), 전희직 옮김, 『생활의 발견』, 혜원, 2006

장원석, 『주역의 시간과 우주론』, 동양철학연구, 2001

정순우, 『남명의 공부론과 처사의 성격』, 청계출판사, 2002

제러미 리프킨, 이경남 옮김, 『공감의 시대』, 민음사, 2011

조동일, 『한국문학사 1』, 문학과 지성사, 1988

조명기 외. 『한국사상의 심층연구』, 우석. 1982

조지 베일런트, 김한영 옮김, 『행복의 완성』, 흐름출판, 2011

조지 베일런트, 김한영 옮김, 『행복의 완성』, 흐름출판, 2011

존 알렉산더 스튜어트, 양태범 옮김, 『미적 경험과 플라톤의 이데아론』, 누멘, 2011

지므네즈, 마르크, 김웅권 옮김, 『미학이란 무엇인가』, 동문선, 2003

최장집, 『민주화 이후의 민주주의』, 후마니타스, 2005

카를 구스타프 융, 조성기 옮김, 『카를 융 : 기억 꿈 사상』, 김영사, 2007

캐롤라인 미스, 『영혼의 해부 - 일곱가지 힘에 담긴 에너지의 비밀』, 한문화, 2003

퇴계, 『국역 퇴계집』, 민족문화추진회, 1976

플라톤, 황문수 역, 『소크라테스의 변명 - 크리톤 파이돈 향연』, 문예출판사1999

피터 드러커, 이재규 옮김, 『피터 드러커의 자기경영 노트』, 한국경제신문, 2011

하권수, 『절망의 시대에 선비는 무엇을 하는가』, 한길사, 2003

한근태, 『일생에 한번은 고수를 만나라』, 미래의 창, 2013

헤겔, 두행숙 역, 『헤겔 미학』, 나남출판사, 1996

Alasdair MacIntyre, 'After Virtue; A Study in Moral Theory', New York, Bloomsbury, 3rd. Edition, 2011

Allan Kornberg, Harold D. Clarke, 'Citizens and Community: political support in a representative democracy', N.Y. Cambridge University Press, 1992

Aristoteles, 'Nikomakische Ethik', hrsg. von Gunther Bien, Hamburg 1985

Baier, K, 'The Moral Point of View: A Rational Basis of Ethics', Cornell University Press, 1958

Boyte, H. C, "Civic Education as Public Leadership Development" Political Science and Politics, 1993

Christopher J. Berry, 'The idea of a democratic community', Martins Press, N.Y., 1989

Demy, Timothy J., "Ethics and the Twenty-First-Century Military Professional" van Beuren Leadership and Ethics Series. 2. https://digital-commons.usnwc.edu/van-beuren-les/2., 2018

Donald W. Felker, 'Building positive self-concepts, Burgess Publishing Co.1974

Drisko, Jr, Melville A., 'An Analysis of Professional Military Ethics: Their Importance, Development and Inculcation', ARMY WAR COLL CARLISLE BARRACKS PA, 1977

Edgar F. Puryear Jr., 'American Generalship: Character is Everything: The Art of Command', Presidio Press November, 2001

Kleinschmidt, Gottfried. Lickona, T., 'Educating for Character - How our Schools can teach Respect and Responsibility'. New York: Bantam Books (478 Seiten) [Rezension]. Ger-many: Vandenhoeck & Ruprecht, 1994

Korsgaard, Christine M., 'Aristotle's Function Argument', The Constitution of Agency: Essays on Practical Reason and Moral Psychology (Oxford, 2008; online edn, Oxford Aca-demic), 2009

Lao Tzu: Te-Tao Ching - A New Translation Based on the Recently Discovered Ma-wang-tui Texts (Classics of Ancient China), Ballantine Books,1992

Michele Borba, 'Building Moral Intelligence: The Seven Essential Virtues that Teach Kids to Do the Right Thing', Jossey-Bass, 2002

Peterson, C., & Seligman, M. E. P. 'Character strengths and virtues: A handbook and classification'. Washington, DC: American Psychological Association; New York: Oxford Uni-versity Press, 2004

Ryckman, R. M., 'Theories of personality (7th ed.)'. Wadsworth/Thomson Learning. 2000

Samuel P. Huntington, 'The Soldier and the State', the Theory and Politics of Civil-

Military Relations, Belknap Press, 1981

Tomlinson, Tom, 'Casuistry: Ruled by Cases', Methods in Medical Ethics: Critical Perspectives(2012; online edn, Oxford Academic), OECD DeSeCo (Definition and Selection of Competencies), 2012

학위 논문

권미숙, 『순자 예치사상의 사회윤리적 연구』, 한국학중앙연구원 한국학대학원 박사학위논문, 1997.

김미정, 『노인의 자아실현 예측모형』, 경희대학교 대학원 박사학위 논문, 2014

김왕근, 『시민성의 내용과 형식으로서의 덕목과 합리성의 관계에 관한 연구』, 서울대학교 대학원 박사학위논문, 1995.

김주동, 『지방정부공무원들의 퇴직준비교육 프로그램 요구분석과 설계』, 숭실대학교 박사학위 논문, 2012.

박상복, 『전문직 은퇴자의 성공적 노화에 대한 요구 분석 - 역량, 학습, 사회활동』, 경성대학교 박사학위논문, 2010.

지규원, 『한국 퇴직공무원의 사회공헌활성화에 관한 연구 - 퇴직공무원 사회공헌 인식분석을 중심으로』, 숭실대학교 박사학위 논문, 2015

채성준, 『퇴직공무원의 자원봉사활동에 관한 연구』, 단국대학교 박사학위논문, 2014

김철수, 「전문직 은퇴노인의 자원봉사활동에 관한 연구」, 영남대학교 석사학위논문, 2009

김화생, 「퇴직공무원 자원봉사활동 활성화 방안에 관한 연구」, 한양대학교 석사학위 논문, 2017

이정환, 「깨달음과 자기실현의 비교 - 유식사상과 융의 분석심리학을 중심으로-』, 대구교대 석사학위논문, 2005.

이해선, 『고학력 중·장년층 퇴직자를 위한 평생교육 프로그램 활성화 방안연구 : H기관 사회공헌 프로그램을 중심으로』, 서강대학교 석사학위 논문, 2013

학술 논문

강상진, 「아리스토텔레스의 덕론」, 『가톨릭철학』 9, 2007

고종욱, 「인성 특성이 직무만족도에 미치는 영향」, 『한국사회학』 33, 1999

국방 선진화 연구회, 「군인과 역사 그리고 헌법」, 『한반도 선진화 재단 국방 선진화 연구회 세미나』, 2018

권만혁, 「일본의 무사도와 생활철학」, 경기대학교 인문대학 『인문논총』 3호, 1996

권인탁 외, 「전문직 퇴직자 봉사단체의 발전방향 - 금빛평생교육봉사단사례」, 『교육종합연구』

제7권 제2호, 2009

김경호, 「매천 황현-구한말 유교 지식인으로 산다는 것」, 『공자학』 28, 2015

김기주, 「심학, 퇴계 심학 그리고 심경부주」, 『동양철학연구』 41, 2005

김동욱, 「화랑도와 신사도와 선비도」, 『신라문화제 학술발표회 논문집』, 1989

김선희, 「의식의 주관성과 객관성」, 『철학』 57, 1998

김원태, 「프랑스 시민교육의 내용과 교과서의 특징」, 『교과서연구』 통권 제70호, 2012

김주연, 「생활 만족도와 감사 성향이 소통 능력에 미치는 영향」, 『한국언론학보』 58(4), 2014

김충렬, 「남명성리학의 특징」, 『남명학연구논총』 9, 남명학연구원, 2001

김태준·김안나·김남희·이병준·한준, 「사회적 자본형성의 관점에서 본 시민 의식측정 연구」, 한국
　　교육개발원, 2003.

김현숙, 「노인 자원봉사활동 참여가 성공적 노화에 미치는 영향」, 『한국 자치행정학보』 제27권
　　제2호, 2013

남경희, 「일본의 학교 교육에서 시민교육의 추진 동」, 『사회과 교』 51 권 2호, 2012

남기학, 「일본중세사회의 무사에 대한 인식」, 『일본역사연구』 20, 2004

니시와키 미쯔루, 「일본 무사도에 관한 연구」, 『서울대학교 체육연구소논집』 Vol.18 No.1, 1997

도정일, 「시민이란 무엇인가」, 『제2의 탄생』, 경희대학교 출판문화원, 2011

동양철학연구회, 「한중일 삼국의 사(士) 개념 비교 고찰 - 선비·신사·무사 개념의 형성을 중심
　　으로」, 『동양철학 연구』 제65집, 2011

박균섭, 「선비의 공부와 인격- 유교 지식인의 국가·사회적 책임을 논함」, 『경북선비아카데미 교
　　육프로그램 강의』, 2018

박균섭, 「선비의 앎과 삶」, 『한국학연구』 35, 2010

박선목, 「삶의 질을 높이기 위한 동서양의 행복론」, 『코기토』 제55집, 부산대학교 인문학연구소,
　　2000

박선영, 「영국의 시민교육과 다 문화주의」, 『미래청소년학회지』 제3권 제 3호, 2006

박재휘, 「중용의 강함[强]에 대한 주희와 정약용의 해석」, 『태동고전연구』 31, 2013

박현길, 「인성 (人性) 은 미래 한국의 콘텐츠」, 『마케팅』 47(8), 2013

박혜숙, 「불교 우주론과 신비주의 그리고 낭만주의 미학」, 『프랑스 문화예술 연구』 3집, 2004

서강식, 「도덕교육목표로서의 도덕성에 관한 연구」, 『한국교육』, 23(1), 2007

성열관, 「세계시민교육의 보편적 핵심 요소와 한국적 특수성에 대한 고찰」, 『한국교육』 제37권
　　2호, 2010

소은희 · 신희천, 「감사가 주관적 안녕감에 미치는 영향: 대인관계 기본 심리적 욕구 만족의 매개
　　효과」, 『상담학 연구』 12권 1호, 2011.

송경재, 「국민인성진흥법의 안착을 위한 제언」, 『국회 입법조사처· 중앙일보 공동학술회의의
　　자료집』, 2015

송용구, 「프랑스의 학교 시민교육에 관한 연구: 한국의 학교 시민교육에 시 사하는 바를 중심으로」, 『시민교육연구』제42권 제2호, 2010

송창석, 「독일의 정치교육과 한국의 민주시민교육 - '민주시민 교육 지원시스템' 구축방향을 중심으로」, 『EU연구』제16호, 2005

신두철, 「독일의 정치사회화와 정치교육」, 『한·독 사회과학 논총』제15권 1 호, 2005

신옥희, 「내면적 윤리의식의 부정적 측면」, 『정신문화』15, 1982

안세권, 「믿음에 대한 철학적 고찰」, 『인문학연구』43, 2010

엄연석, 차영익, 「소식의 동파역전에 나타난 성정론에 대한 정감론적 분석」, 『인간·환경·미래』제22호, 한림대학교 태동고전연구소, 2019

오태헌, 조용대, 「퇴직전문인력 활용에 관한 한·일 비교 연구」, 『대한경영학회지』제27권 제7호, 2014

원미순·박혜숙, 「자원봉사활동 경험이 시민의식에 미치는 영향」, 『한국 거버넌스학 회보』, 제17권 제3호, 2010

육근영·방희정·옥정, 「자아 일관성과 주관적 안녕감 : 자아 통제감의 매개효과를 중심으로」, 『한국심리학회지 : 발달』, 19권 3호, 2006

윤선인, 「영국의 시민교육 내용과 시사점」, 『교육정책포럼』251호, 한국교육개발원, 2014

윤영기, 「무사도와 일본 정대한경영학회지」, 경성대학교 『논문집』16호, 1995

음선필, 「민주시민교육의 국제적 동향과 시사점」, 서울, 한국법제연구원, 2013

이경무, 「군자와 공자의 이상적 인간상」, 『동서 철학연구』제 54호, 2009

이부영, 「논어의 인격론 시고: 분석심리학의 입장에서」, 『심성연구』4, 1989

이정원, 「군에서의 자기계발 프로그램의 효과성에 관한 연구」, 『Journal of Digital Convergence』13(1), 2015

이준희, 「논어에서의 인격경계」, 『중국문학연구』제44집, 2011

임석진, 「헤겔 역사철학의 근본문제」, 『헤겔 연구』제3권, 1986

임혁백, 「민주주의의 새로운 패러다임」, 『의정연구』, 10호, 2000

장성모, 「인성의 개념과 인성교육」, 『초등교육연구』10(1), 1996.

장현근, 「군자와 세계시민」, 『유럽연구』5호, 1997

전득주, 「미국의 시민 교육 : 그 배경, 현황 그리고 문제점」, 『한국 민주시민 교육학 회보』제7호, 2002

정병련, 「조남명의 이기론 변증」, 『남명학연구논총』3, 남명학연구원, 1995

지은정, 「활성적 노화의 관점에서 본 고령자 자원봉사 지원유형 - 독일, 프랑스, 미국, 일본 중심」, 『한국사회복지정책』41권 2호, 2014

최길성, 「일본 무사도의 충효와 죽음」, 계명대학교 일본문화연구소 『일본학지』1호, 1980

최석기, 「남명사상의 본질과 특성」, 『한국의 철학』27, 경북대 퇴계학 연구원, 1999

최신일, 「인간, 인격 그리고 인격교육」, 『초등 도덕교육』 27, 2008

최종덕, 「미국 시민교육의 전통과 쟁점」, 『시민교육연구』, 제31집, 2000

최현, 「시민권, 민주주의, 국민-국가 그리고 한국사회」, 『시민과 세계』 제4호, 2003

한경구·김종훈·이규영·조대훈, 「SDGs 시대의 세계시민교육 추진방안」, 유네스코 아시아태평
　　양 국제 이해교육원, 2015.

한규선, 「영국의 정치 교육: 시티즌십 교육의 국가교육과정 필수교과 제정을 중심으로」, 『현대사
　　회와 정치평론』 제12집, 2013

함경애·변복희·천성문, 「청소년의 감사 성향과 심리적 안녕감과의 관계: 스트레스 대처전략의
　　조절효과」, 『상담학 연구』, 12권 6호, 2011

허경호, 「포괄적 대인 의사소통 능력 척도 개발 및 타당성 검증」, 『한국언론학보』 47권 6호,
　　2003

헬무트 슈나이더, 「미학적이며 예술적인 모더니즘과 포스트모더니즘 이론인 헤겔의 낭만적
　　예술 형식」, 한국 헤겔 학회 『헤겔 연구』 제10호, 2002.

홍주은·이정섭, 「감사(Gratitude)에 대한 개념」, 『정신간호학회지』 23권 4호, 2014

Aspinwall, L. G., 'Rethinking the role of positive affect in self-regulation', Motivationand
　　Emotion 22, 1998

Barrett, L. F., & Gross, J. J., 'Emotional intelligence', In T. J. Mayne & G. A.
　　Bonanno(Eds.). Emotions: Current issues and future directions, p286-310, New
　　York: Guilford, 2001

Bolier L, Haverman M, Westerhof GJ, Riper H, Smit F, Bohlmeijer E., 'Positive
　　psychology interventions: a meta-analysis of randomized controlled studies',
　　BMC Public Health 13, 2013

Brissette, I., Scheier, M. F., & Carver, C. S., 'The role of optimism in social network
　　development, coping, and psychological adjustment during a life transition',
　　Journal of Personality and Social Psychology 82, 2002

Buchanan, J, M., 'Ethical Rules, Expected Values, and Large Numbers', Ethics Vol.76,
　　No.1, 1965

Carnevale, P. J. D., & Isen, A. M., 'The influence of positive affect and visual access
　　on the discovery of integrative solutions in bilateral negotiation', Organizational
　　Behavior and Human Decision Processes 37, 1986

Carver, C. S., Sutton, S. K., & Scheier, M. F., 'Action, emotion, and personality:
　　Emerging conceptual integration', Personality and Social Psychology Bulletin,
　　26(6), https://doi.org/ 10.1177/ 0146167200268008, 2000

Cooley, R., & Roach, D., 'A conceptual framework', In R. Bostrom (Ed.), Competencein communication: A multidisciplinary approach, Beverly Hills, CA: Sage, 1984

Cunningham, M. R., 'Does happiness mean friendliness? Induced mood and hetero-
sexual self-disclosure. Personality and Social Psychology Bulletin 14, 1988

Delese Wear & Mark G. Kuczewski, 'The professionalism movement: Can we pause?',
American Journal of Bioethics 4 (2), 2004

Diener, E., Emmons, R. A., Larsen, R. J., & Griffin, S., 'The Satisfaction With Life Scale',
Journal of Personality Assessment 49, 1985

76) Diener, E., Oishi, S., & Lucas, R. E., 'Personality, culture, and subjective well-being:
Emotional and cognitive evaluations of life', Annual Review of Psychology 54,
2003

Diener, E., Oishi, S., & Lucas, R. E., 'Subjective well-being: The science of happiness
and life satisfaction. In C. R. Snyder & S. J. Lopez (Eds.). Oxford handbook of
positive psychology 2nd ed., New York: Oxford University Press, 2009

Grant AM, Gino F., 'A little thanks goes a long way: explaining why gratitude
expressions motivate prosaically behavior', J Pers. Soc. Psychol. 98(6),
http://dx.doi.org/10.1037/a7935, 2010

Kwon SJ, Kim KH, Lee HS. Validation of the Korean version of gratitude questionnaire.
Korean J Health Psychology 11(1), 2006

Lapsley, D. K., & Narvaez, D., 'Character Education. In Vol. 4(A Renninger & I. Slegel,
volume eds.), Handbook of Child Psychology (W.Damon & R. Lerner, Series
Eds.), New York : Wiley, 2006

McMillan, D. W., & Chavis, D. M., 'Sense of community: A definition and theory',
Journal of Community Psychology, 14(1), https://doi.org/10.1002/1520-6629
(198601)14:1〈6: AID-JCOP2290140103〉3.0.CO;2-I, 1986.

Nix, Dayne E. PhD, 'American Civil-Military Relations: Samuel P. Huntington and the
Political Dimensions of Military Professionalism', Naval War College Review: Vol.
65: No. 2, 82) Article 7. Available at: https://digital-commons.usnwc.edu/nwc-
review/vol65/iss2/7, 2012.

Ryff, C. D., 'Eudemonic well-being: Highlights from 25 years of inquiry', In K.
Shigemasu, S. Kuwano, T. Sato, & T. Matsuzawa (Eds.), Diversity in harmony
- Insights from psychology: Proceedings of the 31st International Congress of
Psychology, John Wiley & Sons Ltd. https://doi.org/ 10.1002/9781119362081.
ch20, 2018.

Yukl, G., & van Fleet, D. D., 'Theory and Research on Leadership in Organizations',

In M. D. Dunnette, & L. M. Hough (Eds.), Handbook of Industrial and Organizational Psychology, Vol. 3, Palo Alto, CA: Consulting Psychologists Press, 1992.